安全科学与工程专业系列教材

电气系统雷电安全

李祥超　游志远　储　蕾　束　建　主编

内容简介

本书系统地介绍了电气、雷电危害和电气系统雷电防护。本教材具有一定的理论深度，较宽的专业覆盖面，注重应用性，以提高学生的电气系统雷电安全防护的能力。

全书共分为9章，第1章讲述了电气系统安全各种危险的防护，包括电击危险、机械危险、过热危险、器具火灾危险及毒性和辐射危险的防护等内容；第2章讲述了电气环境可能产生大的危害及其注意事项，包括电气火灾的起因、特点和危害以及特殊危险场所电气设备选择的注意事项；第3章主要讲述了建筑供配电系统的电气安全防护；第4章讲述了雷电的危害种类及入侵途径和基本的建筑物的防雷措施；第5章和第6章介绍了电气系统雷电防护器件的基本原理，选择、安装的方法以及性能要求和测试方法；第7章讲述了电气设备接地的基本要求、接地装置的安装以及接地电阻的计算与测量；第8章讲述了电气系统雷电安全检测的一些规定；第9章讲述了电气安全的管理以及雷电安全的管理法规。本书可作为安全科学与工程类专业教材，也可作为相关专业教学及培训等参考用书。

图书在版编目(CIP)数据

电气系统雷电安全 / 李祥超等主编．--北京：气象出版社，2021.3(2021.11重印)

ISBN 978-7-5029-7400-8

Ⅰ.①电… Ⅱ.①李… Ⅲ.①防雷—电气安全—教材 Ⅳ.①P427.32 ②TM08

中国版本图书馆CIP数据核字(2021)第042987号

Dianqi Xitong Leidian Anquan

电气系统雷电安全

李祥超　游志远　储　蕾　束　建　主编

出版发行：气象出版社

地　　址：北京市海淀区中关村南大街46号　　**邮政编码**：100081

电　　话：010-68407112(总编室)　010-68408042(发行部)

网　　址：http://www.qxcbs.com　　**E-mail**：qxcbs@cma.gov.cn

责任编辑：张锐锐　万　峰　　**终　　审**：吴晓鹏

责任校对：张硕杰　　**责任技编**：赵相宁

封面设计：地大彩印设计中心

印　　刷：北京中石油彩色印刷有限责任公司

开　　本：720 mm×960 mm　1/16　　**印　　张**：20

字　　数：410千字

版　　次：2021年3月第1版　　**印　　次**：2021年11月第2次印刷

定　　价：79.00元

编 委 会

主　编　李祥超　游志远　储　蕾　束　建

副主编　崔　浩　郭小磊　张洁茹

编　委　罗　华　文巧莉　欧阳文　徐　乐
　　　　王海通　赵　凯　郭　稳　李诗怡

前　言

南京信息工程大学在国内率先开设雷电科学与技术专业，所有问题都是新的探索。由于该学科建设时间较短，经验还不足，许多问题需要我们共同探索和研究。

为满足普通全日制高等院校安全科学与工程专业教学基本建设的需要，组织编著《电气系统雷电安全》供安全科学与工程专业师生使用，以改善该类教材匮乏的局面。

本教材是根据安全科学与工程专业培养计划而撰写的，从而保证了与其他专业课内容的衔接，理论内容和实践内容的配套，体现了专业内容的系统性和完整性。本教材力求深入浅出，将基础知识点与实践能力点紧密结合，注重培养学生的理论分析能力和解决实际问题的能力。本教材适用于安全科学与工程专业教学。

随着电子设备的大规模普及和人们防雷意识的日益提高，国内外已将电气系统雷电安全防护列为重要的科研领域之一。本教材通过精选内容，以有限的篇幅取得比现有相关教材更大的覆盖面，在不削弱传统较为成熟的电气系统雷电安全防护基本内容的前提下，更充实了电气系统雷电安全防护方法的新思路，拓宽了知识面，并紧跟高新技术的发展，以适应电气系统雷电安全防护、应用的需要。

鉴于电气系统雷电安全涉及学科广泛，本教材在编写中力求突出对电气系统雷电安全防护不足所产生的危害以及如何更加合理的防护做了大量的说明，供读者更好地理解。

本书在编写过程中得到国内知名防雷企业：常州市防雷设施检测所有限公司和江苏莱迪检测科技有限公司的支持，在此表示感谢。限于编者水平，书中难免存在错误和不足之处，恳请读者批评指正。

李祥超

2020 年 9 月

目　录

第1章　电气安全原理

1.1　概述

随着电气产品的日益普及，用电安全的问题越来越受到人们的重视。经过多年的发展，中国已经成为世界电气产品的制造和消费大国，电气安全的问题更加重要。

对于用电安全，用户当然希望能够达到万无一失的程度。但是实际上，任何事物都不是绝对的，用电也不可能达到一种绝对的“安全”。因此，用电安全，也有一个“度”的问题，即产品达到什么程度我们即认为其是安全的，可以投放市场。

要保证电气产品安全，首先要弄清楚电气产品有什么危险。通常来讲，电气产品可能存在的危险包括以下几个方面。

(1)电击危险：包括人接触带电部件而引起的直接触电，以及由于保护措施失效使产品漏电而引起的间接触电。

(2)火灾危险：包括产品本身的着火危险以及产品引起周围环境火灾的危险。

(3)机械危险：由于机械原因对人或周围环境造成的危险。

(4)过热危险：由于产品过热对人、周围环境以及绝缘造成的危险。

(5)辐射、有毒物质的危险：由于电气产品产生的电磁波、各种有毒有害物质等对人体或周围环境造成的危险。

电气产品要实现其安全性，就应针对以上危险设计相应的保护措施，尽量避免这些危险对人以及周围环境造成危害。考虑到各方面的因素以及实际的科技发展水平，经过多年的实践和研究，世界上多数国家都对产品安全要求做出了详细规定，制定了相应的产品安全标准，以规范本国电气产品的生产和使用。

1.2　电击危险的防护

1.2.1　触电

电击危险是电气产品最主要的危险之一。但是，人类对电击危险的研究仅有一百多年的历史，而且由于很多试验只能以动物代替，因此对电击危险的认识也处于不断探索的过程中。本节将就现有的研究成果，介绍人的触电机理，并且介绍对电击危险的评估以及防护方法。

1. 触电机理

人体的心脏本身能产生如图 1.1 所示波形的电信号，这是心电图的基本形式。图 1.1 中的 P 波是因心房收缩而产生，$Q \to R \to S \to T$ 的波形是因心室动作而产生。由于有 P、R、T 波峰的信号作用，心脏完成收缩或舒张动作，心脏以 0.7 s 左右的周期有规律地工作，使血液在体内循环。心脏工作的周期叫做心博周期。

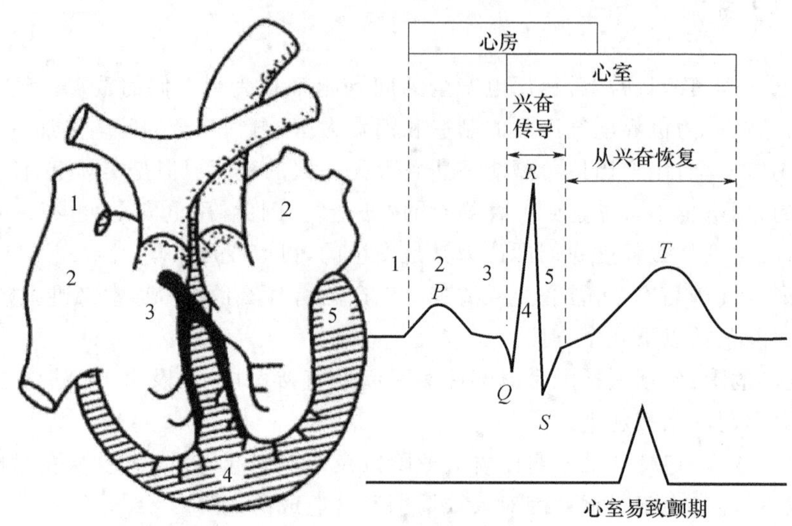

图 1.1 心电图

但是，当有一定大小的电流从外部流向体内时，心脏本身发生的信号受到干扰，不能再起到有规律的泵的作用，这个状态就叫做“触电”。由于外界电流影响了心肌的控制信号，使心肌不能正常工作而且发生颤动，这就称为心室纤维性颤动。心室纤维性颤动对心电图和血压的影响见图 1.2。发生心室纤维性颤动时，心室的颤动可达 150～300 次/min，丧失排血功能，产生与心跳停止相同的结果，病人出现“阿-斯氏综合征”或迅速死亡。虽然电流通过人体还会造成电灼伤等伤害，但一般来说，由于触电而引起死亡的主要原因就在于心室纤维性颤动。由于不能用人体进行试验，对于使心室发生颤动的机理，目前还不能解释得十分清楚。但是，在利用动物进行有关触电现象的研究表明，触电导致人死亡的主要因素在于通过人体电流的大小和时间。

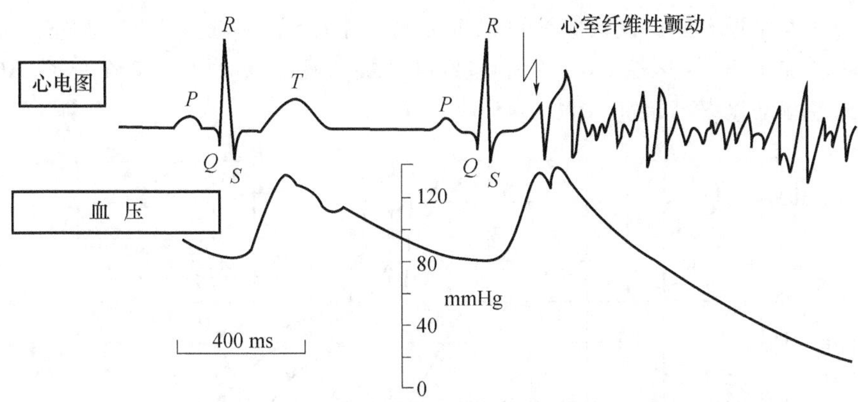

图 1.2　心室纤维性颤动对心电图和血压的影响

2. 电流通过人体的效应

当有电流从外部流向体内，如果其数值很小，仅仅使人能够感觉到刺痛，这个通过人体能引起任何感觉的电流的最小值叫做感知阈。增大电流，手和脚的肌肉就会发生不自觉的收缩，这个电流的最小值叫做反应阈，一般情况下反应阈是 0.5 mA。如果通过人体的电流进一步增大，直至手和脚的肌肉发生痉挛，人就不能再靠自己的力量脱离这种状态，手握电极的人能自行摆脱电极的最大电流就叫做摆脱阈，摆脱阈的平均值是 10 mA。如果再增大电流，将引起心室纤维性颤动，引起心室纤维性颤动的最小电流叫做心室颤动阈，心室颤动阈是一个变化值，通电时间越长其值越小，当通电时间超过一个心博周期时，其值显著变小。

对于电流通过人体效应的研究，德国的 Koeppen、美国的 Dalziel 以及奥地利的 Biegelmeier 等人的研究成果最有代表性。IEC 的建筑电气设备技术委员会(TC64)从 1969 年以来一直关注该问题，并将研究成果出版为《电流通过人体的效应和牲畜的效应》一书。

(1)对于 15～100 Hz 正弦波电流通过人体的效应

15～100 Hz 正弦波电流通过人体的效应见图 1.3。由于市电的频率为 50 Hz 或 60 Hz，因此该图对于研究人的触电危险有重要作用。图 1.3 中根据触电电流和作用时间的关系，分成了四个区域。其中区域 AC-1 为直线，(0.5 mA，反应阈)左边的区域，在该区域内人体通常对电流没有反应；区域 AC-2 为直线 a(0.5 mA)到折线 b(摆脱阈)之间的区域，在该区域内通常不会产生有害的生理效应；区域 AC-3 为折线 b 到曲线 c_1 之间的区域，在该区域内，通常不会发生器质性损伤，但可能发生肌肉痉挛似的收缩，当通电超过 2 s 时，会发生呼吸困难，随着电流和通电时间的增加，使心脏内心电冲动的形成和传导产生可以恢复的紊乱，包括心房颤动和心脏短暂停搏，但不发生心室纤维性颤动；区域 AC-4 为曲线 c_1 以右的区域，在此区域内，电流与通电时间进一步增加，除了出现区域 AC-3 的效应外，还可能出现心室纤维性颤动、心跳停止、呼吸停止、严重烧伤等危险的病理生理效应。该区域又可以细分为三个区域：区域 AC-4-1，心室纤维性颤动概率可增加至 50%；区域 AC-4-2，心室纤维性颤动概率可增加至 50%；区域 AC-4-3，心室纤维性颤动概率可超过 50%。

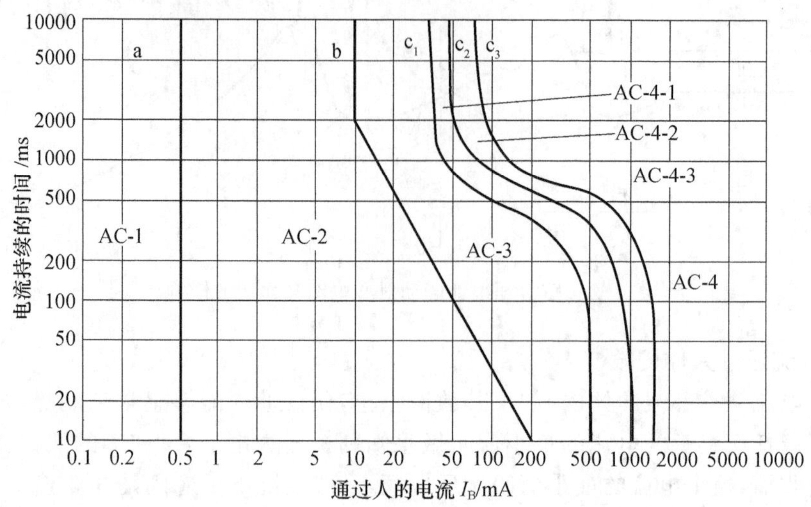

图 1.3　15～100 Hz 正弦波电流通过人体的效应

(2)超过 100 Hz 电流通过人体的效应

在现代电气设备中，越来越多地使用了频率高于 50/60 Hz 的交流电，例如飞机(400 Hz)、电动工具(400 Hz)、电疗(4000～5000 Hz)、开关电源(20 kHz～1 MHz)。因此，对这些电流通过人体的效应进行研究也是很有必要的。

与 50/60 Hz 的交流电类似，对这些高频电流的研究也采用了感知阈、摆脱阈、心室颤动阈的概念，同时，还引入了频率系数(记为 F_f 的概念，并将其定义为"频率为 f 时产生相应生理效应的阈电流值与 50/60 Hz 时的阈电流值之比"。对于感知、摆脱和心室颤动，其频率系数各不相同。图 1.4、图 1.5 和图 1.6 给出了具体的数值。

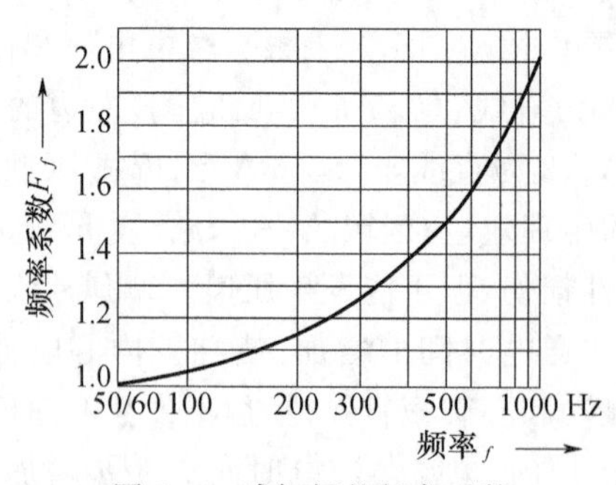

图 1.4　感知阈的频率系数

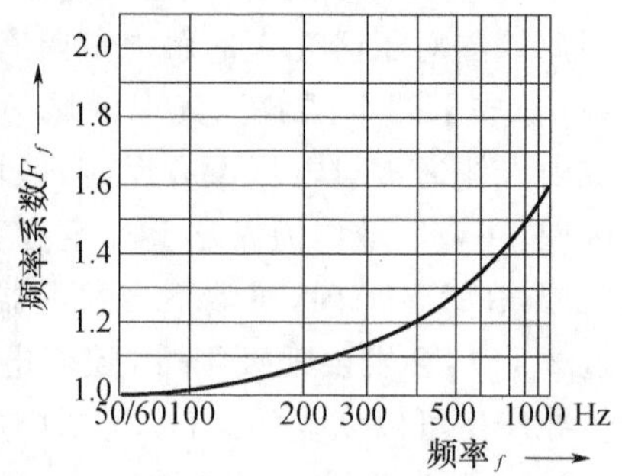

图 1.5　摆脱阈的频率系数

显然，随着频率的升高，感知、摆脱和心室颤动的阈电流值也在升高。举例来讲，对于 50/60 Hz 的交流电，其感知阈为 0.5 mA，对于 400 Hz 的交流电，其感知阈为：频率系数×0.5＝1.35×0.5＝0.7(mA)。当频率超过 100 kHz 时，对于电流的感知由较低频率特有的刺痛感转变为一种温热感，而对于摆脱阈和心室颤动阈目前暂无事故报道，也没有相关的试验数据。

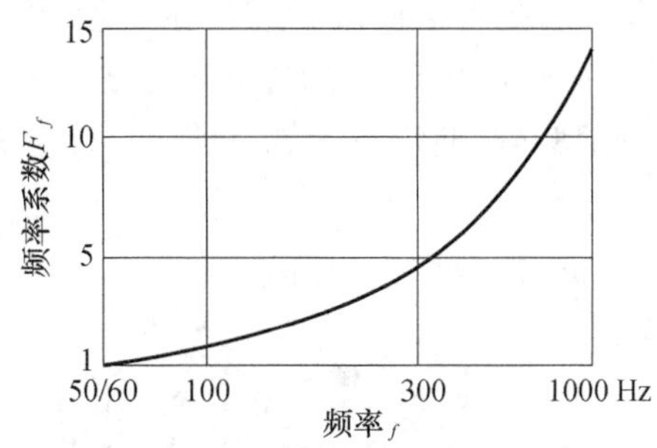

图 1.6　心室颤动阈的频率系数

(3)特殊波形电流通过人体的效应

由于电子控制装置的大量使用，人们对非正弦波电流尤其是在绝缘失效状态下这些电流对人体的效应颇为关注。这里介绍常见的特殊波形电流，主要有全波整流、半波整流、相位控制(控制导通角)而产生的波形。

对于上述这些特殊波形，规定了几个量值的表示方法：I_{max}特殊波形电流的均方根值；I_p特殊波形电流的峰值；I_{pp}特殊波形电流的峰－峰值；I_{ev}与所涉及波形的电流在心室纤维性颤动方面有相同危险的正弦电流的均方根值。

对于全波整流和半波整流，当电击持续时间大于 1.5 倍心搏周期时(约为 1.2 s)，其心室颤动阈为 $I_{ev}=I_{pp}/2\sqrt{2}$；当电击持续时间小于 0.75 倍心搏周期时(约为 0.6 s)，其心室颤动阈为 $I_{ev}=I_p/\sqrt{2}$；当电击持续时间在 0.75～1.5 倍心搏周期之间时，其心室颤动阈幅值参数在峰值和峰－峰值之间变化。

相位控制的电流波形，通常为对称控制，即在正负半波的控制相位都相同。对于这种波形，当电击持续时间大于 1.5 倍心搏周期时，其心室颤动阈为 $I_{ev}=I_{max}$；当电击持续时间小于 0.75 倍心搏周期时，其心室颤动阈为 $I_{ev}=I_p$；当电击持续时间在 0.75～1.5 倍心搏周期之间时，其心室颤动阈幅值参数由峰值向均方根值变化。

(4)电容器放电电流通过人体的效应

装有电容的电器在绝缘故障时可能通过人体放电，例如电子控制电路、电动机辅助绕组中的电容器。也有一些电容的引线是人在正常使用时可能触及的，例如用于电磁干扰抑制的电容器直接并联于电源线两极，以及电子蚊拍的电极等。这些电容放电可能是一种危险源。因此，有必要对其进行研究。

当电击持续时间超过 10 ms 时，电容放电对于人体的效应相当于上节所述的特殊波形电流对于人体的效应。因此，这里主要考虑持续时间小于 10 ms 的电击。研究表明，电容放电电流引起心室纤维性颤动的主要因素是它的电荷量 It 或能量 I^2t。感知阈定义为流经人体引起任何感觉的电荷量的最小值，增加“痛觉阈”这一名词，定义为“以脉冲形式施加于手握大电极的人而不会引起痛觉的电荷量(It)或能量(I^2t)的最大值。”

图 1.7 表示人用干燥的手握大电极时，随电容器电容量和充电电压而变的感知阈和痛觉阈。其中，曲线 A 为痛觉阈，曲线 B 为感觉阈。以能量表示的痛觉阈约为($50\times10^{-6}\sim100\times10^{-6}$)A·s。

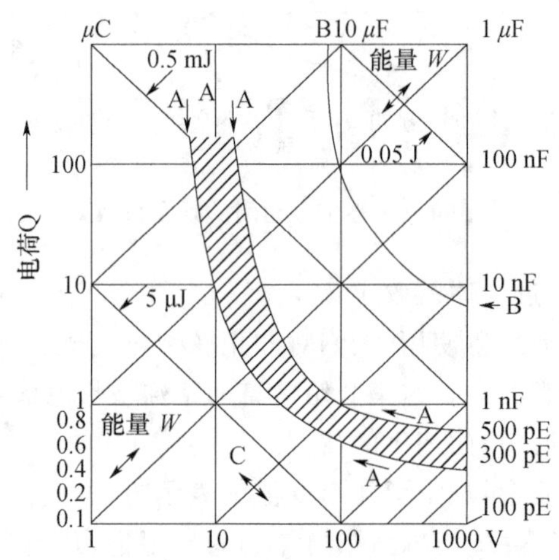

图 1.7　电容放电的感知阈和痛觉阈

心室纤维性颤动阈取决于电流波形、持续时间和大小，也与电击时的心脏时相、电流通路和个人生理特点有关。一般来说，只有当电流落在心搏周期的薄弱期时才会发生心室纤维性颤动。对于 50%概率的心室纤维性颤动来讲，其致颤电荷量约为 0.005 A·s。

3. 人体阻抗的组成

在讨论触电时，必须知道人体的电阻或者加在人体的电压等电的特性。因此，要对人体的电阻抗进行研究。

人体阻抗由皮肤阻抗和人体内阻抗组成，其等效电路见图 1.8，由阻性和容性分量组成，Z_j 表示人体内阻抗，Z_{s1} 和 Z_{s2} 表示皮肤阻抗，Z_T 则表示总阻抗，人体阻抗与电流通路、接触电压、通电时间、频率、皮肤湿度、接触面积、施加压力和温度等因素有关。

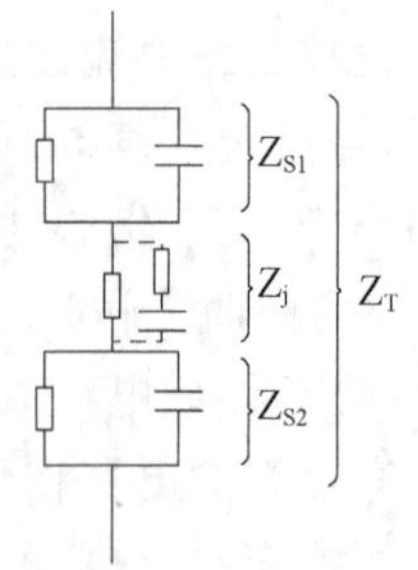

图 1.8　人体阻抗等效电路

皮肤阻抗可以看成是由半绝缘层和许多导电小孔(毛孔)组成的阻容网络,电流增加时皮肤阻抗即下降。当接触电压低于 50 V 时,皮肤阻抗随接触面积、湿度、呼吸等变化很大,接触电压约为 50～100 V 时,皮肤阻抗明显降低,在皮肤被击穿时可以忽略不计。当频率增加时,皮肤阻抗减少。

人体内阻抗基本上是阻性的,主要由电流通路决定。图 1.9 标示出了人体内阻抗,其中的数值表示各种通路的人体阻抗相当于手到手通路阻抗的百分数,无括号的值是电流从一只手到所测部位的值,括号内的数值是电流从双手到所测部位的值。从图 1.9 中可以看出,从手到颈部的阻抗最低,仅为手到手阻抗的 40%,手到胸部的阻抗仅为手到手的 45%,考虑到对心脏的影响,从手至胸部流过的电流是最危险的。

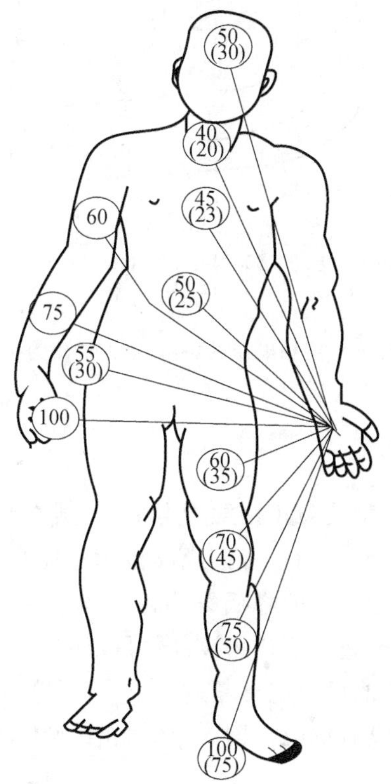

图 1.9　人体内阻抗随电流通路变化示意图

4. 人体阻抗与接触电压的关系

人体总阻抗与电压的关系见图 1.10。当接触电压在 50 V 以下时,由于皮肤阻抗的变化,人体阻抗的变化很大。当电压升高时,人体总阻抗越来越接近于内阻抗。当电压小于 50 V 时,接触面的湿润程度对人体总阻抗的影响较大,可降为干燥时的一半,但当接触电压超过 150 V 时,只是略微与湿度和接触面积有关。

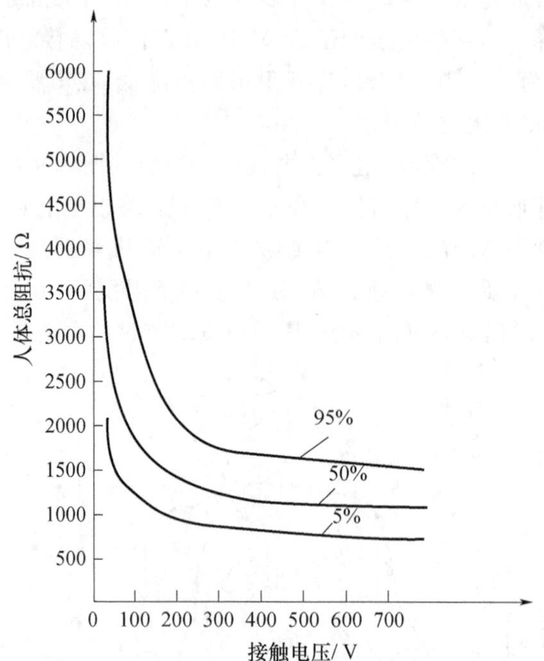

图 1.10　人体阻抗与接触电压的关系(电流通路为手到手或手到脚)

1.2.2　触电的防护

对触电的防护简单来讲就是防止接触带电部件,其本质是将通过人体的电流限制在危险值(在大多数情况下,反应阈或者摆脱阈被用作危险值)。根据对人体电气特性的研究知道,人体阻抗是随着电压的降低而升高,在电压小于一定程度时,即使触摸到该部件也不会发生危险,此时我们不认为该部件是带电部件。有时候电压虽然很高,比如在干燥的天气里毛衣带有的静电电压超过几千伏,可以形成电火花,但由于其在短时间内放电量非常小,对人体没有危险。因此,我们在讨论触电之前首先要对带电部件进行定义。

1. 带电部件的概念

在我国众多的产品标准中,对带电部件的定义并不完全一致,家电标准 GB4706.1 的规定比较有代表性。该标准规定带电部件是指正常使用时通电的导线或者导电性部件,包括中性线,但不包括保护接地导线。而下列情况则不认为带电。

(1)带电部件由安全特低电压供电,而且对交流电而言其电压峰值不超过 42.4 V(在正弦波情况下有效值为 30 V),对直流电而言电压不超过 42.2 V。例如由两节干电池供电的电动剃须刀，内部直流电压最高仅为 3 V。因此，认为该电动剃须刀没有带电部件。

(2)某部件通过保护阻抗与带电部件断开，该部件与电源之间的电流对直流不得超过 2 mA(直流的反应阈)，对交流峰值不得超过 0.7 mA(有效值 0.5 mA，50/60 Hz 交流的反应阈)。而且，对于峰值电压大于 42.4 V 但不超过 450 V 的，电容量不超过 0.1 μF；对于峰值电压大于 450 V 但不超过 15 kV 的，其放电量不超过 45 μC。例如，电子灭蚊器的电极，通过电子电路产生几千伏的高电压，但只要其流过人体的电流足够小，且放电量不超过 45 μC，仍然不属于带电部件。

在确定了带电部件之后，就可以根据实际情况对电击进行防护。

2. 触电事故的分类

电器产品的触电事故大致可以分为直接触电事故和间接触电事故。直接触电事故是电器产品在工作时，由于直接触摸到带电部件而引起的触电事故，其模式见图 1.11。

间接触电事故是当人接触电器时，在带电部件与人体之间通过绝缘形成回路，如果电器产品的绝缘劣化，这个回路中流经人体的电流将超过危险值，即发生漏电，在这种情况下，即使触摸到电器的非带电部件也会发生触电事故，因此叫做间接触电事故。示意图见图 1.12。

直接触电事故即使电器没有故障，在正常运行、有误操作的情况下也会发生。而间接触电事故则是在机器出现老化、故障时才可能发生。根据一些国家的统计，间接触电事故是更常见的。

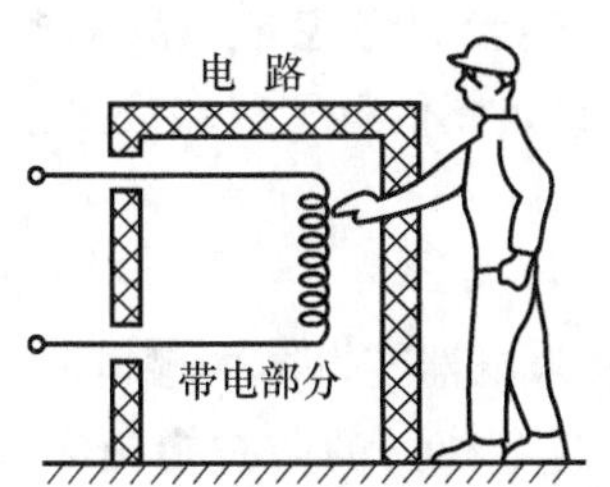

图 1.11　直接触电事故示意图

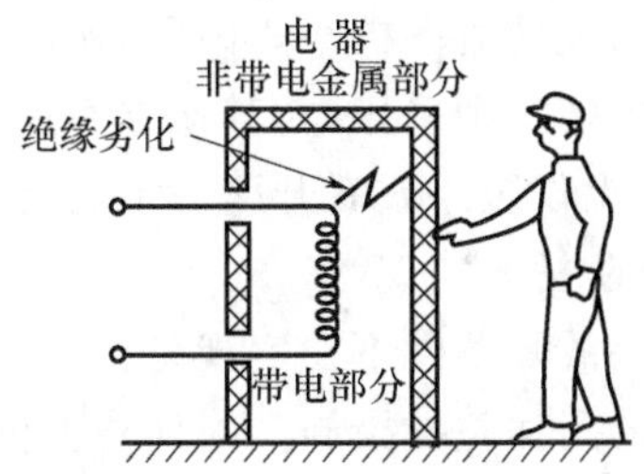

图 1.12　间接触电事故示意图

3. 防止触电事故的原则

《电工电子设备防触电保护分类》和《建筑物电气装置电击防护》对防止触电事故的发生做了基本规定。

(1)防止触电事故发生的基本原则

防触电保护的基本原则是：在正常情况(正常操作和无故障情况下)，或在单一故障情况下，易触及的可带电部件均应是无危险的。

在正常情况下实现对直接触电的防护，就需要有基本触电防护，它可由一种防护措施来提供，例如基本绝缘、限制稳态接触电流、限制电压等。对于基本触电防护，现实当中可以举出很多例子，例如，电动机是利用基本绝缘实现的，电蚊拍则是通过限制稳态接触电流实现的，手机充电器的电压输出端则是通过限制电压来实现的。

在正常情况下能够实现对触电的防护之后，还要考虑在出现单一故障的场合下，也能提供足够的防护。什么是单一故障条件呢？通常考虑以下方面：

1)正常情况下不带电的易触及部件变为危险的带电部分(例如电机槽绝缘的失效，使得电机外壳由不带电变为带电)。

2)或易触及的无危险的带电部件变为危险的带电部件(例如手机充电器的输出插口由于内部绝缘的失效，由输出低压变为危险的高压)。

3)或正常不易触及的危险的带电部件变为易触及的(例如电吹风出风口的格栅损坏使得发热元件变得可触及)。

为什么仅考虑单一故障条件，而不考虑多故障条件呢？首先要明确的是，单一故障并不意味着只出现一种故障，而是指多个故障不同时出现。作为电器产品来讲，一般都有一定的预期的使用寿命来考虑的，其设计以及零部件的选择都是按照这个预期使用寿命来考虑的，在正常的使用条件下电器是不应该发生故障的。但是为了避免误操作、零部件失效或者使用条件不当的情况下产生触电、火灾等重大危险，必须具备一定的保护措施，使得一旦有故障条件发生，电器将实现防护。正常的使用者在发现电器不能工作时，应该立即由专业人士进行处理。从这个角度来说，也就排除了因为强行使用继续出现第二种故障的可能性。从实际经验来看，故障总是在最薄弱环节发生的，两个或以上故障同时出现的概率极小。因此，在标准制定时通常只考虑单一故障条件。这一原则不仅在触电防护中采用，在其他方面也被采用，例如评估电子线路故障条件下的着火危险时，每一次仅短路或者开路一个电子元件。

(2)触电防护的实现

基于单一故障条件下要实现防护的目的，就要求电器有基本的触电防护之外，还需要增加另外的附加防护措施。附加防护可以通过两个独立的防护措施实现，也可以通过一个加强的防护措施实现。

对于由两个独立的防护措施提供的防护，其基本要求是：

1)两个独立的防护措施中的任何一个，在设计、制造、测试和安装时均应能保证在该设备规定的条件(如外部影响、使用条件、设备的预期寿命)下不会失效。

2)两个独立的防护措施应互不影响，一个措施失效不会使另一个措施也失效。对于两个独立的防护措施，最直观的例子就是双重绝缘，比如带护套的电源线，导体线芯有一层绝缘作为基本绝缘，外表还有一层护套作为附加绝缘，基本绝缘和附加绝缘这两个独立的防护措施共同构成双重绝缘。带有接地措施的Ⅰ类电器也是一个例子。例如空调器的室外机，其金属外壳与带电部件之间是以基本绝缘隔离的，同时外壳可靠地连接到电源线的接地插脚(或接地端子),通过电源线与供电电源的保护导体连接,形成“接地”电路,从而达到保护的目的,这个“接地”电路就是附加防护措施。

在某些场合,不可能提供两个独立的防护,或者这种作法显然不合理,这时,也可以提供一个加强的防护措施,对于这种防护措施,其基本要求是不仅能够保证正常使用时的防护,还要保证:

1)加强的防护措施在设计、制造、测试和安装时,应能保证在更加严酷的条件下不会失效,但这种严酷情况是偶然发生的。

2)这种加强的防护措施在性能上相当于两个独立的防护措施。加强绝缘就是一个例子。如某些电器开关的非金属按键,其底部直接与开关的触头——带电部件相接触,而将此非金属按键做成两个独立的部分显然是不合理的。因此,可以使用一个整体的绝缘材料,也就是加强绝缘,但这个加强绝缘的防护效果与双重绝缘是相当的,对电气间隙、爬电距离、电气强度等方面的要求都是等效的。

4. 直接接触防护的要求

对于直接接触防护,主要考虑对用手操作或更换部件的防护,以及切断电源以后的残余电荷不得超过限值。

(1)用手操作或更换的部件

在这一类部件中,又可以分为两类,一类是普通人员操作的,一类是熟练或者经过培训人员操作的,对于前者的要求自然要严格一些。对于由普通人员操作或更换的部件,应该尽可能地安装在电器的外表面,或者设备中不易触及危险带电部件的位置。例如,电风扇的调速旋钮,就应该安置在风扇外壳上。有时安装在外部不大可能,就像某些电冰箱的调温装置,要打开箱门进行设置,这时可以安装在箱内,但是其内部结构设计应该保证调温时不能接触带电部件。也有一些电器,由于其功能所限,利用上述的防护措施是不可能的,例如一种电极型的加湿器,直接将电极放在水中,利用水的电阻产生热量,使水被加热而产生蒸汽,在使用过程中必须要不断地加水,而水又是和带电部件直接相联的,因此不可能利用上述方式进行防护。在这种情况下应在触及带电部件之前自动切断电源,这里所讲的切断电源通常包括切断中性线。具体到这种加湿器,就应该带有连锁装置,使得在打开容器进行加水时,电源已经被切断了。

还有一些电器,用上述方法都无法实现防护,例如电吹风的出风口,后面是发热丝,我们要在发热丝通电时使用电吹风、安装转换风嘴等装置,既不能把出风口封闭,也不应将其电源切断。在这种情况下,就要求电器的外壳防护等级不低于 IP2X 或者 IPXXB,意思是能够防止手指接触带电部件。对于由熟练或者经过培训人员操作的部件来说,主要的防护要求是避免操作人员在无意中直接接触带电部件。要求操作部件的安装位置应使得操作人员容易看到、容易接近、方便安全地操作或者更换,操作部件与危险带电部件之间,应设置阻挡物,围绕带电部件的阻挡物的防护等级应达到 IP2X 或者 IPXXB,围绕其他方向的阻挡物的防护等级应达到IP1X或者IPXXA(防止手背接触)。

(2)断电后的电参数值

当直接接触防护依赖于切断危险带电部件的电源时,在自动切断电源后的5 s内,放电电量不得超过50 μC或者不超过60 V(不同的产品标准根据使用条件的不同,可能有另外的规定)。如果由于设备功能所限,放电时间将大于5 s,那么一定要有明显的警示标志,指出放电时间大于5 s。通常,对于拔下插头以后的放电危险,在产品标准中都有更加严格的规定。例如在家用电器和电动工具的标准中规定,插头各插脚间的电压断开后1 s时不应超过34 V。

5. 间接接触防护的要求

间接接触防护的设置是与电器产品的防触电保护分类相关的。按照防触电保护的方式,可以将电器分为0类、Ⅰ类、Ⅱ类和Ⅲ类。对于某些产品,还增加了0Ⅰ类。

(1)0类电器的间接接触防护

0类电器其电击防护仅依赖于基本绝缘,即它没有将易触及可导电部件连接到固定布线中保护导体的措施,万一该基本绝缘失效,则电击防护依赖于环境。该类电器在许多国家(例如欧洲)不允许使用,目前在我国,某些产品不允许0类电器(如信息技术设备),某些产品尚未完全禁止使用(如家用电器)。0类电器依靠环境提供间接接触防护。因此,使用中要确保其安装环境符合要求。

(2)Ⅰ类和0Ⅰ类电器的间接接触防护

Ⅰ类电器其电击防护不仅依靠基本绝缘,还包括一个附加安全防护措施,这个防护措施是将易触及的可导电部件连接到固定布线中的保护(接地)导体上,以使得万一基本绝缘失效,易触及的可导电部件不会带电。这是最常见的电器结构,例如空调器、电风扇、复印机、落地灯等产品多采用这种结构。

Ⅰ类电器的间接接触防护通过以下方式实现:可导电易触及部件应该与保护导体连接件(接地端子)可靠连接;对于绝缘材料的易触及表面,应该提供双重绝缘或者加强绝缘;通过插头连接的电器应保证拔出插头时接地极最后断开。

0Ⅰ类电器是Ⅰ类电器的一种特别形式,其整体至少具有基本绝缘,并带有一个接地端子,但是其电源线不带接地导线,插头也没有接地插脚,需要用户在使用中另行完成接地连接。

(3)Ⅱ类电器的间接接触防护

Ⅱ类电器其电击防护不仅依靠基本绝缘,还提供如双重绝缘或加强绝缘那样的附加安全防护措施。该类电器没有保护接地,也不依赖安装条件。该类电器最显著的特征是没有接地装置,例如电吹风、手机充电器等。

Ⅱ类电器的间接接触防护通过以下方式实现:对于易触及表面,应该提供双重绝缘或者加强绝缘,也可以采用等效的保护(例如通过保护阻抗限制接触电流);对于仅通过基本绝缘与带电部件隔离的可导电部件，要使用附加绝缘进行防护；如果外壳的绝缘螺钉或固定件可以被金属件取代，而使用金属件后有可能破坏绝缘，则不能采用这样的绝缘螺钉或固定件；电器不得与保护(接地)导体进行连接；应该在标志上使用Ⅱ类结构符号。

(4)Ⅲ类电器的间接接触防护

Ⅲ类电器依靠安全特低电压供电，且其内部产生的电压不高于安全特低电压的器具。Ⅲ类电器不得有保护接地手段。使用电池供电的电器多数是Ⅲ类电器。

Ⅲ类电器的间接接触防护通过以下方式实现：电器的额定电压应不超过交流 50 V 或直流 120 V；内部电路在单故障条件下，产生的稳态电压不超过上述值。

(5)各种防触电保护类别的对比

值得注意的是，防触电保护类别并不代表其安全等级，并不能简单地说Ⅰ类电器比Ⅱ类电器更加安全，它只是反映了防触电保护的方式，这些方式是结合周围环境、电器本身以及供电系统而共同提供的。其主要特征以及安全措施对比见表 1.1。

表 1.1　不同防触电保护类别的对比

项目	0 类	Ⅰ类	Ⅱ类	Ⅲ类
主要特征	没有保护接地	有基本绝缘及保护接地	有附加绝缘不需要保护接地	由安全特低电压供电
安全措施	依靠使用环境	接地线与固定布线中的保护接地导体相连	双重绝缘或加强绝缘	安全特低电压

1.2.3　接触电流

1. 接触电流和泄漏电流

由于触电事故是电流流过人体后发生的。因此，对这个电流的测试是判断是否发生触电事故的关键。对于这个电流，在大多数产品标准中都称为泄漏电流，意思是由电器泄漏通过人体的电流。但通常在标准中“泄漏电流”还表示了其他的概念：比如绝缘的性能能否达到要求，是以泄漏电流值来确定的(例如一些产品标准规定在潮热试验后用泄漏电流来验证绝缘性能)；电器故障时流过保护导体的电流，也是以泄漏电流作为判定依据(例如评定压缩机堵转的试验结果)。因此，在考虑触电事故时，使用接触电流的概念是较为恰当的。接触电流定义为“当人体或动物接触一个或多个装置或设备的可触及部件时，流过其身体的电流”。就电器的防触电而言，主要考虑将接触电流限制在合理的范围内。

2. 接触电流限值的确定

根据前面的介绍，我们知道电流通过人体的效应有感知、反应、摆脱和心室颤动，如果接触电流超过摆脱阈，就会发生肌肉痉挛似的收缩、呼吸困难等现象，而在不超过摆脱阈时，不会产生有害的生理效应。因此，必须将接触电流限制在摆脱阈内。实际上，根据电器产品制造的特点以及实际应用的经验，各类产品标准对正常工作状态下接触电流限值的规定有以下两种：

(1)不超过反应阈(0.5 mA)。对于可能产生严重后果的场合，避免人由于感觉到电流而出现不由自主的反应(例如从梯子上摔下来)。在家用电器的标准 GB 4706.1 中，对于 0 类、0I 类和Ⅲ类器具均以 0.5 mA 作为接触电流限值。特别的，对于Ⅱ类器具，由于在正常使用时人接触的机会很多，而且没有连接到保护导体(接地)等措施，其接触电流限值为 0.25 mA。

(2)不超过摆脱阈(10 mA)。根据实际制造水平以及对风险的评估，限值在 0.5～10 mA。对于一些大型Ⅰ类固定式的器具(例如空调器)，由于其带有连接到保护导体(接地)的措施，而且发生事故时易于摆脱，其接触电流限值最大为 10 mA。对于Ⅰ类固定式电热器具(如固定安装的室内加热器)，规定接触电流最大限值为 5 mA。对于Ⅰ类固定式电动器具(如吊扇)，规定接触电流限值为 3.5 mA。对于便携式的Ⅰ类器具，规定接触电流限值为 0.75 mA。

3. 接触电流的测试网络

由于人体阻抗由阻性和容性分量组成，因此测试流经人体的接触电流时必须构建模拟人体的测试网络，即电路模型。随着对人体电气特性研究的深入，该测试网络也有相应的变化。

(1)传统的测试网络

该测试网络见图 1.13，采用了简单的电阻—电容并联电路，图 1.13 中 M 为电流计，回路的总电阻 $R_1+R_v+R_r$(R_r 为电流表的内阻)为(1750±250)Ω，通过并联电容 C 使得整个电路的时间常数为(225±15)μs。

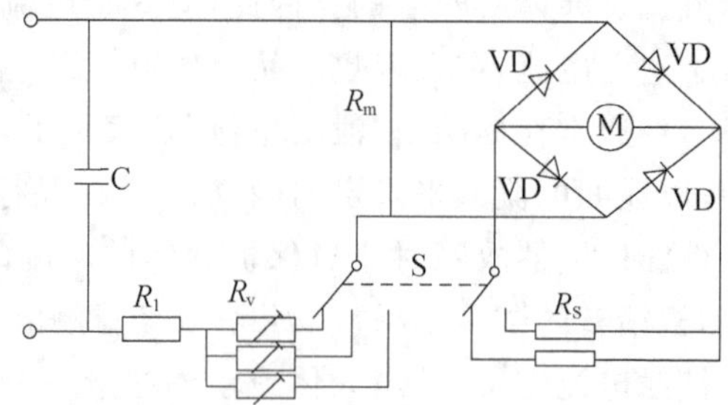

图 1.13　泄漏电流测试网络

(2)目前推荐的测试网络

根据对人体电气特性的研究，我们知道人体阻抗包括皮肤阻抗和内阻抗两部分，其中皮肤阻抗是容性的，与频率相关，频率越高阻抗越小，内阻抗基本是阻性的，与频率无关。因此，接触电流的测试网络也应该模拟人体对电流的频率效应。图 1.14 所示的网络适用于感知或反应电流的测试，图 1.15 所示的网络适用于摆脱电流的测试，其中 R_b 为模拟的人体内阻抗，R_s 和 C_s 模拟两接触点间总的皮肤阻抗，其中的 C_s 值由皮肤接触面积决定，接触面积越大其值越大。通常的测试面积是模拟人手的大小(10 cm×20 cm)，C_s 为 0.22 μF。

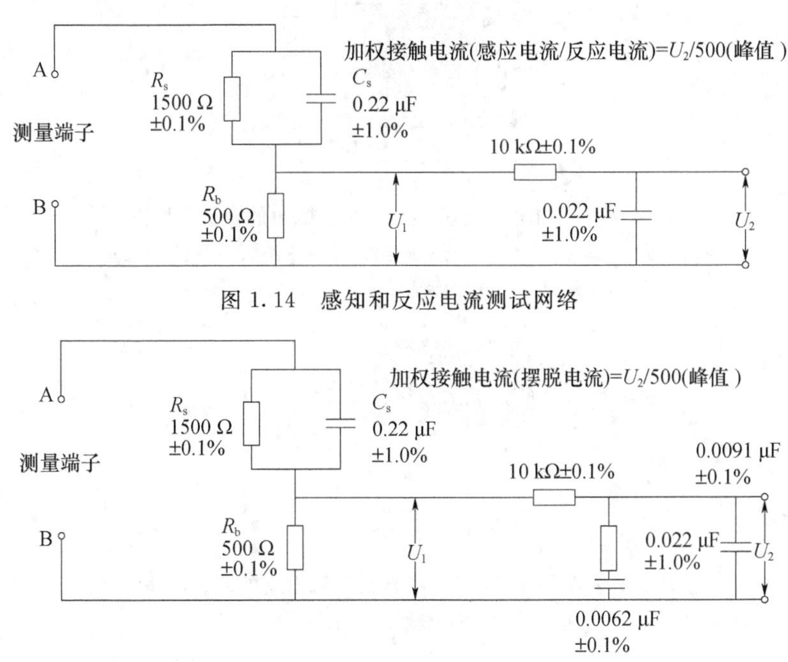

图 1.14　感知和反应电流测试网络

图 1.15　摆脱电流的测试网络

与图 1.13 所示的测试网络不同，图 1.14 和图 1.15 的测试网络考虑了高频情况下的测试结果，其频率因数与公布的频率因数曲线相比，除了在 300～10 kHz 有一点偏差外，其余部分均一致。频率因数的比较见图 1.16 和图 1.17。

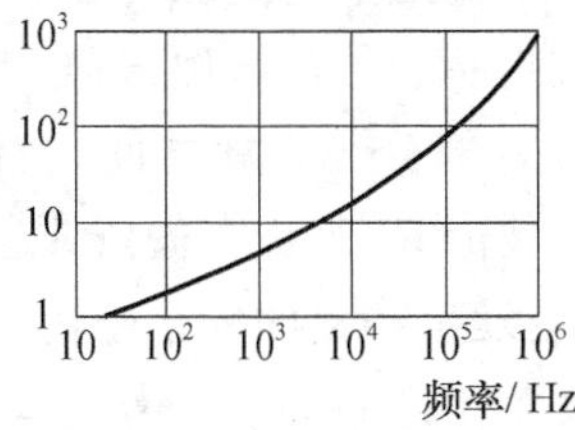

图 1.16　反应电流测试网络的频率因数

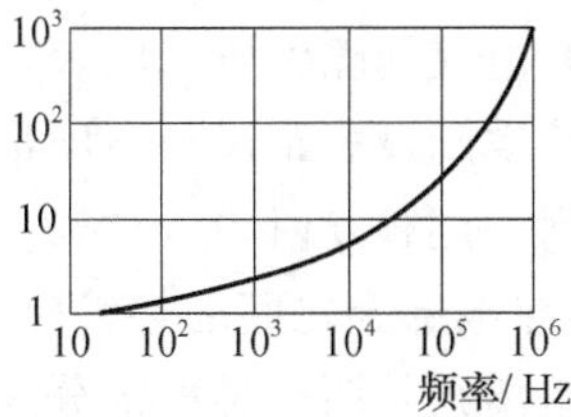

图 1.17　摆脱电流测试网络的频率因数

4. 接触电流的测试要求

为了保证安全，通常被试电器采用隔离变压器供电。如果不使用隔离变压器，被试电器可能会带有危险电压。如果不能采用隔离变压器供电，则应保证被试电器与大地良好绝缘，以免其他设备的泄漏电流影响测试结果，测试电极通常采用代表人手的 10 cm×20 cm 的金属箔，或者采用测试夹，在产品标准中另有规定的除外。图 1.18 是单相Ⅱ类电器的泄漏电流测试电路示意，对于非Ⅱ类电器的测试电路见图 1.19。

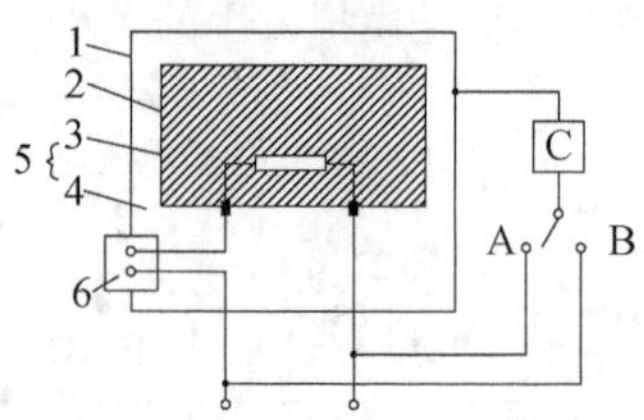

图 1.18　单相连接的Ⅱ类器具接触电流的测量电路图

1. 易触及部件；2. 不易触及金属部件；3. 基本绝缘；4. 附加绝缘；
5. 双重绝缘；6. 加强绝缘；A，B. 不同极性；C. 测试网络

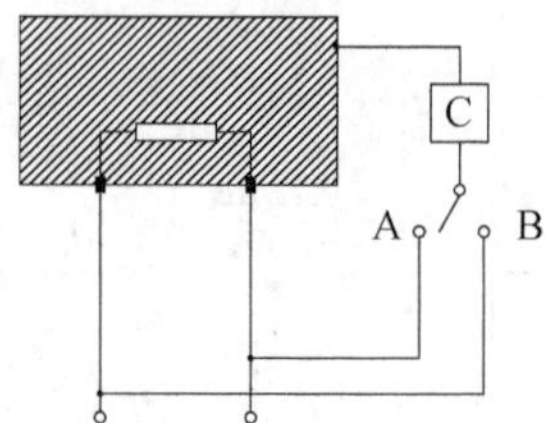

图 1.19　单相连接的非D类器具接触电流的测量电路图

A，B. 不同极性；C. 测试网络

1.2.4　电气间隙、爬电距离和固体绝缘

1. 概述

就构成绝缘材料的性质来讲，绝缘可以分为气体绝缘、液体绝缘和固体绝缘，一般的民用电器产品，很少使用特殊气体绝缘和液体绝缘，主要是空气绝缘和固体绝缘。

什么是电气间隙？电气间隙是两个导电部件之间或一个导电部件与器具的易触及表面之间的空间最短距离。不同带电部分之间或者带电部分与大地之间，当他们的空气间隙达到一定程度时，在电场的作用下，空气介质将被击穿，绝缘会失效或暂时失效。因此，在两导电部分之间的空气应该保持一个使之不会发生击穿的安全距离。

爬电距离则是两个导电部分之间沿着绝缘材料表面允许的最短距离。爬电距离过小，有可能使两个导电部分之间发生击穿，在有灰尘或水汽集聚的情况下，沿着绝缘物

表面会形成导电通路,使绝缘失效。

固体绝缘是电气设备中在不同导电部分之间作为绝缘的固体材料,其绝缘性能远远好于空气,但其绝缘性能仍然应该满足电气设备的总体要求。在一些标准中对固体绝缘的厚度有要求,称为穿通绝缘距离。与气体绝缘不同的是,固体绝缘材料在击穿后是不能恢复的,而且正常使用中许多不利因素(高温、腐蚀、污染等)会加速其老化。

在一些产品标准当中,针对基本绝缘、附加绝缘和加强绝缘,对电气间隙和爬电距离作出了详细的规定。比如,在《家用和类似用途电器的安全通用要求》中,规定在额定电压为130～250 V时,对于没有防止污物沉积的场合,基本绝缘的电气间隙不应小于4 mm、爬电距离不应小于3 mm,附加绝缘的电气间隙和爬电距离均不应小于4 mm,加强绝缘的电气间隙和爬电距离均不应小于8 mm。对于固体绝缘来讲,要求附加绝缘的穿通绝缘距离不应小于1 mm,对于加强绝缘要求不应小于2 mm。对于这些数值的规定,是在考虑了正常使用的电压应力、环境、机械、经验数据等各方面的因素之后,以及经验数据做出的规定。但是,随着电气产品制造业的不断发展,产品变得越来越小型化,人们也在寻求更为经济和有效率的绝缘方法,尤其对于固体绝缘材料,出现了很多体积小但绝缘性能很好的新材料。因此,对电气间隙、爬电距离和固体绝缘的研究不断有新的发现,相应的产品标准也在利用这些新成果。

在总结各种研究成果的基础上,IEC的绝缘配合技术委员会TC28提出了《低压系统内设备的绝缘配合 第一部分:原理、要求和试验》,我国也等同转化为国家标准。在该标准中,提出了绝缘配合的概念,绝缘配合统指电气设备根据其使用和环境条件来选择的电器绝缘,它由电气间隙、爬电距离以及固体绝缘组成,是对电气设备绝缘的统称。对于绝缘配合中的各个部分,都可以利用相关的试验来判定,而不是仅仅依赖于经验数据。根据研究结果,该标准对电气间隙、爬电距离和固体绝缘重新做出了规定,很多规定有别于以往的产品标准。例如电气间隙和爬电距离的要求就“放松”了。“放松”了并不意味着不安全,标准中的结果是通过试验证实的,而非以往的经验数值,整个标准体系更加严密了。

2. 电气间隙

电气间隙是与其可能承受的过电压以及环境的污秽程度相关的。因此,在解释电气间隙要求之前应该明确过电压、过电压类别、额定冲击电压、污染等级等概念。

(1)过电压

在理想的环境(没有由于雷电、开关造成的过电压,干燥条件等)下,如果单单从实现绝缘功能来讲,很小的电气间隙就足够了。试验表明,在接近海平面处,1 mm的电气间隙可以承受近2 kV的工频电压而不发生击穿。但是,在现实当中,存在各种过电压情况,电气间隙应该能够承受这些过电压,而不仅仅是电器的额定电压。过电压按照其时间长短可分为瞬态过电压和暂态过电压,瞬态过电压通常为高阻尼的,持续时间只有几毫秒或者更短,表现形式是振荡或非振荡的。而暂态过电压指持续时间相对长的工频过电压，通常由于电网波动或线路故障（比如供电系统单相接地、断相）引起的。瞬态过电压可以分为雷电过电压、操作过电压和功能过电压。其中雷电过电压由自然界中的雷电放电现象引起，包括直接雷击、雷电感应和雷电波侵入三种形式，具有时间短暂（微秒级）、冲击电压幅值高的特点，是危害最大的过电压，可能造成设备短路、触电等危害；操作过电压可能由于正常操作（比如开关操作）、线路故障引起；而功能过电压则是由于功能所需而设置的（比如负离子发生器和电子灭虫器的高压部分）。因此，在确定电气间隙时，必须考虑这些过电压的影响。

（2）过电压类别

为了限制过电压幅度，通常在供电线路中都安装了过电压的保护装置，比如避雷器、放电管等。但是，除了这些保护装置，电器本身也应按照其经受过电压的严酷程度来提供足够的绝缘保护。为了表征经受过电压的严酷程度，将所有的直接由低压电网供电的电气设备分成四个过电压类别：

1）过电压类别Ⅰ。也称为信号水平级，使用在电力系统末端的电器或部件，例如具有过电压保护的电子电路，该电路将瞬态过电压限制在相当低的水平。

2）过电压类别Ⅱ。也称为负载水平级，是由配电装置供电的耗能设备，例如家用电器、电动工具、照明灯具等。

3）过电压类别Ⅲ。也称为配电及控制水平级，是安装在配电装置中的设备，比如配电装置中的开关电器。

4）过电压类别Ⅳ。也称为电源水平级，是使用在配电装置电源端的设备，例如电表、前级过流保护设备等。

（3）额定冲击电压

对于电器来讲，其电气间隙能够承受多大的过电压才认为是合格呢？通常，是以冲击电压的形式来模拟过电压的。因此，就要确定电器的额定冲击电压。对于绝缘配合，将不造成击穿、具有一定形状和极性的冲击电压最高峰值称为冲击耐压。制造厂为电器规定的冲击耐压叫做额定冲击电压。额定冲击电压的选取见表 1.2。以额定电压为 220 V 的电冰箱为例，相电压小于 300 V，电压类别为Ⅱ类，其额定冲击电压应为 2500 V。

表 1.2　直接由低压电网供电的设备的额定冲击电压

电源系统的标称电压/V		从交流或直流标称电压导出的线对中性点的电压（小于或等于）/V	设备的额定冲击电压/V			
			过电压（安装）类别			
三相	单相		Ⅰ	Ⅱ	Ⅲ	Ⅳ
	120～240	50	330	500	800	1500
		100	500	800	1500	2500
		150	800	1500	2500	4000

续表

<table>
<tr><th colspan="2">电源系统的标称电压/V</th><th rowspan="3">从交流或直流标称电压导出的线对中性点的电压(小于或等于)/V</th><th colspan="4">设备的额定冲击电压/V</th></tr>
<tr><th colspan="2"></th><th colspan="4">过电压(安装)类别</th></tr>
<tr><th>三相</th><th>单相</th><th>Ⅰ</th><th>Ⅱ</th><th>Ⅲ</th><th>Ⅳ</th></tr>
<tr><td>230/400</td><td rowspan="4">120～240</td><td>300</td><td>1500</td><td>2500</td><td>4000</td><td>6000</td></tr>
<tr><td>277/480</td><td>300</td><td>1500</td><td>2500</td><td>4000</td><td>6000</td></tr>
<tr><td>400/690</td><td>600</td><td>2500</td><td>4000</td><td>6000</td><td>8000</td></tr>
<tr><td>1000</td><td>1000</td><td>4000</td><td>6000</td><td>8000</td><td>12000</td></tr>
</table>

(4)污染等级

在电器的使用过程中,大气中的固体颗粒、尘埃和水能够完全桥接小的电气间隙,而且在潮湿的环境 F,非导电性污染也会转化为导电性污染。因此,必须考虑到电器使用环境中的大气污秽程度对电气间隙的影响。将电气间隙所处微观环境按照污染等级分为 4 级:

1)污染等级 1。表示无污染或者仅有干燥的、非导电性的污染,该污染没有任何影响。通常,如果有防止污物沉积的保护措施,例如电路板的隔离放置,可以认为是属于该污染等级。

2)污染等级 2。表示一般仅有非导电性污染,或者有凝露等偶然发生的导电性污染。多数家用电器被认为属于该污染等级。

3)污染等级 3。表示有导电性污染或者由于预期的凝露使得干燥的非导电性污染变为导电性污染。比如冰箱中可能承受凝露的某些绝缘材料、风扇加热器中空气流经的绝缘材料、干衣机中的绝缘材料等。

4)污染等级 4。表示会造成持久的导电性污染。例如由于导电尘埃或雨雪引起的,该等级对一般的家用电器不适用,通常在户外使用的电器属于该污染等级。

(5)电气间隙的确定

根据绝缘配合要求的冲击耐压和污染等级,给出了最小电气间隙要求(见表 1.3)。对于由电网供电的电器,一般属于非均匀电场,即情况 A 适用。

对于基本绝缘和附加绝缘,电气间隙应不小于表 1.3 中的规定,冲击耐压按照其额定冲击电压选定。对于加强绝缘,应该按照比基本绝缘高一级额定冲击耐压来确定,冲击耐压按照其额定冲击电压选定。对于功能绝缘,电气间隙应不小于表 1.3 中的规定,但是冲击耐压按照跨电气间隙两端预期可能发生的最大冲击电压。在实际的产品标准中,出于机械方面的考虑,可以增大电气间隙的限值要求。

表 1.3 绝缘配合的最小电气间隙

<table>
<tr><th rowspan="4">要求的冲击耐受电压/kV</th><th colspan="8">海拔至 2000 m 的最小电气间隙/mm</th></tr>
<tr><th colspan="4">情况 A(非均匀电场)</th><th colspan="4">情况 B(均匀电场)</th></tr>
<tr><th colspan="4">污染等级</th><th colspan="4">污染等级</th></tr>
<tr><th>1</th><th>2</th><th>3</th><th>4</th><th>1</th><th>2</th><th>3</th><th>4</th></tr>
<tr><td>0.33</td><td>0.01</td><td rowspan="6">0.2</td><td rowspan="8">0.8</td><td rowspan="10">1.6</td><td>0.01</td><td rowspan="7">0.2</td><td rowspan="11">0.8</td><td rowspan="13">1.6</td></tr>
<tr><td>0.40</td><td>0.02</td><td>0.02</td></tr>
<tr><td>0.50</td><td>0.04</td><td>0.04</td></tr>
<tr><td>0.60</td><td>0.06</td><td>0.06</td></tr>
<tr><td>0.80</td><td>0.10</td><td>0.10</td></tr>
<tr><td>1.0</td><td>0.15</td><td>0.15</td></tr>
<tr><td>1.2</td><td>0.25</td><td>0.25</td><td>0.2</td></tr>
<tr><td>1.5</td><td>0.5</td><td>0.5</td><td>0.3</td><td>0.3</td></tr>
<tr><td>2.0</td><td>1.0</td><td>1.0</td><td>1.0</td><td>0.45</td><td>0.45</td></tr>
<tr><td>2.5</td><td>1.5</td><td>1.5</td><td>1.5</td><td>0.6</td><td>0.6</td></tr>
<tr><td>3.0</td><td>2</td><td>2</td><td>2</td><td>2</td><td>0.8</td><td>0.8</td></tr>
<tr><td>4.0</td><td>3</td><td>3</td><td>3</td><td>3</td><td>1.2</td><td>1.2</td><td>1.2</td></tr>
<tr><td>5.0</td><td>4</td><td>4</td><td>4</td><td>4</td><td>1.5</td><td>1.5</td><td>1.5</td></tr>
<tr><td>6.0</td><td>5.5</td><td>5.5</td><td>5.5</td><td>5.5</td><td>2</td><td>2</td><td>2</td><td>2</td></tr>
<tr><td>8.0</td><td>8</td><td>8</td><td>8</td><td>8</td><td>3</td><td>3</td><td>3</td><td>3</td></tr>
<tr><td>10.0</td><td>11</td><td>11</td><td>11</td><td>11</td><td>3.5</td><td>3.5</td><td>3.5</td><td>3.5</td></tr>
</table>

3. 爬电距离

爬电距离与其所处的微观环境、电压、方向和位置、绝缘表面的形态、电压作用的时间以及绝缘材料的种类都有密切关系，其中绝缘材料的种类影响很大。

(1)绝缘材料组别

当绝缘表面污染到一定程度时，带电部件之间的漏电流已经比较大，这时由于水汽蒸发原因会使得漏电流分断，并形成闪烁。闪烁过程中释放的能量使绝缘表面遭到损伤。在长时间作用下，绝缘性能逐渐劣化，并形成导电通道(漏电起痕)，从而使得绝缘失效。为了表征绝缘材料的耐损伤特性，设计了耐漏电起痕的试验，并且以“相比漏电起痕指数(CTI)”的大小来进行分级。具体为：绝缘材料组别Ⅰ：600≤CTI；绝缘材料组别Ⅱ：400≤CTI<600；绝缘材料组别Ⅲ：175≤CTI<400；绝缘材料组别Ⅳ：100≤CTI<175。

简单地说，CTI 值可以看成是不发生漏电起痕的最高电压值。在某些版本比较旧的产品标准当中，漏电起痕试验是作为判断材料耐燃性的一个指标。但是，作为材料的固有特性之一，漏电起痕与爬电距离结合在一起才更有意义。对于 CTI 低的材料，只要其爬电距离足够大，仍然能够满足整个绝缘系统的要求。

(2)爬电距离的确定

根据绝缘配合要求的长期承受电压、污染等级以及绝缘材料组别，最小爬电距离见表 1.4。对于基本绝缘和附加绝缘，爬电距离应不小于表中的规定；对于加强绝缘，应该按照基本绝缘电压的二倍来确定电压；对于功能绝缘，爬电距离应不小于表 1.4 中的规定(表中的工作电压为所考核部分的实际工作电压)。

表 1.4　长期承受电压作用的设备的最小爬电距离

电压有效值/V	爬电距离/mm											
	印刷电路材料		污染等级									
	污染等级											
	1	2	1	2			3			4		
				材料组别			材料组别			材料组别		
				Ⅰ	Ⅱ	Ⅲ	Ⅰ	Ⅱ	Ⅲ	Ⅰ	Ⅱ	Ⅲ
40	0.025	0.04	0.16	0.56	0.8	1.1	1.4	1.6	1.8	1.9	2.4	3
50	0.025	0.04	0.18	0.6	0.85	1.2	1.5	1.7	1.9	2	2.5	3.2
63	0.04	0.063	0.2	0.63	0.9	1.25	1.6	1.8	2	2.1	2.6	3.4
80	0.063	0.1	0.22	0.67	0.95	1.3	1.7	1.9	2.1	2.2	2.8	3.6
100	0.1	0.16	0.25	0.71	1	1.4	1.8	2	2.2	2.4	3	3.8
125	0.16	0.25	0.28	0.75	1.05	1.5	1.9	2.1	2.4	2.5	3.2	4
160	0.25	0.4	0.32	0.8	1.1	1.6	2	2.2	2.5	3.2	4	5
200	0.4	0.63	0.42	1	1.4	2	2.5	2.8	3.2	4	5	6.3
250	0.56	1	0.56	1.25	1.8	2.5	3.2	3.6	4	5	6.3	8
320	0.75	1.6	0.75	1.6	2.2	3.2	4	4.5	5	6.3	8	10
400	1	2	1	2	2.8	4	5	5.6	6.3	8	10	12.5
500	1.3	2.5	1.3	2.5	3.6	5	6.3	7.1	8	10	12.5	16
630	1.8	3.2	1.8	3.2	4.5	6.3	8	9	10	12.5	16	20
800	2.4	4	2.4	4	5.6	8	10	11	12.5	16	20	25
1000	3.2	5	3.2	5	7.1	10	12.5	14	16	20	25	32
1250			4.2	6.3	9	12.5	16	18	20	25	32	40
1600			5.6	8	11	16	20	22	25	32	40	50
2000			7.5	10	14	20	25	28	32	40	50	63
2500			10	12.5	18	25	32	36	40	50	63	80
3200			12.5	16	22	32	40	45	50	63	80	100
4000			16	20	28	40	50	56	63	80	100	125
5000			20	25	36	50	63	71	80	100	125	160
6300			25	32	45	63	80	90	100	125	160	200
8000			32	40	56	80	100	110	125	160	200	250
10000			40	50	71	100	125	140	160	200	250	320

(3)爬电距离和电气间隙的关系

从定义中可以看出，爬电距离不能小于相关的电气间隙。通常，爬电距离是大于电气间隙的，但是对于不会发生漏电起痕的玻璃、陶瓷和其他无机绝缘材料，爬电距离可以等于相应的电气间隙。

4. 固体绝缘

(1)影响固体绝缘性能的因素

固体绝缘材料绝缘性能的损坏是不可恢复的，偶尔发生的高压峰值就可能出现破坏性效果，比如正常使用中的过电压或者出厂的耐压试验。通过研究发现，对绝缘的不利影响是可以积累的，电场强度、热以及环境等不利因素的叠加造成了绝缘的老化。值得注意的是，绝缘厚度与绝缘失效基本没有关系(排除机械方面的影响)，只有通过试验才能评价绝缘材料的性能，规定固体绝缘的最小厚度以求得长期耐电能力是不合适的。但是在有些产品标准中，由于考虑使用以及制造过程中的影响因素，对于穿通绝缘距离进行了规定。

外加电压的频率会极大地影响绝缘材料的电气性能。在施加电压不变的情况F频率升高，则失效时间变短。然而，在较高频率下，也存在其他的失效机理，比如发热增加。大多数情况下，器具绝缘承受的电压等于其电源电压。因此，根据电源电压以及使用寿命可以选择合适的材料。但是，在某些情况下，内部工作电压可能超过电源电压，也要引起注意。例如电动机因为副绕组中的电容器会产生谐振电压、负离子发生器的高压电场等。

发热会造成绝缘材料性能下降，例如挥发、氧化和长期化学反应，但是失效通常由于物理原因造成，例如断裂、变脆和击穿等，这个过程是个长期的过程。任何绝缘都有适用温度，当温度超过时，绝缘性能将急剧变差。其他方面，机械应力(如震动、冲击)会造成绝缘材料脱落、断裂；湿度会使得表面污染恶化形成漏电起痕，从而降低吸湿材料的性能；紫外线可以使橡胶老化；化学溶剂会造成的应力裂纹；温度升高可以使非金属材料变形等，都是影响绝缘性能的因素。

(2)电气强度试验

对于绝缘性能的主要要求是其在电器的正常工作条件下，能保持长期有效。在实际的检验过程中，不可能长时间模拟正常工作条件，因此采用升高绝缘耐受电压、缩短施加耐压时间的方法对绝缘的电气强度进行评价。

在标准中对固体绝缘的电气强度试验都做出了规定，试验电压根据绝缘类型(基本绝缘、附加绝缘、加强绝缘、功能绝缘等)有所区别，规定基本绝缘的试验电压为1250 V，附加绝缘的试验电压为2500 V，加强绝缘的试验电压为3750 V，试验时间通常为1 min。但是由于各种因素的影响，不同的产品标准对某类绝缘规定的试验电压值可能不同。在有些产品标准当中，还规定冲击电压试验，用来验证小于规定值的电气间隙，意味着只要能够通过该试验，标准要求的电气间隙可以进一步减小。冲击耐压试验的波形见图 1.20，T_1/T_2 为 1.2/50 μs。

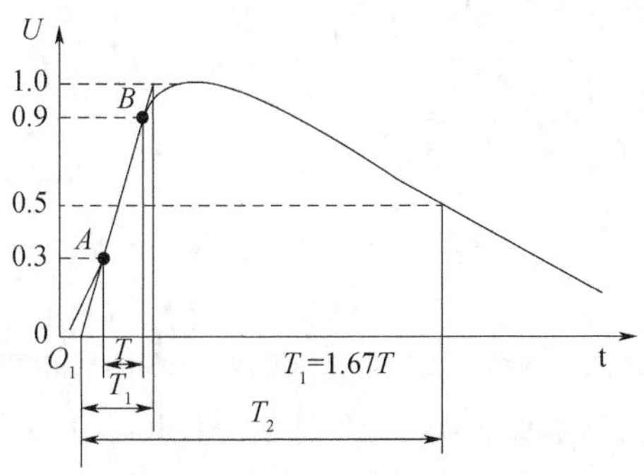

图 1.20　冲击电压试验波形

(3)固体绝缘材料的击穿

固体绝缘材料在电场的作用下，会产生极化，并有漏电流，在电场场强高处会发生局部放电，这些都将引起损耗发热，在交流的情况下比直流的发热更厉害。当电场强度到达某一值时，会在绝缘中形成导电通道而使绝缘破坏，这种现象称为击穿。绝缘击穿后，会出现烧痕、裂缝或熔化的通道。与气体或者液体不同的是，即使去掉电压，也不能恢复其绝缘性能。

固体绝缘的击穿，有电击穿、热击穿、电化学击穿等形式。电击穿的特点是时间短、击穿电压高，与周围温度几乎无关；热击穿由于绝缘局部温度骤增，使局部烧焦炭化，形成导电通道从而击穿，特点是击穿电压较低，时间较长，绝缘温升高；电化学击穿是由于游离、发热和化学反应的综合作用而击穿，击穿电压很低，时间极长。

(4)固体绝缘的耐热等级

由于温度通常是对固体绝缘材料和绝缘结构老化起支配作用的因素。因此，规定了一种实用的、被世界公认的耐热性分级方法，即将固体绝缘的耐热性划分为若干耐热等级。各耐热等级以及对应的允许温度见表 1.5。

表 1.5　固体绝缘的耐热等级

耐热等级	允许温度/℃	耐热等级	允许温度/℃
Y	90	Ⅱ	180
A	105	200	200
E	120	220	220
B	130	250	250
F	155		

我国将相应的国际标准转化为国家标准《电气绝缘的耐热性评定和分级》，采用了同样的分级方法。值得注意的是，表中列出的是允许温度，而非温升，亦即电器产品在正常工作中的绝缘最高温度不得超过该值。

1.3 机械危险的防护

1.3.1 外壳防护等级

外壳是防护的直接屏障，它既要实现电气防护的功能，也要实现机械防护的功能，其目的是使电器实现其防触电保护类别，并且使得使用者不受到机械伤害。

《外壳防护等级的分类》对电器产品的外壳防护等级进行了分类，该标准涉及两种防护：一是防止人体触及或接近外壳内部的带电部分和运动部件，防止固体异物进入外壳内部；二是防止水进入外壳达到有害程度。该标准规定外壳防护等级的代号由特征字母 IP、两位特征数字、附加字母和补充字母表示，具体方式如图 1.21 所示。一般情况下，产品的铭牌上除了 IPX0（没有专门的防护）不用标出外，其他防护等级均应标出。第一位特征数字包括 0～6 共 7 个数字，其含义见表 1.6。第二位特征数字包括 0～8 共 9 个数字，其含义见表 1.7。附加字母包括 A、B、C、D 四个字母，其含义见表 1.8。补充字母包括 H、M、S、W4 个字母，其含义见表 1.9。

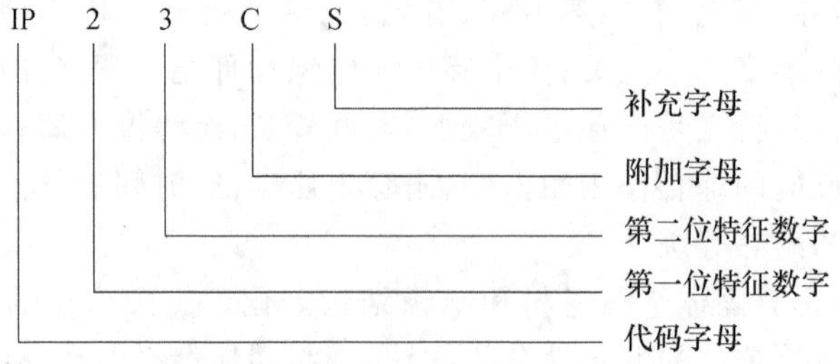

图 1.21　外壳防护等级代号

表 1.6　外壳防护等级第一位数字的含义

特征数字	含义
0	没有专门防护
1	能防止直径大于 50 mm 的固体异物进入壳体；能防止人体的某一大面积部分（如手掌）偶然或意外触及壳内带电部分或运动部分，但不能防止有意识的接近

续表

特征数字	含义
2	能防止直径大于 12 mm，长度不大于 80 mm 的固体异物进入壳内，能防止手指触及壳内带电部分或者运动部件
3	能防止直径大于 2.5 mm 的固体异物进入壳体能防止厚度(或直径)大于 2.5 mm 的工具、金属线等触及壳内带电部分或运动部分
4	能防止直径大于 1 mm 的固体异物进入壳体能防止厚度(或直径)大于 1 mm 的工具、金属线等触及壳内带电部分或运动部分
5	不能完全防止尘埃进入，但进入量不能达到妨碍设备正常运转的程度
6	无尘埃进入

表 1.7　外壳防护等级第二位数字的含义

特征数字	含义
0	无防护
1	垂直滴水无影响
2	倾斜 15°滴水无影响
3	防淋水，与垂直成 60°范围内淋水无影响
4	防溅水，任何方向溅水无影响
5	防喷水
6	防强烈喷水
7	防短时浸水
8	防持续潜水

表 1.8　外壳防护等级附加字母的含义

附加字母	含义
A	防止手背接近
B	防止手指接近
C	防止工具接近
D	防止金属线接近

表 1.9 外壳防护等级补充字母的含义

补充字母	含义
H	高压设备
M	防水试验在设备的可动部件(如电机转子)运行时进行
S	防水试验在设备的可动部件(如电机转子)静止时进行
W	适用于规定的气候条件和有附加防护特点或过程

1.3.2 安全距离

对于某些电器产品,由于其功能所限,无法通过外壳防护的方法实现防护,必须通过设置一定的安全距离达到目的。比如吊扇的机械防护,0 类电器的触电防护等。

安全距离见图 1.22。这个范围是按照人体测量学给出的人体统计尺寸并考虑了适当的安全余量规定的。图中 S 为预计有人站立的面,图中上半部分为正视剖图,下半部分为俯视剖图,通常距离达到或者超过 2.5 m 则认为在伸臂范围之外,图中 1.25 m 和 0.75 m 的距离则是考虑了蹲坐、屈膝、跪、俯卧等操作姿势的伸臂距离。

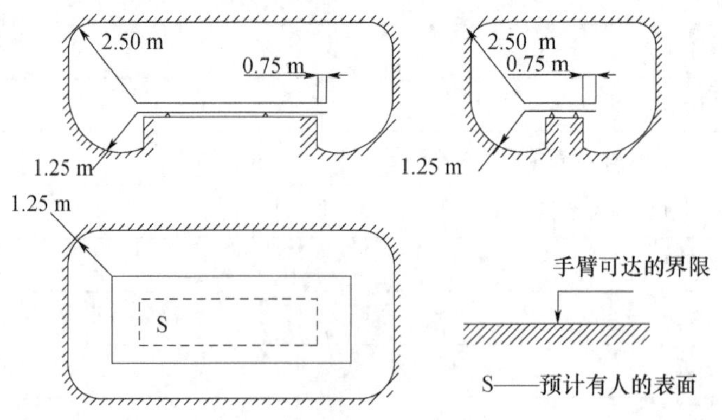

图 1.22 手臂可以达到的区域

一般情况下,在图中阴影部分以外,即可以认为正常状态下不可触及。但是,根据产品的实际使用情况,不同的标准可能会有不同的规定。例如,电风扇的标准规定吊扇对带电部分实行防护的情况(Ⅰ类)下,最小安装高度为 2.3 m(该高度可以认为是双臂握拳上举高度),而没有采用伸臂范围 2.5 m 的距离。

1.3.3 机械强度

构成外壳的材料为了实现适当的封闭功能外,必须具备足够的机械强度,能够应付正常使用当中可能出现的磨损、震动、撞击，还要能应付可以预期的鲁莽的搬运。对于机械强度的试验方法有很多，比较典型的是弹簧冲击试验器的冲击试验，对电器的薄弱位置实施打击，打击能量多数为 0.5 J(也有标准规定的能量高于此值)。还有一些标准(比如电子产品)规定产品要经过震动试验，还有一些标准则模拟实际的跌落、撞击(比如电动工具)试验，试验后电器的损坏不得影响绝缘配合以及触电的防护。对于电器产品或其零部件的动力学试验方法见表 1.10。

表 1.10　动力学试验分类

试验项目	标准
撞击弹簧锤	GB/T2423.44
撞击摆锤	GB/T2423.46
振动(正弦)	GB/T2423.10
稳态加速度	GB/T2423,15
倾斜和摇摆	GB/T2423.31
弹跳	GB/T2423.39
声振	GB/T2423.47
冲击	GB/T2423.5
结构强度与撞击	GB/T2423.52
碰撞	GB/T2423.6
倾跌与翻倒(主要用于设备型样品型)	GB/T2423.7
自由跌落	GB/T2423.8

1.4　过热危险的防护

1.4.1　过热对人的危害

电器在将电能转化为其他各种能量方式时，不可避免地要产生热量，尤其电器设计不合理和发生接触不良时，更会产生局部过热，过热造成的危险主要在三个方面：①引起人员灼伤；②使绝缘性能劣化，引发间接触电事故；③引发电器本身或周围环境起火，造成火灾。

过热对人的直接危害主要表现为灼伤，也有因此导致误操作而引发的其他事故，例如由于人接触过热部件躲避而造成的事故。在各个产品标准中，对于电器在正常使用中与人接触部位的温升做出了详细规定，表 1.11 列出了规定，其他标准的规定也基本一致。这些温升限值是以环境温度通常不超过 25 ℃但偶然可以达到 35 ℃为基础的。

表 1.11　人可接触器具部位的允许温升限值

可触及部分	可触及部分的材料	温升限值/K
电动器具的外壳(不包括操作手柄、把手等)	所有材料	60
连续握持的手柄、把手	金属	30
	陶瓷或玻璃	40
	模制材料、橡胶或木制	50
短时握持的手柄、把手	金属	35
	陶瓷或玻璃	45
	模制材料、橡胶或木制	60

1.4.2　过热对电气绝缘的危害

过热对电气绝缘的危害主要表现在：

(1)由于内应力的消除造成机械上的变形，如接插件的结合部位、接线端子的接线处。

(2)对于某些热塑性材料，温度较高可以使之软化变形。

(3)由于塑化剂损失造成某些材料脆裂。

(4)如果超过材料的璃态转变温度会软化某些交联材料。

(5)增大的介电损耗导致热不稳定性和损坏。

(6)高温度梯度(例如短路过程)会造成机械上的故障。

表 1.12 列出了对绝缘材料温升的规定，其他标准的规定也基本一致。这些温升限值是以环境温度通常不超过 25 ℃，但偶然可以达到 35 ℃为基础的。

表 1.12　绝缘材料的温升限值

测量部位	绝缘材料	温升限值/K
绕组	A 级	75(65)
	E 级	90(80)
	B 级	95(85)
	F 级	115
	H 级	140
	200 级	160
	220 级	180
	250 级	210

续表

测量部位	绝缘材料	温升限值/K
器具输入插口的插脚	适用于高热环境的	130
	适用于热环境的	95
	适用于冷环境的	40
驻立式器具的外导线用接线端子	——	60
开关,温控器及限温器的周围环境	不带T一标志	30
	带T一标志	T－25
内部布线和外部布线、包括电源软线的橡胶或聚氯乙烯绝缘	不带额定温度	50
	带额定温度(T)	T－25
对电线和绕组所规定绝缘以外用作绝缘的材料	已浸渍过或涂覆的织物、纸或压制纸板	70
	玻璃纤维增强聚酯	110
	硅酮橡胶	145
	聚四氟乙烯	265
	用作附加绝缘或加强绝缘的纯云母和紧密烧结的陶瓷材料	400
层压件	三聚氰胺-甲醛树酯、酚醛树脂或酚-糠醛树脂	85
	脲醛树脂	65
印刷电路板	环氧树脂粘合	120
模制件	含纤维素填料的酚醛	85
	含无机填料的酚醛	100
	三聚氰胺醛甲醛	75
	脲醛	65

1.4.3　过热对火灾的影响

过热对火灾的影响可以分为直接和间接两种。直接的影响指电器在正常使用过程中使得周围环境局部过热,造成火灾;或者在预期的非正常工作条件下,例如电水壶的热控制器失灵造成干烧,电器没有安装另外的热断路器,或即使有但不能很好地工作,使得电器本身起火造成火灾。而间接的影响则是指由于绝缘的劣化而引发电气短路,形成火灾。在各个产品标准当中都根据实际使用条件,限制过热对环境的影响,例如规定电器放置在木制测试角中试验,正常工作时木材的温升不应该超过 65 K,在非正常工作时木材温升不超过 150 K。

为了限制过热的影响，电器必须采取一定的保护措施，而不能单单依靠使用者的看护。通常采用的过热保护措施有：使用热断路器或者过载保护器；选用高温度等级的绝缘材料；避免绝缘材料与发热部件接触或采用隔离措施；采用合理的散热措施或者强制散热。

1.5　器具火灾危险的防护

1.5.1　概述

在由于电气安全而发生的事故中，触电和火灾是危害最大的。电器产品的标准也围绕这两个问题做出了详细的规定。火灾不仅对人，对财产也会造成相当大的危害。据《中国火灾统计年鉴》显示，2002 年因电气原因引发的火灾占各类火灾总数的 21.3%，损失高达 32.5%。引发电气火灾的原因大致可分为过热、漏电和电器本身的问题，在这里主要探讨电器本身对火灾危险的防护。

对于火灾危险，有几个方面需要注意：一是电器本身的着火危险，二是火焰蔓延的危险，这其中又包括电器本身着火后蔓延的危险，以及外部火源引燃电器的危险。在电器产品的设计中，必须考虑对火灾的防护要求，通常采取的措施包括：

(1)采用在过载或者故障条件下不易燃或不起燃的部件、设计回路和保护装置，例如使用热断路器，在温度过高时切断电源。

(2)采用有一定耐热耐燃性能的非金属材料，例如添加阻燃剂等方式。

(3)通过设计充分限制火势传播和火焰蔓延，例如采用隔离屏蔽的方法。

1.5.2　着火危险程度评定的影响因素

对着火危险的评定按照对生命和财产损失的可能性来评估，当产品在着火时对生命和财产的危害越大，应该采用越严酷的评定程序。表 1.13 列出了在评定时应该考虑的各种因素。

表 1.13　着火危险程度的影响因素

分类	影响因素	看火危险的严酷程度	
		高→低	
环境条件	环境温度	高	低
	尘或潮湿	出现	无
	大气压	高	低
	共存的可燃物	不控制	无
	燃烧爆炸危险	出现	无

续表

分类	影响因素	着火危险的严酷程度	
		高——▸低	
安装条件	可控制的获得功率	高	低
	电压	高	低
	与电源的连接	无极性	有极性
	供电的过电压和冲击	高	低
	共存的可燃物	靠近	离开
	着火探测和灭火装置	无	有
	建筑物高度	高	低
	在建筑物的位置	内部	外部
使用条件	操作者看管状况	无	连续的
	操作者的经验	外行	合格者
	维护与校验	无	定期
	与电源的连接	连续	暂时
	使用的持续性	长期	短时

1.5.3 着火危险评估的方法

对着火危险的评估应该依据产品的实际使用环境，模拟实际中可能发生的效应进行试验。可以单独对某种材料预制试样进行试验，也可以选择成品或其中的某个部件进行试验，在实际应用中，已经形成了多种行之有效的试验和评估方法。常用的试验方法见表 1.14，其中应用最多的是灼热丝和针焰试验，以下进行简单介绍。

表 1.14 常用的着火危险评估方法

方法	依据的标准
灼热丝	GB/T5169.11《电工电子产品着火危险试验方法成品的灼热丝试验和导则》
针焰	GB/T5169.5《电工电子产品着火危险试验 第 2 部分：试验方法第 2 篇：针焰试验》
不良接触发热源	GB/T5169.6《电工电子产品着火危险试验用发热器的不良接触试验方法》
本生灯	GB/T5169.7《电工电子产品着火危险试验本生灯型火焰试验方法》
大电流起弧	GB4943《信息技术设备的安全》
电热丝	GB4943《信息技术设备的安全》
炽热棒	GB/T11020《测定固定电气绝缘材料暴露在引燃源后燃烧性能试验方法》
氧指数	GB/T2406《塑料燃烧性能试验方法氧指数法》

1. 灼热丝试验

在表1.14列出的试验方法中，比较常用的是灼热丝试验，该试验用以评估非金属材料零件对点燃和火焰蔓延的抵抗能力。

灼热丝试验利用温度受控制的具有特定形状的电热丝，以选定的温度和压力灼烫样品，维持一段时间后脱离接触。根据在灼烫期间样品的燃烧情况，脱离接触后的燃烧或熄灭情况，以及滴落物对铺底层的引燃情况对样品进行合格判定。该试验可以模拟在故障或者过载条件下，热源造成的短时间的热应力和热效应。对试验温度的选定举例见表1.15。

表1.15 灼热丝试验温度

试验部位	温度/℃	备注
外部非金属部件	550	依据GB4706.1—1998
对有人照管下工作的器具，支撑超过0.5 A载流连接件的绝缘材料部件	650	依据GB4706.1—1998
对无人照管下工作的器具，支撑超过0.5 A载流连接件的绝缘材料部件	750	依据GB4706.1—1998

2. 针焰试验

灼热丝试验是评估电器产品或其部件本身着火的危险程度，而针焰试验则用以评估局部小火焰灼烧的情况下火势传播和火焰蔓延的危险程度。针焰试验采用特定形状的燃烧器，使用纯度95%以上的丁烷气体，调节火焰高度为(12±1)mm对样品灼烧，根据样品和铺底材料的燃烧情况以及火焰离开后的燃烧持续时间对合格与否做出评价。

利用针焰试验可以确保在规定的条件下，试验火焰不会引起样品起燃，或者在起燃的情况下，其燃烧持续时间或燃烧长度是有限的，并且火焰和燃烧滴落物不会造成火势蔓延。

需要注意的是，由于样品的尺寸、施加火焰位置、空气流通等条件对试验结果影响很大，因此应该尽可能模拟实际情况选取完整的设备、部件或者元件，如果必须要拆除之后才能进行试验，应该保证试验条件与正常使用出现的情况没有显著差别。

1.6 毒性和辐射危险的防护

1.6.1 辐射

随着电器产品的飞速发展，有些能产生有害物质或辐射的电器产品，如紫外臭氧消毒柜、微波炉、超声波加湿器也已进入寻常百姓家中。有些人对此谈虎色变，有些人掉已轻心，因此对电器产品的毒性和辐射危险的正确认识和检验已是刻不容缓。

1. 辐射的定义和种类

以粒子或者以波的形式进行的能量传递、传播及吸收活动，称为辐射。辐射可分为电离辐射和非电离辐射两种。辐射的种类和划分详见图 1.23。电离辐射是一种有足够能量使电子离开原子所产生的辐射，当它照射到物体上，包括人体的细胞上时，会产生离子，从而也会导致身体组织的功能性变化。非电离辐射不会造成物质的电离，这种类型的辐射包括了在电磁波谱段中，从紫外到无线电波段的电磁波以及激光。电离辐射含有非常高的能量，会把原子和分子电离成离子，产生的热效应很小，破坏细胞结构引发癌症。非电离辐射的能量则比电离辐射低很多，会产生热效应，手机辐射是非电离辐射的一种。

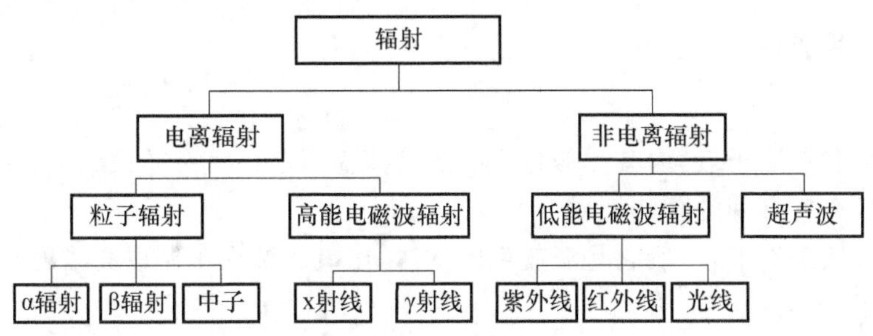

图 1.23　辐射的种类

吸收剂量是用来量度电离辐射与物质相互作用时，单位质量物质吸收辐射能量多少的一个物理量。在正常情况下，吸收剂量愈大，危害亦愈大。吸收剂量的单位是戈瑞(戈)，符号为 Gy。Sv 是辐射剂量单位，低剂量电离辐射标准是 0～100 mSv。我们平时的胸透所用 X 射线的辐射剂量为 20 Sv，对人的生物效应在医学界尚有较大分歧，一旦我们需要检验可能产生辐射，尤其是产生电离辐射的产品，务必熟悉产品说明并做好防护措施。常见产生电离辐射产品有火灾探测器、夜光手表、荧光应急指示牌、避雷装置、医疗用途的 CT 机、X 光机等。常见产生非电离辐射产品有手机、超声波驱蚊器、灭蚊灯、消毒柜、微波炉、电磁炉、电视机、激光幻像机等。

2. 对辐射的防护

在区分清楚辐射的性质，并根据说明书确认辐射剂量的大小之后，采取相应的防护措施即可。表 1.16 列出几种辐射穿透力。

表 1.16　几种辐射的穿透力

名称	穿透力
α 粒子	一张纸或皮肤外层可有效地阻挡
β 粒子	几毫米的铝片可有效地阻挡
中子	石蜡和水可有效地阻挡
γ 射线	高密度物质，如厚厚的水泥可有效地阻挡
X 射线	高密度物质，如厚厚的水泥可有效地阻挡

辐射的强度取决于辐射源的强度、受辐射的物体与辐射源的距离、暴露时间以及保护屏的类型。辐射强度也取决于辐射本身的类型。辐射强度遵循反平方定律——它与从辐射源到辐射目标间的距离的平方成反比。辐射目标接受辐射剂量也依赖于暴露的时间长短。辐射工作者的眼睛所受剂量只要限制在每年 150 mSv 以下(对于 X 射线,等于 150 mGy 以下),因辐射诱发的白内障在其一生中(假设工作 50 年)都不会出现。

1.6.2 臭氧

1. 概述

臭氧,又名三原子氧,因其类似鱼腥味的臭味而得名。其分子式为 O_3,是氧气的同素异形体,具有它自身的独特性质:

(1)在自然条件下,一般它是淡蓝色的气体,用氧气源人工制取高浓度时,臭氧为炽白色。

(2)它有一种类似雷电后的腥臭味。

(3)在标准压力和常温下,它在水中的溶解度是氧气的 13 倍。

(4)臭氧比空气重,是空气的 1.658 倍。

(5)臭氧有很强的氧化力,是已知最强的氧化剂之一。

(6)正常情况下,臭氧极不稳定,容易分解成氧气。

(7)臭氧分子是逆磁性的,易结合一个电子成为负离子分子。

(8)臭氧在空气中的半衰期一般为 20~50 min,随温度与湿度的增高而加快。

(9)臭氧在水中半衰期约为 35 min,因水质与水温的不同而异。

(10)臭氧在冰中极为稳定,其半衰期为 2000 年。

通常电器是利用臭氧的强氧化性进行消毒(如空气清新器、消毒柜),利用臭氧发生器或 185nm 波长的紫外线管获得臭氧。

2. 对于臭氧的要求和测试

根据我国现行环保标准,对二类住宅地方,仅要求臭氧浓度不超过 0.2 mg/m^3 即可。如果电器产生的臭氧浓度是极不稳定或周期性变化,最好采用紫外光度法。测试样品应放在一个密闭的房间内进行试验,房间的尺寸为 2.5 m×3.5 m×3.0 m(长×宽×高),墙壁表面覆盖聚乙烯板,样品放置在离地板 750 mm 高度的房间中央进行试验,用紫外线法测量臭氧浓度。

房间温度保持在(23±2) ℃和相对湿度 50%±10%,试验时首先测量原来空气中的臭氧浓度,以便将试验中测得的最大浓度减去原来空气中的臭氧浓度。通常臭氧浓度测试仪器是以 ppm(1 ppm=10^{-6})为刻度,在参比状况(25 ℃,760 mmHg)下 1 ppm=1.963 mg/m^3。

测试时应注意：臭氧是一种极易分解、不稳定的气体，它的分解速度与温度和湿度关系十分密切，测量臭氧泄漏量、臭氧排放量时，一定要在规定的温湿度下，在密闭空间内进行测量，而且要采用响应时间短的紫外线法进行测量，不能采用响应时间较长的化学反应方法进行测量。

1.6.3　对于紫外光辐射的要求和测试

紫外光通常是指波长为 150～380 nm 的电磁波，可见光的波长为 380～800 nm，红外光的波长为 800～1000 nm。可见光主要用于照明，红外光主要用于加热物体。人们通常使用紫外线峰值波长为 254 nm 和 184 nm 两种。峰值波长为 254 nm 的紫外线主要用于杀灭空气细菌和利用飞虫的趋光性吸引飞虫，峰值波长为 184 nm 的紫外线主要用于产生臭氧，用于物体消毒和杀灭空气细菌。电器所用到的紫外线通常是用石英玻璃低气压汞蒸气放电灯产生。

对紫外光的测试主要是指测量其辐射照度和防护屏的紫外线透过率。

1. 对无人场合产生紫外线光的器具要求

用于医院消毒的紫外线光灯具由于使用时无人受到照射，所以只需要辐射照度满足 GB 19258—2003 紫外线杀菌灯要求即可。

2. 对有人场合产生紫外线光的器具要求

常见的有人场合产生紫外线光的器具有：灭蚊灯、紫外臭氧消毒柜、金属卤化灯、紫外消毒饮水机、验钞机等。这些器具总的来说应满足紫外光辐射照度低于标准要求，目前各个标准要求均不统一，下面以灭虫器和金卤灯具的标准要求为例加以说明。

对于灭虫器，器具以额定电压供电，在正常工作条件下工作。在距离 1 m 处测量辐射度，测量仪器的放置应能记录到最大辐射照度。

(1)测量仪器用于直径不超过 20 mm 圆形区域的平均辐射照度。仪器的响应与入射辐射线和圆形区域法线夹角的余弦成正比。光谱分布用带度不超过 2.5 nm 的分光光度计，以 1 nm 的间隔测量。

(2)总有效辐射照度由下式计算：

$$E = \sum_{250\ \mathrm{nm}}^{400\ \mathrm{nm}} S_\lambda E_\lambda \Delta_\lambda \tag{1.1}$$

式中：E——有效辐射照度；

S_λ——相对频谱有效因数；

E_λ——光谱辐照度（$\mathrm{W/(m^2 \cdot nm)}$）；

Δ_λ——带度(nm)。

每个波长的有效辐射照度按表 1.17 所示的紫外线(UV)作用频谱计算。测定总有效辐射度，且不应超过 $11\mathrm{mW/m^2}$。

表 1.17　一些波长的加权系数

波长(λ)/nm	加权系数(S_λ)	波长(λ)/nm	加权系数(S_λ)
λ≤298	1	360	5.0×10^{-4}
298<λ≤328	$10^{0.094(298.\lambda)}$	370	3.5×10^{-4}
328<λ≤400	$10^{0.015(140-\lambda)}$	380	2.5×10^{-4}
340	1.0×10^{-3}	390	1.8×10^{-4}
350	7.1×10^{-4}	400	1.3×10^{-4}

用金属卤化物灯的灯具,发射出的紫外线辐射有保护措施要求的,应该装一个适当的保护屏。应使用下述程序选择保护屏:

(1)程序 A

1)从光源制造厂处得到的信息来规定光源的最大 $P_{eff}{}^*$ 值。

注:$P_{eff}{}^*$ 代表一个无保护屏灯泡特别的有效功率,并被定义为与光通量有关的紫外线辐射的有效功率 $P_{eff}{}^*$,为了实用起见,它的单位是:mW/klm。

$P_{eff}{}^*$ 是由 ACGIH(参考请见:临界限值和生物学曝光指数,AGGIH,Cincinnati,Ohio)出版并由 WHO(国际卫生组织)签署的光源在有效光谱系列中光谱能量分布加权后得到的。

有效的光谱范围将从 200~315 nm 扩展到 200~400 nm。然而,为了做出评价,200~315 nm 的加权应该能满足正常照明用白光光源的需要。

2)根据实际情况下透射特性 T 评价紫外线辐射保护屏的要求如下,考虑到灯具的预期使用:

$$T\leqslant\frac{\mathrm{DEL}}{3.6P_{eff}{}^*\cdot t_s}\times\frac{1000}{E_a} \tag{1.2}$$

式中:T——工作温度下 200~315 nm 内任一波长的最大透射;

DEL——日常曝光限值(30 J/m^2);

t_s——预期的每天最多曝光时间,单位:h;

E_a——预期的最大照度,单位:lx。

等式可简化为:

$$T<\frac{8.3\times10^3}{P_{eff}{}^*\cdot t_s\cdot E_a} \tag{1.3}$$

注:假设反射器为普通材料时,公式有效,例如阳极氧化铝对作为紫外辐射和可见光辐射具有相同的反射率,在这种情况下已经在必要的精度内了。

3)根据计算值 T,选择一个在 200~315 nm 范围内透射的保护屏。例如:$P_{eff}{}^*$ = 50 mW/klm;t_s=8 h(每天);E_a=2000 lx;T<0.01,在整个光谱光化区域内保护屏的

透射率应低于1%。

上述三个规定的程序将保证金卤灯的互换性，并且对于不同的金属卤化物添加剂，也遵守提供光源的最大 P_{eff}^* 值。

(2)程序 B

如果有疑问，为检查保护屏的适宜性和与紫外线和可见辐射的反射系数有明显差异的反射器材料的影响，应完成来自灯具的紫外线辐射的直接测量，例如采用非金属涂层时。

直接测得的灯具的 E_{eff}^* 的结果应符合下述要求：

$$E_{eff}^* \leqslant \frac{8.3\times10^3}{t_x \cdot E} \tag{1.4}$$

式中：E_{eff}^*——测得的特定的有效辐照度，E_{eff}^* 被定义为与照度有关的紫外线辐射的有效辐照度。E_{eff}^* 的量纲是：$\frac{\mathrm{mW}}{\mathrm{m}^2}/\mathrm{klx}$。

3. 测试紫外光佩带的护目镜要求

为了保护眼睛，检验可能产生紫外光的产品时，应带上护目镜，护目镜要求如表1.18。透过率是指光源发出的光束通过单色器而成为不同波长的平行光束，垂直照射于被测样品时，透过它的光强 I 对入射光强 I_0 的百分数(T)，玻璃样品的厚度为(2 ± 0.15)mm。

1.6.4 对于微波泄漏的要求和测试

微波是一种波长在1 mm～1 m范围内、频率在300 MHz～300 GHz的超高频电磁波，介于普通无线电波的“超短波”波段和红外线的“远红外”波段之间。微波遇到不同性质的材料时，会产生不同的反射、吸收、透射的结果。微波在遇到金属导体时大部分被反射、遇到玻璃、陶瓷等物体时大部分透射过去。而遇到肉类、蔬菜、水等物质时，会发生明显的吸收现象，这些物质所含有的极性分子在微波作用下，发生高频摩擦运动，相邻分子之间由此而产生大量热量，从而起到加热的作用。微波加热快速均匀，并且具备一定的消毒灭菌功能。为了防止在微波炉炉门关上后微波从炉门与腔体之间的缝隙中泄漏出来，在微波炉的炉门四周设计有抗流槽结构，或装有微波吸收材料，如由硅橡胶做的门封条，能将可能泄漏的少量微波吸收掉。抗流槽是在门内设置的一条异型槽结构，它具有引导微波反转相位的作用。在抗流槽入口处，微波会被它逆向的反射波抵消，从而起到防止微波泄漏的功能。由于门封条容易破损或老化而造成防泄作用降低，因此现在大多数微波炉均采用抗流槽结构来防止微波泄漏，很少采用硅橡胶门封条，但极小部分的微波仍不可避免地会向外泄漏。根据微波炉的国家标准，微波泄漏距微波炉外表面50 mm的地方应不超过50 W/m²。微波泄漏是通过微波测试仪(见图

1.24)对微波能量密度的测量来确定,在接受阶梯式输入信号时,该仪器在 2～3s 内迅速达到其稳定值的 90%。图 1.24 为指针式微波测试仪。

表 1.18　紫外光透过率

波长(λ)/nm	最大透过率
250<λ≤320	0.1
320<λ≤400	1
400<λ≤550	5

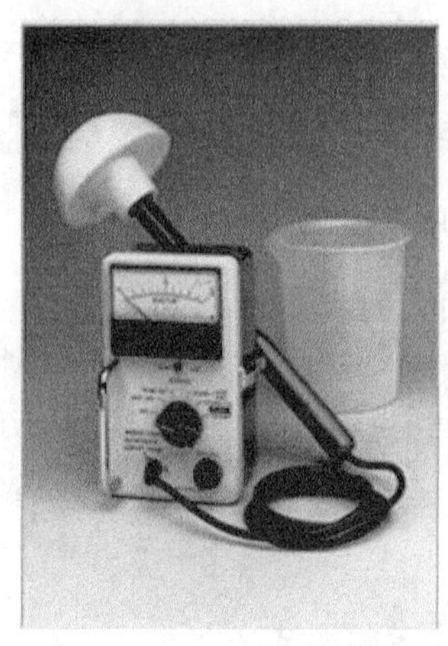

图 1.24　微波泄漏测试仪

测量微波泄漏时,要防止微波对人体的伤害。可以采用合适的金属网罩对待测样品进行屏蔽,或试验人员穿上微波防护服来防止微波对人体的伤害。

工作地点微波(300 MHz～300 GHz)电磁辐射强度不应超过表 1.19 规定的限值。

表 1.19　工作地点微波辐射强度卫生限值

波形		平均功率密度/(μW/cm²)	日总计量/(μW/cm²)
连续波		50	400
脉冲波	固定辐射	25	200
	非固定辐射	500	4000

注:工作日接触连续波时间小于 8 h 可按下述公式计算:$P_d=400/t$,P_d:容许辐射平均功率密度(μW/cm²),t:接触辐射时间(h)。

参考文献

张军.2006.电气安全专业基础[M].北京:中国计量出版社.

第 2 章　电气环境安全管理

环境安全需要全社会共同参与,这其中自然包括电气工程领域的参与。目前的情况,从减轻对环境的危害这一角度来看,电气工程领域主要涉及两个问题:一个是电气火灾问题,它属于公共安全问题,是灾害防治的一项重要内容;另一个是电磁污染问题,它涉及各电磁系统间的相互关系,以及各种电磁现象与自然和人之间的关系。电气环境安全是一个广义的概念,它除了传统意义上与生命和财产有关的“安全”的含义以外,更深一层的含义是防止“对任何对象的任何形式的伤害”,如影响其他系统的正常工作,造成公共秩序混乱等。电气环境安全问题目前还不是一个高度成熟的领域,很多问题的研究尚不够深入和完整,甚至可能有更多的问题尚未被发现。因此本章的目的,是通过对目前建筑电气工程实践中常见的电气环境安全问题的列举,使读者得以管窥这个领域的一些情况。

2.1　电气火灾

在时间和空间上失去控制的燃烧称为火灾。电能通过设备及线路转化成热能,并成为火源所引发的火灾,以及雷电和静电引发的火灾,统称为电气火灾。我国电气火灾在整个火灾中所占的比例,从 20 世纪 80 年代初的百分之十几,上升到 20 世纪 90 年代初的百分之三十以上,并一直维持在这个高比例,情况十分严重。因此,正确分析电气火灾产生的原因,采取有针对性的预防措施,减少电气火灾的发生,具有十分紧迫的现实意义。

2.1.1　电气火灾的火源

一场火灾得以发生,火源、可燃物、助燃剂是三个必要条件。电气火灾是从火源的角度命名的。电气火灾的火源主要有两种形式:一种是电火花与电弧;另一种是电气设备或线路上产生的危险高温。下面分别予以介绍。

1. 电火花与电弧

电火花与电弧主要在气体或液体绝缘材料中产生,在固体绝缘材料中,因各种原因产生的缝隙或裂纹间也可能发生电弧,但因电弧被绝缘材料包裹,除了损坏绝缘外,一般不会直接引发电气火灾，但固体绝缘外表的沿面放电会直接引发火灾。

使两导体间空气被击穿而建立电弧的静电场场强约为 30 kV/cm，电弧会产生很高的温度，如 2～20 A 的电弧电流就可产生 2000～4000 ℃的局部高温，0.5 A 以上电弧电流就可以引发火灾。由于电弧本身阻抗较大，它限制了短路电流的大小，常使过电流保护电器拒动或不能在规定时间内动作，为引燃近旁的可燃物提供了充分的时间。

电火花可以看成是瞬间的电弧，其温度也很高，且极易产生。

电弧与电火花除直接引发火灾外，还可能使金属融化、飞溅，飞溅到远处的熔融金属成为火源，它虽然是由电火花或电弧产生的次生火源，但其火灾危险性并不小，在有些场所可能更危险。

电弧或电火花的能量，都是由电能转化而来的。在故障条件下，短路所产生的电弧能量最大；在正常工作条件下，以切断感性电路时，被切断部分电感中储存的磁场能量部分通过电弧或电火花释放，断口处的电弧或电火花能量较大。当场所内有可燃或爆炸性气体时，若电火花能量超过最小引燃(爆)能量，就可引起燃烧或爆炸。

电弧除了可引起火灾以外，还有另一种严重的危害，就是对人体产生电弧(也称弧光)灼伤，这种事故在实际工作中屡有发生，受害对象多为电气操作人员。因此，电弧也是电热效应的热源，是电热效应防护中一个重点防范对象。

2. 高温

电气设备和线路在运行时总会发热，发热的原因主要有以下几种：

(1)导体电阻损耗产生的热量是电能转化成热能最直接的途径。

(2)铁心损耗产生的热量按电磁感应原理工作的电气设备，常使用铁心磁路。交变电流会在铁芯中产生磁滞和涡流损耗，即所谓的铁损。铁损大小与工作频率、磁通密度等运行参数有关，也与铁心的电磁特性和机械结构等本构参数有关。一般工频电工设备的铁心损耗，在磁通密度为 1 T 时约为(1～2)W/kg。

(3)绝缘介质损耗产生的热量电能也会在绝缘介质中转化成热能，称为介质损耗。介质损耗大小与绝缘介质的电气性能、制造质量、工作电压、工作频率等有关，一般在高电压下介质损耗较为明显。当绝缘介质局部受损时，可能在局部产生超常的热量。

以上是电气设备和线路产生热量的几种途径。应当明确，发热是温度升高的原因(或动力)，但温度升高多少还与散热有关，稳定的温度是发热与散热达到动态平衡的结果。设计、制造、安装正确的设备和线路，在正常运行条件下，发热与散热能在一个较低的温度下达成平衡，这个温度不会超过电气设备的长期允许工作温度，故不会有危险高温出现。只有当正常运行条件或设备、线缆本身遭到破坏，使发热增大而散热不及时，才可能出现温度的异常升高，以至出现危险的高温，这种危险的高温在条件恰当的时候就会引发火灾。

2.1.2　电气火灾的起因、特点与危害

1. 电能引发火灾的途径

(1)电弧或电火花

电弧与电火花均属于明火,其引发火灾的途径是直接点燃。一般电弧的持续时间较长,不仅能引燃气体和液体可燃物,还能引燃固体可燃物;电火花的持续时间较短,能量相对较小,通常只能引燃(爆)易燃(爆)气体、液体或粉尘。电弧或电火花由于本身温度极高,常使金属因高温熔融而产生飞溅,飞溅出去的熔融金属作为火源又可能引发火灾。

(2)高温

高温引发火灾的途径比较复杂,它的效应主要有:软化绝缘;分解物质产生可(易)燃气体;直接烤燃物质。下面分别介绍。

绝缘介质多为高分子材料,当温度高到一定程度后,其物理性状会发生变化,最明显的变化就是软化和碳化。一旦绝缘介质发生软化,导体间在机械压力作用下发生接触短路的可能性增大。短路一方面导致发热加剧,使导体温度急剧升高而烤燃绝缘介质,另一方面可能产生电弧直接引发燃烧。因此,这种途径引发的火灾,高温是根本原因,但不一定是直接原因,直接原因有可能是高温,也可能是短路热量或电弧。

很多绝缘介质如聚氯乙烯、聚乙烯、氯丁橡胶等都会因受热而分解出可燃气体,当温度高到一定值(典型值如三百多摄氏度)时,这些可燃气体便会与氧气产生氧化反应,释放出大量热量,从而引起燃烧。这种途径引发的火灾,高温不仅充当了火源的角色,还充当了可燃物制造者的角色。

大多数绝缘介质本身就是可燃的,如 PVC 塑料绝缘的自燃温度为 355 ℃,因此即使没有因绝缘软化造成短路,也没有分解出可燃气体造成燃烧,当温度高到一定值以后,绝缘材料本身也会燃烧,这时高温就是火灾的直接原因。

2. 电气火灾的具体起因

以上介绍了电气火灾发生的原理,在实际工程中,到底有哪些情况会造成电弧、电火花或产生高温呢?根据事故统计和资料分析,对电气火灾的具体起因归纳如下。

(1)接触不良

在线路与线路、线路与设备端子、插头与插座、开关电器的触头间等导体相互接触处,或多或少都有一定程度的氧化膜存在。由于氧化膜的电阻率远大于导体的电阻率,因此在接触处产生较大的接触电阻,当工作电流通过时,会在接触电阻上产生较大的热量,使连接处温度升高,高温又会使氧化进一步加剧,导致接触电阻进一步加大,形成恶性循环,可能产生很高的温度,可高达千度以上。该高温可能使附近的绝缘软化,造成短路而引发火灾,也可能直接烤燃附近的可燃物而引发火灾。

还有一种接触不良是连接处的松动，在电磁力作用下形成机械振动，时而断开时而连通，产生打火现象，也可能引发火灾。

(2)过电流

最典型的过电流类型包括过负荷和短路，还有谐振过电流、涌流过电流等。从程度上看，过负荷是较轻的过电流，短路是最为严重的过电流。过电流产生的热效应是电气火灾的直接或间接原因。

以聚氯乙烯绝缘导线为例，从空载到正常负载，再到过载和短路，其热效应及后果如表 2.1 所示。常见可燃物的燃点如表 2.2 所示。

表 2.1 过电流的热效应及后果

<table>
<tr><th rowspan="3">空载</th><th rowspan="3">正常负载</th><th colspan="4">过电流</th></tr>
<tr><th colspan="2">过负荷</th><th colspan="2">短路</th></tr>
<tr></tr>
<tr><td>绝缘温度同环境温度</td><td>绝缘温度不超过允许的长期最高工作温度，绝缘能保证其规定的使用寿命</td><td>温度升高，但不足 360 ℃，绝缘老化加速，使用寿命缩短</td><td>温度升高到 160 ℃以上，绝缘软化，老化加速，使用寿命更加缩短，可能烤燃周围可燃物</td><td>温度急剧升高，但小于 355 ℃，烤燃周围可燃物</td><td>温度急剧升高到 355 ℃以上、绝缘本身开始燃烧</td></tr>
</table>

表 2.2 常见可燃物的燃点

纸	棉花	布	麦草	木材	煤
130 ℃	150 ℃	200 ℃	200 ℃	250 ℃	280 ℃

从表 2.1 和表 2.2 可知，塑料绝缘导线在发生过负荷但绝缘尚未软化时，可引燃的物质不多，只有纸、棉等易燃物，这时的火灾危险性不大；当过负荷达到发生绝缘介质软化时，通常的后果首先是发生短路，再因短路热效应引发火灾。因此，只要过电流达到绝缘软化的程度，火灾危险性便大为增加。

(3)异常电压升高

电力系统在运行过程中，运行电压异常升高会从两个方面产生火灾危险性。

由于负载阻抗的发热与电压平方成正比，在带电导体间电压升高的情况下，用电设备的发热会超过正常值，而用电设备的散热是按额定发热条件设计的，因此产生的额外温升可能使用电设备的温度达到危险值，从而引发火灾。

当相线对地电压升高到 250 V 以上，即超过了与低压单相电器爬电距离相对应的电压值时，因环境污染或潮气冷凝在电器绝缘表面留下的盐分所形成的导电膜上可能发生漏电，漏电可能出现火星使绝缘表面碳化，碳化的绝缘表面在超过 250 V 的电压作用下很易发生闪络,可以引发火灾。这种火灾不乏案例,如我国某城市地铁机车就曾因这种原因而起火燃烧。

(4)不稳定的短路或接地故障

不稳定短路或接地指故障导体并未完全金属性牢固连接,这种故障常有电弧产生,故有时又称电弧或弧光短路。弧光短路的特点是有较大的电弧阻抗,这个阻抗限制了短路电流的大小,常使过电流保护电器拒动,或不能在规定时间内动作,从而使得电弧持续较长时间,给引燃周围可燃物创造了有利条件。

(5)绝缘的局部缺陷或受损

当绝缘局部受损时,该处的泄漏电流增大,而增大的泄漏电流产生的温升会使绝缘进一步受损。当泄漏电流大到一定程度时,就会拉起电弧或爆出电火花,从而引发火灾。

(6)铁损过大

电气设备的铁心中,磁通密度或频率过高时,会使铁损过大而产生较大的温升。正确设计制造的设备在正常工作时是不会出现这种情况的,但故障时这种情况有可能发生,如谐波成分过重、电流互感器二次侧开路等。

(7)电动机正常的机械运动受到阻碍

如正常运行的电动机发生堵转,或电动机起动失败等,这时本应转化成机械能的电能全部转化成热能,很可能使电动机及相应的回路因高温而着火。

(8)误操作

如带负荷开断隔离器,或维修电工钳断通有电流的导线等,都可能拉起电弧。

(9)设计选型或施工安装错误

如将单根相线穿金属管敷设,使得金属管壁因磁滞和涡流损耗而产生温升;或将发热量大的用电电器安装在易燃物上,如将白炽灯具安装在纸质吊顶上等。另外,工程上也见到过将用于直流系统的单芯金属铠装电缆用于交流系统且不相容的事例。更有甚者,还有用耐压较低的电话线代替电力电线连接电源插座的情况,这些错误做法造成的火灾隐患是十分严重的。

(10)雷电与静电

雷电的弧光和高温可能直接引发火灾,防雷系统可能因为反击或感应电火花引发火灾,在本书第五章中已经详述。静电主要通过静电放电电火花引发火灾。

3. 电气火灾的特点与危害

(1)特点

既然是火灾,则不论起因是什么,火灾形成后的特征主要与可燃物和环境有关。因此这里所说的电气火灾的特点,严格地说应是电气火患的特点。由于电气系统分布广泛,且长期持续运行,电气火患的特点就是火患的分布性、持续性、隐蔽性。分布性指建筑物中到处都有电线、电具或设备,都可能成为火源;持续性是因为电网总是连续不断地持续工作，若非故障或检修不会停歇；隐蔽性是因为电气线路通常敷设在隐蔽处（如吊顶、电缆沟内等），火灾初期不易被火灾报警系统发现，也不易为现场人员所察觉。另外，电气火灾的危险性还与用电情况密切相关，当用电负荷增大时，容易因过负荷而造成电气火灾。

（2）危害

火灾是一种严重的灾害，它所造成的人员伤亡、财产损失和社会震荡都是巨大的。电气火灾主要发生在建筑物内，建筑物内人员密集、疏散困难且排烟不畅，极易造成群死群伤的重大事故。在我国已发生多起歌厅、商场、电子游戏室和礼堂等人员密集场所的电气火灾，造成重大的人员伤亡，产生了恶劣的社会影响。另外，在居民住宅、中小学校、医院、图书馆等建筑中，近年来用电设备大量增加，用电负荷急剧上升，在这些场所一旦因电气故障发生火灾，后果不堪设想。因此，各有关部门除了大力加强消防灭火力量外，还制定了各种技术和行政法规来控制火灾隐患，甚至以立法的形式对消防问题提出了强制性的要求。作为电气工程领域的技术工作者，从技术的角度去尽量减少火灾隐患，是一种义不容辞的社会责任，也是职业责任的一种具体体现。

2.2　爆炸和火灾危险性场所电气安全

爆炸和火灾危险性场所的电气安全是一个专门的技术领域，本节仅对这一领域的基本情况做一简介。

2.2.1　危险性物质

1. 关于危险性物质的一些术语和参量

（1）燃点

燃点指物质在空气中点燃并移去火源后，燃烧仍能持续下去所需的最低温度。

（2）闪燃与闪点

易燃液体在其表面上方产生有蒸汽时，如果在蒸汽处点火，蒸汽可能会发生一闪而灭的燃烧，称为闪燃现象。闪燃不是一定会发生的，这主要取决于蒸汽的浓度，而蒸汽的浓度又与温度密切相关，温度越高，液体蒸发量越大，浓度越高。闪点指能引燃易燃液体蒸汽所需的最低温度值，是按规定的标准化试验测定的。

燃点是针对液体和固体物质的一个参量，闪点只针对液体易燃物。对于闪点在 45 ℃及以下的易燃液体，燃点仅略高于闪点，一般只标示闪点。但对于闪点较高的液体易燃物，或固体易燃物，则应标示燃点。

（3）引燃温度

又称自燃温度，指在规定条件下，可燃物在没有外来火源情况下即自行发生燃烧所需的最低温度。

(4)爆炸极限

指在规定条件下,易燃气体、蒸气、薄雾、粉尘、纤维等在空气中形成爆炸性混合气体的最低和最高浓度,分别称为爆炸下限和上限。

浓度过低,爆炸所需能量不够,不能引爆;浓度过高,爆炸所需氧含量不够,也不能引爆。

(5)最小点燃电流比 MICR

指在规定条件下,易燃气体、蒸气、薄雾、粉尘、纤维等在空气中形成爆炸性混合气体的最小点燃电流与甲烷爆炸性混合物的最小点燃电流之比。

矿井甲烷是单独的一类爆炸性物质,很多时候将其作为其他爆炸性物质参数的基准。

(6)最小引燃能量

指在规定条件下,使爆炸性混合物发生爆炸所需的最小电火花能量。

2. 危险性物质分类

(1)爆炸危险性物质分类

爆炸危险性物质指点燃后燃烧能迅速在整个范围内传播的空气混合物,主要可分为以下几类:

爆炸危险性物质
- Ⅰ类:矿井甲烷
- Ⅱ类:爆炸性气体、蒸气、薄雾
- Ⅲ类:爆炸性粉尘、纤维

矿井甲烷从物态上看也属于气体,因此有时在叙述时为了简洁,也将其归属于爆炸性气体类。

(2)火灾危险性物质分类

火灾危险性物质主要指易燃物,在有的情况下也泛指可燃物,在火灾危险性场所中主要指以下一些类别:

火灾危险性物质
- 可燃液体
- 可燃粉尘
- 固体状可燃物
- 可燃纤维

3. 爆炸危险性物质分组、分级

爆炸危险性物质根据其引燃温度可分为不同的组别,其中爆炸性气体、蒸气等按 T1～T6 分组,爆炸性粉尘、纤维等按 T11～T13 分组,数字越小,引燃温度越高。爆炸危险性物质根据其引爆所需能量大小,又可分为若干等级,分别为 A、B、C 级,字母序号越靠前,引爆所需能量越大。

2.2.2　危险性环境

根据危险性物质出现的频繁程度和持续时间,可将爆炸危险性环境划分成不同的危险区域;根据火灾事故发生的可能性和后果,以及危险程度和物质状态的不同,可将火灾危险性环境划分成不同的区域。划分结果如下:

- 爆炸和火灾危险性物质
  - 爆炸性气体环境
    - 0 区—连续、长时间或频繁短时间出现爆炸性气体
    - 1 区—可能(周期性)出现爆炸性气体
    - 2 区—可能偶尔短时间出现
  - 爆炸性粉尘环境
    - 10 区—连续、长时间或频繁短时间出现爆炸性气体
    - 11 区—可能偶尔短时间出现
  - 火灾危险环境
    - 21 区—有可燃液体区域
    - 22 区—有可燃粉尘区域
    - 23 区—有可燃固体区域

以上危险性环境和区域的划分有一套详尽的规则,国标 GB50058《爆炸和火灾危险性环境电力装置设计规范》中有明确规定,此处不予详述。

2.2.3　爆炸危险性场所电气设备选择

1. 防爆电气设备类型

防爆电气设备指能防止设备本身的高温、电弧、电火花等引爆外部危险物质的设备。按防爆结构形式,防爆电气设备主要有以下类型:

(1)隔爆型 d。这类设备能通过外壳阻止其内部爆炸引起外部危险性物质发生爆炸,也能防止设备内部电弧、电火花等引发外部危险物质爆炸。

(2)增安型 e。对在正常运行条件下不会产生电弧或火花的电气设备进一步采取措施,提高其安全程度,尽可能杜绝电气设备产生危险温度、电弧和电火花的可能性的防爆型式。

(3)充油型 o。这类设备将可能产生电弧、电火花和危险高湿的带电部件浸在绝缘油中,使其不能点燃油面上方的爆炸性混合物。

(4)充砂型 q。这类设备将细粒状物料填充到设备外壳内,使壳内出现的电弧、电火花、高温不能引爆壳外危险物质。

(5)本质安全型Ⅰ。这类设备在正常和故障情况下产生的电弧、电火花或危险高温均不足以引爆危险性物质。

(6)正压型 p。这类设备是向壳内冲入清洁的空气或惰性气体,使内部气压高于壳外,以阻止壳外爆炸性气体进入壳内。

(7)封浇型 m。整台设备或其中部分浇封在浇封剂中,在正常运行和认可的过载或认可的故障下不能点燃周围的爆炸性混合物的电气设备。

(8)无火花型 n。在正常运行条件下,不会点燃周围爆炸性混合物,且一般不会发生有点燃作用的故障的电气设备。

(9)气密型 h。具有气密外壳的电气设备。

(10)特殊型。由上述以外的或上述两种以上形式组合成的电气设备。

另外，按应用场所，防爆电气设备又可分为Ⅰ类和Ⅱ类两种，其中Ⅰ类指煤矿用电气设备，Ⅱ类指煤矿以外的其他爆炸危险性场所用电气设备。对于Ⅱ类设备，按其表面所允许出现的最高温度，又可分为 T1～T6 共六组，如表 2.3 所示。

表 2.3 Ⅱ类电气设备的最高温度分组

温度组别	最高表面温度/℃
T1	450
T2	300
T3	200
T4	135
T5	100
T6	85

2. 防爆电气设备的选择

防爆电气设备应根据其使用环境的危险性等级、设备本身的种类和工艺条件等因素选择。作为示例，可参见表 2.4—表 2.8 的推荐。以下表中符号，○表示适用，△表示尽量避免，×表示不适用，空格表示一般不用。

表 2.4 旋转电机防爆结构

电气设备类别	爆炸性气体环境						
	1 区			2 区			
	隔爆型	正压型	增安型	隔爆型	正压型	增安型	无火花型
笼型感应电动机	○	○	△	○	○	○	○
绕线转子感应电动机	△	△		○	○	○	×
同步电动机	○	○	×	○	○	○	
直流电动机	△	△		○	○	○	
电磁滑差离合器(无刷)	○	○	×	○	○	○	△

注：1. 绕线转子感应电动机及同步电动机采用增安型时，其主体是增安型防爆结构，发生电火花的部分应该是隔爆型或正压型防爆结构。

2. 无火花电动机选型只适用于具有比空气轻的介质的场所。对于比空气重的介质通风不良的场所或户内，应慎重考虑。

表 2.5 变压器防爆结构选型

电气设备类别	爆炸性气体环境						
	1 区			2 区			
	隔爆型	正压型	增安型	隔爆型	正压型	增安型	无火花型
变压器(含启动用)	△	△	×	○	○	○	○
电感线圈(含启动用)	△	△	×	○	○	○	○
仪用互感器	△		×	○		○	○

表 2.6 低压开关和控制器类设备防爆结构选型

电气设备类别	爆炸性气体环境										
	0 区	1 区					2 区				
	本安型	本安型	隔爆型	正压型	充油型	增安型	本安型	隔爆型	正压型	充油型	增安型
刀开关、断路器			○					○			
断路器			△					○			
控制开关及按钮	○	○	○		○		○	○		○	
电抗启动器和启动补偿器			△				○				○
启动用金属补偿器			△	△		×		○	○		○
电磁阀用电磁铁			○			×		○			○
电磁摩擦制动器			△			×		○			△
操作箱、柱			○	○		×		○	○		
控制盘			△	△				○	○		
配电盘			△					○			

注:1. 电抗起动器和起动补偿器采用增安型时,是指将隔爆结构的起动运转开关操作部件与增安型防爆结构的电抗线圈或单绕组变压器组成一体的结构。

2. 电磁摩擦制动器采用原隔爆型,是指将制动片、滚筒等机械部分也装入隔爆壳体内的结构。

3. 在 2 区内电气设备采用隔爆型时,是指除隔爆型外,也包括主要有火花部分为隔爆结构而其外壳为增安型的混合结构。

表 2.7　照明灯具类设备防爆结构选型

电器设备类别	爆炸性气体环境			
	1 区		2 区	
	隔爆型	增安型	隔爆型	增安型
固定灯式	○	×	○	○
移动灯式			○	
携带式电池灯	○		○	
指示灯类	○	×	○	○
镇流器	○	△	○	○

表 2.8　旋转电机防爆结构选型

电气设备类别	爆炸性气体环境						
	10 区			11 区			
	尘密型	正压型	充油型	尘密型	正压型	IP65	IP54
变压器	○	○		○			
配电装置	○	○					
笼型电动机	○	○					○
带电刷电动机					○		
固定安装电器和仪表	○	○	○			○	
移动式电器和仪表	○	○				○	
携带式电器与仪表	○					○	
照明灯具	○			○			

2.2.4　火灾危险性场所电气设备选择

火灾危险性场所电气设备选择如表 2.9 所示。

表 2.9　火灾危险环境电气设备防护结构选型

<table>
<tr><th colspan="2" rowspan="2">电气设备类别</th><th colspan="3">火灾危险性环境</th></tr>
<tr><th>21 区</th><th>22 区</th><th>23 区</th></tr>
<tr><td rowspan="2">电机</td><td>固定安装</td><td>IP44</td><td rowspan="2">IP54</td><td>IP21</td></tr>
<tr><td>移动式和便携式</td><td>IP54</td><td>IP54</td></tr>
<tr><td rowspan="2">电器与仪表</td><td>固定安装</td><td>充油型、IP44、IP54</td><td rowspan="2">IP65</td><td>IP22</td></tr>
<tr><td>移动式和便携式</td><td></td><td>IP44</td></tr>
<tr><td rowspan="2">照明灯具</td><td>固定安装</td><td>保护型</td><td rowspan="4">防尘型</td><td>开启型</td></tr>
<tr><td>移动式和便携式</td><td>防尘型</td><td>保护型</td></tr>
<tr><td colspan="2">配电装置</td><td rowspan="2">防尘型</td><td rowspan="2">保护型</td></tr>
<tr><td colspan="2">接线盒</td></tr>
</table>

注：1. 在 21 区内安装的 IP44 型电机正常运行时有火花的部分(如滑环)应装在全封闭的罩子内。在 21 区内固定安装的电器和仪表，在正常运行有火花时，不宜采用 IP44。

2. 在 23 区内固定安装的正常运行时有火花的电机(如滑环电机)不应采用 IP21 型，而应采用 IP44。

3. 移动式和便携式照明灯具的玻璃罩应有金属护网。

参考文献

杨岳 . 2017 . 电气安全[M]. 北京：机械工业出版社 .

第 3 章　电气安全防护

3.1　电气系统电击防护

人遭受的电击,绝大部分来自供配电系统。所谓系统的电击防护措施,就是通过实施在供配电系统上的技术手段,在电击或电击可能发生的时候,切断电流供应通道或降低电流的大小,从而保障人身安全。

本节主要讨论不同接地形式的低压配电系统中间接电击的防护问题。若无特别说明,均按正常环境条件下安全电压 $U_L=50$ V,人体阻抗为纯电阻,且电阻值 $R_M=1000\ \Omega$ 进行分析计算。

3.1.1　IT 系统的间接电击防护

IT 系统即系统中性点不接地,设备外露可导电部分接地的配电系统。这种系统发生单相接地故障时仍可继续运行,供电连续性较好,因此在矿井等容易发生单相接地故障的场所多有采用。另外,在其他接地形式的低压配电系统中,通过隔离变压器构造局部的 IT 系统,对降低电击危险性效果显著。因此,在路灯照明、医院手术室等特殊场所也常有应用。

1. 正常运行状态

IT 系统正常运行如图 3.1 所示。此时系统由于存在对地分布电容和分布电导,使得各相均有对地的泄漏电流,并将分布电容的效应集中考虑,如图中虚线所示。此时三相电容电流平衡,各相电容电流互为回路,无电容电流流入大地,因此接地电阻 R_E 上无电流流过,设备外壳电位为参考地电位。尽管系统中性点不接地,但若假设将系统中性点 N 通过一个电阻 R_N 接地,R_N 上也不会有电流流过,即 R_N 两端电压为零。因此系统中性点与地等电位,也即系统中性点电位为地电位,各相线路对地电压等于备相线路对中性点电压,均为相电压。图中 E 为参考地电位点,每相对地电容电流

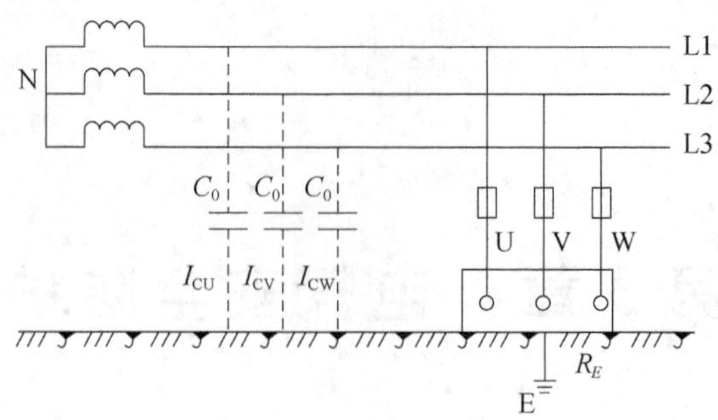

图 3.1 IT 系统正常运行

$$|\dot{I}_{CU}| = |\dot{I}_{CV}| = |\dot{I}_{CW}| = U_\varphi \omega C_0 \tag{3.1}$$

式中：U_φ——电源相电压；

C_0——单相对地电容。

2. 单相接地

设系统中设备发生 U 相碰壳，如图 3.2 所示，此时线路 L1 相对地电压 U_{UE} 大幅降低，因此系统中性点对地电压 $\dot{U}_{NE}=\dot{U}_{NU}+\dot{U}_{UE}=\dot{U}_{UE}-\dot{U}_{UN}$ 升高到接近相电压，L2 相对地电压为 $\dot{U}_{VE}=\dot{U}_{VN}+\dot{U}_{NE}$，L3 相对地电压为 $\dot{U}_{WE}=\dot{U}_{WN}+\dot{U}_{NE}$。由于三相电压不再平衡，三相电流之和也不再为零，因此有电容电流流入大地，通过 R_E 流回电源，此时若有人触及设备外露可导电部分，则形成人体接触电阻 R_t 与设备接地电阻 R_E 对该电容电流分流。电击危险性取决于 R_E 与 R_t 的相对大小和接地电容电流大≈小。例如 $R_E=10\ \Omega$，$R_t \approx R_m = 1000\ \Omega$，接地电容电流之和为 $I_{C\Sigma}$，则人体分到的电流 $\frac{R_E}{R_E+R_t} I_{C\Sigma} = \frac{10\ \Omega}{10\ \Omega + 1000\ \Omega} I_{C\Sigma} \approx 0.01 I_{C\Sigma}$。而倘若没有设备接地（等效于 $R_E \to \infty$），则通过人体的电流为 $I_{C\Sigma}$。可见通过设备接地，流过人体的电流被大大降低。

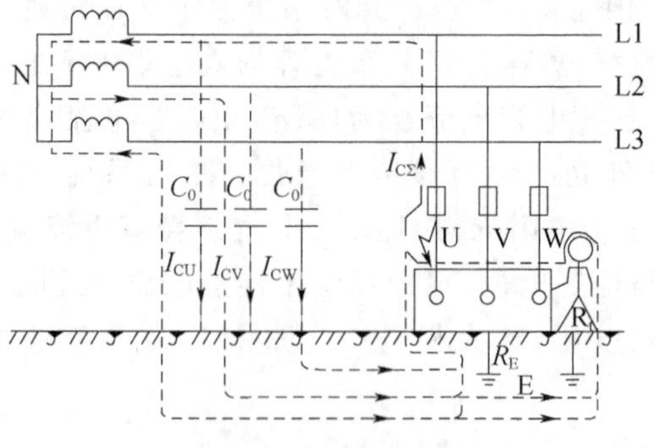

图 3.2 IT 系统单相接地

(1)单相接地电容电流计算

单回线路的电容电流与线路类型、敷设方式、敷设部位等有关，目前还没有见到有关的实验数据，一般采用估算的方法。估算的依据性公式如下。

正常工作时单相对地电容电流

$$I_C=\frac{U_\varphi l}{1/\omega C_0}=U_\varphi l\omega C_0 \tag{3.2}$$

式中：U_φ——系统相电压，kV；

l——回路长度，km；

C_0——线路单位长度对地电容，μF/km。

对于单相接地故障，接地电容电流为正常电容电流的 3 倍，即

$$I_{C\Sigma}=3U_\varphi l\omega C_0 \tag{3.3}$$

因此，只要能估算出 C_0，便能计算出 $I_{C\Sigma}$。电缆线路的 C_0 一般在零点几微法每千米范围内。但 C_0 的计算也受诸多因素影响，不易准确计算，因此工程上对电缆线路常用下面经验公式进行估算：

$$I_{C\Sigma}=\sqrt{3}U_\varphi l\times 10^2 \tag{3.4}$$

式中：$I_{C\Sigma}$——接地电容电流，mA；

U_φ——系统电源相电压，kV；

l——回路长度，km。

如对于 380 V/220 V 系统，$U_\varphi=0.22$ kV 则每千米电缆的电容电流正常时约为每相$(\sqrt{3}\times 0.22\ \text{kV}\times 1\ \text{km}\times 10^2)/3\approx 13(\text{mA})$，而发生单相接地故障时，流入大地的电容电流为 38 mA 左右。

(2)单相接地故障的安全条件

当发生第一次接地故障时只要满足式(3.5)的条件，则可不中断系统运行，此时应由绝缘监视装置发出音响或灯光信导。不中断运行的条件为

$$R_E I_{C\Sigma}\leqslant 50\text{V} \tag{3.5}$$

式中：R_E——设备外露可导电部分的接地电阻，Ω。

$I_{C\Sigma}$——系统总的接地故降电容电流，A。

式(3.5)一般情况下是比较容易满足的。例如，若 $R_E=10\ \Omega$，则只要 $I_{C\Sigma}<50\ \text{V}/10\ \Omega=5$ A就能满足。而按式 $I_{C\Sigma}=\sum_{i=1}^{n}\sqrt{3}U_\varphi l_i\times 10^2=\sqrt{3}U_\varphi\times 10^2\sum_{i=1}^{n}l_i$，$I_{C\Sigma}$要达到 5 A，对 380 V/220 V 系统，系统回路的总长度应达到 $5000\ \text{mA}/(\sqrt{3}\times 0.22\ \text{kV}\times 10^2)=131$ km。因此只要合理控制系统规模，式(3.5)的要求是能够满足的。

3. 两相接地

IT 系统某一相发生接地称为一次接地，此时只要接地电容电流 $I_{C\Sigma}$ 在设备外壳上

产生的预期接触电压 U_t 小于 50 V，则可认为无电击危险性，系统可继续运行。但若在以后的运行过程中，另一设备中与一次接地不同的相别上又发生了接地故障，则称为二次接地，此时形成了类似相间短路的情形，如图 3.3 所示。此时设备 1、2 外壳上的对地电压为 R_{E1}、R_{E2} 对线电压 $\sqrt{3}U_\varphi$ 的分压。若 $R_{E1}=R_{E2}$，则两台设备的外壳对地电压均为 $\frac{\sqrt{3}}{2}U_\varphi$；若 $R_{E1}\neq R_{E2}$，则总有一台设备外壳电压高于 $\frac{\sqrt{3}}{2}U_\varphi$。对 380 V/220 V 低压配电系统来说 $\frac{\sqrt{3}}{2}U_\varphi=190$ V，这个电压远大于安全电压 50 V。因此，此时熔断器不仅要熔断，而且要在规定时间内熔断。若不能满足熔断时间要求，则应考虑其他措施，如装设剩余电流保护装置或采用共同接地等。

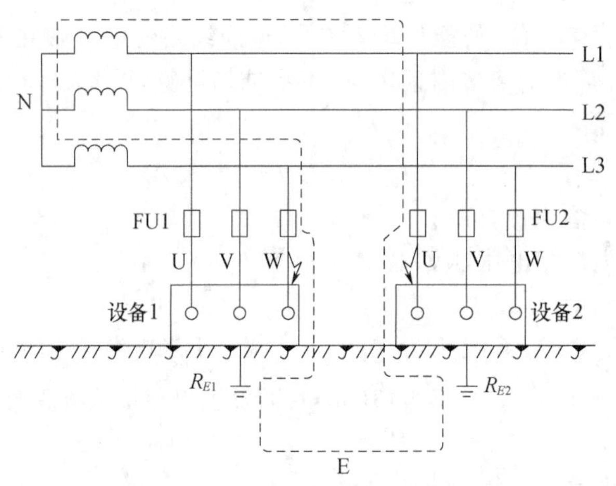

图 3.3　IT 系统二次异相接地分析

4. IT 系统中相电压获取

虽然 IT 系统可以设置中性线，但一般不推荐设置，这是因为 IT 系统多用于易于发生单相接地的场所。在这种场所中，中性线接地发生的概率也应与相线一样高。因中性线引自系统中性点，一旦发生中性线接地，也就相当于系统中性点接地，IT 系统就变成了 TT 系统，即系统的接地形式发生了质的变化。此时针对 IT 系统设置的各种保护措施将可能失效，系统运行的连续性和电击防护水平都将受到影响。所以，一般情况下 IT 系统最好不要设置中性线。

那么，在 IT 系统中若有用电设备需要相电压（如 220 V），电源又该怎样处理呢？一般有两种方法：一种是用 10 kV/0.23 kV 变压器直接从 10 kV 电源取得，另一种是通过 380 V/220 V 变压器从 IT 系统的线电压取得。

3.1.2　TT 系统的间接电击防护

TT 系统即系统中性点直接接地、设备外露可导电部分也直接接地的配电系统。TT 系统由于接地装置就在设备附近,因此 PE 线断线的概率小,且易被发现。另外,TT 系统设备有正常运行时外壳不带电、故障时外壳高电位不会沿 PE 线传递至全系统等优点,使 TT 系统在爆炸与火灾危险性场所、低压公共电网和向户外电气装置配电的系统等处有技术优势,应用范围也逐渐广泛。

1. TT 系统可降低人体的接触电压

TT 系统单相接地故障如图 3.4 所示,系统接地电阻 R_N 和设备接地电阻 R_E 对故障相电压 U_φ 分压。此时人体预期接触电压 U_t 为 R_E 上分得的电压,即

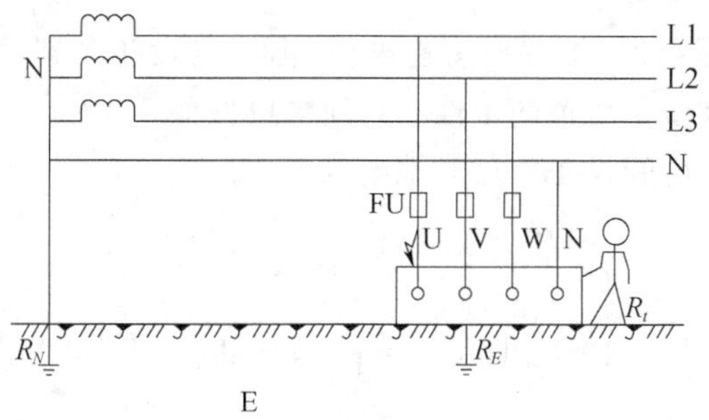

图 3.4　TT 系统单相接地故障分析

$$U_t \approx \frac{R_E}{R_E + R_N} U_\varphi \tag{3.6}$$

当人体接触到设备外露可导电部分时,相当于人体接触电阻 R_t 与设备接地电阻 R_E 并联,此时 U_t 肯定有变化,但人体接触电阻 R_t 在 1000 Ω 以上,远大于 R_E,故 $R_E /\!/ R_t \approx R_E$。因此可以认为,仍可以预期接触电压 U_t 不大于 50 V 为安全条件,即要求

$$U_t = \frac{R_E}{R_E + R_N} U_\varphi < 50\ V \tag{3.7}$$

一般 $R_N = 4\ \Omega$,要满足式(3.7),则需要 $R_E \leqslant 1.18\ \Omega$。这么小的接地电阻值是很难实现的。因此在多数情况下,设备接地虽然能够有效降低接触电压,但要降低到安全限值以下还是有困难的。

2. TT 系统不能使过电流保护电器可靠工作

假设 $R_N = R_E = 4\Omega$,则单相碰壳时,接地电流(忽略变压器和线路阻抗)

$$I_d \approx \frac{220\ \text{V}}{(4+4)\Omega} = 27.5\ \text{A}$$

对于固定式设备,要求过电流保护电器在 5 s 内动作切断电源。若过电流保护电器

为熔断器,则要求熔体额定电流 $I_{r(FU)}$ 小于 I_d 的 1/5,才能可靠保证熔断器在 5 s 内动作,即

$$\frac{I_d}{I_{r(FU)}} \geqslant 5$$

于是 $I_{r(FU)} = \frac{27.5}{5} = 5.5$ A。一般在整定熔断器熔体额定电流时,为防止误动作,要求熔体额定电流为计算电流的 1.5～2.5 倍,即 $I_{r(FU)} \geqslant (1.5 \sim 2.5) I_C$($I_C$ 为计算电流),故应有 $I_C \leqslant 2.8 \sim 3.7$ A,即只有计算电流 3.7 A 以下的设备,单相碰壳对才能使保护电器在 5 s 内可靠动作。若是手握式设备,要求 0.4 s 内动作,则允许的计算电流更小。

可见,单相碰壳时系统的过电流保护电器很难及时动作,甚至根本不动作。

3. TT 系统应用时应注意的问题

(1)中性点对地电位偏移

TT 系统在正常运行时,中性点为地电位,但一旦发生了碰壳故障,则中性点对地电位就会发生改变,这就是所谓的中性点对地电位偏移。

根据图 3.4 可见,碰壳设备外皮对地电位

$$\dot{U}_{UE} = \dot{U}_{UN} \frac{R_E}{R_E + R_N} \tag{3.8}$$

如果 $R_E = R_N$,则 $|\dot{U}_{UE}| = 110$ V,$|\dot{U}_{NE}| = |\dot{U}_{UN} - \dot{U}_{UE}| = 110$ V,即中性点将带 110 V 对地电压。

若通过降低 R_E 使 $U_{UE} = 50$ V,则中性点上对地电压将升高到 170 V。

如上所述,由于 TT 系统发生单相接地故障时系统中性点电位升高,导致中性线电位也升高。此时,若系统中有按 TN 方式接线的设备,则设备外露可导电部分的电位也会升高到中性点电位。尤其是在原本为 TN 的系统中,若有一台设备错误地采用了直接接地,则当这台设备发生碰壳时,系统中所有其他设备外壳上都会带中性点电位(图 3.5),这是相当危险的,因此在未采取其他措施的情况下(如可采取剩余电流保护器),严禁 TT 与 TN 系统混用。

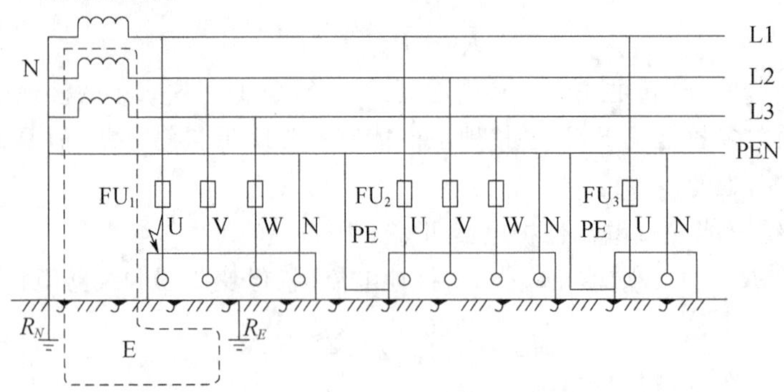

图 3.5 TT 系统与 TN 系统混用的危险

(2)自动断开电源的安全条件

自动断开电源的保护应符合下式要求：

$$R_E I_a \leqslant 50\ \text{V} \tag{3.9}$$

式中：R_E——设备外露可导电部分的接地电阻与 PE 线的接地电阻之和；

I_a——在保证电击防护安全的规定时间内使保护装置动作的电流。

对式(3.9)作以下几点解释。

R_E应是设备接地装置接地电阻与连接设备外壳和接地装置的 PE 线阻抗的复数和。为方便计算，PE 线的阻抗看成是纯电阻与接地电阻直接相加。这种近似使安全条件更为严格，故可以认可。TT 系统的故障回路阻抗包括变压器、相线和接地故障点阻抗以及设备接地电阻和变压器中性点接地电阻。故障回路阻抗较大，故障电流小，且故障点阻抗是难以估算的接触电阻，因此故障电流也难以估算。式(3.11)不采用故障电流 I_d而采用保护电器动作电流 I_a来规定安全条件正是基于此。$R_E I_a \leqslant 50$ V 表明，若实际接地故障电流 $I_d < I_a$，则 $R_E I_d \leqslant 50$ V，保护器虽不能(或不能及时)切断电源，但接触电压小于 50 V，可认为是安全的；若 $I_d \geqslant I_a$，虽然 $R_E I_d$ 可能大于 50 V，但故障能在规定时间内切断，因此也是安全的。这样既避开了难以确定 I_d 这一困难，又通过可准确确定的 I_a 将安全要求反映了出来，这是一种典型的工程处理手法。

对不同的保护电器，在规定时间内的动作电流 I_a 有所不同。对于低压断路器的瞬时脱扣器，I_a 就是它的动作电流；若故障电流太小以致不能使瞬时脱扣器动作，则应考虑延长延时脱扣器在规定时间内动作的最小电流；若采用熔断器保护，理论上应根据熔体额定电流 $I_{r(\text{FU})}$ 查得其在规定时间内动作的电流值；若采用剩余电流保护，I_a 应为其额定电动作电流 $I_{\triangle\text{n}}$。

在接地故障被切断前，故障设备外露可导电部分对地电压仍可能高于 50 V，因此仍需按规定时间切断故障。当采用反时限特性过电流保护电器(如熔断器、低压断路器的长延时脱扣器等)时，对固定式设备应在 5 s 内切除故障。但对于手握式和移动式设备，TT 系统通常采用剩余电流保护，应为瞬时动作。

4. 分别接地与共同接地

在 TT 和 IT 系统中，若每台设备都使用各自独立的接地装置，就叫做分别接地，而若干台设备共用一个接地装置，则叫做共同接地。当采用共同接地方式时，若不同设备发生异相碰壳故障，则实现共同接地的 PE 线会使其成为相间短路，通过过电流保护电器动作，可以切除故障，如图 3.6a 所示。IT 系统发生一台设备单相碰壳时仍可继续运行，这时外壳电压一般低于安全电压限值，所以尽管这个电压会沿共同接地的 PE 线传导至所有设备外壳，也不会有电击危险。但在运行过程中另一台设备又发生异相碰壳故障的情况是可能出现的。此时若采用分别接地，则两台设备的接地电阻对线电压分压，如图 3.6b 所示。对 380 V/220 V 系统来说，不管设备接地电阻多大，总有一台设备所分电压不小于 190 V,而大多数情况下设备接地电阻大小基本相等,即各分得约 190 V 电压,这个电压是十分危险的。而采用共同接地后,相间短路电流会使过电流保护电器动作,从而消除电击危险。因此共同接地对 IT 系统来说是一个比较好的方式。采用共同接地的缺点是一台设备外壳上的故障电压会传导至参与共同接地的每一台设备外壳上,若保护电器不能迅速动作,则十分危险。故在 TT 系统中,若没有设置能瞬间切除故障回路的剩余电流保护,则不宜采用共同接地。

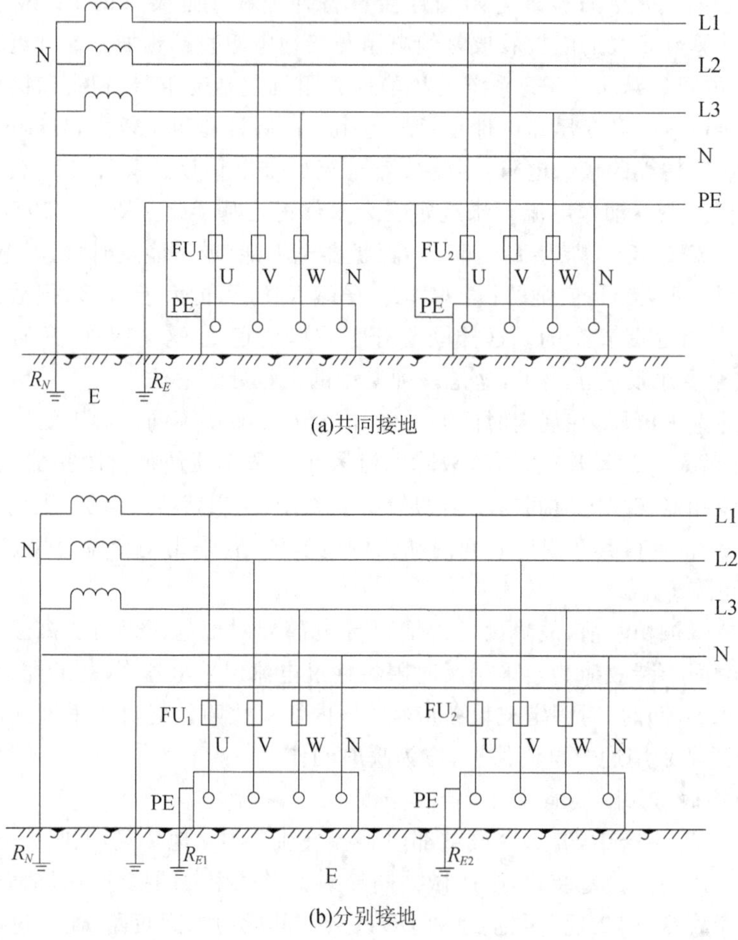

图 3.6 共同接地与分别接地

3.1.3 TN 系统的间接电击防护

TN 系统主要是靠将单相碰壳故障变成单相短路故障,并通过短路保护切断电源来实施电击防护的。因此单相短路电流的大小对 TN 系统电击防护性能具有重要影响。从电击防护的角度来说，单相短路电流大或过电流保护电器动作电流值小，对电击防护都是有利的。

1. 用过电流保护电器切断电源

TN 系统发生单相碰壳故障如图 3.7 所示，这是通过单相接地电流作用于过电流保护电器使其动作来消除电击危险。切断电源包含两层意思：一是要能够可靠切断（即保护电器应动作）；二是应在规定时间内切断。因此，较大的接地电流对保护总是有利的。下面讨论几种情况。

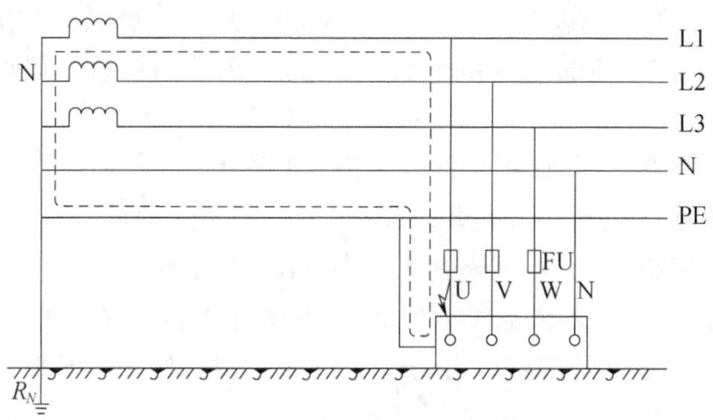

图 3.7　TN-S 系统碰壳故障分析

故障设备距电源越远，单相短路（接地）电流 I_d 因故障回路阻抗增大就会越小，但从式(3.10)分析可知，人体预期接触电压 U_t 基本不变，即要求的电源被切断时间依旧不变。因此，故障设备距电源的距离越远，对电击防护越不利。人体预期接触电压

$$U_t = I_d \left| Z_{\mathrm{PE}} \right| = \left| \frac{Z_{\mathrm{PE}}}{Z_{\mathrm{PE}} + Z_1 + Z_{\mathrm{T}}} \right| U_{\varphi(\mathrm{av})} \tag{3.10}$$

式中：Z_1——相线计算阻抗，mΩ；

Z_{PE}——陀线计算阻抗，mΩ；

Z_{T}——变压器计算四抗，mΩ；

$U_{\varphi(\mathrm{av})}$——平均相电压，V。

降低线路（包括相线和 PE 线）阻抗对电击防护是有利的，因为这时 I_d 会增大，从而有利于过流保护电器动作。降低 PE 线阻抗还有一个好处，就是可降低预期接触电压 U_t。因此加大导线截面，不仅能降低电能损耗和电压损失，有利于提高线路的过载保护灵敏度，还可提高电击防护水平。

变压器计算阻抗 Z_T 的大小也对 I_d 有影响，故选择适合的联结组别（如 D，yn11）可大幅降低 Z_T 的大小，对电击防护是有利的。

2. TN 系统应用时应注意的问题

(1)动作时间要求

相线对地标称电压为 220 V 的 TN 系统配电线路的接地故障保护切断故障回路的时间应符合下列规定:配电线路或仅供给固定式电气设备用电的末端线路,不宜大于 5 s;供给手握式电气设备和移动式电气设备的末端线路或插座回路,不应大于 0.4 s。

上述第一条规定为不大于 5 s,是因为固定式设备外露可导电部分不是被手抓握住的,易出现在接地故障发生时人手正好与之接触的情况,即使正好接触也易于摆脱。5 s 这一时间值考虑了防电气火灾以及电气设备和线路绝缘热稳定的要求,同时也考虑了躲开大电动机启动电流的影响以及当线路较长导致末端故障电流较小,使得保护电器动作时间长等因素。因此 5 s 值的规定并非十分严格,采用了"宜"这一严格程度不是很强的用词。

上述第二条严格规定了 0.4 s 的时间限值(采用了"应"这一严格程度很强的用词),是因为对于手握式或移动式设备来说,当发生碰壳故障时人的手掌肌肉对电流的反应是不由自主地紧握不放,不能迅速摆脱带体,从而长时间承受接触电压,况且手握式和移动式设备往往容易发生接地故障,这就更增加了这种危险性,因此规定了 0.4 s 这一时间限值。这一限值的规定已考虑了等电位联结的作用、PE 线与相线截面之比由 1∶3 到 1∶1 的变化以及线路电压偏移等影响。

还有一种情况,即一条线路上既有手握式(或移动式)设备,又有固定式设备,这时应按不利的条件即 0.4 s 考虑切断电源时间。另有一种相似的情况,即同一配电箱引出的两条回路中,一条是接的手握式(或移动式)设备,另一条是接的是固定式设备。这时固定式设备发生接地故障时,预期接触电压会沿 PE 线传递到手握式设备外壳上,因此也应该在 0.4 s 内切除故障,或通过等电位联结措施使配电箱 PE 排上的接触电压降至 U_L(安全电压限值)以下。

另外,IEC 标准还规定了 TN 系统中其他电压等级下的切断时间允许值,如 120 V 时为 0.8 s,400 V(380 V)时为 0.2 s,大于 400 V(380 V)时为 0.1 s 等。以上括号外为 IEC 推荐的电压等级,括号内为我国相应的电压等级。

(2)安全条件

当由过电流保护电器作接地故障保护时,可被用作电击防护的条件为

$$I_d \geqslant I_a \tag{3.11}$$

式中:I_d——单相接地电流;

I_a——保证保护电器在规定时间内自动切断故障回路的最小电流值。

I_d 可按下式计算

$$I_d = \left| \frac{U_{\varphi(\mathrm{av})}}{Z_{\mathrm{PE}} + Z_1 + Z_{\mathrm{T}}} \right| = \frac{U_{\varphi(\mathrm{av})}}{|Z_{\varphi P} + Z_T|} \tag{3.12}$$

式中：$Z_{\varphi P}$——相保护回路阻抗。

下面讨论几种常见的保护电器时如何满足式(3.10)的安全条件。

1)熔断器

对于由熔断器作过电流保护电器的情况，由于熔断器特性的分散性以及试验条件与使用场所条件的不同，不宜直接从其“安一秒”特性曲线上通过 I_d 查动作时间 Δt。GB50054《低压配电设计规范》给出了在规定时限下使熔断器动作所需的短路电流 I_d 与熔断器熔体额定电流 $I_{r(FU)}$ 的最小比值，分别见表 3.1 和表 3.2。

表 3.1　切断接地故障回路时间小于或等于 5 s 时的 $I_d/I_{r(FU)}$ 最小比值

熔体额定电流/A	4～10	12～63	80～200	250～500
$I_d/I_{r(FU)}$	4.5	5	6	7

表 3.2　切断接地故障回路时间小于或等于 0.4 s 时的 $I_d/I_{r(FU)}$ 最小比值

熔体额定电流/A	4～10	16～32	40～63	80～200
$I_d/I_{r(FU)}$	8	9	10	11

2)低压断路器

若 I_d 能使瞬时脱扣器可靠动作，则满足安全条件；若 I_d 能使短延时脱扣器可靠动作，则是否满足安全条件取决于短延时脱扣器的动作时间整定值；若 I_d 仅能使长延时脱扣器可靠动作，则应从断路器特性曲线上按最不利条件查出其动作时间来判断是否满足安全条件。对于设置有瞬时动作的接地保护的低压断路器，只要 I_d 能使其可靠动作，就认为满足安全条件。

以上所述“能使脱扣器可靠动作”，是指考虑了一定余量后，I_d 仍大于脱扣器动作整定值。对于瞬时脱扣器和短延时脱扣器而言，当 I_d 大于或等于动作整定值的 1.3 倍时，就认为能使脱扣器可靠动作。

3)剩余电流保护电器

首先，单相接地故障电流必须是剩余电流，才能使用剩余电流保护，否则不论 I_d 多大，保护都不会动作。在满足这一条件的前提下，对于瞬时动作的剩余电流保护电器，只要 I_d 大于其额定漏电动作电流 $I_{\triangle n}$ 就可认为满足安全条件；对于延时动作的剩余电流保护电器，除要求 $I_d > I_{\triangle n}$ 外，还要看其动作时限是否满足要求。

(3)TN-C 系统的缺陷

1)正常运行时设备外露可导电部分带电如图 3.8 所示，三相 TN-C 系统正常运行时三相不平衡电流、3n 次谐波电流都会流过中性线。由于现在用电设备中产生谐波的设备大量增加，如电子整流气体放电灯、各种开关电源等，使得 3n 次谐波电流在很多系统中已超过三相不平衡电流，而成为PEN线上主要的电流。这些电流会在PEN线上产生压降，因系统中性点对地电位仍为0，故PEN线对地电压沿PEN线逐渐增大，有报道称已测得高达近120 V的电压。在这种情况下如仍采用TN-C系统，则正常工作时PEN线上电压就会传导至设备外壳，从而发生电击危险。另外，对于单相TN-C系统，PEN线上电流就等于相线电流，该电流产生的电压也会传导至设备外壳上。因此，不论是单相还是三相的TN-C系统，正常运行时设备外壳带电是不可避免的。

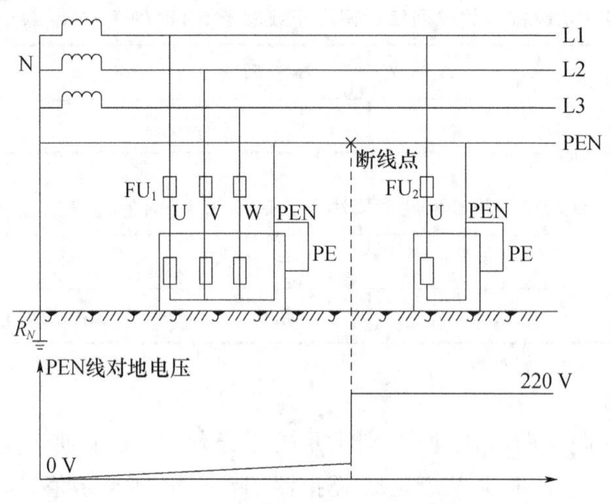

图3.8　TN-C系统存在的问题分析

2)PEN线断线会使设备外壳带上危险电压单相TN-C系统一旦发生中性线断线，相线电压会通过负载阻抗传导至PEN线断点以后的部分。这时由于负载阻抗上无电流通过，其压降为零，因此在断点后相电压完全传导至PEN线。这个相电压会通过PEN线传导到断点以后的每一台设备外壳上，十分危险。另外，对于三相系统，当三相负荷不平衡时，PEN线断线会使符合中性点对地电位发生偏移。这个偏移电压也会通过断点后的PEN线传导至各设备外壳，其大小与符合不平衡的程度有关，最严重时也能达到相电压。因此，不论对于单相还是三相系统，TN-C系统发生中性线断线都是十分危险的。

因此，一些可能导致与PEN线断线相同效果的技术措施都是不允许的，如在PEN线上装设熔断器，或者装设能同时断开相线和PEN线的开关等。

(4)双电源TN-S系统的接法

当采用两个或者两个以上电源同时供电时(图3.9)，两个电源采用了各自独立的工作接地系统。从形式上看，N线和PE线在一个电源的中性点分开以后，在另一个电源的中性点又重新连接，这不符合“N 线和 PE 线在一个电源的中性点分开以后不允许再有电气连接”的 TN-S 系统结构要求。从概念上讲，当图中 a 点两侧完全对称时，PE 线 a 点对地电位应该为零；而当 a 点两侧不完全对称时，a 点对地电位不为零的情况是可以发生的。此时 PE 线上有电流流过，即该 PE 线已不满足 PE 线成立的基本条件，该系统作为 TN-S 系统也就不成立了。

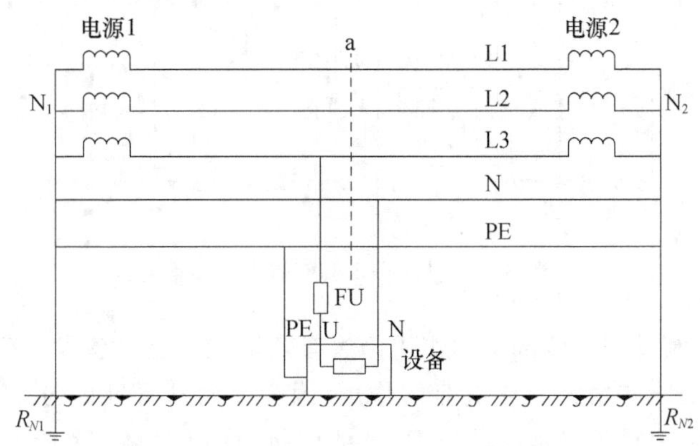

图 3.9　双电源 TN-S 系统不正确做法

因此，若 TN-S 系统中有两个或两个以上的电源同时工作，各电源的工作接地应共用一个接地体，这样才能保证 TN-S 系统的正确性，如图 3.10 所示。

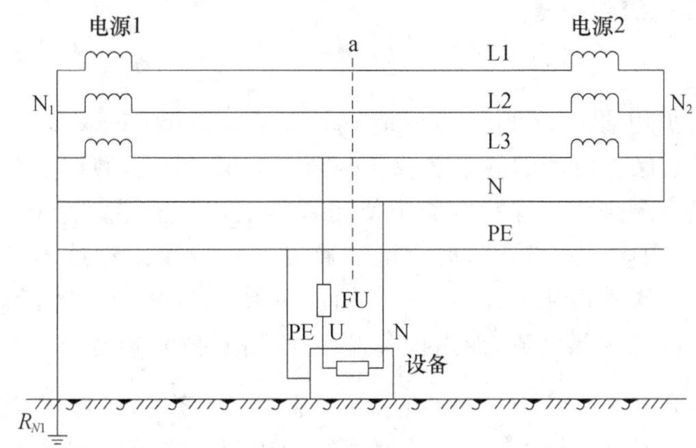

图 3.10　双电源 TN-S 系统的正确做法

(5) TN-C-S 系统中的重复接地

在 TN-C-S 系统中，在由 TN-C 转为 TN-S 处一般都要作重复接地，如图 3.11 所示。

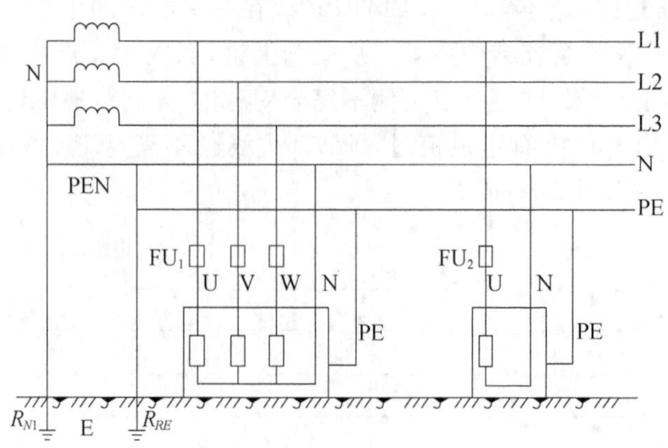

图 3.11 TN-C-S 系统的重复接地

首先,重复接地对 TN-C 部分的作用仍然有效,其次,当设备发生碰壳故障时,重复接地有降低接触电压和增大短路电流的作用,因为此时从 TN-C 与 TN-S 转换处到电源中性点的阻抗由无重复接地时的单 PEN 线阻抗,变成了有重复接地后的 PEN 线阻抗与(R_N+R_{RE})的并联,使这一段的阻抗变小,从而使得故障回路的总阻抗变小,短路电流增大。同时,因为从故障设备到电源中性点阻抗变小,使设备外壳所分电压减小,从而降低了接触电压。

3.1.4 剩余电流保护器

1. 工作原理

剩余电流保护电器(residual current operated protective devices,简称 RCD)是 IEC 对电流型漏电保护电器的规定名称。剩余电流保护电器的核心部分为剩余电流检测器件。电磁型剩余电流保护电器中使用零序电流互感器作为检测器件的例子,如图 3.12 所示。图中将正常工作时有电流通过的所有线路穿过零序电流互感器的铁心环。根据基尔霍夫电流定律,正常工作时,这些电流之和为零,不会在铁心环中产生磁通并感应出二次侧电流,而当设备发生碰壳故障时,有电流从接地电阻 R_E 上流回电源,这时,$\dot{I}_U+\dot{I}_V+\dot{I}_W=\dot{I}_{R_E}\neq 0$,($\dot{I}_U+\dot{I}_V+\dot{I}_W$)产生的磁场会在互感器二次侧绕组产生感应电动势,从而在闭合的副边线圈内产生电流。这个电流就是漏电故障发生的信号,称一次侧 $|\dot{I}_U+\dot{I}_V+\dot{I}_W=\dot{I}_{R_E}|\neq 0$ 的部分为剩余电流。根据检测到的剩余电流大小,保护电器通过预先设定的程序发出各种指令,或切断电源,或发出信号等。

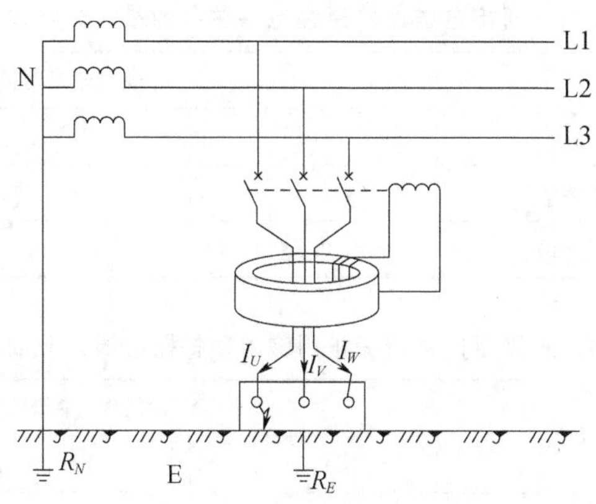

图 3.12 剩余电流检测

这里所说的“剩余电流”，是指从设备工作端子以外的地方流出去的电流，也即通常所说的漏电电流。一般情况下，这个电流是从Ⅰ类设备的 PE 端子流走的，但当人体发生直接电击时，从人体上流过的电流便成了剩余电流。因此剩余电流保护可用于直接电击防护补充保护。

2. 特性参数

(1)额定漏电动作电流 $I_{\triangle n}$：指在规定条件下，漏电开关必须动作的漏电电流值。我国标准规定的额定漏电动作电流值有 6 mA、10 mA、15 mA、30 mA、50 mA、75 mA、100 mA、200 mA、300 mA、500 mA、1000 mA、3000 mA、10000 mA、20000 mA，其中 30 mA 及以下属于高灵敏度，主要用于电击防护；50～1000 mA 属于中等灵敏度，用于电击防护和漏电火灾防护；1000 mA 以上属于低灵敏度，用于漏电火灾防护和接地故障监视。

(2)额定漏电不动作电流 $I_{\triangle no}$：指在规定条件下，漏电开关必须不动作的漏电电流值。额定漏电不动作电流 $I_{\triangle no}$ 总是与额定漏电动作电流 $I_{\triangle n}$ 成对出现的，优选值为 $I_{\triangle no}=0.5I_{\triangle n}$。如果说 $I_{\triangle n}$ 是保证漏电开关不拒动的下限电流值的话，则 $I_{\triangle no}$ 是保证漏电开关不误动的上限电流值。

(3)额定电压 U_t：常用的有 380 V、220 V。

(4)额定电流 I_n：常用的有 6 A、10 A、16 A、20 A、60 A、80 A、125 A、160 A、200 A、250 A。

(5)分断时间：分断时间与漏电开关的用途有关，作为间接电击防护的漏电开关最大分断时间见表 3.3，而作为直接电击补充保护的漏电开关最大分断时间见表 3.4。

在表 3.3 和表 3.4 中，“最大分断时间”栏下的电流值是指通过漏电开关的试验电流值。例如，在表 3.3 中，当通过漏电开关的电流等于额定漏电动作电流 $I_{\triangle n}$ 时，动作时间应不大于 0.2 s，而当通过的电流为 $5I_{\triangle no}$ 时，动作时间就不应大于 0.04 s。

表 3.3 间接电击保护用漏电保护器的最大分断时间

$I_{\triangle n}$/A	I_n/A	最大分断时间/s		
		$I_{\triangle n}$	$2I_{\triangle n}$	$5I_{\triangle n}$
≥0.03	任何值	0.2	0.1	0.04
	≥40	0.2	—	0.15

表 3.4 直接电击补充保护用漏电保护器的最大分断时间

$I_{\triangle n}$/A	I_n/A	最大分断时间/s		
		$I_{\triangle n}$	$2I_{\triangle n}$	$5I_{\triangle n}$
≤0.03	任何值	0.2	0.1	0.04

作为防火用的延时型漏电保护器，延时时间为 0.2 s、0.4 s、0.8 s、1 s、1.5 s、2 s。

现在以 $I_{\triangle n}$和 $I_{\triangle no}$的应用为例，说明使用以上参数时应注意的问题。若工程设计中要求漏电保护电器在通过它的剩余电流大于等于 I_2时必须动作（不拒动），而当通过它的电流小于等于 I_1时必须不动作（不误动），则在选用漏电保护电器时，应使 $I_1 \geq I_{\triangle n}$，$I_2 \geq I_{\triangle no}$。当判断一只漏电保护电器是否合格时，若刚好使漏电保护器动作的电流值为 $I_{\triangle}$，则一定要使 $I_{\triangle} \leq I_{\triangle n}$和 $I_{\triangle} \geq I_{\triangle no}$同时满足，该漏电保护器才是合格的。换言之，在制造产品时，RCD 的实际漏电动作电流 $I_{\triangle}$ 在$[I_{\triangle no}, I_{\triangle n}]$之间是正确的，而在设计的时候，应使设计要求的漏电动作电流值 I_1 和漏电不动作电流值 I_2在$[I_{\triangle no}, I_{\triangle n}]$之外才是正确的。

3. 剩余电流保护器的应用

漏电开关主要用作间接电击和漏电火灾防护，也可用作直接电击防护，但这时只是作为直接电击防护的补充措施，而不能取代绝缘、屏护与间距等基础防护措施。由于 RCD 在配电系统中应用广泛，正确地使用 RCD 就显得十分重要，否则不但不能很好地起到电击防护作用，还可能造成额外的停电或其他系统故障。

(1)RCD 在 IT 系统中的应用

IT 系统中发生一次接地故障时一般不要求切断电源，系统仍可继续运行，此时应由绝缘监视装置发出接地故障信号。当发生二次异相接地（碰壳）故障时，若故障设备本身的过电流保护装置不能在规定时间内动作，则应装设 RCD 切除故障。因此，漏电保护开关参数的选择，应使其额定漏电不动作电流 $I_{\triangle n}$大于设备一次接地时的漏电电流，即电容电流 I_{CM}，而额定漏电动作电流 $I_{\triangle n}$应小于二次异相故障时的故障电流。

(2)RCD 在 TT 系统中的应用

由于 TT 系统靠设备接地电阻将预期触电电压降低到安全电压以下十分困难，而故障电流通常又不能使过电流保护电器可靠动作，因而 RCD 的设置就显得尤为重要。

1)RCD 在 TT 系统中的典型接线

如图 3.13 所示，图中包含了三相无中性线、三相有中性线和单相负荷的情况。当所有设备都采用了 RCD 时，采用分别接地和共同接地均可。但当有的设备没有装设 RCD 时，未采用 RCD 的设备与装设 RCD 的设备不能采取共同接地。如图 3.14a 所示，当未装 RCD 的设备 2 发生碰壳故障时，外壳电压将传导至设备 1，而设备 1 的 RCD 对设备的碰壳故障不起作用，因而是不安全的。对这种情况，可将采用共同接地的所有设备设置一个共同的 RCD，如图 3.14b 所示。但这种做法在一台设备发生漏电时，所有设备都将停电，扩大了停电范围。

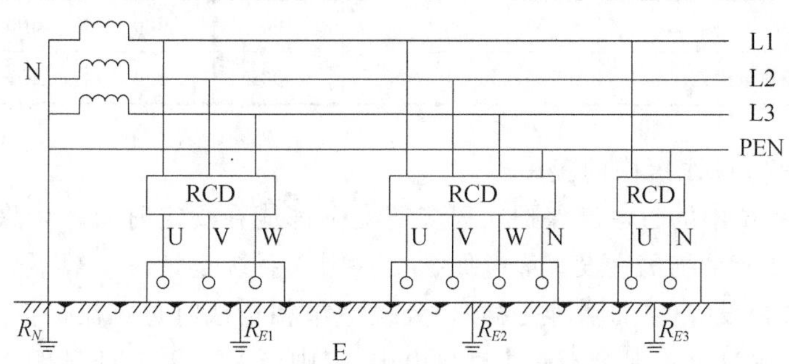

图 3.13　TT 系统中 RCD 典型接线示例

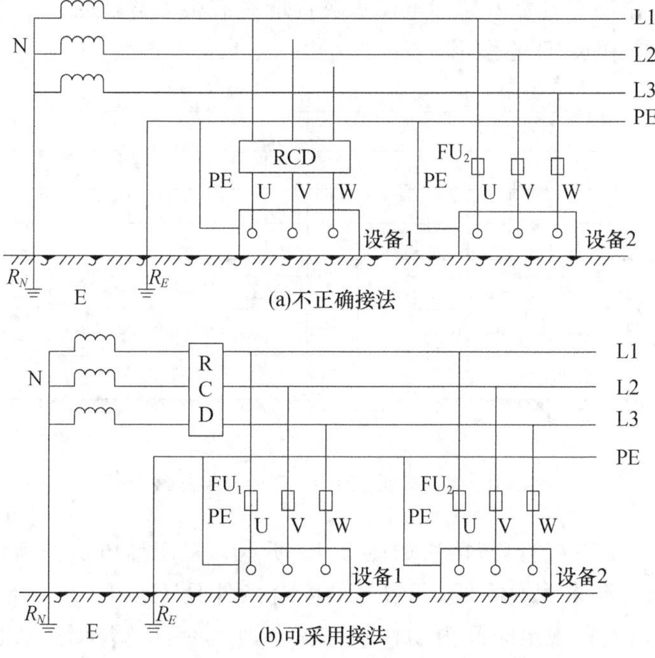

图 3.14　TT 系统采用共同接地时 RCD 的设置

2)接地仍是最基本的安全措施

不能因为采用了漏电保护而忽视了接地的重要性。实际上，在 TT 系统中漏电保护得以采用，接地极形成的剩余电流通道是基本条件。但采用了漏电保护后，对接地电阻阻值的要求大大降低了。按 $R_E I_a \leqslant 50$ V，TT 系统的安全条件要求（式中 I_a 为在规定时间内使保护装置动作的电流），当采用 RCD 时，I_a 应为额定漏电动作电流 $I_{\triangle n}$。按此要求，对于瞬时动作（$t \leqslant 0.2$ s）的 RCD，$I_{\triangle n}$ 与接地电阻阻值在满足 $R_E I_a \leqslant 50$ V 条件时的关系见表 3.5。可见，安装 RCD 对接地电阻阻值要求大大减小了。

表 3.5　TT 系统中 RCD 额定漏电动作电流 $I_{\triangle n}$ 与设备接地电阻的关系

额定漏电动作电流 $I_{\triangle n}$/mA	30	50	100	200	500	1000
设备最大接地电阻/Ω	1667	1000	500	250	100	50

(3)RCD 在 TN 系统中的应用

尽管 TN 系统中的过电流保护在很多情况下都能在规定时间内切除故障，但即使在这种情况下 TN 系统仍宜设置漏电保护。一则在系统设计时一般不会（有时也不可能）逐一校验每台设备（甚至可能是插座）处发生单相接地时过电流保护是否能满足电击防护要求；二则过电流保护不能防直接电击；三则当 PE 线或 PEN 线发生断线时，过电流保护对碰壳故障不再有作用。因此在 TN 系统中设置剩余电流保护，对补充和完善 TN 系统的电击防护性能及防漏电流火灾性能是有很大益处的。

1)TN-S 系统中 RCD 的作用

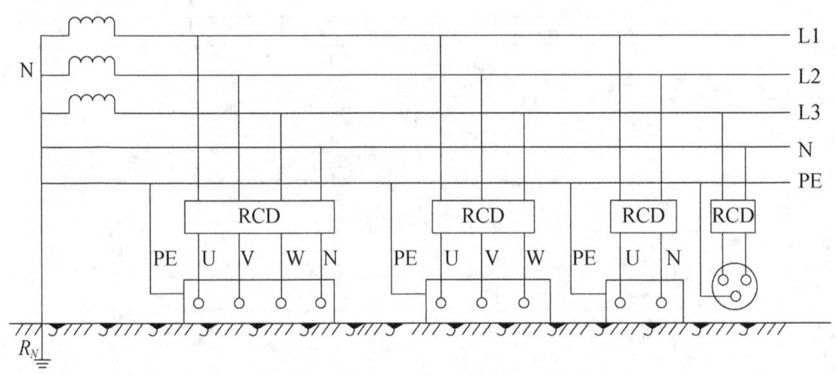

图 3.15　TN-S 系统中 RCD 的典型接线示例

TN-S 系统中 RCD 的典型接法如图 3.15 所示。采用漏电保护后，电击防护对单相接地故障电流的要求大大降低。TN-S 的安全条件是 $I_d \geqslant I_a$，I_d 为单相接地故障电流，I_a 为使保护装置在规定时间内动作的电流。因 $I_d = U_\varphi / Z_S$，U_φ 为相电压，Z_S 为故障回路计算阻抗，所以有

$$I_a Z_s \leqslant U_\varphi \tag{3.13}$$

以 $U_\varphi=220$ V，$I_a=I_{\triangle n}$ 计算，对 Z_S 的要求见表 3.6

由表 3.6 可知，如此大的短路回路阻抗，即使算上故障点的接触电阻（或电弧阻抗），也是很容易满足的。可见在采用 RCD 后，TN 系统保护动作的灵敏性得到了很大提高。

表 3.6 TN 系统中 RCD 额定漏电动作电流与故障回路阻抗的关系

额定漏电动作电流 $I_{\triangle n}$/mA	30	50	100	200	500	1000
故障回路最大阻抗 Z_s/Ω	7333	4400	2200	1100	440	220

2）TN-C-S 系统中 RCD 对重复接地的作用

RCD 能否正常工作，剩余电流通道是否完好十分重要，对 TN-C-S 系统，剩余电流通道总有一段是 PEN 线。一旦 PEN 线断线，则剩余电流通道便被破坏，RCD 正常工作的条件便不成立，而重复接地可很好地解决这一问题。重复接地的电阻值不一定很小，但只要故障回路总阻抗（含重复接地电阻）满足表 3.6 中所列数值，则 RCD 就能可靠动作，如图 3.16 所示。

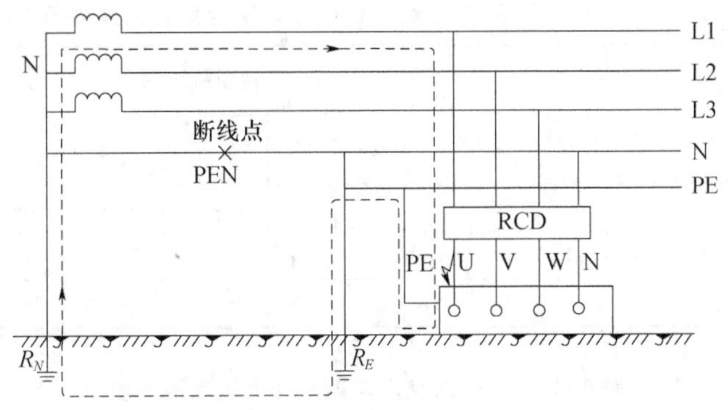

图 3.16 重复接地在 PEN 断线时对 RCD 的作用

（4）正常工作时的泄漏电流

正常工作时系统对地的泄漏电流是引起 RCD 误动作的重要原因之一，对单相系统尤其如此。对地泄漏电流引起 RCD 误动作的原理如图 3.17 所示。图中集中示出了相线 L 和中性线 N、保护线 PE 的对地分布电容。因正常工作时 N 线电位基本上为地电位，故 N 线对地电容上基本无电流产生；PE 线本身就是地电位，故 FE 线对地电容上也无电流产生；而相线对地电压为 220 V，因此相线对地电容上有电流产生，其大小等于 $U_\varphi \omega C$（U_φ 为相电压）。该电流从相线流出，但不经中性线流回系统，而是从系统中性点接地电阻流回系统。对于 RCD 来说，这个电流便成为剩余电流。一旦这个电流达到 $I_{\triangle n}$，便会引起 RCD 误动作。泄漏电流的存在给 RCD 动作值 $I_{\triangle n}$ 的选取带来了困难。一方面为了使保护更灵敏，需要使 $I_{\triangle n}$ 尽可能小，但为了使 RCD 在泄漏电流作用下不发生误动作，又应使 $I_{\triangle n}$ 尽可能大，而 $I_{\triangle no}=I_{\triangle n}/2$。因此确定泄漏电流的大小，对于确定 RCD 的参数有着重要意义。由于泄漏电流大小与导线敷设方式、敷设部位及环境、气候等因素相关，因此准确确定泄漏电流大小是有困难的。表 3.7 给出了单位长度导线的泄漏电流值，表 3.8 给出了常用电器的泄漏电流值，表 3.9 给出了电动机的泄漏电流，可供参考。

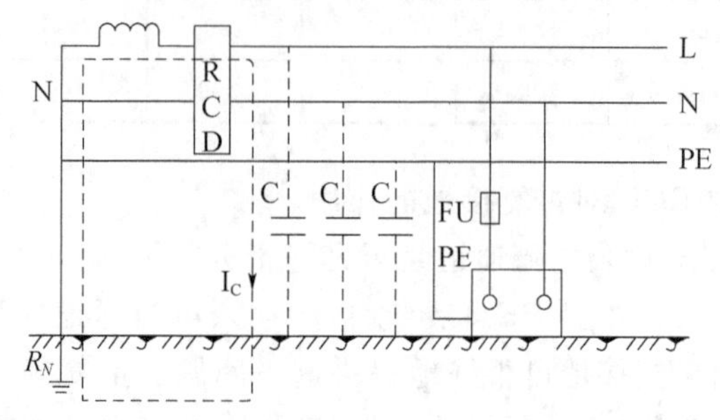

图 3.17　泄漏电流引起 RCD 误动作

表 3.7　220 V/380 V 单相及三相线路埋地、沿墙辐射穿管电线每千米泄漏电流

泄漏电流/(mA·km^{-1})	截面积/mm^2											
	4	6	10	16	25	35	50	95	120	150	185	240
聚氯乙烯	52	52	56	62	70	70	79	99	109	112	116	127
橡皮	27	32	39	40	45	49	49	55	60	60	60	61
聚乙烯	17	20	25	26	29	33	33	33	38	38	38	39

表 3.8　荧光灯、家用电器及计算机泄漏电流

设备名称	形式	泄漏电流/mA
荧光灯	安装在金属构件上	0.1
	安装在木质或混凝土构件上	0.02
家用电器	手握式Ⅰ级设备	≤0.75
	固定式Ⅰ级设备	≤3.5
	Ⅰ级设备	≤0.25
	Ⅰ级电热设备	≤0.75～5
计算器	移动式	1.0
	固定式	3.5
	组合式	15.0

表 3.9　电动机泄漏电流

额定功率/mA	额定功率/kW												
	1.5	2.2	5.5	7.5	11	15	18.5	22	30	37	45	55	75
正常运行	0.15	0.18	0.29	0.38	0.50	0.57	0.65	0.72	0.87	1.00	1.09	1.22	1.48
电机启动	0.58	0.79	1.57	2.05	2.39	2.63	3.03	3.48	4.58	5.57	6.60	7.99	10.54

理论上讲，为了使RCD在泄漏电流作用下不误动作，应使RCD的额定漏电不动作电流 $I_{\triangle no}$ 大于泄漏电流。但实际应用时，一般用额定漏电动作电流 $I_{\triangle n}$ 计算。并考虑一定的余量，计算要求如下：

用于单台用电设备时，$I_{\triangle n}>4I_{1k}$（I_{1k} 为泄漏电流）；

用于线路时，$I_{\triangle n}>2.5I_{1k}$ 且同时 $I_{\triangle n}$ 还应满足大于等于其中最大一台用电设备正常运行时泄漏电流的4倍的条件；

用于全网保护时，$I_{\triangle n}>2I_{1k}$。

(5)各级剩余电流保护器的配合

剩余电流保护与短路保护或过载保护类似，也应该具有选择性，这种选择性靠动作时间或动作电流来配合，配合原则如下。

1)电流配合

上一级漏电开关的额定漏电动作电流 $1/2I_{\triangle n}$ 大于下一级漏电开关的额定漏电动作电流。

应注意的是，这一条件只是确定上级开关 $I_{\triangle n}$ 的条件之一。例如，若下级开关 $I_{\triangle n}=30$ mA，则上级开关 $I_{\triangle n}=80$ mA即满足要求，但若下级共有10个回路，每一回路正常工作时的泄漏电流均为10 mA，则此时流过上级开关的泄漏电流就为100 mA，应按泄漏电流确定上级开关 $I_{\triangle n}$。

上述中“1/2”的由来是这样的：理论上，上、下级开关的配合，应是上级开关的额定漏电不动作电流 $I_{\triangle no}$ 大于下级开关额定漏电动作电流 $I_{\triangle n}$，而上级开关的 $I_{\triangle no}=I_{\triangle n}/2$，这是RCD产品标准的推荐值。所以，用 $I_{\triangle n}$ 替代 $I_{\triangle no}$ 时，应乘以1/2。

2)时间配合

上级漏电保护的动作时限应大于下级漏电保护的动作时限。因为RCD的动作与低压断路器长延时脱扣器动作不同，无动作惯性，一旦漏电电流被切断，动作过程立刻停止并返回，故一般可不考虑返回时间问题。

以上的时间配合和电流配合，只要有一种配合满足要求，就可以认为上、下级之间具有了选择性。

3.1.5 电气隔离

电气隔离是指使一个器件或电路与另外的器件或电路在电气上完全断开的技术措施，其目的是通过隔离提供一个完全独立的规定的防护等级，使得即使基础绝缘失效，在机壳上也不会发生电击危险。

在工程上，最常用的方法是用 1∶1 的隔离变压器进行电气隔离。

采用电气隔离的系统如图 3.18 所示。其中设备 0 为采用电动机-发电机的电气隔离，设备 1、2、3 为采用变压器的电气隔离。从图中可清楚地看出，隔离变压器两侧只是通过磁路联系的，没有直接的电气联系，符合电气隔离的条件。在工程应用中，应保证这种隔离条件不被破坏才行。

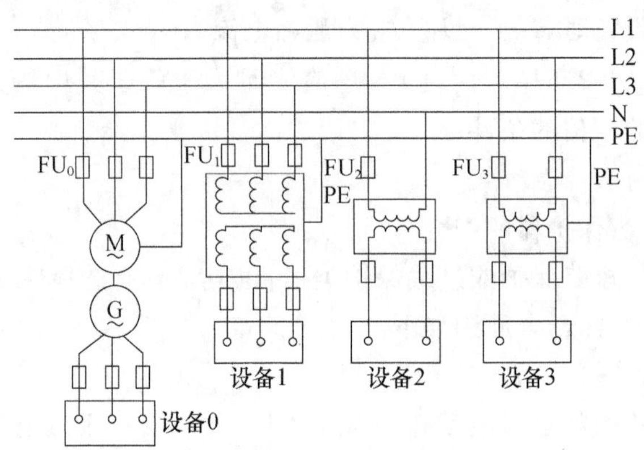

图 3.18 电气隔离示例

应用电气隔离须满足以下安全条件：

(1)隔离变压器具有加强绝缘的结构。

(2)次级线圈保持独立，即不接大地、不接保护导体、不接其他电气回路。

(3)二次回路电压不得超过 500 V，长度不应超过 200 m。

(4)根据需要，次级线圈装设绝缘监视装置，采用间距、屏护措施或进行等电位连接。

3.1.6 安全电压

1. 安全电压的限值和额定值

(1)限值

限值为任何两根导体间可能出现的最高电压值。我国标准规定，工频电压有效值的限值为 50 V，直流电压的极限值为 120 V。当接触面积大于 1 cm^2、接触时间超过 1 s 时，建议干燥环境中工频电压有效值的限值为 33 V，直流电压限值为 70 V，潮湿环境中工频电压有效值为 16 V，直流电压限值为 35 V。

(2)额定值

我国规定工频有效值的额定值有 42 V、36 V、24 V、12 V 和 6 V。特别危险环境中使用的手持电动工具应采用 42 V 安全电压;有电击危险环境中使用的手持照明灯和局部照明灯应采用 36 V 或 24 V 安全电压;金属容器内、特别潮湿处等特别危险环境中使用的手持照明灯采用 12 V 安全电压;水下作业等场所应采用 6 V 安全电压。

2. 安全电压电源和回路配置

(1)安全电源

安全电压应采用具有加强绝缘的隔离电源。可以采用隔离变压器、发电机、蓄电池或电子装置作为安全电压的电源。

(2)回路配置

安全电压回路必须与较高电压的回路保持电气隔离,并不得与大地、保护导体或其他电气回路连接,但变压器一次与二次之间的屏蔽隔离层应按规定接地或接零。安全电压的配线应与其他电压的配线分开敷设。

(3)插座

安全电压的插座应与其他电压的插座有明显区别,或采用其他措施防止插销插错。

(4)短路保护

电源变压器的一次边和二次边均应装设熔断器作短路保护。

3.2　建筑物的电击防护

建筑物的电击防护是通过在工作场所采取安全措施降低甚至消除电击危险性。它主要包括非导电场所和等电位连接两种方法。

3.2.1　非导电场所

非导电场所是指利用不导电的材料制成地板、墙壁、顶棚等,使人员所处环境成为一个有较高对地绝缘水平的场所。在这种场所中,当人体一点与带电体接触时,不可能通过大地形成电流回路,从而保证了人身安全。工程上,非导电场所应符合以下安全条件。

地板和墙壁每一点对地电阻,交流有效值 500 V 及以下时应不小于 50 kΩ,交流有效值 500 V 以上时应不小于 100 kΩ。

尽管地面、墙面的绝缘使场所内与场所外失去了电气联系,但就场所内而言,若同时触及了带不同电位的带电体,仍有电击危险。因此,仍应采取屏护与间距等措施,以避免人员因同时触及可能带不同电位的导体面发生电击伤害事故。如图 3.19 所示,当两台设备间净距大于 2.5 m 时,可认为不能被人员同时触及,满足通过间距防止电击的条件;而当两台设备间净距小于 2.5 m 时.必须通过隔离防止电击。这时由于被隔离的两部分均可能有人员在场,故应采用绝缘材料作隔离体;若用导体作隔离体,则被隔离两侧的人员有可能将各自设备上的不同电位引至隔离体,从而发生电击。

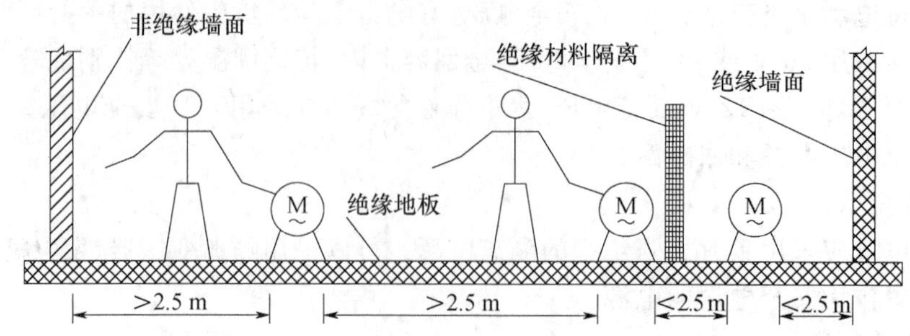

图 3.19 非导电场所的隔离与间距

为了保证不导电场所的特征,场所内不得设置 PE 线。

非导电场所内的装置外可导电部分不允许在非导电场所外出现电位。如图 3.20 所示,金属风管一部分在非导电场所内,另一部分在非导电场所外。若非导电场所内人员一只手触及带电体,另一只手触及金属风管,则带电体的电位通过人体和金属管道会传导至非导电场所外,而非导电场所外不能保证金属管道与大地或其他导体的绝缘,于是就有可能在这个电位的作用下形成电流回路,危及人身安全。同时,也存在非导电场所外的电位通过该金属管道引入非导电场所内的可能性。因此,在有这种可能性存在时,应采取适当的技术措施来保证安全,如对装置外可导电部分绝缘或隔离等。

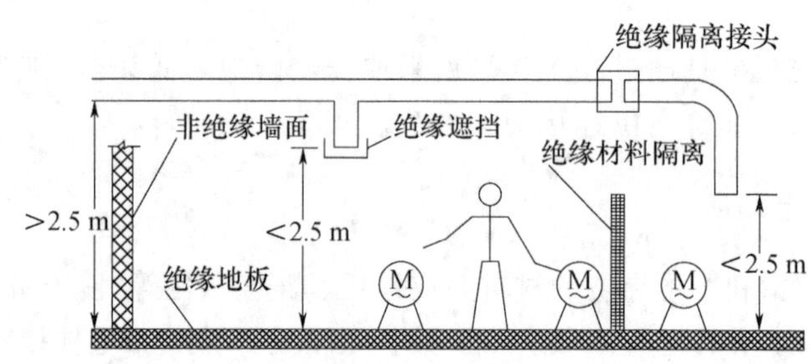

图 3.20 非导电场所与外界的隔离

3.2.2 等电位联结

与非导电场所类似,等电位联结也是一种"场所"的电击防护措施。不同的是,非导电场所靠阻断电流流通的通道来防止电击发生,而等电位联结靠降低接触电压来降低电击危险性。最典型的例子是在可能发生人手触及带电体的场所,在带电体对地电压一定的情况下,通过等电位联结,抬高地板的对地电压,从而降低人体手、脚之间的电位差，以此来降低电击危险性。

应该指出，等电位联结不只是一种建筑物的电击防护措施。如采用电气隔离对多台设备供电，就需要对不同设备外壳采取等电位措施，以防止不同设备发生异相碰壳，而外壳又被人员同时触及时所发生的电击伤害事故。这时等电位联结除了降低接触电压外，还可造成短路，使过电流保护电器在短路电流作用下动作来切断电源。

1. 等电位联结原理

以 TT 系统为例，如图 3.21、图 3.22 所示，图 3.21a 为一个无等电位联结的 TT 系统接线图，图 3.21b 为发生碰壳故障时接地体散流场的等位线和地平面电位分布，以无穷远处地电位为参考零电位。图中，U_a为设备外壳对地电位，U_b为接地体对地电位，U_a与U_b之差为接地 PE 线 ab 段上的压降。人体预期接触电压U_t为设备外壳电位与人员站立处地平面电位之差，最不利情况为人体离接地体较远，站立处地平面电位接近参考零电位，这时 $U_t=U_a$。它包括接地体上压降与接地 PE 线上压降，为这二者之和(严格说应为矢量和，近似计算时可以认为是代数和)。

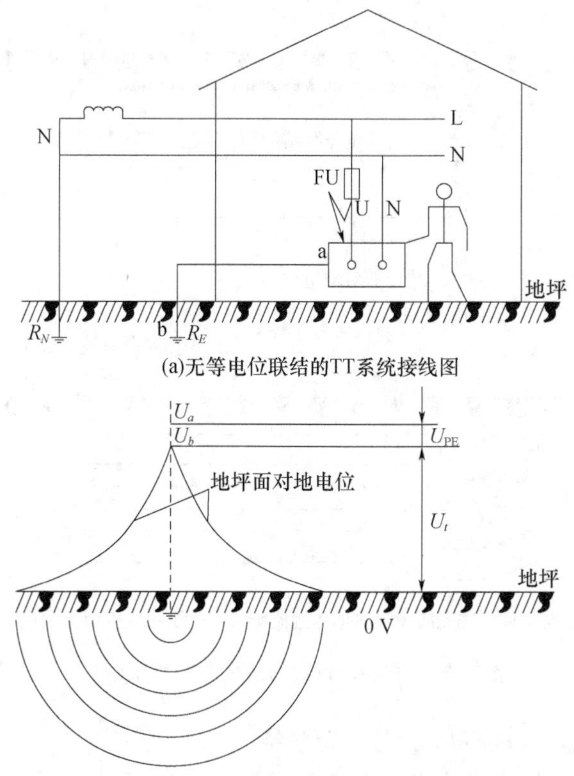

图 3.21　无等电位联结时的预期接触电压

有等电位联结的情况如图 3.22a 所示。此时将进入建筑物的水管、暖气管、建筑物地板内钢筋等做电气联结，形成等电位联结体，并与设备接地装量 R_E 做电气联结。图 3.22b 表示当设备发生单相碰壳故障时接地体散流场的等位线和地平面上的电位分布。从图中可见，人体预期接触电压 U_t 仅为 PE 线 ae 段上的压降。此时等电位体 c 上电位与接地体设备侧电位基本相等，因而在等电位体作用范围内的地平面电位被抬高，使得人体接触电压 U 大幅降低。

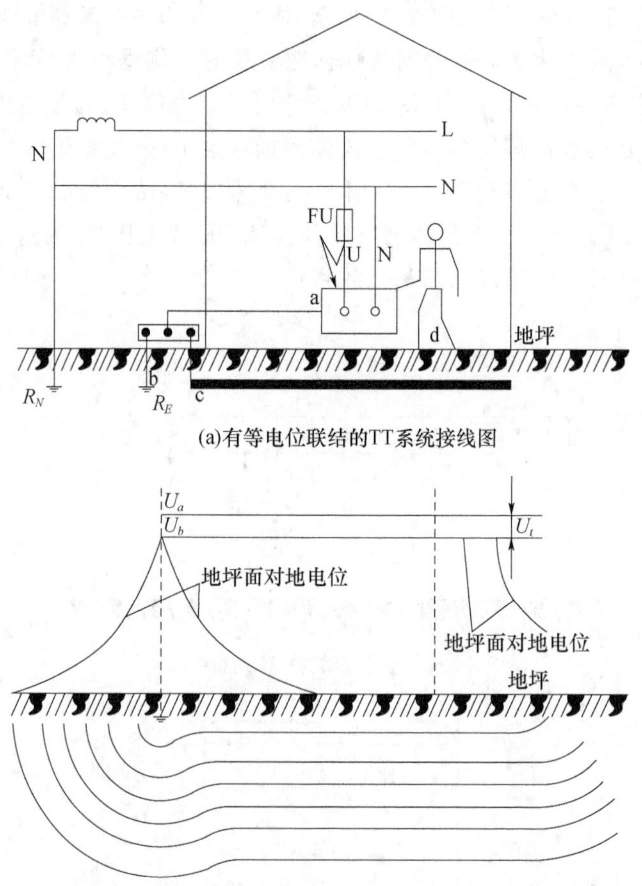

(b)设备发生单相碰壳故障时接地体散流场的等位线和地平面上的电位分布

图 3.22　有等电位联结时的预期接触电压

2. 总等电位、辅助电位和局部等电位联结

在建筑电气工程中，常见的等电位联结措施有三种，即总等电位联结、辅助等电位联结和局部等电位联结。其中局部等电位联结是辅助等电位联结的一种扩展。这三者

在原理上都是相同的，不同之处在于作用范围和工程做法。

(1)总等电位联结(main equipotential bonding，MEB)

1)做法

总等电位联结是在建筑物电源进线处采取的一种等电位联结措施，它所需联结的导电部分有，进线配电箱的 PE(或 PEN)母排；公共设施的金属管道，如上、下水管道和热力、煤气等管道；应尽可能包括建筑物金属结构；如果有人工接地，也包括其接地极引线。

总等电位联结系统的示意图如图 3.23 所示。应注意的是，在与煤气管道作等电位联结时，应采取措施将管道处于建筑物内、外的部分隔离开，以防止将煤气管道作为电流的散流通道(即接地极)，并且为防止雷电流在煤气管道内产生火花，在此隔离两端应跨接火花放电间隙。另外，图中保护接地与防雷接地采用的是各自独立的接地体，若采用共同接地，应将 MEB 板以短捷的路径与接地体联结。

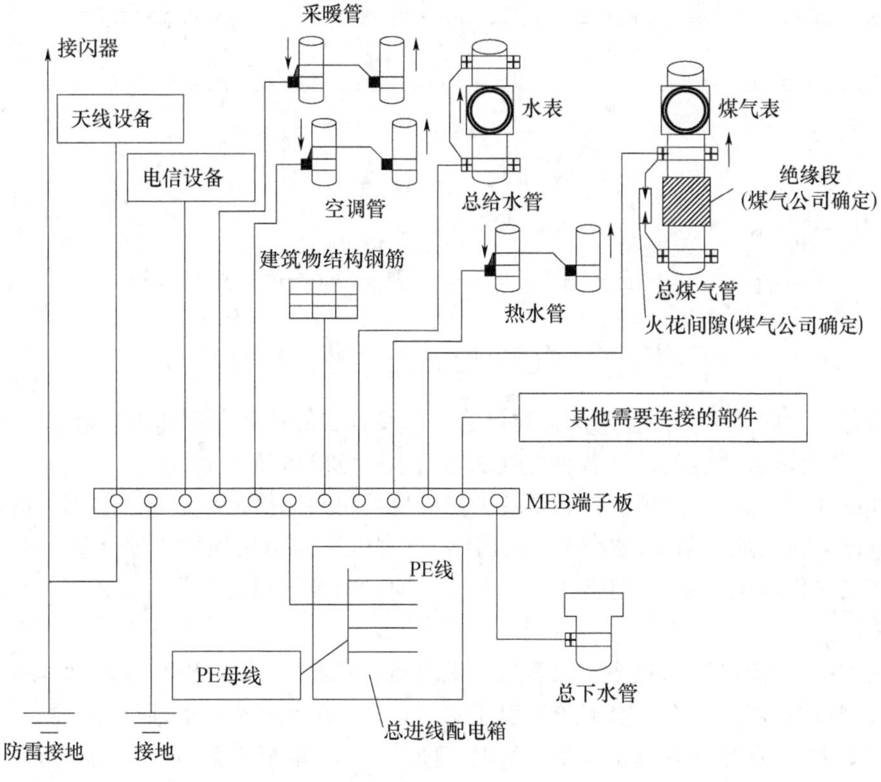

图 3.23　总等电位联结系统示例

若建筑物有多处电源进线，则每一电源进线处都应做总等电位联结。各个总等电位联结端子板应互相连通。

图 3.24 为一办公楼的等电位联结示例。图中预埋件为通过柱主筋从接地体上引出的连接扳。

2)作用

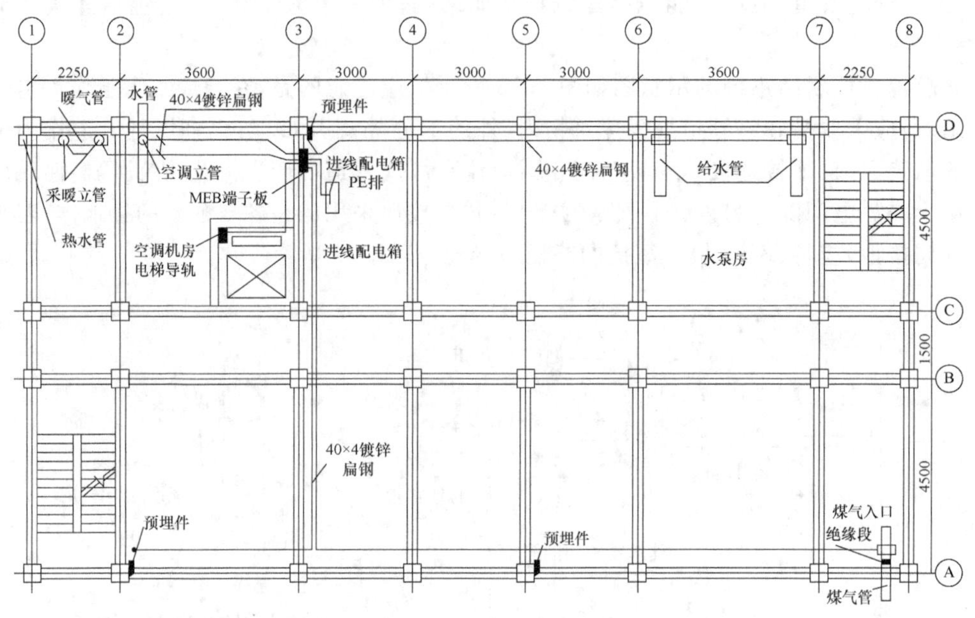

图 3.24　办公楼的等电位联结示例(单位:mm)

总等电位联结的作用在于降低建筑物内间接电击的接触电压和不同金属部件间的电位差，并消除自建筑物外经各种电气线路引入的危险电压的危害。

如图 3.25a 所示，防雷接地和系统工作接地采用共同接地。当雷击接闪器时，很大的雷电流会在接地电阻上产生很大的压降。这个电压通过接地体传导至 PE 线。若有金属管道未作等电位联结，且此时正好有人员同时触及金属管道和设备外壳，就会发生电击事故。

又如图 3.25b 所示，进户金属管道未做等电位联结。当室外架空裸导线断线接触到金属管道时，高电位会由金属管道引至室内，若人触及金属管道，则可能发生电击事故。图 3.26 所示为有等电位联结的情况，这时 PE 线、地板钢筋、进户金属管道等均做总等电位联结，此时即使人员触及带电的金属管道，在人体上也不会产生电位差，因而是安全的。

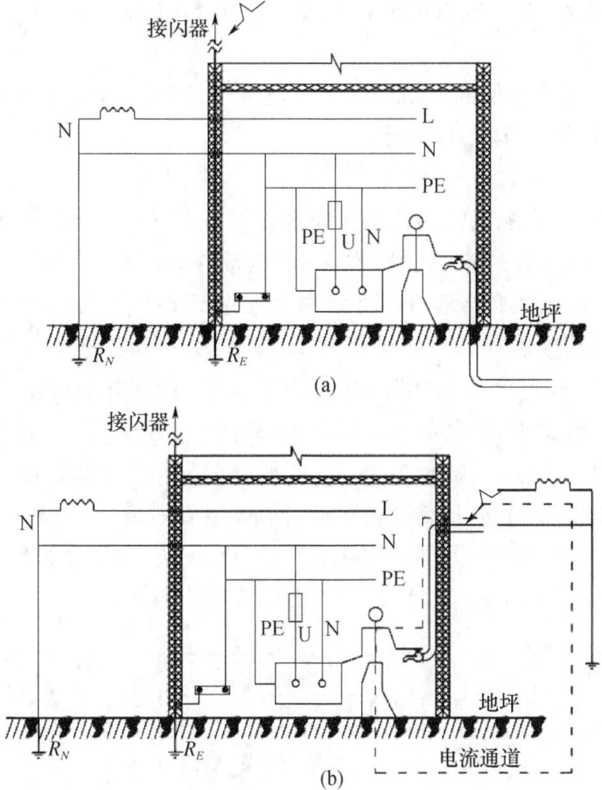

图 3.25　无总等电位联结

(a)无总等电位联结的危害(一)　(b)无总等电位联结的危害(二)

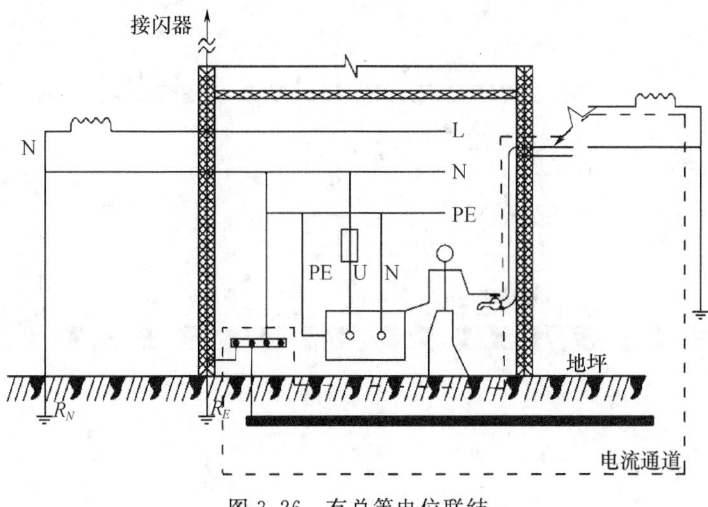

图 3.26　有总等电位联结

(2)辅助等电位联结(supplementary equipotenttal bouding,SEB)

1)功能及做法

将两个可能带不同电位的设备外露可导电部分和(或)装置外可导电部分用导线直接联结,可使故障接触电压大幅降低。

2)示例

如图 3.27a 所示,分配电箱 AP 既向固定式设备 M 供电,又向手握式设备 H 供电。当 M 发生碰壳故障时,其过流保护应在 5 s。内动作,而这时 M 外壳上的危险电压会经 PE 排通过 PE 线 ab 段传导至 H,而 H 的保护装置根本不会动作。这时手握设备 H 的人员若同时触及其他装置外可导电部分 E(图中为一给水龙头),则人体将承受故障电流 I_d在 PE 线 mn 段上产生的压降,这对要求 0.4 s 内切除故障电压的手控式设备 H 来说是不安全的。若此时将设备 M 通过 PE 线 de 与水管 E 作辅助等电位联结,见图 3.27b,则此时故障电流 I_d被分成I_{d1}和 I_{d2}两部分回流至 MEB 板。此时 $I_{d1}<I_d$,PE 线 mn 段上压降降低,从而使 b 点电位降低,同时 I_{d2}在水管 eq 段和 PE 线 qn 段上产生压降,使 e 点电位升高,这样,人体接触电压 $U_t=U_b-U_e=U_{be}$会大幅降低,从而使人员安全得到保障。(以上电位均以 MEB 板为电位参考点)

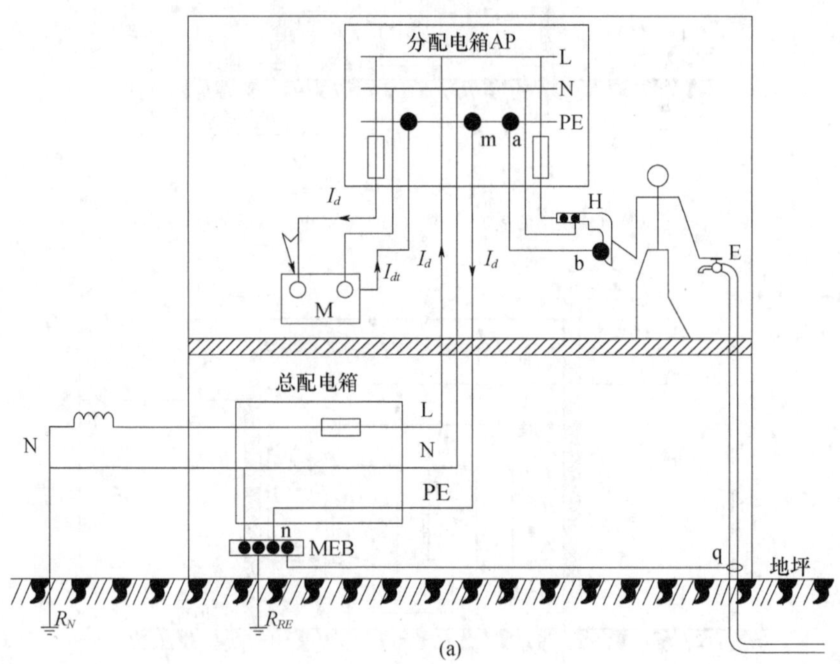

(a)

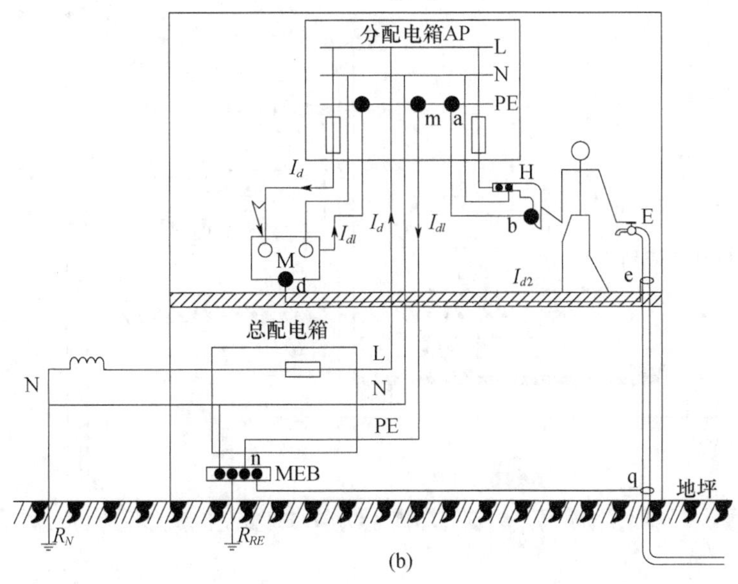

图 3.27 辅助等电位联结作用分析

(a)无辅助等电位联结 (b)有辅助等电位联结

由此可见,辅助等电位联结既可直接用于降低接触电压,又可作为总等电位联结的一个补充,进一步降低接触电压。

(3)局部等电位联结(local equipotential,LEB)

当需要在一局部场所范围内做多个辅助等电位联结时,可将多个辅助等电位联结通过一个等电位联结端子板实现,这种方式叫做局部等电位联结。这块端子板称为局部等电位联结端子板。

局部等电位联结应通过局部等电位联结端子板将以下部分联结起来:

PE母线或PE干线;公用设施金属管道;尽可能包括建筑物金属构件;其他装置外可导电体和装置的外露可导电部分。

在图3.27的例子中,若采用局部等电位联结,则其接线方法如图3.28所示。

3. 不接地的等电位联结

不接地的等电位联结是等电位联结措施的一种特殊应用,一般用于非导电场所。如图3.29所示,当非导电场所中两台设备外壳净距小于等于2.5 m时,可视为能被人员同时触及。若因故障原因使两设备外壳带不同电位,则人员同时触及时就会有电击危险,因此需要作辅助等电位联结。对由外界引入的不接地导体,只要与其他设备净距不大于2.5 m,也须做辅助等电位联结。而对由外界引入的接地的导体,为保证不导电场所成立,需用绝缘罩盖遮盖。三孔单相插座因很可能供移动式或手握式设备,与其他设备间的距离不确定,因此其保护线插孔也应与就近设备作辅等电位联结。

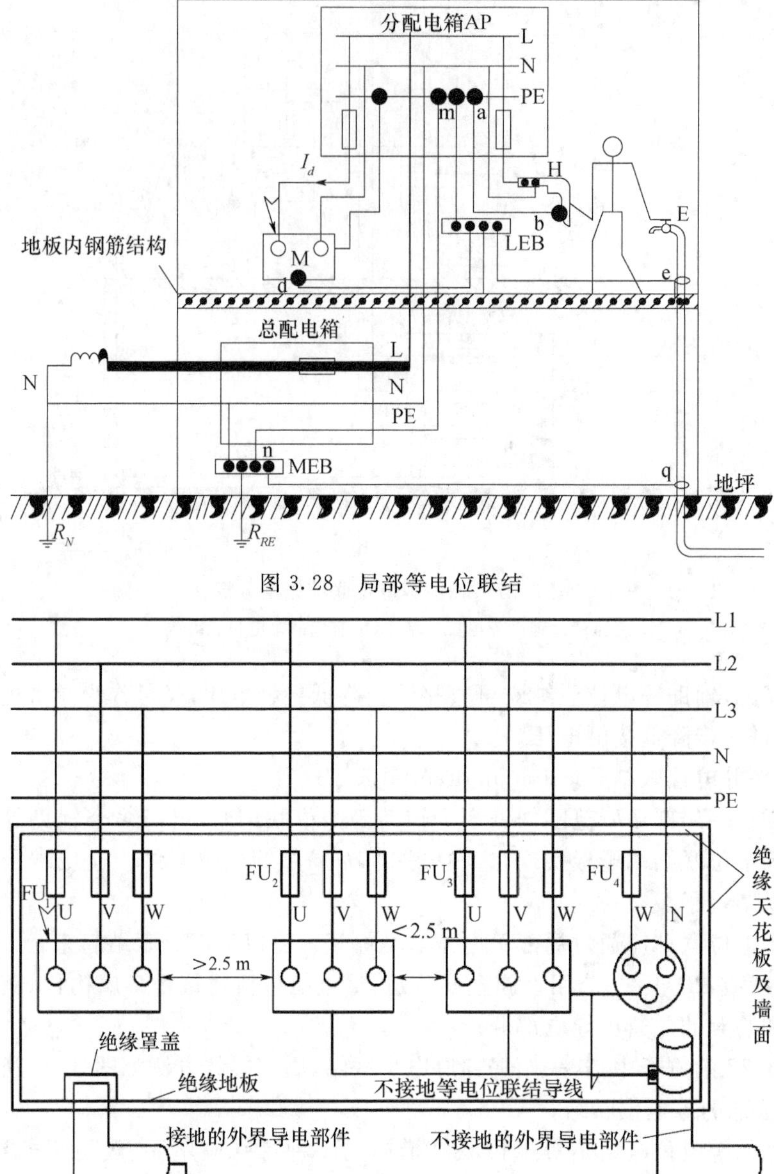

图 3.28　局部等电位联结

图 3.29　不接地的等电位联结

参考文献

黄民德，郭福雁．2007．建筑电气安全技术[M]．天津：天津大学出版社．

第 4 章　雷电防护基础

4.1　雷电的危害及防雷基本知识

4.1.1　雷电效应

雷击放电所出现的各种物理现象和危害有：

1. 电效应

在雷电放电时，能产生高达数万伏的冲击电压，足以烧毁电力系统的发电机、变压器、断路器等电气设备或将输电线路绝缘击穿而发生短路，导致可燃、易燃易爆物品着火和爆炸。

2. 热效应

当几十至几千安的强大雷电流通过导体时，在极短时间内转换出大量的热能。雷击点的发热能量为 500～2000 J，这一能量可使 50～200 mm^2 的钢发生熔断，故在雷电通道中产生的高温，往往会酿成火灾。

3. 机械效应

由于雷电的热效应，还将使雷电通道中木材纤维缝隙和其他结构中间的缝隙里的空气剧烈膨胀，同时使水分及其他物质分解为气体。因而在被雷击物体内部出现强大的机械压力，致使被击物体遭受严重破坏或造成爆炸。

4. 静电感应

当金属物处于雷云和大地形成的电场中时，金属物上会生出大量的电荷。雷云放电后，云和大地间的电场虽然消失，但金属物上所感应积聚的电荷却来不及逸散，因而产生很高的对地电压(即静电感应电压)。静电感应电压往往高达几万伏，可以击穿数十厘米的空气间隙，发生火花放电，因此，对于存放可燃性物品及易燃、易爆物品的仓库是很危险的。

5. 电磁效应

雷电具有很高的电压和很大的电流，同时又是在极短暂的时间内发生的。因此在它周围的空间里，将产生强大的交变磁场，不仅会使处在这一电磁场的导体感应出较大的电动势，并且还会在构成闭合回路的金属物中感应电流，这时如果回路中有的地方接触电阻较大，就会局部发热或发生火花放电，这对于存放易燃、易爆物品的建筑物是非常危险的。

6. 雷电侵入波

雷电在架空线路、金属管道上会产生冲击电压，使雷电波沿线路或管道迅速传播。若侵入建筑物内，可造成配电装置和电气线路绝缘层击穿，产生短路，或使建筑物内易燃、易爆物品燃烧和爆炸。

7. 防雷装置上的高电压对建筑物的反击作用

当防雷装置受雷击时，在接闪器、引下线和接地体上都具有很高的电压。如果防雷装置与建筑物内、外的电气设备、电气线路或其他金属管道的相隔距离很近，它们之间就会产生放电，这种现象称为反击。反击可能引起电气设备绝缘破坏，金属管道烧穿，甚至造成易燃、易爆物品着火和爆炸。

8. 雷电对人的危害

雷击电流迅速通过人体，可立即使呼吸中枢麻痹，心室纤颤或心跳骤停，以致使脑组织及一些主要脏器受到严重损害，出现休克或突然死亡，雷击时产生的电火花，还可使人遭到不同程度的烧伤。

4.1.2 雷电的危害及防护

人是导电体，若被雷电直接击中头部，并且通过躯体传到地面，可以使心脏和神经麻痹，心脏可能停止跳动，或者发生室颤，就是心跳极不规则，心脏不能有效地射血，被击者无脉搏、无血压，脑神经受损可直接抑制心跳和呼吸中枢，使人几分钟内死亡，此外，尽管没有被雷电直接击中，也可能会造成伤害，这是由于人体距离雷击点很近时，一部分雷电电流可通过“跨步电压”进入人体。

一般来讲，云与大地之间产生雷电释放的现象发生时，雷电电流从云中泄放到地面，才会对人的活动造成大的影响，雷电灾害程度是仅次于暴雨洪涝、气象地质灾害的第三大气象灾害，雷电对人的伤害方式，归纳起来有四种形式，即直接雷击、接触电压、旁侧闪击和跨步电压。

1. 直接雷击

在雷电现象发生时，闪电直接袭击到人体，因为人是一个很好的导体，高达几万到十几万安培的雷电电流，由人的头顶部一直通过人体到两脚，流入到大地。人因此而遭到雷击，受到雷电的击伤，严重的甚至死亡。

2. 接触电压

当雷电电流通过高大的物体，如高的建筑物、树木、金属构筑物等泄放下来时，强大的雷电电流，会在高大导体上产生高达几万到几十万伏的电压。人不小心触摸到这些物体时，受到这种触摸电压的袭击，发生触电事故。

3. 旁侧闪击

当雷电击中一个物体时，强大的雷电电流，通过物体泄放到大地。一般情况下，电流是最容易通过电阻小的通道穿流的。人体的电阻很小，如果人就在这雷击中的物体附近，雷电电流就会在人头顶高度附近，将空气击穿，再经过人体泄放下来。使人遭受袭击。

4. 跨步电压

当雷电从云中泄放到大地时，就会产生一个电位场。电位的分布是越靠近地面雷击点的地方电位越高，远离雷击点的电位就低。如果在雷击时，人的两脚站的地点电位不同，这种电位差在人的两脚间就产生电压，也就有电流通过人的下肢。两腿之间的距离越大，跨步电压也就越大。

对雷电的预防主要分为室内预防和室外预防两种：

1. 室内预防雷击

(1)电视机的室外天线在雷雨天要与电视机脱离，而与接地线连接。

(2)雷雨天气应关好门窗，防止球形雷窜入室内造成危害。

(3)雷暴时，人体最好离开可能传来雷电侵入波的线路和设备 1.5 m 以上。尽量暂时不用电器，最好拔掉电源插头，不要打电话；不要靠近室内的金属设备如暖气片、自来水管、下水管、煤气管道，以防止侧击雷与球雷侵入，要尽量离开电源线、电话线、广播线以防止这些线路和设备对人体的二次放电，不要穿潮湿的衣服，不要靠近潮湿的墙壁。

2. 室外预防雷击

(1)雷雨天气要远离建筑物的避雷针及其接地引下线。

(2)雷雨天气要远离各种天线、电线杆、高塔、烟囱、旗杆，如有条件应进入有宽大金属构架、有防雷设施的建筑物或金属壳的汽车和船只。帆布篷车和拖拉机、摩托车等在雷电发生时是比较危险的，应尽快离开。

(3)雷雨天气应尽量离开山丘、海滨、河边、水池旁，切勿从事水上运动，不宜进行户外球类、攀爬等运动；应尽快离开铁丝网、金属晒衣绳、孤独的树木和没有防雷装置的孤立的小建筑等。

(4)雷雨天气尽量不要在旷野里行走，不要用金属杆的雨伞，不要把带有金属杆的工具如铁锹、锄头扛在肩上；不要使用手机打电话，如果有急事需要赶路时，要穿塑料等不浸水的雨衣，要走得慢些，步子小点，不要骑在牲畜或自行车上。人在遭受雷击前，会突然有头发竖起或皮肤颤动的感觉，这时应立刻躺倒在地，或选择低洼处蹲下，双脚并拢，双臂抱膝，头部下俯，尽量缩小暴露面，在室内两脚并拢。

4.1.3　家用电器防雷的基本知识

在雷雨天气条件下安全使用家用电器尤为重要。影响家用电器安全的雷电有两种基本形式①直击雷;②感应雷。其中感应雷又是威胁家用电器安全的主要雷电形式。感应雷侵入家庭的主要通道为电源线、电话线、有线电视和无线电视的馈线。当雷电感应作用于这些通道时,通道上就会产生很高的电磁脉冲,电磁脉冲就会对电器设备造成危害。事实证明,许多家用电器对电磁脉冲都较为敏感,当电磁场强度达0.03 Gs时就会使电器设备产生误动作,当电磁场强度达到2.4 Gs时电器设备就会被烧坏。

目前,常被人们忽略的是感应雷入侵的第四个途径,即家用电器的安装未与建筑物的外墙及柱子保持一定距离。因为当住户所在的建筑物发生直击雷或侧击雷时,强大的雷电流将沿着建筑物的外墙及柱子流入地下。在这个过程中,由于建筑物的外墙或柱子有强大的雷电流流过,便在周围的空间产生电场和磁场,如果家用电器与外墙或柱子靠得太近,则可能受到损坏。

为了防止家用电器遭受雷击,首先,建筑物应按防雷设计规范装设直击雷防护设施,如避雷针、引下线和接地体,它们能把雷电流的大部分引入地下泄放,其次,引入住宅的电源线、电话线、电视信号线均应屏蔽接地引入,这样部分雷电流又会泄入地下。

为确保安全,一般家庭需要安装三个避雷器:单相电源避雷器、电视机馈线避雷器和电话机避雷器。避雷器的作用是对从线路上入侵的雷电电磁脉冲进行分流限压,从而实现家用电器的安全。

注意经常定期检查家用电器所共同使用的接地线,大多数家用电器的外壳几乎都与这条接地线相连,其主要目的是对人身安全起保护作用。当安装避雷器时,所有避雷器的接地都是与这条接地线相连的,如果这条接地线松脱或断开,家用电器的外壳就可能带电,避雷器也无法正常工作。

在打雷的时候,如果看到闪电,立即就听到雷声,这说明雷电离你的住所很近,这时所有的家用电器都要拔下插头,最好断开电源。对于电视机和电脑来说,还要同时把有线电视信号线及网络连接线、电话线拔下来。因为这两种电器最怕雷击。冰箱空调也不可大意。对于金属外壳的家用电器,还要接上地线,防患于未然。由于电脑等超大规模集成电路灵敏度异常高,即使在有电脑设施的建筑物上安装了避雷装置,雷击所产生的电磁感应和静电感应,仍会形成高电压冲击波,使电子设备被击坏。所以雷雨天气,最好不要使用电脑。

家用电器防雷措施如下:

(1)电源处防雷。在电源处加装微型避雷器或者放电间隙,相线与零线之间装一只FYS-0.22 kV氧化锌无间隙避雷器,这不仅可以有效防雷,还能防止由于三相四线进户零线断线引起中性点位移而产生的过电压危及人身和家用电器安全。目前，低压氧化锌避雷器体积甚小，有的还将其埋入家用电器的插头里。使每一件家用电器都通过低压氧化锌避雷器可靠接地。家用电器防雷接线图见图 4.1。

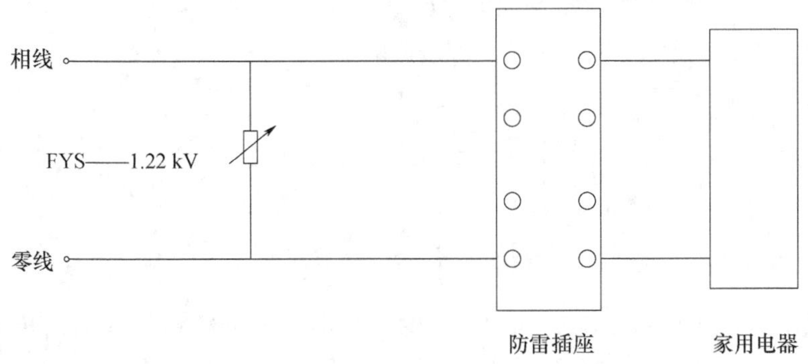

图 4.1　家用电器防雷接线图

(2)电视机等家用电器防雷。

1)有线电视机防雷，通过加装高压开关自动切断雷电从白色电缆和电源进入电视机的途径来达到防雷击的目的，与避雷器放电防雷有本质的区别，它不用接地线，可避免因接地不良造成引雷而入的问题，它伴随电视机而工作，一旦关掉电视机能立即自动切断白色电缆和电源的进线，该保护器设有延时保护，启动后半分钟内电视机不工作，能自动切断外接天线和电源进线，足以防止雷电从外接天线和电源进入电视机。

2)无线电视机防雷，可以在天线处装保护间隙来防护直击雷，当雷电发生时，雷电过电压首先击穿放电间隙，雷电流经间隙而入地，从而达到保护电视机的目的，但应注意，该保护间隙应保证可靠接地。

不管是哪类电视机，雷雨时，应该关闭门窗，严防球形雷窜入室内，停止收看电视，并且把天线、电源插头全部拔掉，做到防患于未然。

3)其他电器防雷。在引入住宅的各类电器如电源线、电话线、电视信号线、冰箱等处分别安装单项电源避雷器、电话机避雷器、电视信号避雷器，同时家用电器的安放位置尽量离外墙和柱子远一些，以免感应过电压对家电造成伤害。

(3)要严格按照《建筑物防雷设计规范》的要求，设计安装建筑物防雷设施，主要防直击雷，如安装避雷针、避雷带或避雷线等。

(4)要定期进行检查接地装置的可靠性。目前，许多家庭还没有按照上述防雷方法进行防雷，拔掉电源和信号线插头，可作为雷雨天防雷的一种应急措施。

4.2 雷电侵入弱电系统的途径

雷击浪涌入侵微机保护及监控系统的三种途径如图 4.2 所示

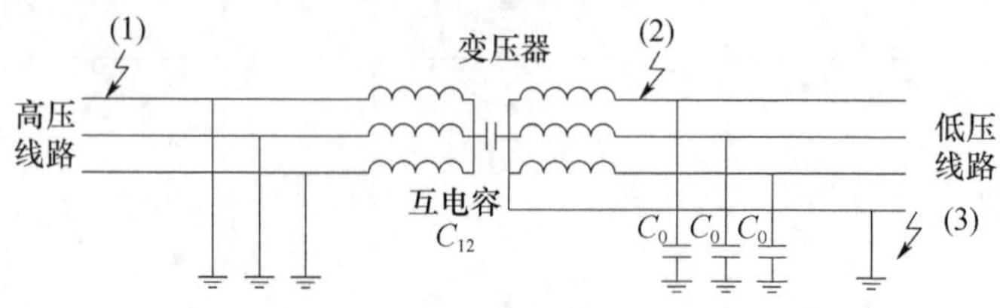

图 4.2 雷击浪涌入侵方式

以容量为 500 kVA，变比 10/0.4 kV 的变压器为例分析雷击浪涌的传播途径，相应的参数为：绕组间的互电容 C_{12} 为 944 pF，低压侧对地电容 C_0 为 1239 pF。

4.2.1 线路来波

1. 雷电过电压较高，避雷器动作

如 10 kV 线路遭受雷击，雷电波沿线路向变电站传播，如果雷电过电压达到一定的幅值，安装在变电所出线上的避雷器动作，避雷器与所用变压器之间的电气距离为 L，则施加在变压器高压侧的电压约为

$$U_t = U_r + 2a\frac{l}{v} + L\frac{\mathrm{d}i}{\mathrm{d}t} \tag{4.1}$$

式中：U_t为施加在所用变压器高压侧绕组的电压（kV），U_r为避雷器动作后的残压（kV），a 为雷电波的陡度（kV/μs），l 为避雷器与变压器之间沿连接线分开的距离即电气距离（m），v 为雷电波的波速（m/μs），L 为避雷器接地引下线的电感（μH），i 为通过避雷器的雷电流（kA）。

10 kA(8/20 μs)的雷电波下，10 kV 避雷器的残压最大不超过 45 kV，取 L=1 μH，$\mathrm{d}i/\mathrm{d}t$=1.25 kA，则引下线上的压降为 1.25 kV。取避雷器与变压器之间的距离 l=50 m，v=300 m/μs 则变压器高压侧的电压最大值约为

$$U_1 = 45 + 2\times 1.25\times 50/300 + 1.25 = 46.6(\mathrm{kV}) \tag{4.2}$$

(1)电磁感应

所用变压器高压侧绕组电压 U_t将会通过所用变压器的电磁耦合感应到 400 V 低压侧，则低压侧的最大电磁感应过电压为

$$U_d = \frac{2kZ_2}{Z_1 + k^2 Z_2}U_1 \tag{4.3}$$

式中，U_d为感应到所用变压器低压侧的雷电过电压（kV），k 为所用变压器的变压比，Z_1

为变压器高压侧线路的波阻(Ω)；Z_2为变压器低压侧线路的波阻(Ω)。

取 $Z_1=500$，$Z_2=50\ \Omega$，由式(4.3)可求得 $U_d=3.67\ \text{kV}$。

(2)电容耦合

高压侧的电压还会通过变压器高低压绕组间的互电容耦合至低压侧。在电力系统中，绕组间电容传递过电压是常见的。如负载变压器低压侧开路，高压侧遭受雷击，出现雷电过电压U_1时，它将通过绕组间相互部分电容 C_{12}与低压侧三相对地部分电容 $3C_0$所组成的电容耦合回路传递至低压侧，使低压侧出现传递过电压 U_2，由图 4.3 可知，则有

$$U_2=U_1\frac{C_{12}}{C_{12}+3C_0}=46.6\times\frac{944}{944+1239}\approx 9.32(\text{kV}) \tag{4.4}$$

通过上述的计算分析(未考虑传输线的衰减)，雷电干扰经变压器传输至低压侧的雷电浪涌最大值约为 13 kV，由于大多数所用变压器的低压侧都没装避雷器保护，且大多没有任何防雷措施，这一过电压必然波及发电厂、变电所的整个低压电源系统。由于所用变压器低压侧的绝缘裕度比较大，一般不会造成绝缘击穿。由于变电所在的低压电源没有过电压保护措施，雷电过电压得不到有效限制，就会在低压电源系统中的绝缘薄弱处造成击穿。

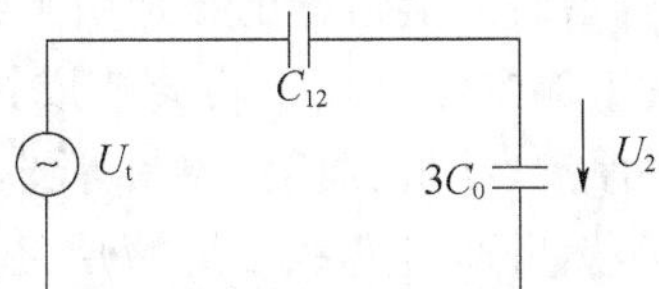

图 4.3　绕组间电容传递过电压等效电路

2. 雷电过电压较低不足以使避雷器动作

10 kV 线路遭受雷击时，雷电波沿线路向变电所传播，如果雷电过电压低于避雷器的动作电压，则避雷器不动作，雷电波将通过电磁感应和电容耦合这两种方式进入低压侧。设雷电过电压为 U_1。

(1)电磁感应

当雷电过电压小于避雷器的动作电压时，雷电过电压 U_1将会通过所用变压器的电磁耦合感应到 400 V 低压侧，则低压侧的过电压可参照式(4.3)进行计算。

(2)电容耦合

如负载变压器低压侧开路，高压侧遭受雷击，低压侧将出现传递过电压，其算法同式(4.4)。由于 C_{12}、C_0的大小只由变压器绕组和贴心的几何尺寸来决定，因此低压绕组上的传递电压与变压器的变比无关。

4.2.2　变电站附近落雷

1. 电磁感应

雷电在低压线路附近活动时，雷电形成的场将会在线路上产生很高的感应过电压，

并沿着线路传至接在低压电网上的微机保护、综合自动化系统、调度系统或通信系统的低压电源系统，由于这一干扰电压远远大于微机保护装置的工作电源电压（在几伏至几十伏之间），从而导致电源系统的损坏。此时，低压系统产生雷电过电压的概率与低压网络的大小，以及低压电网有无架空线路部分有关。过电压的幅值主要与低压网络雷电活动的强度有关。

2. 电容耦合

雷电直击于变电站，雷电流经避雷针引入地网，当雷电流通过地网散流时就会在地网的节点上产生很高的电位差。由于地网与二次电缆屏蔽层直接或者间接相连，这个电位差会施加在电缆的屏蔽皮上并通过电容耦合作用使电缆芯线上产生电压和电流，若该干扰电压幅值超过微机保护装置电源电压可以承受的干扰最大值，就会使电源损坏。

以容量为 500 kVA，变比为 10/0.4 kV 的变压器为例分析雷击浪涌的传播途径，相应的参数为，绕组间的互电容 C_{12} 为 944 pF，低压侧对地电容 C_0 为 1239 pF。

4.2.3 地电位反击引入

当雷电流经构架避雷针、避雷线或避雷器的接地引下线进入发电厂、变电所的接地网，再经接地网流入大地时，由于地电位分布不均会造成接地网的局部电位升高，而地网附近的电缆沟内往往有二次保护、计量、通信、控制等弱电设备的低压电缆，这个电位差在电缆屏蔽层产生表皮电流，然后通过芯线—屏蔽层之间的耦合对电缆芯线产生干扰电压，造成二次弱电设备的干扰。

根据干扰方式的不同可分为共模干扰和差模干扰两类，具体形式如图 4.4 所示。

1. 共模干扰

共模干扰出现于电缆导线（如信号线、电源线）与地线之间的干扰，它的出现往往是由于地网的地电位升高引起的，如图 4.4 所示，U_n 是正常信号源，M 是测量仪器，Z_m 是仪器的输入阻抗。若由于某种原因，A 点地电位突变，这相当于在该点与地之间接入一个电压源 U_G，它作用于回路中所有端子与地之间，称之为共模电压。在绝对平衡的电路内，如果 AD，BC 两根连线完全一样，C 端、D 端对地的杂散电容也完全一样，则在 C、D 两端就会出现干扰信号，称之为共模干扰电压。

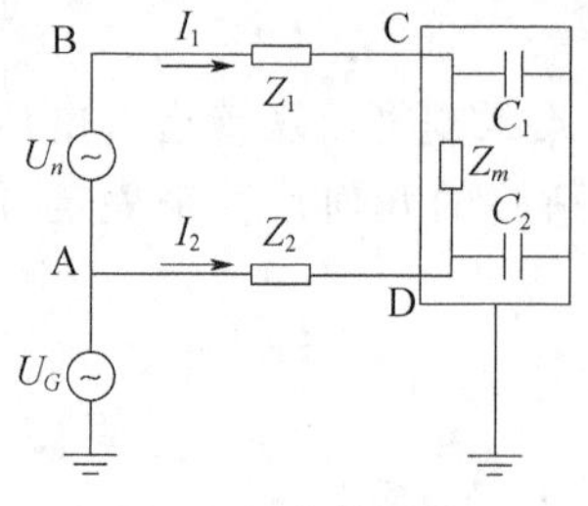

图 4.4 共模干扰

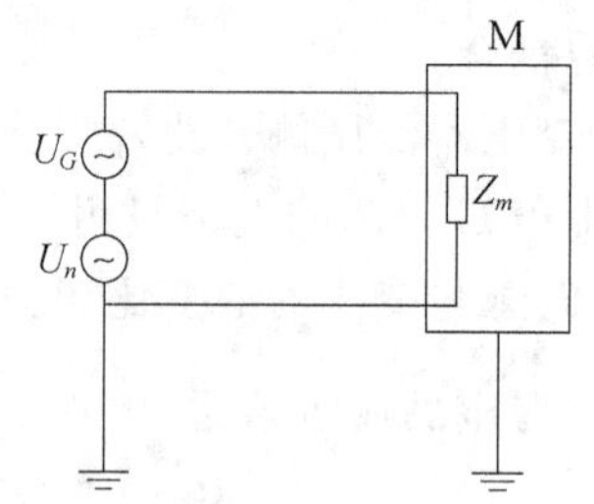

图 4.5 差模干扰

2. 差模干扰

差模干扰出现于信号回路的与正常信号电压相串联的一种耦合。最常见于不平衡线路(如同轴电缆)的磁耦合。当有电磁波作用于两条信号线时,在信号回路内出现感应电压 U_0,它与正常信号 U_n 相串联,共同作用于 M 的输入端,如图 4.5 所示。

4.3　雷电流效应

4.3.1　沿导线的电位降

雷电引入高电位是指直击雷或感应雷从输电线、通信电缆、无线电天线等金属引入线引入建筑物内,发生闪击而造成的雷击事故。这种事故的发生率很高,而且事故往往又比较严重。

当雷电流通过接地引下线时,在导线的周围产生的电磁场并沿着导线产生一定压降,在单位时间内单位长度上的这种电位降可以下式表示

$$U_1=(Z/v)(\mathrm{d}i/\mathrm{d}t) \tag{4.5}$$

雷电由传播速度 $v=300\ \mathrm{m}/\mu\mathrm{s}$ 及波头陡度为 $\mathrm{d}i/\mathrm{d}t$ 的电流所产生。波阻抗 Z 为 300～500 Ω。根据以上的数值,对陡度为 1 kV/μs 的雷电流来说,沿导线的电位降为

$$U_i=L(\mathrm{d}i/\mathrm{d}t)+iR \tag{4.6}$$

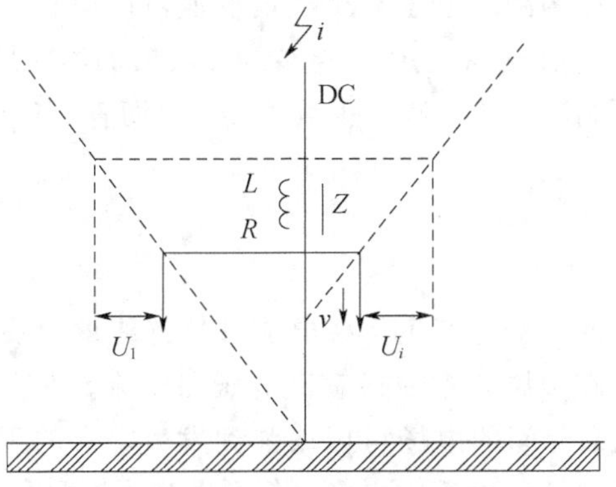

图 4.6　引下线的电位降

i—雷电流;U_1—电位降;DC—引下线

式中,L 为导线的电感,R 为其有效电阻。长导线的电感为 1～1.5 μH/m,由此可知,对于陡度为 1 kV/μs 的雷电流来说。其电感电位降为 1～1.5 kV/m。在波头的持续时间内导线上的欧姆电压降微不足道。在截面为 50 mm 的铜导线上,电压降仅为 0.36 V/(m · kA)。而在同截面的钢线上则为 3.4 V/(m · kA),如图 4.6 所示。

以测量到的最大雷电流陡度为 100 kA/μs 来计算，在 10 m 长的单根引下线上电感电压降为 1～1.5 MV。但这一高电压只出现于雷电流波头存在的一瞬间，为时也不过 1 μs 或更短。由于电晕损耗，这一电压将进一步降低。

如果使雷电流分布在几条并联的引下线上，由于每根引下线上的电流陡度按并联导线的根数成反比减小，所以感应电压降将大为降低。这一关系只适用于根数不多而长度相近的并联引下线。即使把无限数目的导线沿圆周排列在一起，它的感应电压降也只是稍稍减小一些而已。

4.3.2 接地极本身及其附近的电压降

当雷电流 i 通过接地极而流入大地时，在入地点和大地远处某一点之间将产生一电位降。

$$U_e = L_e(\mathrm{d}i/\mathrm{d}t) + R_e i \tag{4.7}$$

式中：L_e为接地极的有效电感；R_e为其相对真正零电位面的欧姆电阻。

不同形式接地极的有效电感可以忽略不计。对于较长的接地极要考虑接地极电感，但长度再长时须视为波阻抗，在电阻率很高的土壤中，单根长接地极或网形接地装置，则电感的影响也可以忽略。接地欧姆电阻并不影响建筑物本体的保护，但是它控制周围地面的电位降。离接地极越远，所造成的跨步电压越低。将不同直径的环形接地极埋于不同深度，可以把跨步电压限制在安全的水平。

为了把建筑物入口处的跨步电压减小到最低值，可以埋设一个接地网。在很多场合中可以采用一种简便的措施，铺上厚度至少为 20 cm 的绝缘层，这绝缘层可用碎花岗石或玄武岩垫底，上面再浇三层厚度至少为 2 cm 的沥青，各层沥青间还要覆盖一层黄麻。

4.3.3 感应电压

闪电通道上电荷时间的变化产生位移电流并使绝缘的金属物体得以电容性充电。雷电流产生的磁场变化在金属环路中感应出电压和电流。在偶尔的情况下，金属部件 P 于引下线或某一接地部分间的电场可以增强到发生击穿的程度。与此相比，在金属环路中感生出危险电压的情况要经常得多。但总的来说这种危险值出现于陡度大的雷电流波头部分而持续的时间不会超过 1～2 μs。感应电压的大小与环路的尺寸及距离雷电流通过的导线远近有关，如图 4.7 所示。

图 4.7 中 i 为雷电流；U 为引下线的电压；DC 为引下线；P 为对地电容 C_e，对引下线电容为 C_R的孤立的金属部件；$U_c = UC_e/(C_e + C_g)$，是在 P 上的电容性感应电压；L 为引下线之间的互感为 M 的金属环路；U_i－M$(\mathrm{d}i/\mathrm{d}t)$电感性感应电压。

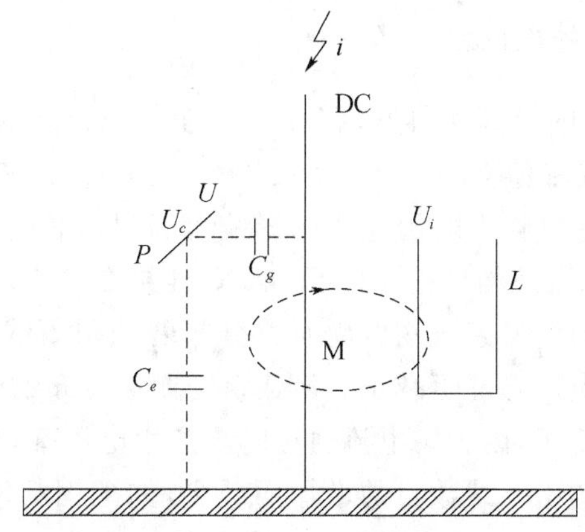

4.7　雷电流的电感效应

如图 4.8 所示为另一种形式的环路。它是由距离引下线 DC 中心 a 处的一根金属导线 B 所构成。导线 B 可以是绝缘的或可与引下线 DC 分开接地。流经引下线的雷电流 i，对 kA/μs 的电流陡度，在沿半径为 r 的引下线 DC 方向上，宽度为 a，长度为 1 m 的环路所感生的电压为

$$U_i = 0.2\ln(a/r) \times (\mathrm{d}i/\mathrm{d}t)kV \tag{4.8}$$

因此当 $a/r = 1、10、10^2、10^3、10^4$ 时 U＝0 kV、0.46 kV、0.92 kV、1.38 kV、1.84 kV(m · kA/μs)。

当环的宽度 a 为 1m 或更大一些时，感应电压 U 可达到引下线电位降 U_1 的数值，为 1～1.7 kV(m · kA/μs)。当引下线的直径增大时，例如采用钢管，则感应电压将显著降低。同样，将电缆贴近引下线处，例如在钢柱上，也将降低感应电压。

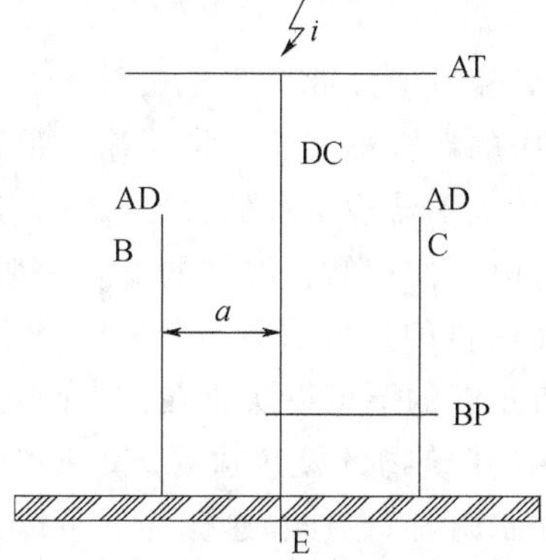

图 4.8　相邻金属部件间的电压

AT—接闪装置；DC—引下线；E—接地极；BP—等电位连接线；
AD—间隙；B，C—相邻的平行导体；a—环的宽度

4.3.4 相邻导体间的电位差

在图 4.8 中，导体 B 的上部和引下线 DC 间的全部电位差为 $U_a = U_i + U_e$。相比之下，欧姆电压 U_e 可保持其峰值至 10～20 μs 或以上。当 $R_e = 5\ \Omega$，$i = 80$ kA 时，次电压可达 400 kV。然而，在建筑物内欧姆电压的影响可通过电位均衡而消除，以图 4.8 所示的导体 C 来说，可在靠近地面处把导体 C 和 DC 连接在一起。

把雷电流分散到几根沿着建筑物四周对称分布着的引下线上，可使相邻导线间的电位差以及引下线上的电压降显著减小。沿建筑物四周分布的引下线与接闪装置和接地极结合起来构成一个笼子，因为雷电流通过时要产生电压降，称为动态笼。每根引下线中泄放的雷电流随总的引下线数目的增加而减少，如把钢结构和钢筋混凝土建筑物内的钢铁部分都连接成为一体，则可获得很显著的效益而并不增加费用。

前面对相邻导体间电压差的计算结果仅仅是近似值。因电流和电压均在随时间和空间变化，电感和电容效应也应该考虑进去。在引下线上有相当大的一部分电位差通过电耦合而传送到了附近平行的导体上去，因此在这些导体之间的电位差就减低了。精确的计算需遵循波传播的规律，即使如此仍有电晕影响的问题存在。

4.4 建筑物防雷措施

外部保护可直接装置在被保护的建筑物上，也可在该建筑物上面或附近设置一个独立的屏蔽系统。建筑物的外部防雷装置的作用主要是防止直击雷和侧击雷的袭击。它由接闪装置、引下线和接地装置组成。

4.4.1 接闪装置

接闪装置必须具有一个尖端以便由此产生上升流光。屋面上的尖顶，有棱角的边缘和垂直金属物体等电场集中的地方最宜于这种用途。最好在建筑物的屋面上覆盖金属线网而不要去装很多建筑物上不希望出现的尖形饰物。这种网格有利于建筑物周围敷设较多根的引下线，以保持电位的均衡。网格的宽度一般为 15～20 m。由于对屋面空间的利用已日益增长，因而网格的尺寸最好为 10 m×10 m 左右。金属板的屋顶是最合乎理想的，但是它必须有足够的厚度以防止在雷击时，把屋顶烧穿。

网格的导线应着重敷设在建筑物的棱角边缘、尖顶、烟囱和一切比屋面高的物体上。建筑物上的金属物体，如水落管、栏杆和遮棚等都可以当接闪装置使用。所有公共事业的管子，无论高出、低于或就在屋面上以及不管怎样与地连接，都必须与接闪装置相连。对于一个小的目标，可用一根比它高出几十厘米的避雷针来保护。

对于屋面上装有突起尖顶的可用屋面下的导线来代替屋面上的导线。但这种尖顶装饰物的高度至少应为 0.3 m，互相的间隔不应大于 5 m，这样的接闪装置只适用于坚实不燃的屋面结构。导线必须易于接近以便于检查。这只限于在例外情况使用的解决方法需在屋面多处穿洞并需在建筑物里面做很多接头，因而必须慎重行事。

如果屋面有空间能在大面积上铺设网格，并且在网格的交叉点上装以短避雷针，则有利于向上升流光的起始。有铁皮和防锈涂层的屋面，以及为了绝热，外加一层很厚绝缘物的金属板屋面，都应当作为金属屋顶看待而需设接闪装置，在只涂薄绝缘层的屋面上，推荐在保护网格的检查点上装以短避雷针。须在屋面的边缘和其他易于接近之处，把金属层与接闪装置相连在一起。

建筑物屋面用的钢框架和钢筋混凝土预制件的护板可作为接闪装置，但所有的钢筋须连在一起并有足够的截面。与金属构件相连接的短避雷针之间的距离不可超过 10 m。在公众能够到达的屋面上，应以建筑物的金属装置来代替那些避雷针。如果没有接闪装置，一个雷打下来会使小块混凝土脱落。造成的损失虽然不一定严重，但可能使房屋漏水。如因在雷击频率不高的地区而省去接闪装置，则至少应在屋面的边缘敷设暴露的避雷带。

如果屋面的覆盖物是极易燃烧的。例如茅草则必须把接闪导线装在距屋面 0.3 m 以上的木头或其他绝缘的支架上，以防止引起火灾。如果把这一距离增大到至少为 0.5 m，则此方法也能运用于原须把这种导线装在屋面以下的那些农场建筑物。

高层建筑物可能受到闪电的侧击或斜击。建筑物超过 20～30 m 的高度时，应在其侧面上装设附加的接闪装置。金属门面、钢窗、栏杆、广告架和露在外面的引下线等都可以用来防止侧击。

接闪装置必须露在外面并必须装在最高水平上。接闪装置不得被建筑物的本体、平台、壁架、凸出物所遮蔽。接闪导线可以涂漆防止腐蚀。偶尔会装在屋面边缘下面的接闪导线，须每隔几米与高出屋缘 0.3 m 以上的短避雷针相连。

闪电一般不会击在离接闪装置 20 m 以内的垂直墙壁上。在接闪装置以外的地方保护角可假定为 45°，在接闪装置间的垂直内面保护角可达 60°。对不同高度的短避雷针组成的接闪装置，高者的保护角在各方向不应超过 45°。

这一保护范围和网格为 10 m 宽的屋面网的屏蔽范围是有些矛盾的。当保护角为 60°时，接闪导线至少要高出屋面 2.9 m 以上，这个矛盾是无法用现有的物理知识来解释的。屋顶表面的绝缘材料使向上流光的触发更为困难，因为向上流光只能从直接接地的金属尖端上开始发生。本节所描述的屋面网是令人满意的，它原则上已为所有现行的防雷保护规程所采用。

4.4.2　引下线

为尽可能地减小沿引下线的电感压降，接闪装置必须通过引下线以最短的路径接地。引下线避免形成环路。碰到建筑上大型外伸的凸出物时，要将引下线笔直地穿过去而不要绕着突出物安装。

各引下线应沿建筑物合理对称地分布，从房角开始沿屋面边缘而敷设，彼此间的距离应不超过 20 m 左右。小房屋最少也应有两条引下线分布于两个对角上。引下线不应紧靠房门或窗户，至少应保持 0.5 m 以上的距离，如果引下线敷设在壁龛之内或在粗灰泥涂层之下的不易检查之处，则必须有防腐措施。钢架和钢筋混凝土的护板如果已连成一个金属体，则可以当引下线使用。这一措施的优点已在前节中指出。露天的消防扶梯，户外电梯的轨道及金属的门帘等，即使仅伸出几厘米也可作引下线的一部分来使用。如果打算使用水落管和其他通风及空调管道时，必须注意检查连接处是否有不良接触，并要当心这种管子将来可能被换成塑料的。水落管道过掺槽与接闪装置相连，故可作为引下线用。

基础大于 30 m×30 m 的建筑物有时需装相距不超过 20 m 左右的内部引下线。建筑物里面的柱子可用于此目的。在不能采用这种措施的地方，例如机场大厅或体育馆，则外部引下线的数目要相应增加。然而引下线之间的距离不必小于 10 m 左右。

4.4.3 接地装置

导体的电感仅在雷电波波头期间才起作用，在这期间以外，防止接地处出现过大的电位差的最简单的好方法是在建筑物周围埋设闭合的导体环。当建筑物内要装内部引下线以及当公用事业的金属管道要作等电位连接时，这种环形接地极可作为中间的联系。

这个方法还有一个优点，即接地电阻值不再影响建筑物本身和内部装置的保护。大地的电位可借埋设的管线和电缝传到很远的地方，因此对某些电气装置和器件规定了最大的接地电阻值。

关于建筑物的接地装置的接地电阻值，应根据建筑物内安装的电气设备、通信设备或其他设备的要求而定。

(1)当楼内有重要的计算机系统、微波通信系统或调度自动化系统时，接地电阻值宜小于 10 Ω，最高不得大于 40 Ω，接地装置应有降低冲击接地电阻及降低跨步电压的措施。

(2)当楼内安装有配电设备或较重要的电气设备时，接地装置的接地电阻不宜大于 4 Ω，最高不得超过 10 Ω。

(3)若为一般的写字楼、高层家属楼时，接地电阻一般要小于 5 Ω，最高不宜超过 10 Ω，接地装置应为环形闭合式，要有均压措施，对跨步电压要有严格的限制措施。

接地装置应围绕建筑物四周做成闭合的环形，每隔 3～5 m 与建筑物的钢筋混凝土基础连接一次，每隔 8～15 m 用接地引下线与接闪装置相连。在雷电活动强烈的地区，或建筑物较高时，以及建筑物附近经常有行人走动时，还有如图 4.9 所示的降低冲击接地电阻的措施和均衡电位分布的措施。

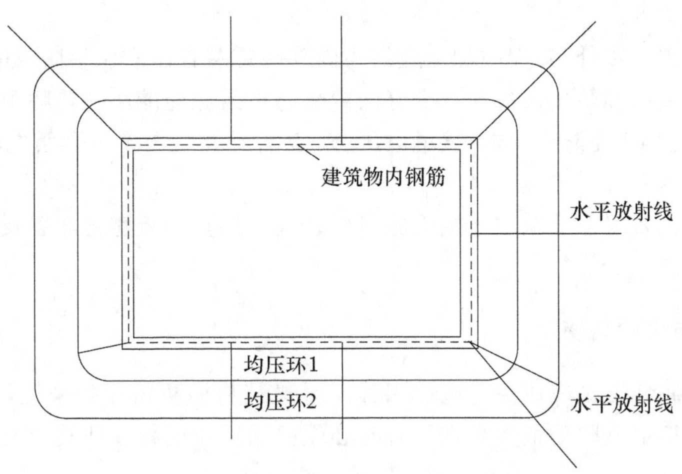

图 4.9　高层建筑物的闭合式接地装置

图 4.9 中,“均压环 1”一般距建筑物基础 1～5 m,并四周做成圆弧状,“均压环 2”距均压环 1 的距离视场地情况可为 5～10 m,放射线是为降低纵向电位分布和冲击接地电阻而设置的。另外,在地面还要垫上 15～30 cm 厚的砾石和沥青混凝土路面,在高土壤电阻率地区,对均压环和纵向放射线,还可以加高效膨润土降阻防腐剂进行降阻处理,水平接地体的埋深应达到 0.8～1.5 m,对接地引下线应从地下与水平接地体连接处刷沥青漆进行防腐处理。

仅当被保护的目的物内没有任何金属设施或不需要电位均衡措施的地方,例如像农村中的房屋或遗棚,才允许将每根引下线分别接地。当采用一根单独的接地极时,它必须足以使雷电流散入大地而不致发生沿地面放电。因此这个接地极就应埋得相当深而且必须有足够的长度。同时也可利用钢筋混凝土的基础作为接地极,但这一基础必须是没有绝缘层包封才行。当建筑物的外墙位于整块混凝土基础上时,埋置在混凝土中的导体可用作接地板。这种导体,一般为镶锌的钢筋,可称之为“基础接地”。它不但安装价廉而最大的优点是不会生锈。当采用这种基础接地时,应使它位于潮湿层,以获得适合的接地环境。

在这种基础中,水泥的数量应不少于 300 kg/m^3,而其厚度最少应为 10 cm。在不能利用基础接地的地方或基础并不与引下线相连时,应当埋设环形接地网,并使引下线与其相连。这个环形接地网必须离开建筑物约 1～2 m,其深度至少为 0.5 m。如果不可能安装环形接地网,则应将建筑物两侧接地通过金属部件或金属管子连起来。

在岩石地区不可能埋设接地导体,因此需采用一种环形导体,并把它紧压在地面上。至少还要增加二根金属带,长度最长 20 m,并尽可能把这些金属带与石头的缝隙和潮浸的地方相连。

除外部防雷装置外，其他附加措施均为内部防雷装置。它包括防雷电感应，防反击以及防雷电波侵入和防生命危险。良好的内部防雷措施能减小建筑物内的雷电流和所产生的电磁效应，并能防止反击、接触电压、跨步电压等二次雷害和雷电电磁脉冲所造成的危害。

内部防雷主要采取等电位连接设施(物)、屏蔽设施、加装避雷器以及合理布线和良好接地等措施。

4.4.4 电位的均衡

所有的金属装置都应该保持电位相等。对建筑物的防雷保护来说，这要比接地电阻重要得多。接地电阻的最大允许值有时必须根据对建筑物以外其他设备的影响情况而规定。

保持电位均衡的一个有效的方法是在建筑物最低的一层设置一个公共接地点或接地母线，所有的金属装置都必须与之连接。这些金属装置包括各种型式的管道(水管、供热管等)，电缆外皮，供电系统的中性线或保护接地线以及所有埋在地下的延伸的金属物体。所有这些埋在地下的金属装置都有助于降低接地电阻。但是，有些装置例如煤气管道和供电系统的某些中性线，在某些条件下不应直接与公共接地点连接在一起，而要经过保护间隙才行，但在有些国家中，则大力推荐将煤气管道与防雷保护系统做等电位连接。不同材料的接地导体不应连接在一起，以防电解腐蚀。只在雷电流通过的时间内，不同材料的导体才短时相连。因此，这只要装个保护间隙就行了。供电的进户线应在引入建筑物的入口处安装避雷器。

为使升高的地电位不至于传至公用事业的金属管道，特别是煤气管道，应以长于管道的绝缘材料把管道遮蔽起来。这一绝缘的表面闪络强度在空气中约为 500 kV/m，在土中约为 300 kV/m。

使电位均衡的最好方法是利用环形或基础接地这样的接地系统，引下线都应接在这种环形接地网上，如不需要更低的接地电阻，就无须附加别的接地极了。环形接地网最好埋设在建筑物的外面，如果完全不可能时，可将引下线连接在最低点的管道或其他金属装置上。

等电位连接的目的是减小或消除内部防雷装置各个部位上所产生的电位差，包括靠近进户点的外来导体上的电位差。保证建筑物内部不产生反击和危险的接触电压、跨步电压。钢筋混凝土建筑物应在各层的适当位置预埋与房屋结构内防雷导体相连的等电位连接板，以便与接地主干线相连。建筑物的金属门窗、金属地板、电梯轨道、大型电机设备、各种箱体、壳体、电缆桥架和各种管道等都应以最短距离连接到等电位连接系统上，线路距离长时，应两端接地，必要时中途也应接地。有的构件在制造时应预留连接用的预埋件。在一栋建筑物内如采用等电位连接方式，则在任何情况下都不能设计两种接地系统。电力系统、照明系统、信息系统及各种专业系统都必须采用综合共用接地系统。220 V/380 V 电源采用 TN 系统时，楼内宜采用三相五线制（TN-S），PE 线和 N 线应分开，N 线必须采用绝缘线。这对微电子设备防雷电电磁脉冲也有很大的好处。

4.4.5 建筑物上面的和内部的金属部件

现代的建筑物具有各种各样的金属装置和电气设备。屋顶的空间也都被利用了，通风，电梯和空调等机械设备都装在屋面上。所有这些设备都可能距防雷保护系统的导体特别是接闪装置很近，这些地方在雷击时对地电位将达到它的极大值。这样造成的电位差主要决定于电流的上升速率。如果只有一根引下线，则要依靠它疏导全部的雷电流，即当电流陡度为 100 kA/μs 时，10 m 长的引下线电位可达 1～1.5 MV，但这个电位仅能持续不到 1 μs 时间。在这样短的电压脉冲下，空气击穿强度可能在 900～1000 kV/m。降低旁侧闪络危险的最简单办法是使雷电流至少分布在二根引下线上。

考虑到雷电流的上升速率，相邻的金属物体（与防雷保护系统导体之间）最少保持 0.5 m 的间距。但必须使雷电流至少沿两个方向流入地中，并应在 20 m 距离内保证有电位均衡措施。在危险区域内特别困难的条件下可使间隔的距离加倍，相关规程已介绍了一些简单的公式来确定所需的间距。这些公式用于没有电位均衡措施的情况，式中所需的间距是引下线的数目和接地电阻值的函数。金属部件和防雷接地系统间的电压差在靠近最近的电位均衡点的地方减小至零。如果不存在这样的必须与电感电压加在一起，而所需的间距将依赖于接地电阻值。电阻压降持续 10～100 μs，对于这一冲击电压，其击穿电压相当于 500 kV/m 左右。当雷电流 100 kA 时，0.5 m 的间距要求接地电阻小于 5 Ω。这一间距必须从屋面一直保持到地面，而且当高度增加时，考虑到电感电压降问题就必须额外增大间距。

如果不可能保持安全的间距或如果要防止旁侧闪络，不可采用直接连接，则可以通过一个保护间隙或一个避雷器而连接。当这种保护装置动作时，一部分雷电流将通过这一金属部件导入地中，因此必须有足够大的截面来疏导这种电流。否则，就需增加一根导线，对于小型的室内电气装置一般都应查验这一措施是否需要。

引下线可能是钢材，同时可用同样长度的一段铜导线与之并联。在这两种导体中，电流的分布比约为 $i_c/i_r=10k$，式中 $k=q_0/q_\theta$ 为两种导体截面积之比，如欲使电流平均分布，则由于电阻率的不同，钢导线的截面积必须十倍于铜导线才行。如果铜的引下线是利用一根供电的导线，则这根导线的温升必须限制在 100 ℃左右。所以如果各钢引下线的总截面为 100 mm^2 时，铜导线的最小截面应为 16 mm^2，如果只装设单根 50 mm^2 的钢引下线时，则铜导线的最小截面应为 20 mm^2，这些参数是以 10^7 A^2s 的值为根据算出的。在 10^5 A^2s 的情况下，则前述各值将减小到 1/10～2/10。

按常规，用于测量、遥控、通信，特别是包括电子元件的电气装置是不应遭受雷电流的。在所有这些装置中，必须与防雷保护系统保持足够的安全距离，并必须加以屏蔽以免受到直接雷击。

4.4.6 电气装置

因为进户线可以将高电压传入建筑物内，所以电气系统的电位均衡措施特别重要。常规的家用电气装置，其击穿电压仅为几千伏。如果没有电位均衡措施则一个平均大小为 30 kA 的雷电流，就需要接地电阻远低于 10 Ω。保持这样低的电阻值一般是不大可能的，并且在大多数情况下也没有必要。在进户线进房屋处所装的避雷器可确保闪电过电压不致引入屋内。

前面已经谈过，应尽最大可能使雷电流远离房屋内的电气设施。因此，应该避免在靠近接闪装置附近安装电气装置。图 4.10 表示几种不同的方法。器件和导线可按 K 的方式加以屏蔽。即将屏蔽物的一端连在接闪器 AT 上，将另一端连到公共接地点 ET 上，为了电位均衡的目的，带电导线也通过避雷器 SD 而接到公共接地点上。屏蔽物的尺寸可根据前节而定。此外，还应注意到与屏蔽物的耦合阻抗问题。应使其欧姆电压降不超过电缆绝缘的电气击穿强度。因为大多数信息处理设备的电缆和导线的绝缘强度都很低，所以应特别重视这一危险，电源线如果是直接敷设在钢构架上，则不再需要屏蔽。

另外一种解决办法是使电气装置与接闪装置及引下线两者保持一足够的距离，或者如设备是装在屋面上的，则可把 M 和 N 上的接闪装置做成如图 4.10 中 M 和 N 那样的形状。M 的情况是以成型的网格作为接闪装置，N 的情况则表示如何布置短避雷针以对保护目的物 N 进行屏蔽。这种保护方法对于电梯的机械和控制机构，通风机和屋面上其他类似的设备，是十分可取的。

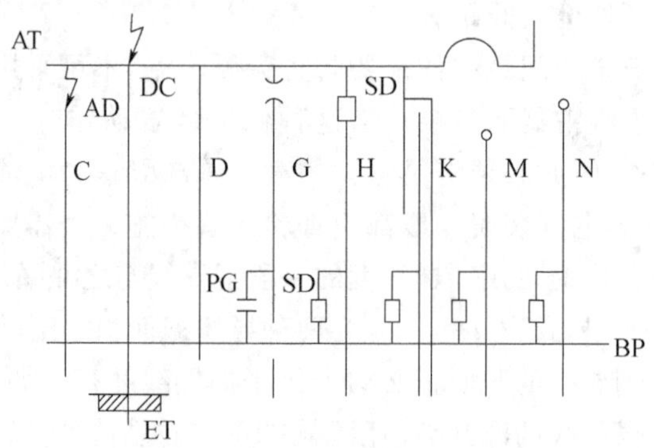

图 4.10 相邻部件间的电位均衡

AT—接闪装置，DC—引下线，ET—接地极，BP—电位均衡母线，

AD—间距，PG—保护间隙，SD—避雷器

有的电气设备例如飞机警告灯及路灯杆子等，并不可能永远避免直接雷击。鉴于发生故障时将引起的严重后果，故应在靠近灯头的带电导线上装设避雷器。农村中的建筑物常由架空线供电。如果进户线装在屋面上，则将成为一个易受雷击的地点，因此进户线的支架也应包括在防雷保护范围内，并应通过一个火花间隙与接闪装置相连。供电局一般不允许接连接上去。但无论如何总需要使导线通过避雷器再接地。

如果部分雷电流能随导线流入一个相连的电气装置，则在这装置的各条进线上也应装设避雷器以防止电击穿，特别当它们单独接地时更是如此。对于远处燃料油箱的遥控就相当于这种情况。

对于信息处理设备应特别注意，这不但是因为它的绝缘的水平低，也鉴于万一受到雷击时可能造成的严重后果。上述设备包括用于通信、电传打字、测量、遥控、电视机，计算机、实验室以及用于体格检查和手术室中的一些装置等。事先在等电位连接和屏蔽上增加少量的费用就可省掉以后的许多麻烦。电路中感应电压的危险应尽可能用绞线配线的方法予以防止。所以应广泛地使用多股绞合的标准电缆，并且器件中的电路走线也应该是绞合过的。信息系统用的导线和电缆不能敷设在可能有很多雷电流通过的导体附近，至少要保持 0.5 m 的间距。但如敷设在钢构架上或钢筋混凝土结构上时，这一规定可以放松，因为在这种情况下雷电流已分散在多根引下线之中了。无屏蔽层的导线或电缆应敷在金属管道内或钢筋混凝土的沟管之内。制造厂应规定过电压保护方式及安装方法。特别易受电气干扰的场所，如测试室及医院房屋等，必须使其与附近的金属部件隔离，并应以金属屏蔽体加以屏蔽，此屏蔽体必须仅在一个点上与防雷保护系统相连。

参考文献

虞昊 . 2005. 现代防雷技术基础[M]. 北京:清华大学出版社 .

第5章　电气系统雷电防护器件

5.1　低压系统电涌保护器的结构及原理

5.1.1　电涌保护器的基本原理

电涌保护器，又称浪涌保护器(surge protection device，SPD)。按国际电工委员会的定义，电涌保护器是："用于限制瞬态过电压和泄放浪涌电流的装置，它至少应包含一个非线性元件。"电涌保护器并联或串联安装在被保护设备端，通过泄放浪涌电流、限制浪涌电压来保护电子设备。泄放浪涌电流、限制浪涌电压这两个作用都是由其非线性元件(一个非线性电阻，或是一个开关元件)完成的。在被保护电路正常工作，瞬态电涌未到来以前，此元件呈现高阻状态，对被保护电路没有影响；而当瞬态电涌到来时，此元件迅速转变为低阻状态，将浪涌电流旁路，并将被保护设备两端的电压限制在较低的水平。当电涌能量释放后，该非线性元件又迅速、自动地恢复为高阻状态。如果这个动作与恢复的过程能迅速而顺利地完成，被保护设备和电路就不会遭受雷电或操作电涌的危害，其电路将正常工作。

5.1.2　电涌保护器的类型

1. 电压限制型 SPD

电压限制型 SPD 的核心保护元件为各种非线性电阻性元件，具有连续的伏安特性，随着电流增大，电阻连续减小。电源 SPD 中最普遍的是金属氧化物非线性电阻(简称 MOV)，有时又称压敏电阻。MOV 元件常为圆片或方片状，由多种金属氧化物(主要是 ZnO)组成。无电涌时 MOV 处于小电流密度区，电涌通过时处于饱和区，有箝位作用。SPD 可采用多片串联或多片并联的方式组合，均称作电压限制型。

2. 电压开关型 SPD

电压开关型 SPD 的核心保护元件是各种开关型器件，如开放的空气间隙、封闭的气体放电管和石墨间隙等，低压配电系统 SPD 最常用的是间隙。开关型器件也是非线性元件，但伏安特性不连续，在小电压时基本上为开路状态；电压高到一定程度时两电极间电阻突然降低，转为低阻状态。图5.1是角形气体间隙的结构，数字所标的轨迹表示了电弧发展过程。图5.2是石墨间隙的结构，采用多个石墨片排列的方式，并有外部触发装置配合石墨间隙的击穿。

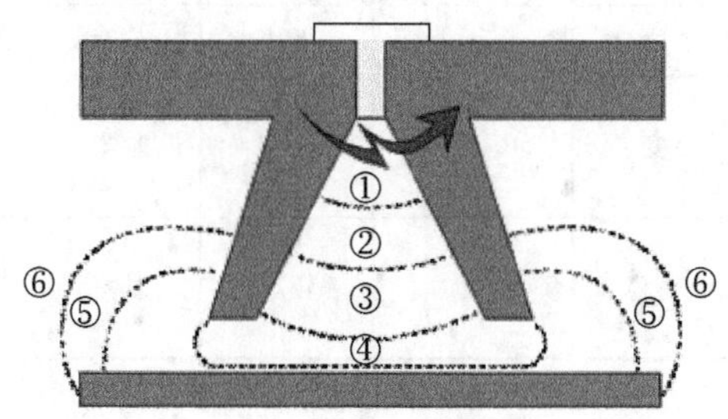

图5.1 角形气体间隙

①启动电压点燃电弧 ②电火花连接两个电极 ③电火花向外部扩散
④电火花达到撞击板 ⑤产生分电火花 ⑥电火花中断并熄灭

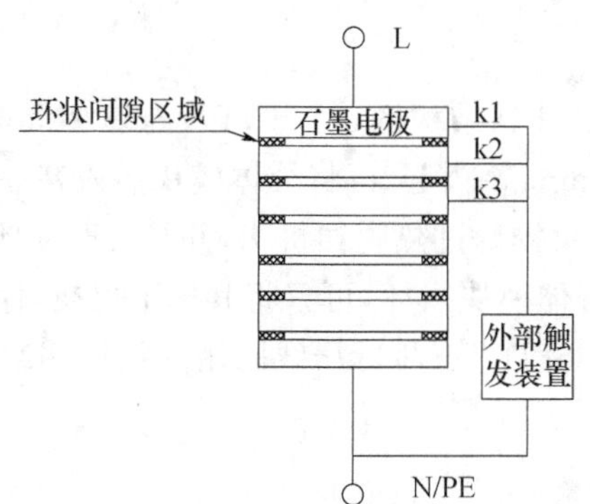

图5.2 石墨间隙

3. 组合型SPD

有关IEC和国家标准中，组合型SPD只指电压开关型元件和电压限制型元件的组合，两者串联或并联，两种方式的原理类似，以串联为例(如图5.3)。组合型SPD也具有非线性特性，但是伏安特性不连续。其表现与电压、电流有关，有时呈现电压开关型特性，有时呈现电压限制型特性。3种结构原理的SPD的优缺点见表5.1。

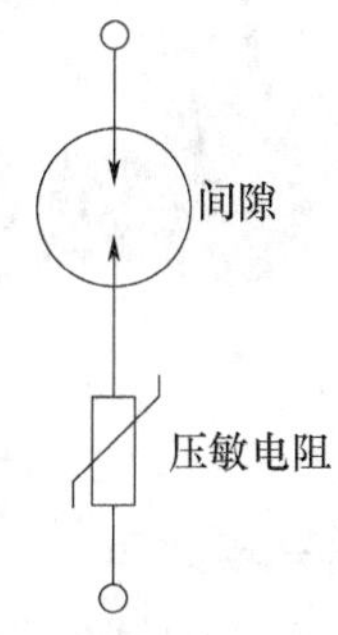

图5.3 开关型元件和限制型元件串联原理图

表 5.1 各种结构类型 SPD 的优缺点比较表

类型	特性						
	响应时间	动作平稳性	动作分散性	续流	泄露电流	电压保护水平	老化
电压限制型	较快<25 ns	平稳	无	极小	有	较低	会,但可延缓
电压开关型	较慢<100 ns	突变	大	很大,可自熄	基本无	高,但可触发降低	不会
组合型(串联)	较慢	较平稳	大	较小	基本无	高,但可触发降低	不会

动作平稳性是指元件的阻抗是否突变,突变会引起电路的振荡和干扰,动作分散性是指击穿电压的分散性,使电压保护水平发生变化。

5.1.3 常用的低压电涌保护器的几种结构举例

1. 分体型结构

图 5.4 所示为分体型 SPD 结构图,该类 SPD 有基座和分体模块两部分组成。安装时,基座固定在 DIN35 mm 导轨上,再将分体模块插入基座固定,将导线连接至基座两端。分体模块中内置热敏控制过热脱扣机构,并具有联动状态指示窗口,用以向用户显示 SPD 是否损坏。若分体模块损坏,可只将其拆下更换,保留基座。

单相低压线路用两组 SPD。三相低压线路用三组或四组,与低压供电线路的方式有关。

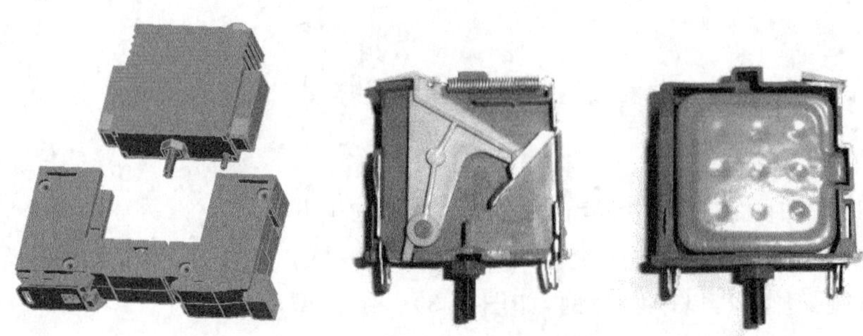

图 5.4 分体型 SPD 结构图

2. 组合型结构

组合型 SPD 通常将若干个单片 SPD 模块组合,从而对低压输电线路中的单相或三相提供保护。针对单相保护的组合型 SPD 结构如图 5.5 所示,其内部电原理图如图 5.6 所示。

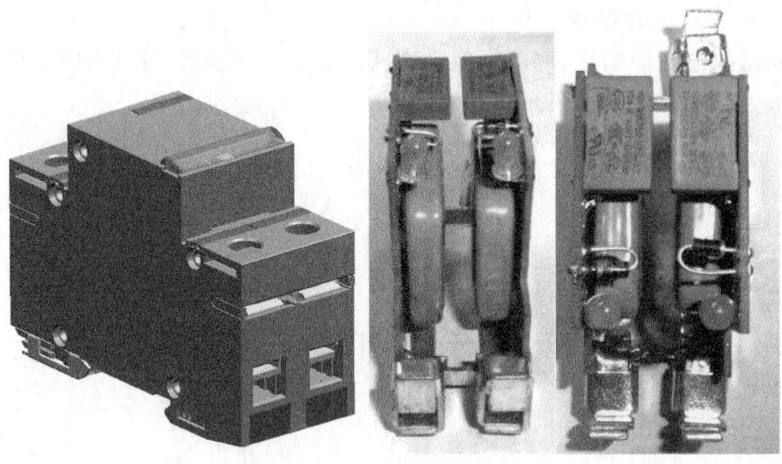

图 5.5　单相组合型 SPD 结构图

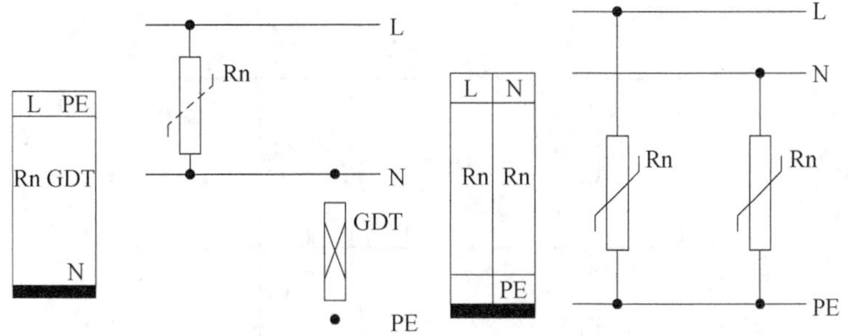

图 5.6　单相组合型 SPD 原理图

低压输电线路中,在建筑物的总配电柜或分配电柜中一般需要安装三相 SPD。组合型 SPD 的电原理图如图 5.7 所示,这是两种常见的组合型三相 SPD 的原理图。

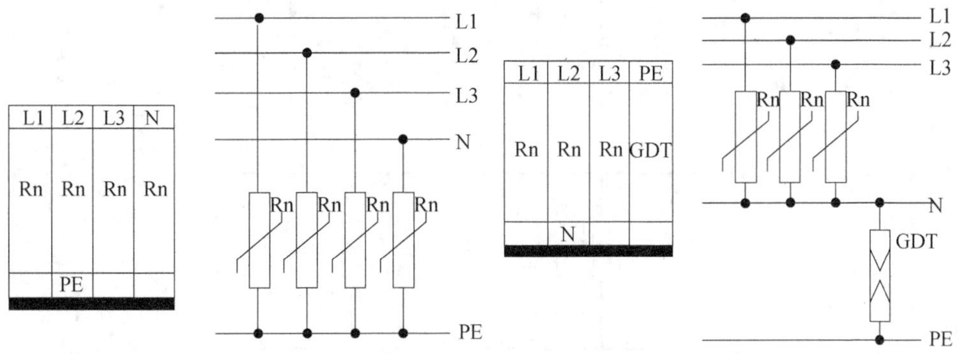

图 5.7　三相组合型 SPD 电原理图

3. 低压电源防雷箱结构

常用的低压电源防雷箱，内部一般设有两级保护。两级之间设有隔离电感。常用的防雷箱电路结构如图 5.8 所示。

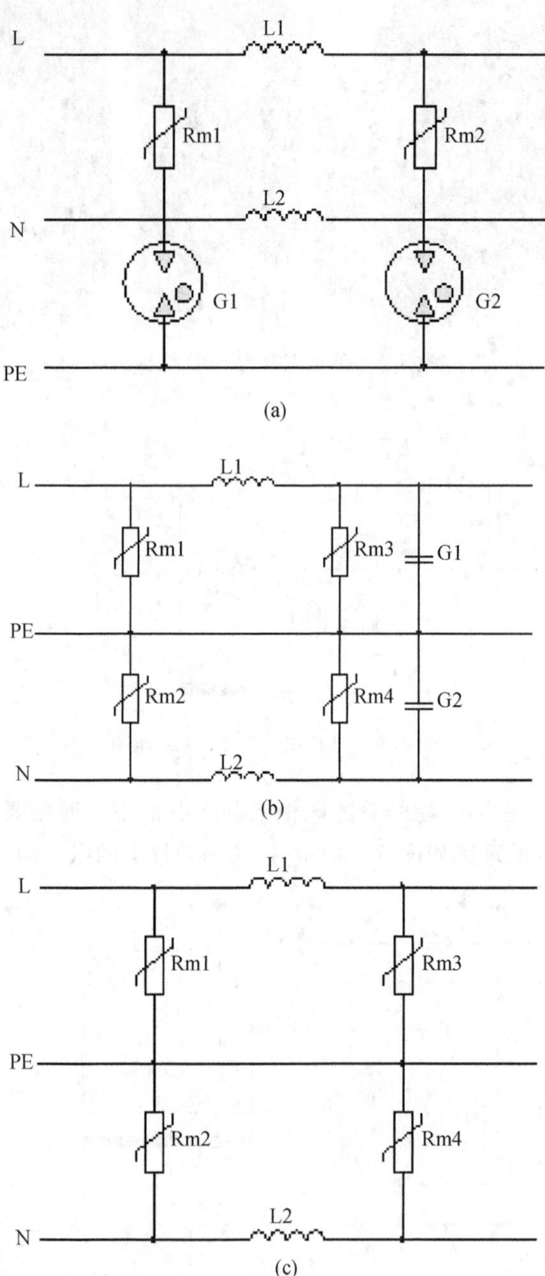

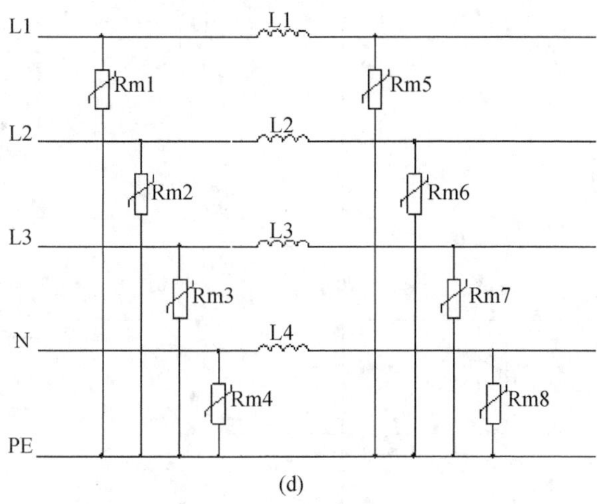

图 5.8　防雷箱 SPD 电源图

5.1.4　低压电涌保护器(SPD)冲击波形

1. 8/20 μs 冲击电流

对于电源 SPD 的冲击测试，Ⅱ级冲击试验采用 8/20 μs 冲击电流波形。测试电流波形和残压波形如图 5.9 和 5.10 所示。

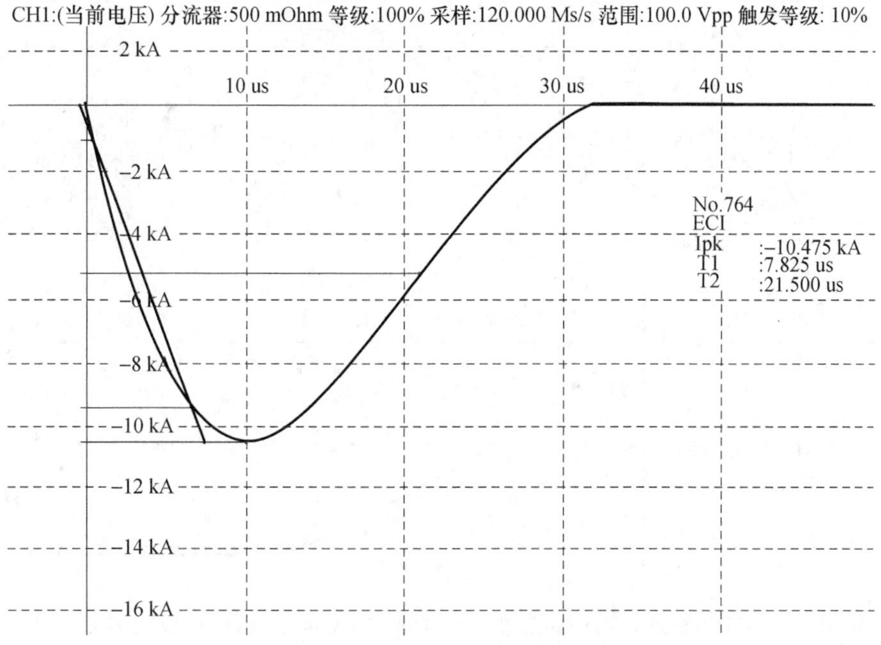

图 5.9　8/20 μsSPD 冲击电流波形

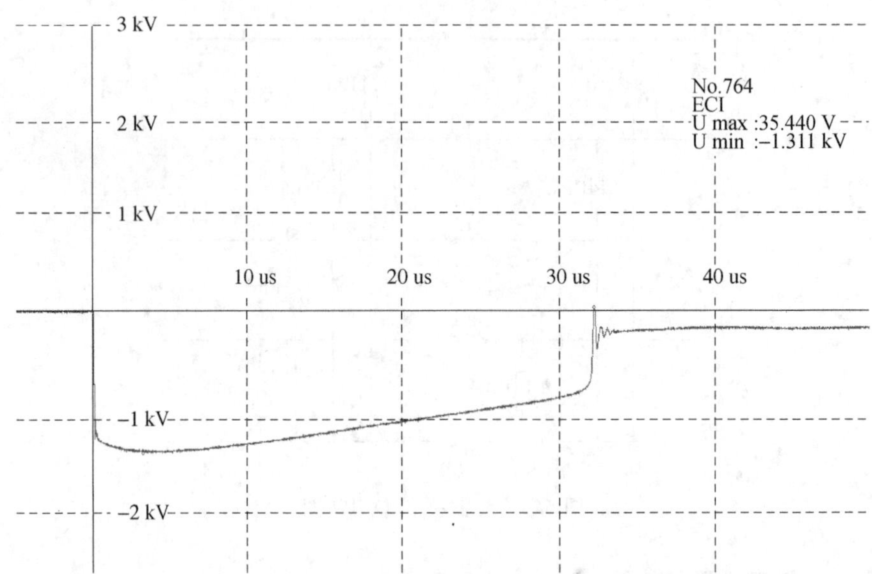

图 5.10　8/20 μs 冲击 SPD 残压波形

2. 10/350 μs 冲击电流

(1)开关型 SPDⅠ级试验 10/350 μs 冲击电流波形(图 5.11)

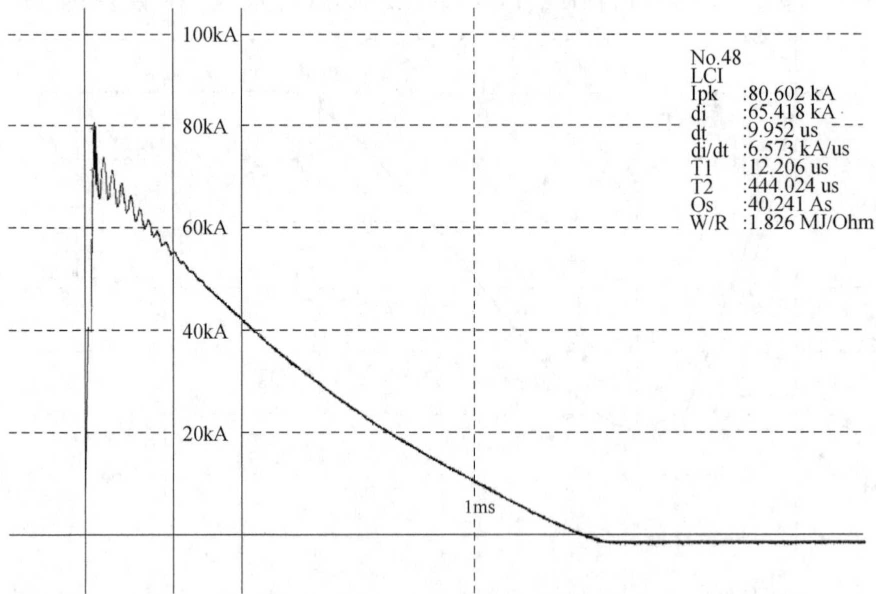

图 5.11　10/350 μs 冲击电流波形

(2)开关型 SPD 8/20 μs 冲击电流波形

测试电流为 $0.1I_n$、$0.2I_n$、$0.5I_n$、$1.0I_n$、$1.2I_n$、$2.0I_n$(图 5.12)。

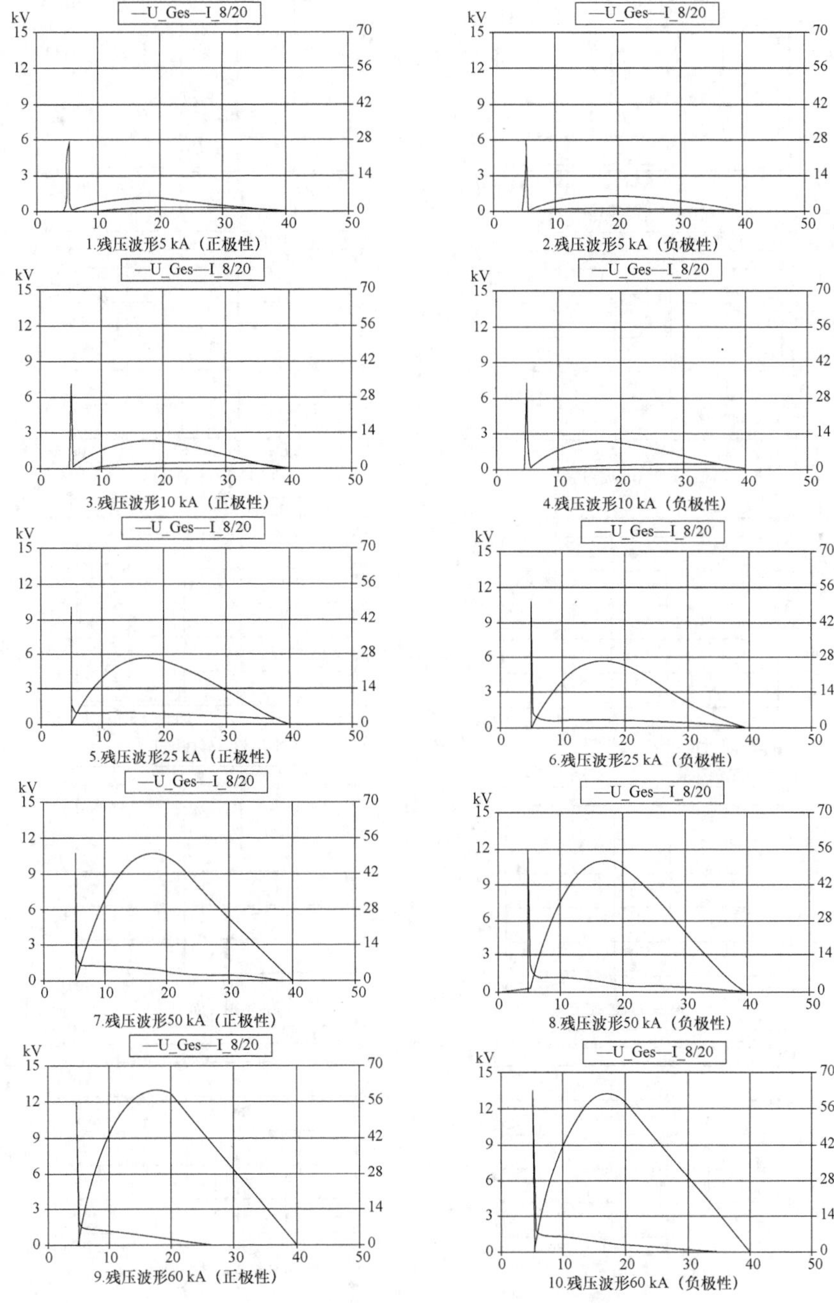

图 5.12　开关型 SPD 8/20 μs 冲击电流波形

(3)1.2/50 μs 电压波冲击波形(图 5.13)

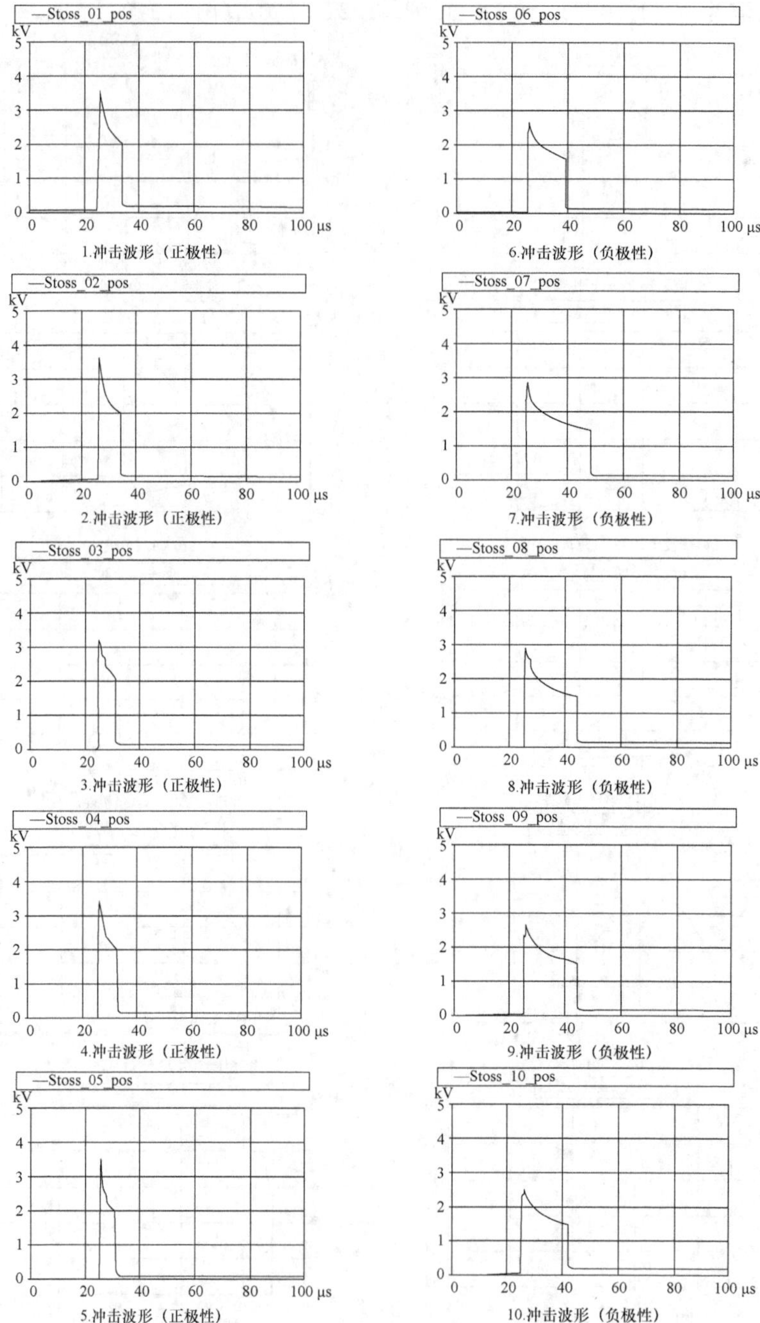

图 5.13 1.2/50 μs 电压波冲击波形

(4)开关型 SPD 续流试验波形(图 5.14)

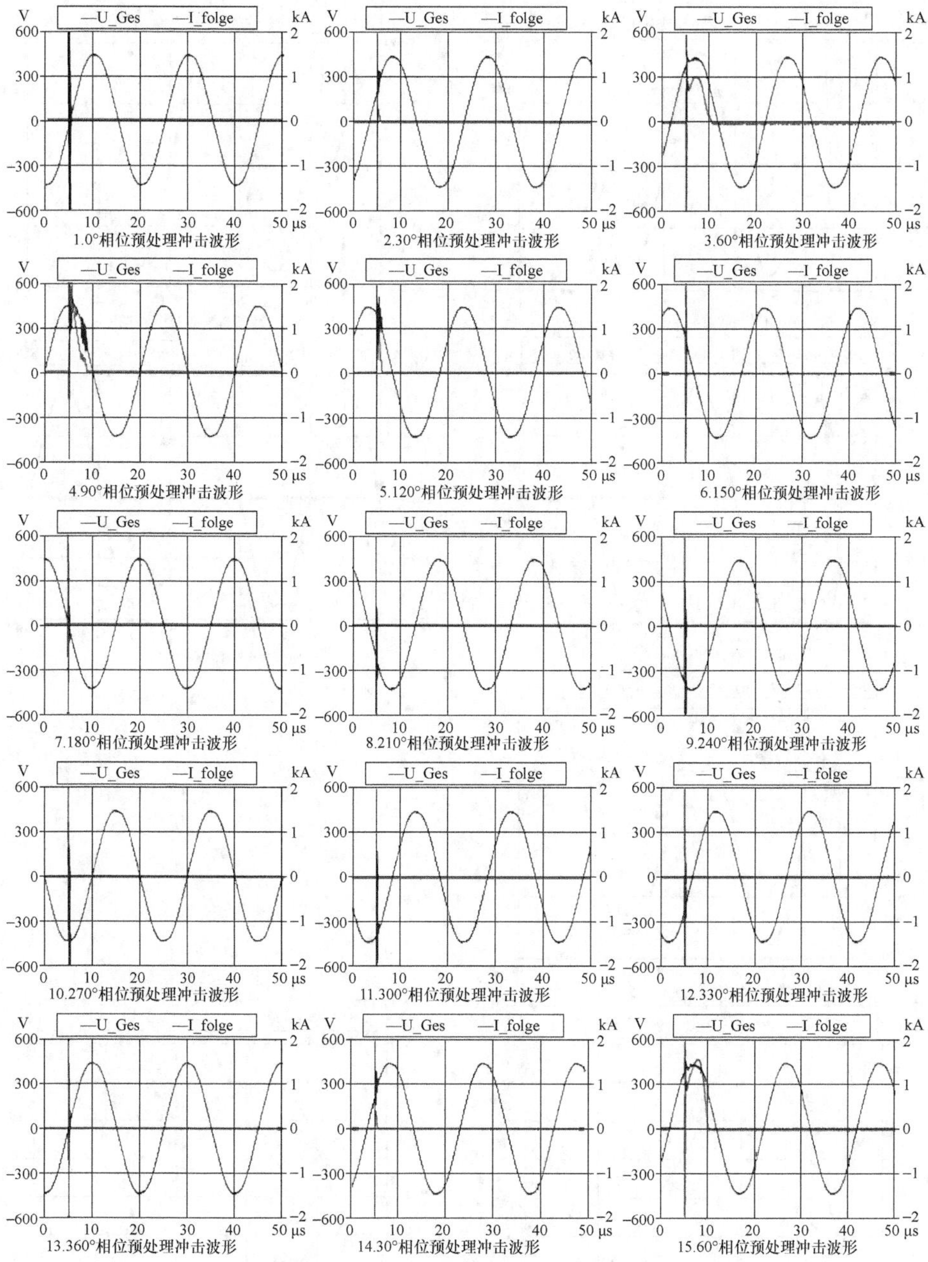

图 5.14　开关型 SPD 续流试验波形

(5)10/350 μs 冲击电流波形(图 5.15)

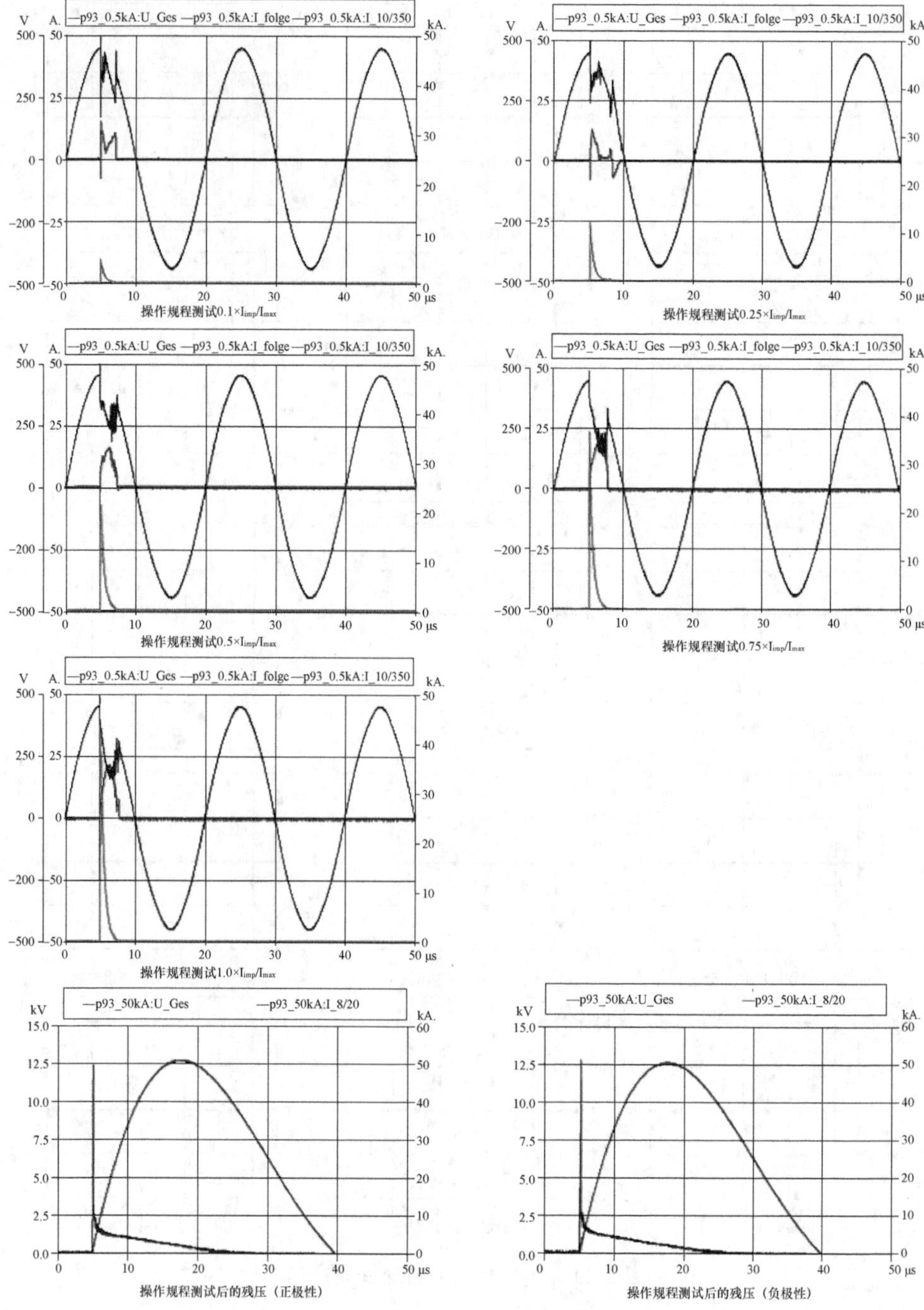

图 5.15　10/350 μs 冲击电流波形

(6) SPD 短路电流波形(图 5.16)

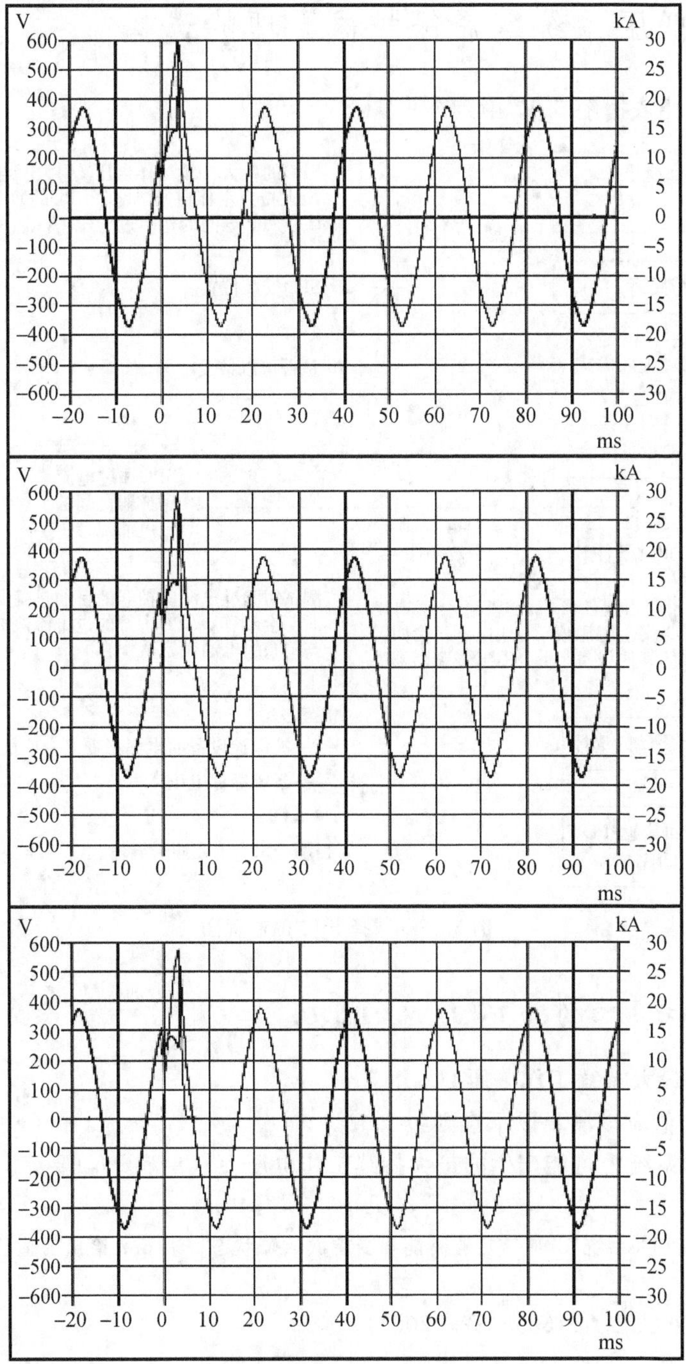

图 5.16　SPD 短路电流波形(触发角度:30°、45°、60°)

5.2 低压系统电涌保护器原理的选择

SPD 的选择依据图 5.17 中六个步骤。

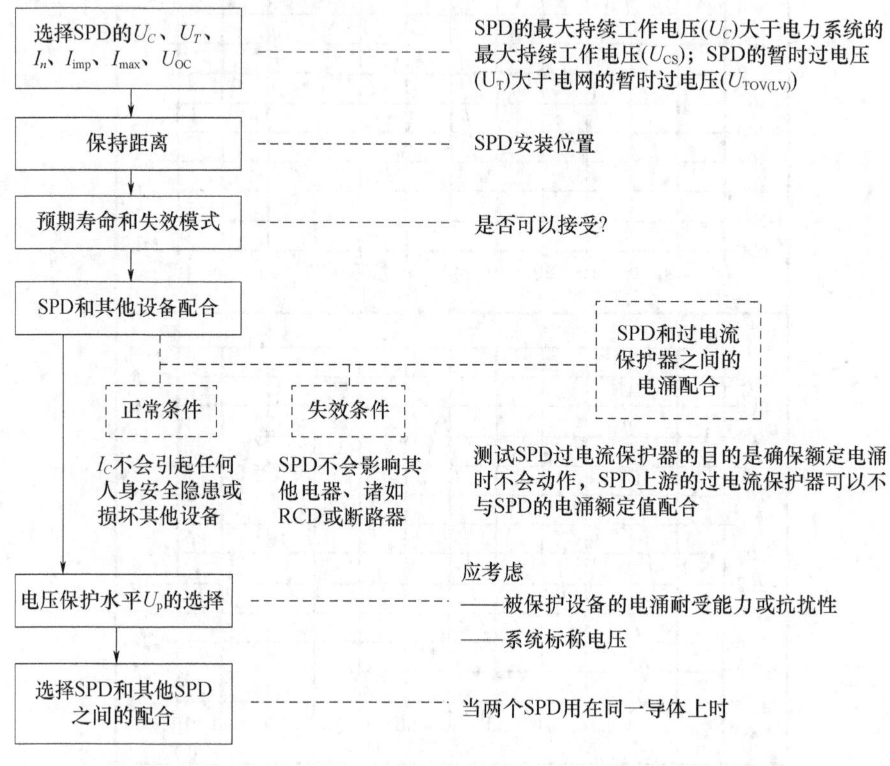

图 5.17 选择 SPD 的流程图

5.2.1 选择 SPD 的 U_c、U_T、I_n、I_{imp}、I_{max}、U_{oc}

1. SPD 的最大持续工作电压 U_c

SPD 的 U_c 值应该满足以下准则：

U_c 应该比系统中可能产生的最大持续工作电压 U_{cs}（$=k\times U_0$）要高。

$$U_c>U_{cs} \tag{5.1}$$

注：另外，对于 IT 系统，U_c 应该足够高能耐受首次故障状态。表 5.2 给出的值已覆盖这种故障状态。

具体要求见（GB/T 16895.22—2004）。

表 5.2　对于各种电力系统推荐的 U_c 最小值

SPD 连接位置	配电网的系统结构				
	TT	TN-C	TN-S	IT 带中线	IT 不带中线
相和中线之间	$1.1\times U_0$	NA	$1.1\times U_0$	$1.1\times U_0$	NA
相和 PE 之间	$1.1\times U_0$	NA	$1.1\times U_0$	$\sqrt{3}\times U_0$(见注 3)	线对线电压(见注 3)
中线和 PE 之间	U_0(见注 3)	NA	U_0(见注 3)	U_0(见注 3)	NA
相和 PEN 之间	NA	$1.1\times U_0$	NA	NA	NA

注 1:NA 表示不适用。注 2:U_0是低压系统的相电压。注 3:见注 3 是最严重故障情况下的值,因此没有考虑 10%公整。注 4:在扩展的 IT 系统中,需要更高的 U_c值。

2. SPD 的暂时过电压的评估 U_T

U_T的值应该高于由于低电压系统出现故障在被保护装置上预期出现的暂时过电压(TOV),如图 5.18 所示。

$$U_T > U_{TOV}(L,V) \tag{5.2}$$

注 1:持续时间超过 5 s 的 $U_{TOV}(L,V)$应被认为是最大持续工作电压 U_c。如在 IT 系统中,接地故障将会持续很长时间(几个小时),则连接在相和地之间 SPD 的 U_c值至少等于最大的系统相-相电压($U_0\times\sqrt{3}$)。

注 2:表 5.3 满足 GB/T 16895.22—2004 给出的要求。因此,$U_{cs}=1.1\times U_0$。

注 3:没有按照相关安装规则的不同电网和接地可能与表 5.3 中给出的值不同。

表 5.3　典型的 TOV 试验值

实际应用	TOV 试验值 U_T/V	
持续时间	5 s	200 ms
SPD 连接到		
TN 系统		
L—(PE)N 或 L—N	$1.32\times U_{cs}$	
N—PE		
L—L		
TT 系统		
L—PE	$1.55\times U_{cs}$	$1\,200+U_{cs}$
L—N	$1.32\times U_{cs}$	
N—PE		1200
L—L		
IT 系统		

续表

实际应用	TOV 试验值 U_T/V	
L—PE		1 200+U_{cs}
L—N	1.32×U_{cs}	
N—PE		1 200
L—L		
TN,TT 和 IT 系统		
L—PE	1.55×U_{cs}	1 200+U_{cs}
L—(PE)N	1.32×U_{cs}	
N—PE		1200
L—L		

在 TOV 的幅值很高的情况下,可能很难找到一个可以对设备提供电涌保护的 SPD,如果发生的概率足够低,可以考虑使用一个不能耐受 TOV 过压的 SPD,在这种情况下,必须使用合适的脱离设备。如图 5.18 所示,可根据下列特性选择一个 SPD:

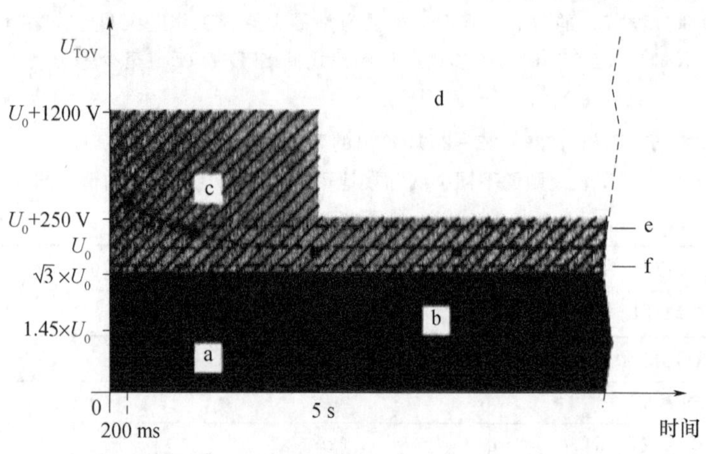

图 5.18　U_T 和 U_{TOV}

说明:

a—— LV 装置故障时(短路),在 TT、TN 和 IT 系统相-中线之间的 $U_{TOV}(L,V)$ 区域。

b—— LV 装置故障时(偶然接地),IT(TT)系统相-地之间的 $U_{TOV}(L,V)$ 作用区域和 TT 和 LV 装置故障(中线断线),TN 系统相-中线之间 $U_{TOV}(L,V)$ 的区域。

c——在 HV 系统发生故障时,在 TT 和 IT 系统中,用户端相-地之间的 $U_{TOV}(L,V)$ 最大值。

d——未定义区域。

e——$U_{TOV}(L,V)$ 用于使用在 3W+G(三线+地线)、单相和 120/240 V 的系统上的 SPD;

f——$U_{TOV}(L,V)$ 用于使用在 4W+G(四线+地线)、三相和 120/208 V、277/480 V、347/600 V 系统上的 SPD。

注:北美用 e 和 f。

■SPD 的 U_T 值。

$$U_T = U_c \geqslant U_{TOV}(L,V)_{max} \tag{5.3}$$

尤其是在 IT 系统中的情况。

当选择的 SPD 的电压保护水平满足要求时，还应该考虑其在各种 TOV 情况下的特性（耐受特性或故障模式）。

如果发生的概率足够低，可以使用不能耐受 TOV 应力，但可以用 IEC 61643.1 规定的形式失效的 SPD，以达到所需的保护水平。

如果故障模式不能接受，在选择电压保护水平可满足要求的 SPD 前，应采取额外的措施来限制各种 TOV。

3. I_n，I_{max}，I_{imp}，U_{oc}

I_n与保护水平 U_p有关，I_{max}和 I_{imp}则由安装点需要耐受的能量来决定。

选择 SPD 的能量耐受（根据试验类别选择 I_{imp}、I_{max}或 U_{oc}）必须基于风险分析。它比较了电涌发生的概率、被保护设备的价格和可接受的事故率。当使用多个 SPD 时，需完成配合分析。

如果需要 SPD 来保护雷电电涌，在被保护设施起始点处每种所需保护模式的额定放电电流 I_n应不小于 8/20，5 kA。

依据连接类型 2 的安装（见图 5.21），在被保护设施起始点处连接在中性线和 PE 之间的电涌保护器的额定放电电流 I_n，在三相系统中应不小于 8/20，20 kA，在单相系统中应该不小于 8/20，10 kA。

如果有可能发生直击雷的雷电保护系统需要 SPD 时，应评估雷电冲击电流。对于这个评估，安装在 SPD 上游的部件（熔断器，电线截面等）应该考虑，因为这些部件可能限制了整个系统的过载能力，因此也限制了 SPD 上的最大应力。如果可能没办法评估，每种所需的保护模式的 I_{imp}值不得小于 12.5 kA。

根据类型 2 的安装，连接在中性线和 PE 之间的电涌保护装置的雷电脉冲电流的计算应该与 GB/T 21714.4—2008 一致。如果不能估计电流值，I_{imp}的值在三相系统中应该不小于 50 kA，在单相系统中应该不小于 25 kA。

当用同一个 SPD 来防护雷电电涌和直击雷时，I_n和 I_{imp}的评定应该与上面的值相一致。

附加 SPD 的 I_n和 I_{max}选择应基于 5.2.6 节中的配合规则。

注：一般情况下，I_n已经足够表征Ⅱ类试验 SPD 的特性，I_{max}仅用于特殊情况。I_{max}给出了能量耐受的指标，因此给出了特定位置上的预期寿命的指示。

5.2.2　保护距离

为了确定 SPD 的位置（在入口处、靠近设备等），有必要知道保护距离，也就是 SPD 和 SPD 能提供充分保护的被保护设备之间的可接受的距离。

这一距离取决于 SPD 的特性（U_p等）、SPD 在建筑物中的安装（导线长度等）以及系统特性(导线的长度和类型等),还有设备的特性(过电压耐受能力等)。更进一步的解释见 5.3.2 节和 5.3.3 节,其均对所包括的现象做了详述。

注:要设计保护区域,必须注意到 SPD 和被保护设备之间的保护距离(见 5.3.6 节)。

5.2.3　预期寿命和失效模式

1. 预期寿命与实际寿命

SPD 的预期寿命主要取决于超过 SPD 最大放电能力的电涌发生的概率。

SPD 的实际寿命可能会短于或长于预期寿命,这取决于电涌实际发生的频度。

例如,某个 SPD 的最大放电流通过是通过适当的风险评估后确定,但安装好后很快就遭受了超过 I_{max} 值的电涌时,SPD 就可能出现故障。在这种情况下,它的实际寿命就会非常短。这种极端的情况表明制造者给出的任何预期寿命仅是一个统计数据,它绝不可能成为实际寿命的保证。

考虑到预期寿命仅是一种可能性。当异常电涌电流出现时,如果 SPD 的 I_{max} 远低于冲击电流时,就会造成破坏,即使这种情况发生在安装后的几秒内。这种情况下,I_{max} 比异常电涌电流低 10 倍或仅低 2 倍已经无关紧要。可是在一个特定的应用情况下,指定的较高 I_{max} 的 SPD 的预期寿命总是长于那些类似的但 I_{max} 较低的 SPD,只要不超过 SPD 耐受的极限值。

选择 SPD 的要点归纳如下:

(1)应考虑 U_{TOV},预期的电涌和其他 SPD 之间的必要配合。

(2)当 SPD 失效时不会引起像着火或电击这样的危险。

2. 失效模式

失效模式本身取决于电涌和过电压的类型。如果想避免供电受干扰或中断,SPD 有必要和任何上一级的后备保护器件相配合。

5.2.4　SPD 和其他设备的配合

1. 正常状态

持续工作电流(I_c)不得造成任何人身安全方面的危害(间接接触等)或干扰其他设备(例如 RCD)。

注 1:I_c 应比 RCD 的 1/3 的额定剩余续流($I_{\Delta n}$)小,SPD 和其他设备的积累效应也应考虑。

注 2:如果 SPD 安装在 RCD、熔断器或断路器的负载侧上,那么 SPD 对该电器在故障跳开、误动作及由于电涌产生的冲击损坏方面不能提供任何保护。

2. 故障状态

SPD 可安装必要的脱离器,以便不干扰其他保护设备,如 RCD、熔断器和断路器。

SPD 耐受的短路电流(SPD 故障的情况下)和保护装置规定的相关的过载电流(内

部或外部)应等于或高于安装点上预期的最大短路电流,SPD制造商应考虑保护装置规定的最大过载电流。

此外,当制造商已经声明额定断开续流值时,它的值应等于或高于安装点上预期的短路电流。

当SPD连接在TT或TN系统的中性线和PE之间时,其动作后会流过工频续流(例如,火花间隙),该类SPD的额定断开续流值I_{fi}应大于或等于100 A。

在IT系统中,连接在中性线和PE之间的SPD的额定断开续流值应与连接在相线和中性线之间的SPD的值相同。

3. SPD和RCD或过电流保护器,如熔断器或断路器之间的电涌配合

在网络中使用的过电流保护器和漏电保护器RCD的耐受能力不作规定,除了S型RCD根据自己的标准(IEC 61008.1和IEC 61009.1)规定,应耐受3 kA 8/20的电流而不断开。

当SPD和过电流保护器或RCD配合时,在标称放电电流I_n下,建议过电流保护器或RCD应不动作。

然而,当电流比I_n大时,过电流保护器动作是可以的。对于可复位过电流保护器,例如一个断路器,不应被这种电涌损坏。

在这种情况下,由于这种过电流保护器的响应特性,即使过电流保护器动作,全部的电涌都将流过SPD。因此,SPD应具有足够的能量耐受能力。由于这种现象引起的RCD或过电流保护器的动作被认为不是SPD的失效,因为这种装置仍被保护。如果用户不接受供电中断,应使用特别的配置或过电流保护器。

注1:在能遭受大电流的地方,例如雷电保护系统或架空线,如果I_n大于过电流保护器所在位置的实际耐受能力,过电流保护器件动作电流可比I_n低。在这种情况下,SPD标称放电电流的选择仅取决于电涌性能。

注2:如果一个电压开关型SPD产生放电,电力供应服务的质量可能会降低。通常,续流会引起一个过电流保护器的动作,除非电压开关型SPD是自熄型,否则需要和上一级的SPD过电流保护器配合。

5.2.5　电压保护水平U_p的选择

在选择SPD合适的电压保护水平值时,应考虑被保护设备的电涌耐受(或关键设备的冲击抗扰度)和系统的标称电压。电压保护水平值越低,其保护性能越好。考虑到U_c和U_T的限制,SPD的劣化和与其他SPD配合,见5.3.2节和5.3.3节。

电压限制型SPD的电压保护水平与规定的Ⅰ类试验中的I_n和I_{pcak}及Ⅱ类试验中的I_n有关。Ⅲ类试验中电压保护水平由组合波测试确定(U_{oc})。

电压开关型SPD或复合型SPD的电压保护水平也和放电电压有关。

5.2.6　选择 SPD 和其他 SPD 之间的配合

1. 概述

如上所述，某些应用场合需要两个（或更多）SPD 以便使被保护设备的电应力减到一个可接受的值（较低的电压保护水平），并且减低该建筑物内的瞬态电流。

依据两个 SPD 的能量耐受值，为了获得可接受的电应力分配，有必要进行配合。图 5.19 给出了示例。

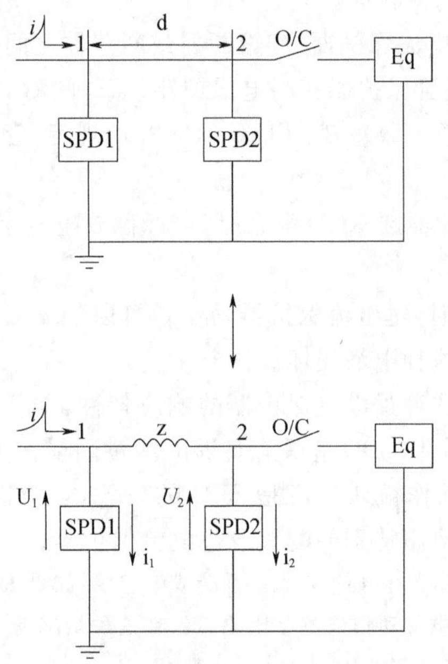

图 5.19　两个 SPD 的典型应用——电路图

说明：

Eq——正常工作时的被保护设备；

O/C——开路（设备从供电系统断开）；

i——侵入电涌。

两个 SPD 之间的阻抗 *Z*（通常是一个电感）是一个物理阻抗（插在导线上的特殊元件，可促进两个 SPD 之间能量的分配）或代表两个 SPD 之间电缆长度的电感（通常我们认为 1 μH/m）。当 *Z* 代表一个物理阻抗，导线的电感可以忽略，因为和 *Z* 比较起来，导线的电感很低。*Z* 代表两种情况，并用图解的方式表示在图 5.19 中。

注 1：图 5.19 显示了设备没有连接的最严重的情况。没有任何的电流流过设备，两个 SPD 分配了所有的压力。如果电涌来自于 SPD 的终端和负载之间，应该需要进一步考虑。

注 2：本示例中连接导线被忽略。实际上，它们对两个 SPD 之间的电应力分配可能有影响。

注 3：在导线进出比较紧密的地方，回路比较小，那么其电感比 1 μH/m 小，可低至 0.5 μH/m。

注 4：1 μH/m 的值已经包含了进出线导线电感。

2. 配合问题

配合问题可初步归纳为以下问题：当进入电涌电流为 i 时，其中有多少流入 SPD1，有多少流入 SPD2？此外，两个 SPD 能否耐受这些电应力？

如果两个 SPD 之间的距离相对于电涌持续时间很短，那么电感的影响可忽略，则 SPD2 可能承担较多的电应力。

选择合适的 SPD 应考虑两个 SPD 之间的阻抗，把 i_2 的值降低到可接受的水平，以达到良好的配合。当然，这个工作也能把第 2 个 SPD 的残压降低到期望的值。

应避免以下配合：

(1)SPD2 过于安全的设计。

(2)如果 i_2 过高，一些 EMC 干扰就会在建筑物引起一些麻烦。

可是依据电流处理它们之间的协调并不是很充分。有必要依据能量处理它们之间的协调。

为了确保两个 SPD 都很好地配合，有必要满足以下的要求，即能量判据。

如果电涌电流在 0 和 I_{max1}(I_{pcak1})之间取任意值时，通过 SPD2 耗散的能量小于或等于其最大能量耐受值(E_{max2})，能量配合就可实现。

3. 应用情况

配合研究可能会复杂，如果所有 SPD 由同一制造厂生产，最简单的办法是根据所选的 SPD 之间的距离或阻抗向制造厂提出要求进行合理配合。

否则，有必要进行配合研究并且提供 4 种可能性：

(1)用长波和短波两种波形从 0 开始到相当于 E_{max1} 雷电流范围内进行几次试验，要记住每一部件的公差对试验结果都有很大影响(试验待定)。

(2)进行模拟时应考虑到实际安装线路的特殊性，注意应具有 SPD 特性的精确数据。

(3)当两个 SPD 属于电压限制型时，应对其 U-Ⅰ曲线进行分析研究。

(4)使用另一种叫通过能量(LTE)的方法，在大多数情况下，可给出一个保守的结果。

5.3　低压系统电涌保护器原理的安装

5.3.1　可能的保护模式及安装

当要保护的设备有足够的过电压耐受能力或其靠近主配电盘，使用一个 SPD 可能就足够了。在这种情况下,SPD 的安装应尽可能地靠近被保护装置的起始点。在这个位置,SPD 应该有足够的冲击耐受能力。

位于或靠近被保护装置的起始点的 SPD 应至少被连接在以下几点之间:

(1)如果在或接近被保护装置的起始点处中性线和 PE 有直接连接,或没有中性线:

在每条相线和总接地端子之间或保护导线之间,以连接线较短为优先原则。

注 1:在 IT 系统上,连接中性线和 PE 的阻抗不认为是一个连接。

(2)如果在或接近被保护装置的起始点处中性线和 PE 没有直接连接:

连接类型 1(CT1)——在每条相线和总接地端子之间或保护导线之间,在中性线和总接地端子之间或保护导线之间,以连接线较短为优先原则, 见图 5.20。

连接类型 2(CT2)——在每条相线和中性线之间,在中性线和总接地端子或保护导线之间,以连接线较短为优先原则, 见图 5.21。

注 2:如果某根相线接地,其即被认为相当于连接类型 2(CT2)中的中性线。

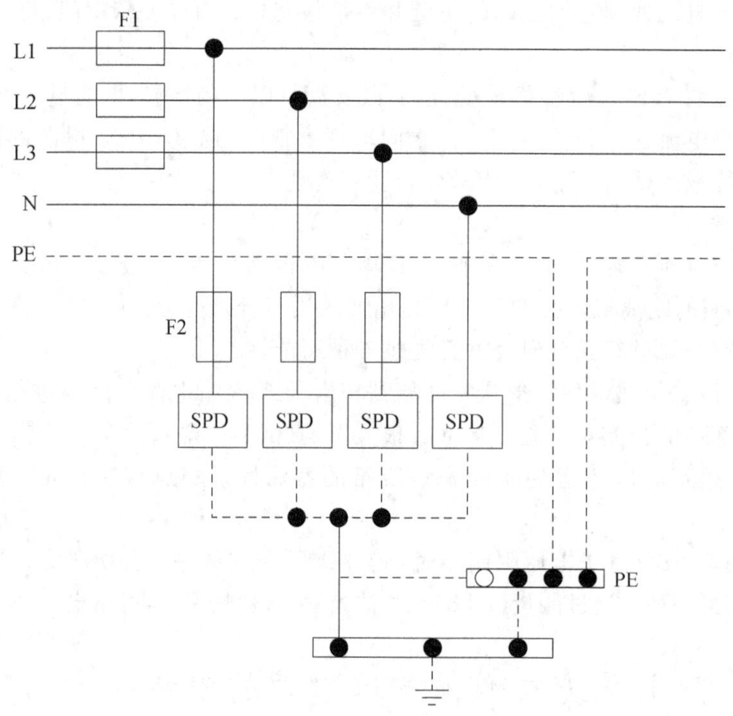

图 5.20 连接类型 1(CT1)

说明:F1——熔断器。

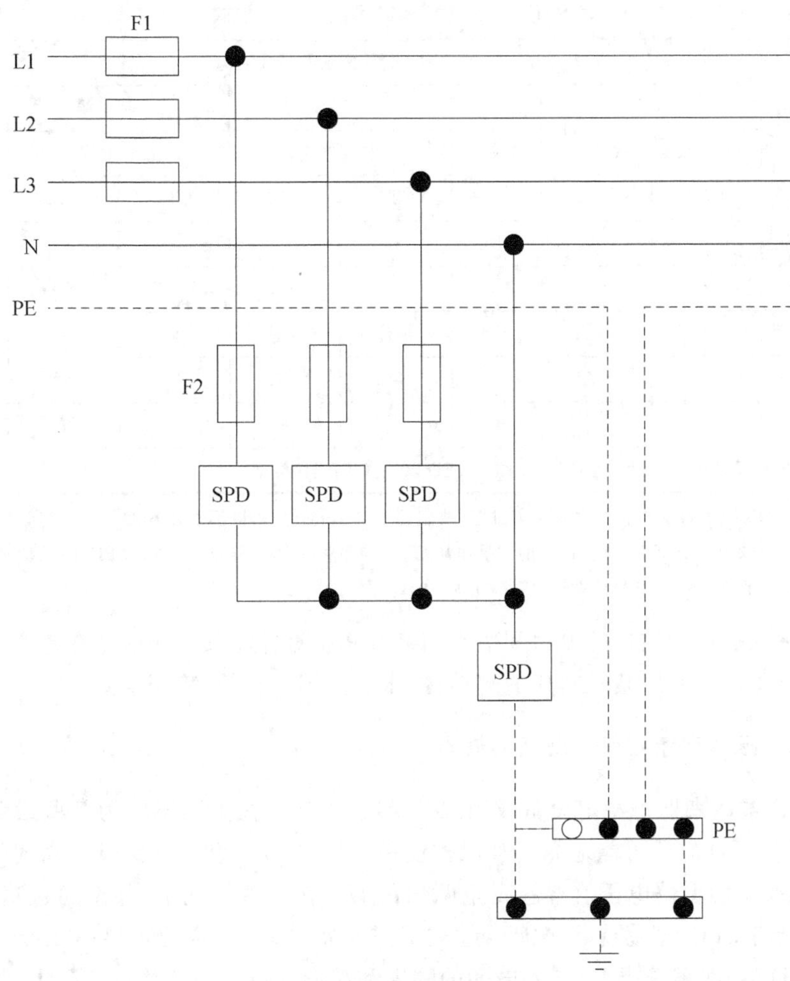

图 5.21　连接类型 2(CT2)

说明:F1——熔断器。

表 5.4 列出了各种低压系统可能需要的保护模式。

注 3:如果在相同导线上连接有两个以上的 SPD,有必要确保它们之间的协调。

注 4:保护模式的数量取决于被保护设备的类型(例如,如果设备没有接地,相线对地或中心线对地的保护可能就没有必要),由各种保护模式下设备的耐受能力、电气系统的结构、接地以及侵入电涌的特点而定。例如,一般在相线/中性线和 PE 导线之间或在相线和中性线之间施加保护一般就足够了,而不用再在相线和相线之间施加保护。

注 5:安装在供电部门计量表前的 SPD 装置必须经供电部门同意。

表 5.4 各种 LV 系统可能的保护模式

SPD 连接位置	SPD 安装位置的系统结构							
	TT		TN-C	TN-S		IT 带中线		IT 不带中线
	安装方式			安装方式		安装方式		
	CT1	CT2		CT1	CT2	CT1	CT2	
相和中线之间	＋	*	NA	＋	*	＋	*	NA
相和 PE 之间	*	NA	NA	*	NA	*	NA	*
中线和 PE 之间	*	*	NA	* 见注 1	* 见注 2	*	*	NA
相和 PEN 之间	NA	NA	*	NA	NA	NA	NA	NA
相相之间	＋	＋	＋		＋	＋	＋	＋

*：必须的；NA：不适用；＋：可选的，除了必须的 SPD 以外；CT：连接类型。

注 1：当 SPD 和 PE-N 等电位体之间距离过短(典型的不足 10m)时，可以不安装 SPD。

注 2：采用 CT2 连接方式时，比较设备的耐受电压 U_w 应与串联的两个 SPD(L－N、N-PE)的保护水平相比较，这可能不同于两个 SPD 的 Up 的简单相加。

建议进入被保护结构的电力和信号网络互相接近并将其互相联结在一个共用的等电位排上。这对于非屏蔽材料建造的结构(木、砖、混凝土等)特别重要。

5.3.2 振荡现象对保护距离的影响

当 SPD 被用来保护特定设备或当 SPD 装在主配电盘上而不能为某些设备提供足够的保护时，SPD 应尽可能地靠近被保护设备。如果 SPD 和被保护设备之间的距离太长，设备端产生的振荡电压值普遍高至两倍的 U_p，在一些情况下，甚至超过这个水平。因此尽管装有 SPD，振荡现象仍能引起被保护设备失效，适合的距离(称为保护距离)取决于 SPD 型式、系统类型、侵入电涌的陡度和波形及连接的负载。实际上，如果设备的阻抗高或设备内部断开，就有可能产生两倍的振荡电压。图 5.20 给出了在这种条件下，振荡现象产生两倍电压的示例。

一般情况下，距离不到 10 m 的震荡可以被忽略。有时设备有内部保护元件(例如，ZnO 压敏电阻)，这将显著降低即使在长距离上的震荡。在最后这种情况中需要注意避免出现 SPD 和设备内部保护元件的配合问题。

注：由于雷电流在 SPD 和被保护设备之间的回路上直接感应引起的电压，保护距离可能要缩短。

5.3.3 连接导线长度的影响

为了实现最佳的过压保护，SPD 的连接导线应尽可能短。长的连接导线将使 SPD 的保护能力降低。因此，可能需要选择一个有更低电压保护水平的 SPD 来提供有效的保护。传送至设备的残压为 SPD 的残压和沿导线感应电压降之和，这两个电压可能并不在同一时刻到达峰值，但出于实用目的，可以简单地相加；图 5.22 给出在冲击放电电流下，连接导线的电感对各 SPD 连接点测得电压的影响。

一般来说，假定导线的电感是 1 μH/m。当冲击波上升率为 1 kA/μs 时，电感沿导线长度的电压降大约为 1 kV/m。而且，如果 dI/dt 的陡度更大，电压降值会更高。

最好尽可能地使用图 5.22 中的方案 b，这种方案的电感效应将会显著降低。当不能使用方案 b 时，可以应用使用了绞合导线的方案 c。尽可能避免使用方案 a，因为增加 SPD 连接导线的长度会降低过电压保护的有效性。当 SPD 连接导线的长度尽可能地短(总引线的长度最好不要超过 0.5 m)以及没有形成任何环路的情况下，使用方案 a 才可能获得最佳电压保护。

注：如果导线相互紧靠而使回流路径导体与人流导体产生磁耦合，其电感将降低(见图 5.22 中方案 c)。

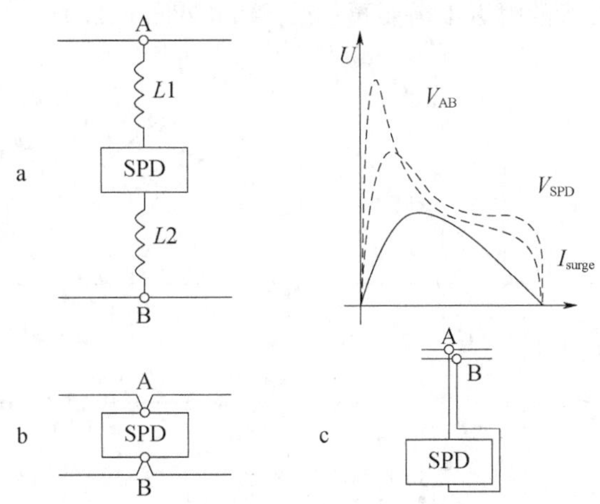

图 5.22　SPD 连接导线长度的影响

说明：

a　LI、L2——导线 l_1、l_2 的相应电感；

I_{surge}——电涌电流时间的曲线；

V_{SPD}——通过电涌时，SPD 端子间的电压；

V_{AB}——A 点和 B 点之间通过电涌时的电压＝V_{SPD}＋电感(L_1＋L_2)上的电压降；

特别是当 L_1 或 L_2 较大时，应避免采用这种形式；

b：推荐首选形式；

c：当 b 方式不适合时，可采用这种方式。

5.3.4　附加保护的必要性

在一些情况下，一个 SPD 就能满足条件，例如，建筑物进线处电应力较低时，将

SPD 安装在电源进线处效果更好(见 5.3.1)。

在一些特殊情况下,可能需要在尽可能靠近被保护的设备处增加附加的保护器件,例如:

(1)存在很敏感的设备(电子设备,计算机)。

(2)位于入口处的 SPD 和被保护设备之间的距离过长(见 5.3.2 节)。

(3)由雷电冲击和内部干扰源引起的建筑物内部的电磁场。

有必要考虑系统中须保护的最敏感设备的电压耐受值(U_w,见 GB/T 16935.1—2008),或者设备的抗冲击水平,尤其当该设备的持续运行是非常关键时。下文所示的例子中设备不是很关键,可仅考虑 U_w 在最靠近设备处安装的 SPD 电压保护水平 U_{p2} 应至少比该设备的电压耐受值低 20%。如果安装在入口处的 SPD 的保护水平(U_{p1})包含在 5.3.2 节所描述的效果中,由于 SPD 和设备之间的距离导致终端设备上的电压低于 $0.8\times U_w$,那么在该设备的附近不需要再加装 SPD(见图 5.23)。

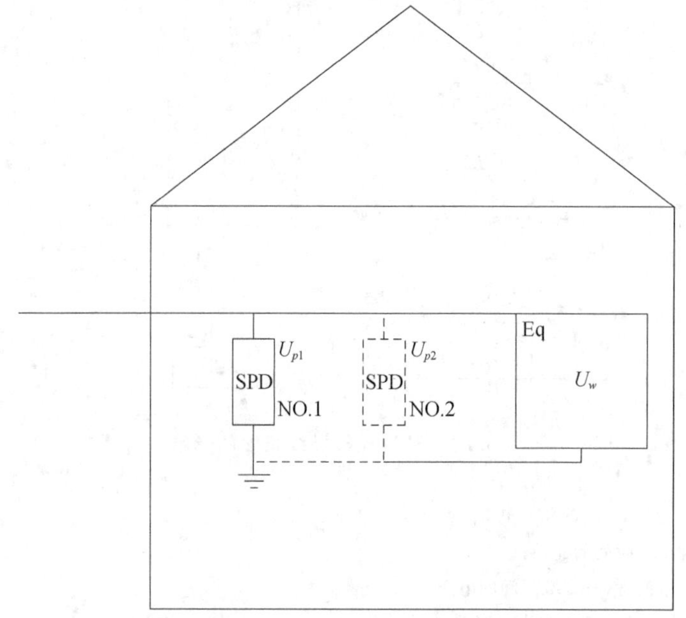

图 5.23　附加保护的必要性

说明:

如果 $U_{p1}\times k<0.8\times U_w$,仅需要 SPD No.1(安装在进线处);

如果 $U_{p1}\times k>0.8\times U_w$,除 SPD No.1 外还应安装 SPD No.2($U_{p2}<0.8\times U_w$);

Eq 是被保护设备,其耐受电压 U_w 的定义见 GB/T 16935.1—2008;

k 是可能产生振荡的系数($1<k<2$,见 5.3.2 节)。

注：GB/T 17626.5—2008 定义的设备抗扰度不同于 GB/T 16935.1—2008 定义的耐受电压(U_w)。其原因是 GB/T 17626.5—2008 使用复合波发生器进行试验，且部分的电涌电流可能流过设备(尤其是设备呈现低阻抗时)，在这种情况下，要求适当地进行配合(见 5.2.6 节)。

应该注意的是，尽管 GB/T 16935.1—2008 描述了如何获得 U_w，但是获得每一种类型的设备在实际情况下的 U_w 值可能比较困难。

在建筑物内操作电涌可产生潜在的损坏，在这种情况下可能需要附加的 SPD。

在同一电路中使用两个 SPD 时，两者之间应该可以协调。

5.3.5　根据试验类别选择 SPD 的位置

应依照侵入电应力不同，来选取符合Ⅰ类、Ⅱ类或Ⅱ类试验要求的 SPD。考虑包含于电涌中的电应力因素是正确选择 SPD 的关键。Ⅱ类、Ⅱ类试验的 SPD 也适用于靠近被保护设备安装。

5.3.6　保护区域概念

若是为了设计及合理应用电涌保护器，有必要考虑保护区域的梯度这一概念假定。由配电系统的分合或直击雷和感应雷引起的传导危险参数从未保护环境传至被保护的敏感设备时逐级减小(每一级之间的距离由 5.3.2 节决定)。

参考文献

李祥超，赵学余．2011. 电涌保护器原理与应用[M]. 北京：气象出版社．

王新霞，颜沧苇，赵洋，等．2014. 低压电涌保护器第 12 部分：低压配电系统的电涌保护器的选择和使用导则：GB/T 18802.12—2014[S]. 北京：中国标准出版社．

第6章 电气系统雷电防护器件性能要求及测试方法

6.1 低压系统电涌保护器原理的技术参数

6.1.1 术语，定义和缩写

1. 术语和定义

(1)电涌保护器(surge protective device SPD)

用于限制瞬态过电压和泄放电涌电流的电器，它至少包含一非线性的元件。

注：SPD是一个装配完整的部件，其具有适当的连接手段。

(2)一端口的SPD(one-port SPD)

在端子之间没有特殊的串联阻抗的SPD。

注：一端口可以具有分开的输入和输出端。

(3)二端口的SPD(two-port SPD)

在分开的输入和输出端子之间有特殊的串联阻抗的SPD。

(4)电压开关型SPD(voltage switching type SPD)

没有电涌时具有高阻抗，当电涌响应时能突变成低阻抗的SPD。

注：电压开关型SPD常用的元件有放电间隙、气体放电管、闸流管(可控硅整流器)和三端双向可控硅开关元件。这些有时被称为"嵌压型"元器件。

(5)电压限制型SPD(voltage limiting type SPD)

没有电涌时具有高阻抗，但是随着电涌电流和电压的上升，其阻抗将持续地减小的SPD。

注：常用的非线性元件是：压敏电阻和抑制二极管。这些有时被称为"嵌压型"元器件。

(6)复合型SPD(combination type SPD)

由电压开关型元件和电压限制型元件组成的SPD。其特性随所加电压的特性可以表现为电压开关型、电压限制型或两者皆有。

(7)短路型 SPD(short-circuiting type SPD)

根据Ⅱ类试验测试的 SPD,当冲击电流超过其标称放电电流时,SPD 的特性将转变成内部短路状态。

(8)保护模式(modes of protection of an SPD)

在端子间保护保护元器件的电流路径,例如相对相、相对地、相对中线、中线对地。

(9)Ⅱ类试验的标称放电电流 I_n(nominal discharge current for class II test)

流过 SPD 具有 8/20 波形电流的峰值。

(10)Ⅰ类试验的冲击电流 I_{imp}(impulse discharge current for class I test)

由三个参数来定义:电流峰值 Ipeak、电荷量 Q 和比能量 W/R。

(11)最大持续工作电压 U_c(maximum continuous operating voltage)

可连续地施加在 SPD 上的最大交流电压有效值。

注:本标准覆盖的 U_c 可超过 1000 V。

(12)续流 I_f(follow current)

冲击放电电流以后,由电源系统流入 SPD 的电流。

(13)额定负载电流 I_L(rated load current)

能提供给连接到 SPD 保护输出端的阻性负载的最大持续额定交流电流有效值。

(14)电压保护水平 U_p(voltage protection level)

由于施加规定梯度的冲击电压和规定幅值及波形的冲击电流而在 SPD 两端之间预期出现的最大电压。

注:电压保护水平由制造商提供,并不能超过:

1)由波前放电电压(如适用)决定的测量限制电压,和对应于Ⅱ类与Ⅰ类试验中 I_n 及 I_{imp} 峰值处的残压。

2)Ⅲ类试验中,取决于组合波在 U_{oc} 下的测量限制电压。

(15)测量限制电压(measured limiting voltage)

施加规定波形和幅值的冲击电流时,在 SPD 接线端子间测得的最大电压峰值。

(16)残压 U_{res}(residual voltage)

放电电流流过 SPD 时,在其端子间产生的电压峰值。

(17)暂时过电压试验值 U_T(temporary over voltage test value)

施加在 SPD 上并持续一个规定时间 tT 的试验电压,以模拟在 TOV 条件下的应力。

(18)二端口 SPD 的负载端电涌耐受能力(load-side surge with stand capability for a two-port SPD)

二端口 SPD 输出端子耐受其下游负载侧产生的电涌的能力。

(19)二端口 SPD 的电压上升率(voltage rate-of-rise of a two-port SPD)

在设定的试验条件下,二端口 SPD 输出端测量得到的电压变化率。

(20)1.2/50 冲击电压(1.2/50voltage impulse)

视在波前时间为 1.2 μs,半峰值时间为 50 μs 的冲击电压。

(21)8/20 冲击电流(8/20current impulse)

视在波前时间为 8μs,半峰值时间为 20 μs 的冲击电流。

(22)复合波(combination wave)

由开路时的电压幅值(U_{OC})与波形,短路时的电流幅值(I_{CW})及波形以的波形。

注:施加在 SPD 上的电压幅值,电流幅值和波形取决于组合波冲击发生器的阻抗(Z_f)和试品阻抗。

(23)开路电压 U_{OC}(open circuit voltage)

在复合波发生器连接试品端口处的开路电压。

(24)短路电流 I_{CW}(combination wave generator short-circuitcurrent)

在复合波发生器连接试品端口处的预期短路电流。

注:当 SPD 连接到复合波发生器,流过试品的电流通常小于 I_{CW}。

(25)热稳定(thermal stability)

在引起 SPD 温度上升的动作负载试验后,在规定的环境温度条件下,给 SPD 施加规定的最大持续工作电压,如果 SPD 的温度能随时间而下降,则认为 SPD 是热稳定的。

(26)性能劣化(degradation of performance)

设备和系统运行性能所发生的不期望的预期性能偏离。

(27)额定短路电流 I_{SCCR}(short-circuit currentrating)

用于给指定脱离器连接的 SPD 评级的电源系统的最大预期短路电流值。

(28)SPD 的脱离器(SPD disconnector)

把 SPD 从电源系统断开所需要的装置(内部的和/或外部的)。

注:这种断开装置不要求具有隔离能力,它防止系统持续故障并可用来给出 SPD 故障的指示。脱离器可以是内部的(内置的)或者外部的(制造商要求的)。可具有多于一种的脱离器功能,例如过电流保护功能和热保护功能。这些功能可以组合在一个装置中或由几个装置来完成。

(29)外壳防护等级(IP 代码)(degrees of protection of enclosure(IPcode))

外壳提供的防止触及危险的部件、防止外界的固体异物进入和/或防止水的进入壳内的防护程度。

(30)型式试验(type tests)

一种新的 SPD 设计开发完成时所进行的试验,通常用来确定典型性能,并用来证明它符合有关标准。试验完成后一般不需要再重复进行试验,除非当设计改变以致影响其性能时,才需重新做相关项目试验。

(31)常规试验(routine tests)

按要求对每个 SPD 或其部件和材料进行的试验,以保证产品符合设计规范。

(32)验收试验(acceptance tests)

经供需双方协议,对订购的 SPD 或其典型试品所做的试验。

(33)去耦网络(decoupling network)

在 SPD 通电试验时,用来防止电涌能量反馈到电网的装置。

注:有时称“反向滤波器”。

(34)冲击试验的分类

1)Ⅰ类试验(class Ⅰ test)

使用冲击放电电流 I_{imp},峰值等于冲击放电电流 I_{imp} 的峰值的 8/20 冲击电流和 1.2/50 冲击电压 I_{imp} 进行的试验。

2)Ⅱ类试验(class Ⅱ test)

使用标称放电电流 I_n 和 1.2/50 冲击电压进行的试验。

3)Ⅲ类试验(class Ⅲ test)

使用 1.2/50 电压,8/20 电流的复合波发生器进行的试验。

(35)剩余电流装置(residual current device RCD)

在规定的条件下,当剩余电流或不平衡电流达到给定值时能使触头断开的机械开关电器或组合电器。

(36)电压开关型 SPD 的放电电压(spark over voltage of a voltage switching SPD),电压开关型 SPD 的启动电压(trigger voltage of a voltage switching SPD)

在 SPD 的间隙电极之间,发生击穿放电前的最大电压值。

(37)Ⅰ类试验的比能量 W/R(W/R specific energy for class I test)

冲击电流 I_{imp} 流过 1 Ω 单位电阻时消耗的能量。

注:其等于电流平方对时间的积分($W/R=\int i^2 dt$)。

(38)供电电源的预期短路电流 I_p(prospective short-circuit current of a power supply)

在电路中的给定位置,如果用一个阻抗可忽略的连接短路时可能流过的电流。

注:这个预期的对称的电流用有效值(rms)表示。

(39)额定断开续流值 I_{fi}(follow current interrupting rating)

SPD 能不依靠脱离器动作而断开的预期短路电流。

(40)残流 I_{PE}(residual current)

SPD 按制造商的说明连接,施加参考电压电压(U_{REF})时,流过 PE 接线端子的电流。

(41)状态指示器(status indicator)

指示 SPD 或者 SPD 的一部分的工作状态的装置。

注:这些指示器可以是本体的可视和/或音响报警,和/或具有遥控信号装置和/或输出触头能力。

(42)输出触头(output contact)

包含在与主电路分开的电路里并与 SPD 脱离器或状态指示器连接的触头。

(43)多极 SPD(multipole SPD)

多于一种保护模式的 SPD,或者电气上相互连接的作为一个单元供货的 SPD 组件。

(44)总放电电流 I_{Total}(total discharge current)

在总放电电流试验中,流过多极 SPD 的 PE 或 PEN 导线的电流。

注 1:这个试验的目的是用来检查多极 SPD 的多种保护模式同时作用时发生的累积效应。

注 2:I_{Total} 与根据《雷电灾害风险评估标准》用作雷电保护等电位连接的 I 类试验 SPD 特别有关。

(45)参考试验电压 U_{REF}(reference test voltage)

用于 SPD 测试的电压有效值。它取决于 SPD 的保护模式,系统标称电压,系统结构和系统内的电压调整。

(46)短路型 SPD 的额定转换电涌电流 I_{trans}(transition surge current rating for-short-circuiting typy SPD)

导致短路型 SPD 进入短路状态的 8/20 冲击电流,该电流值大于标称放电电流。

(47)间隙确定电压 U_{max}(voltage for clearance determination)

根据确定限制电压得到的施加冲击时最大测量电压,用于确定电气间隙。

(48)最大放电电流 I_{max}(maximum discharge current)

具有 8/20 波形和制造商声称幅值的流过 SPD 电流的峰值。I_{max} 等于或大于 I_n。

2. 缩写(表 6.1)

表 6.1 缩写列表

缩写	含义
一般缩写	
ABD	雪崩击穿器件
CWG	组合波发生器
RCD	剩余电流装置
DUT	待测试品
IP	外壳防护等级
TOV	暂时过电压
SPD	电涌保护器
k	过载性能的触发电流系数
Z_f	(组合波发生器的)虚拟阻抗
W/R	I 类试验的比能量
[T1],[T2],and/or [T3]	I,II 和/或 III 类试验产品记号
tT	试验时 TOV 施加的时间

续表

缩写	含义
电压相关符号	
U_C	最大持续工作电压
U_{REF}	参考试验电压
U_{oc}	组合波发生器的开路电压
U_p	电压保护水平
U_{res}	残压
U_{max}	确定间距的电压
U_T	暂时过电压值
I_{imp}	冲击电流
I_{max}	Ⅱ类试验的最大放电电流
I_n	标称放电电流
I_f	续流
I_{fi}	额定断开续流值
I_L	额定负载电流
I_{CW}	组合波发生器的短路电流
I_{SCCR}	额定电路电流
I_p	供电电源的预期短路电流
I_{PE}	残流
I_{Total}	多极 SPD 的总放电电流
I_{trans}	短路型 SPD 的额定转换电涌电流

6.1.2　低压系统电涌保护器的使用条件及分类

1. 使用条件

(1)频率

电源的交流频率在 47 Hz 和 63 Hz 之间。

(2)电压

持续施加在 SPD 的接线端子间的电压不应超过其最大持续工作的电压 U_C。

(3)气压和海拔

气压在 80 kPa 到 106 kPa。对应的海拔为+2000 m～500 m。

(4)温度

正常范围:−5 ℃～+40 ℃

注:这个范围对应于在没有温度和湿度控制的不受气候影响的场所使用的户内型 SPD。对应于 IEC60364-5-51 中的外界影响代码 AB4 的特点。

扩展范围:−40 ℃～+70 ℃

注:这个范围对应于在受气候影响的场所使用的户外型 SPD。

(5)湿度

正常范围:5%～95%

注:这个范围对应于在没有温度和湿度控制的不受气候影响的场所使用的户内型 SPD,对应于 IEC60364−5−51 中的外界影响代码 AB4 的特点。

扩展范围:5%～100%

注:这个范围对应于在受气候影响的场所使用的户外型 SPD。

2. 分类

制造商应按照下列参数对 SPD 分类。

(1)端口数

1)一端口

2)二端口

(2)SPD 的设计类型

1)电压开关型

2)电压限制型

3)复合型

(3)SPD 的Ⅰ、Ⅱ和Ⅲ类试验

Ⅰ、Ⅱ和Ⅲ类试验要求的试验项目见表 6.2。

表 6.2 Ⅰ、Ⅱ和Ⅲ类试验

试验	试验项目
Ⅰ类	I_{imp}
Ⅱ类	I_n
Ⅲ类	U_{oc}

(4)使用地点

1)户内

SPD 将被用于外壳内或者在建筑或者防护罩内。

2)户外

安装在户外的外壳内或者防护罩内的 SPD 可认为是户内型 SPD。

(5)易触及性

1)易触及

SPD 可被非技术人员全部或者部分接触到，一旦安装后，无须使用工具可打开覆盖层或者外壳。

2)不易触及

SPD 不可被非技术人员触摸到，或者是因为被安装到触摸距离之外(如安装在架空线上)，或者是被置于安装后只能用工具打开的外壳内。

(6)安装方式

1)固定

2)移动

(7)SPD 的脱离器(包括过电流保护)

1)脱离器的位置包括内部、外部和二者都有(一部分内部和一部分外部)。

2)保护功能包括热保护、泄漏电流和保护过电流保护。

(8)IP 代码的外壳防护等级根据《外壳防护等级(IP 代码)》。

(9)温度和湿度范围

1)正常

2)极限

(10)电源系统

1)频率在 47～63 Hz 之间交流。

2)频率在 47～63 Hz 之外交流。

这可能需要一个额外的和/或修改的试验程序。

(11)多极 SPD

(12)SPD 的失效模式

1)开路(标准型 SPD)

2)短路(短路型 SPD)

3. SPD 优选值

注:优选值是指实践中经常使用的值。根据实际情况可选择更低或者更高的值。

(1) Ⅰ类试验的冲击电流 I_{imp} 优选值

峰值 I:1.0、2、5、10;12.5;20 和 25 kA

电荷量 Q:0.5、1、2.5、5 和 10 As

比能量 W/R:0.25;1.0;6.25;25;39;100 和 156 kJ/Ω

(2) Ⅱ类试验的标称放电电流 I_n 优选值

0.05、0.1、0.25、0.5、1.0、1.5、2.0、2.5、3.0、5.0、10、15 和 20 kA。

(3)Ⅲ类试验的开路电压 U_{oc} 优选值

0.1、0.2、0.5、1、2、3、4、5、6、10 和 20 kV。

(4)电压保护水平 U_p 优选值

0.08、0.09、0.10、0.12、0.15、0.22、0.33、0.4、0.5、0.6、0.7、0.8、0.9、1.0、1.2、1.5、1.8、2.0、2.5、3.0、4.0、5.0、6.0、8.0 和 10 kV。

(5)交流有效值的最大持续工作电压 U_C 的优选值

45、52、63、75、95、110、130、150、175、220、230、240、255、260、275、280、320、335、350、385、400、420、440、460、510、530、600、635、690、800、900、1000、1500、1800 和 2000 V。

6.2 低压系统电涌保护器原理的测试要求

6.2.1 技术要求

1. 标识

制造商至少应提供下列信息。

强制要求位于 SPD 的本体上，或持久地标贴在 SPD 本体上标识：

1)制造商名或商标和型号。

2)最大持续工作电压(每种保护模式有一个电压值)。

3)电流类型：交流频率或直流，或二者都行。

4)制造商声明的每种保护模式的试验类别和放电参数，并相互靠近打印这些参数：

Ⅰ类试验：

"Ⅰ类试验"和"I_{imp}"及以 kA 为单位数值，

和/或者"T1"(在方框内的 T1)和"I_{imp}"及以 kA 为单位数值。

Ⅱ类试验：

"Ⅱ类试验"和"I_n"及以 kA 为单位数值，

和/或者"T2"(在方框内 T2)和"I_n"及以 kA 为单位数值。

Ⅲ类试验：

"Ⅲ类试验"和"U_{oc}"及以 kV 为单位数值，

和/或者"T3"(在方框内 T3)和"U_{oc}"及以 kV 为单位数值。

5)电压保护水平 U_P(每种保护模式有一个电压值)。

6)外壳防护等级(当 IP>20 时)。

7)接线端的标志(如果需要)。

8)双端口或输入输出分开的单端口 SPD 的额定负载电流 IL。

如果受空间限制不能标注以上所有标志，制造商名称或商标和型号应标在电器上，其他标志可标在安装指导书上。

一个 SPD 可被分类成多于一个试验类别(例如试验类别Ⅰ和试验类别Ⅱ)。在这种情况下,对所有试验类别的试验要求必须实施。如果此时制造商只声明一个电压保护水平,标识中应出现最高的电压保护水平。

需随 SPD 提供的信息:

1)安装位置类别。

2)端口数量。

3)安装方法。

4)额定短路电流 I_{SCCR}。

5)外部脱离器的额定值和特性,如果有要求。

6)脱离器动作指示(如果有的话)。

7)正常使用的位置(如果重要时)。

8)安装说明

—低压系统的类型(TN 系统,TT 系统和 IT 系统)。

—预期的连接方式(L-N,L-PE,N-PE,L-L)。

—SPD 设计用于的标称交流系统电压和最大允许的电压波动,机械尺寸和导线长度等。

9)温度和湿度范围。

10)额定断开续流值 I_{fi}(除电压限制型 SPD 外)。

11)残流 IPE(可选的)。

12)短路型 SPD 的额定转换电涌电流 I_{trans}。

13)从任何可安装 SPD 的接地导电表面的最小距离。

14)I_{max}(可选)。

在产品样本上应出现的信息:

1)暂时过电压 UT 和相应连接细节中的 SPD 设计用于的电力系统类型。

2)多极 SPDs 的总放电电流 I_{total}(如果制造商声明)和相应的试验等级。

3)双端口 SPD 的电压降。

4)双端口 SPD 的负载侧电涌耐受能力(如果制造商声明)。

5)可更换部件的信息(指示器,熔断器等,如适用)。

6)电压提升率 du/dt(如制造商声明)。

7)电流系数 k。

8)保护模式(对于多于一个保护模式的 SPD)。

工厂就型式试验应提供的信息:

1)是否有开关元器件。

2)预处理试验中预期的续流(≤500 A 或>500 A)。

3)如果状态指示器未使用认证过的在额定水平内工作的器件,制造商须给特定的元器件提供合适的试验标准进行试验。

4)分开隔离电路的隔离和介电强度。

5)根据模拟 SPD 失效模式的附加试验进行处理试验的预期短路电流。

通过直观检查来验证一致性。

2. 标志

标志应不易磨灭且易识别的,不应标在螺钉和可拆卸的垫圈上。

注:插入式 SPD 模块不认为是可移动 SPD。

通过标志的耐久性试验来检验其是否符合要求。

3. 电气性能要求

(1)防直接接触

当易触及的 SPD 的最大持续工作电压 Uc 高于交流有效值 50 V 时,这些要求是有效的。

为防直接接触(导电部件的不易接触),SPD 应设计成按正常使用条件安装后其带电部件是不易触及的。

除了 SPD 分类为不易触及的以外,SPD 应设计成按正常使用安装和接线后,带电部件应不易触及,即使把不用工具可拆卸的部件拆卸后也应符合要求。

接地端子和所有与其相连的易接触的部件之间的连接应是低阻抗的。

根据《外壳防护等级标准》试验来检验其是否符合要求。

(2)残流 I_{PE}

对所有带有 PE 端子的 SPD,应按制造商的说明连接,在 SPD 的最大持续工作电压(Uc)下及不带负载的条件下测量 I_{PE}。测得的残流应小于或等于制造商的声明值。

通过测量流过 PE 端子的残流试验来检验其是否符合要求。

本试验不适用于仅连接至 N-PE 的 SPD。

(3)电压保护水平 U_p

SPD 的限制电压不应超过由制造商规定的电压保护水平。

通过 6.3.3 节的试验来检验其是否符合要求。

(4)动作负载试验

在施加最大持续工作电压 U_c 时,SPD 应能承受规定的放电电流而使其特性没有不可接受的变化。此外,电压开关型 SPD 或组合型 SPD 应能切断高达额定短路电流 I_{SCCR} 的任何续流。

通过动作负载试验检验其是否符合要求。

(5)脱离器和状态指示器

1)脱离器

SPD 应带 SPD 脱离器(可以是内部或者外部的,或两者都有),除了在 TT 和/或

TN 系统中的只连接 N-PE 的 SPD。它们的动作应通过对应的状态指示器提供指示。

表 6.3 给出了在不同的型式试验过程中和之后要求的外部脱离器的性能。

表 6.3 给出了在型式试验中包含外部脱离器的信息。在不同的型式试验过程中和之后要求的外部脱离器的性能，出现表 6.4 的合格判别标准 F，G，H 和 J 中，并通过 SPD 的脱离器和 SPD 过载时的安全性能试验来检查。

2)热保护

SPD 应防护由于劣化或过载造成的过热。

该试验不适用于仅包含电压开关元件和/或 ABD 装置的 SPD。

通过热稳定试验检验其是否符合要求。

3)短路电流性能

SPD 应失效而不造成危险或能承受在 SPD 失效过程中可能发生的电源的预期短路电流。

通过短路电流性能试验和模拟 SPD 失效模式的附加试验检验其是否符合要求。

这些试验不适用于声称户外使用和安装在不可触及位置的 SPD，以及仅连接在 TN 或 TT 系统的 N-PE 之间的 SPD。

4)状态指示器

一般要求制造商应给出关于指示器功能以及状态指示变化后所采取措施的信息。

状态指示器可由两部分组成，这两部分由一个耦合机构连接，耦合机构可以是机械的，光学的、音响的和电磁的等。在更换 SPD 时被更换的这一部分，应如上所述试验，在更换 SPD 时不更换的另一部分至少应能增加 50 次操作。

注：耦合机构操作状态指示器不更换部分的动作可用其他方法来模拟，例如，一个分开的电磁铁或弹簧，而不用操作 SPD 的可更换部分零件的方法。

当对所采用的指示型式有合适的标准时，状态指示器的非更换部分应符合这个标准，除了指示器仅需要 50 次操作试验外。

(6)绝缘电阻

针对泄漏电流和防直接接触，SPD 应有足够的绝缘电阻。

通过绝缘电阻试验检验其是否符合要求。

(7)介电强度

针对绝缘击穿和防直接接触，SPD 应有足够的介电强度。

通过介电强度的试验检验其是否符合要求。

(8)暂时过电压下的性能

SPD 应能通过在低压系统故障引起的 TOV 下试验和在高(中)压系统的故障引起的暂时过电压(TOV)下试验，并满足在低压系统故障引起的 TOV 下试验和在高(中)压系统的故障引起的暂时过电压(TOV)下试验判定依据。

注:在低压系统故障引起的TOV下试验和在高(中)压系统的故障引起的暂时过电压(TOV)下试验不考虑电涌同时发生TOV故障的可能性。

SPD应能承受由于高压系统的故障或干扰产生的过电压,或者以不产生危害的方式失效。

制造商在安装指导书中声明的安装在TT系统中RCD上游的N-PE之间的SPD,应通过在高(中)压系统的故障引起的暂时过电压(TOV)下试验中TOV的耐受模式的合格判别标准。

1)低压系统故障或干扰造成的TOV

如果SPD的U_c高于或等于U_T,无须进行本试验。

通过在低压系统故障引起的TOV下试验检验其是否符合要求。

2)中高压系统或故障造成的TOV

如果SPD的U_c高于或等于U_T,无须进行本试验。

通过在高(中)压系统的故障引起的暂时过电压(TOV)下试验检验其是否符合要求。

4. 机械性能要求

(1)安装

SPD应提供适当的安装方式以确保机械稳定性。

应提供机械编码或互锁来防止插入式SPD模块和底座的不正确的组合。

通过直观检查来验证符合性。

(2)螺钉,载流部件和连接

通过检查和试装和螺钉,载流部件和连接的可靠性试验来检验其是否符合要求。

(3)外部连接

外部连接应有可能使用以下的方式之一:

—螺钉接线端子和螺栓连接。

—无螺钉接线端子。

—绝缘刺穿连接。

—快速平接端子。

—飞线。

—其他等的方法。

—标准插头和/或插座。

以下的要求不适用于标准插头和/或插座:

端子应被设计成可连接规定的最大和最小截面积的电缆。

接线端子应这样固定或定位,当紧固螺钉或锁紧螺母拧紧或拧松时,接线端子不应从SPD的固定位置上松脱。需要一件工具来拧松紧固螺钉或锁紧螺母。

1)连接外部导体的接线端子应保证其连接的导体永久保持必须的接触压力。在预期的使用条件下，应能方便地接近接线端子。

2)接线端子中用于紧固导体的部件不应用作固定其他任何元件，尽管它们是用来固定接线端子或阻止其转动。

3)接线端子应具有足够的机械强度。

4)接线端子应设计成使得其紧固导体时不会过度损坏导体。

5)接线端子的设计应使其能可靠地把导体夹紧在金属表面之间。

6)接线端子的设计或布局应使其在拧紧紧固螺钉或螺母时实心硬导线和绞合导线的线丝不能滑出接线端子。

(4)螺钉端子

1)用于紧固导体的螺钉和螺母应具有公制 ISO 的螺纹或节距和机械强度均类似的螺纹。

注：SI、BA 和 UN 螺纹可以暂时使用，因为它们在螺距和机械强度方面与公制的 ISO 螺纹实际上是等效的。

2)接线端子应这样固定或定位，当紧固螺钉或螺母拧紧或拧松时，接线端子不应从 SPD 的固定位置上松脱。

这些要求不是指接线端子应如此设计以至必须阻止其转动或位移，但是对任何移动必须加以充分地限制以防止不符合本部分要求。

要符合下列要求，使用密封化合物或树脂就认为足以防止接线端子松动：

—密封化合物或树脂在正常使用时不遭受压力。

—在本部分规定的最不利的条件下，接线端子达到的温升不影响密封化合物或树脂的效果。

3)用于连接保护导体的接线端子的紧固螺钉或螺母应具有足够的可靠性以防止意外的松动。

4)螺钉不应使用软质和容易移动的金属制造，如锌和铝。

通过螺钉接线端子拉力试验和检查来检验其是否符合要求。

(5)无螺钉端子

接线端子应设计成如下结构：

1)每个导体被单独地紧固。当连接或断开导体时能同时或者分别地连接或断开。

2)能可靠地紧固允许的最大值及以下的任何数量的导体。

通过直观检查和无螺钉接线端子拉力试验来检验其是否符合要求。

(6)绝缘穿刺

通过直观检查和绝缘穿刺连接来检验其是否符合要求。

(7)快速平接端子

通过直观检查和扁平快速连接端子的试验(考虑中)来检验其是否符合要求。

(8)软导线连接(飞线)

通过直观检查和软辫线连接(飞线)的拉力试验来检验其是否符合要求。

(9)标准插头或插座

插头和插座应符合相关国家和国家标准的要求。

(10)电气间隙和爬电距离

SPD应具有足够的电气间隙和爬电距离。

通过验证电气间隙和爬电距离试验检验其是否符合要求。

(11)机械强度

SPD与防直接接触有关的所有部件应有足够的机械强度。

通过撞击试验来检验其是否符合要求。

(12)环境要求

SPD应该在指定的服务环境下能令人满意地使用。

1)外壳防护(IP代码)

SPD应该具备符合制造商声明的IP代码的外壳,用以防止固体和水的入侵。

通过直观检查和防止固体物进入和水的有害进入测试来验证符合性。

2)耐热

SPD应有足够的耐热性。

通过耐热试验和球压试验的试验检验其是否符合要求。

3)阻燃

外壳的绝缘材料应阻燃或自熄。

通过耐非正常热和耐燃试验检验其是否符合要求。

4)耐漏电起痕

通过耐电痕化试验检验可能在不同电极之间产生导电路径的绝缘材料的电痕化指数。

如果爬电距离大于等于验证电气间隙和爬电距离中指出值的2倍,或者绝缘材料是由陶瓷,云母或类似材料制成,则不须进行试验。

(13)电磁兼容

1)电磁抗扰度

不包含电子电路或包含其中所有元件都是无源的(例如二极管、电阻、电容、电感、压敏电阻和其他电涌保护元件)的电子电路的SPD对正常使用下的电磁干扰不敏感,因此无须进行抗扰性试验。对于包含敏感电子电路的SPD,参考IEC61000系列标准。

2)电磁发射

不包含电子电路或包含正常使用中不产生超过9 kHz的基波频率的SPD,电磁干扰只会在保护操作中产生。这些干扰的持续时间在毫妙到微妙的数量级。

这些发射的频率,水平和后果被认为是低压设施的正常电磁环境的一部分。因此,可认为满足电磁发射的要求，无须进行验证。

包含在 9 kHz 或更高频率下动作的开关功能电子电路的 SPD，参考 IEC61000 系列标准。

6.2.2　特殊 SPD 设计的附加要求

(1)二端口和输入/输出分开的一端口的 SPD

1)额定负载电流 I_L

制造商应声明额定负载电流。

通过额定负载电流试验检验其是否符合要求。

2)过载特性

SPD 不应被正常使用中出现的过载损坏或造成性能的改变。

按过载性能试验检查是否符合本要求。

3)负载侧额定短路电流

SPD 应能承受由在负载侧的电源短路产生的电流，直到它被 SPD 自身切断，或被内部或外部脱离器切断。

通过负载侧短路特性试验检验其是否符合要求。

(2)户外型 SPD 的环境试验

户外型 SPD 应能充分抵御紫外线(UV)辐射和侵蚀。

(3)具有分离隔离电路的 SPD

如果 SPD 包含一个电气上和主回路隔离的电路，制造商应提供关于不同电路之间隔离性和介电强度电压的信息，以及制造商声明符合的相关标准。

如果有超过两个电路，应针对每个电阻组合进行声明。

主回路和分开隔离电路之间隔离性和介电强度电压应通过绝缘电阻和介电强度测试。

(4)短路型 SPD

这种 SPD 在根据它们转换电涌等级 I_{trans} 的电涌电流过载作用之后，应能耐受它们声明额定短路电流下的短路电流试验。

通过短路型 SPD 试验检验其是否符合要求。

(5)制造商可能声称的附加要求

1)单端口或双端口 SPD 的总放电电流 I_{Total}(对多极 SPD)

当制造商声明总放电电流时才进行该试验。通过多极 SPD 的总放电电流试验检验其是否符合要求。

2)最大放电电流 I_{max}

如果制造商声明 I_{max} 这个参数，应根据用 8/20 冲击电流测量残压的试验步骤进行试验。

3)振动和冲击

4)电压降(仅对双端口 SPD)

按照确定电压跌落的试验检查由制造商规定电压降。

5)负载侧电涌耐受水平(仅对双端口 SPD)

当制造商规定负载侧电涌耐受能力值时,应按负载侧电涌耐受能力进行试验。

6)电压上升率 du/dt(仅对双端口 SPD)

当制造商规定包含滤波器件的双端口 SPD 的 du/dt 值时,应按电压升高率 du/dt 的测量进行试验。

6.3 低压系统电涌保护器原理的测试方法

6.3.1 型式试验的一般试验程序

型式试验按表 6.3 进行,每个试验系列用三个试品。在任何试验系列中,试验按表 6.3 规定的次序进行,试验系列的次序可改变。对于每种结构/端子类型,必须在三个端子样品上进行端子的测量(一只具有至少三个相同端子的 SPD 可满足端子的要求)。

如果所有相关试验条款和合格判定的要求都满足,这个试品通过表 6.3 的试验次序。

如果所有的试品通过试验系列,那么 SPD 的设计对这个试验系列是合格的。在试验系列中有两个或多个试品没有通过试验,则 SPD 不符合本部分。

如果有一个试品没有通过一项试验,该试验项目及同一试验系列中前面几项可能影响该试验结果的试验项目,应用三个新试品重新进行试验,但是这一次不允许有任何试品试验失败。

如果制造商同意,三个一组试品可以用于多于一个试验系列。

注:对于某些试验,需要特殊处理的样品。

如果 SPD 是某一产品中的一个独立部分,而该产品符合其他的标准,则该标准的要求适用于产品中不属于 SPD 的那些部分。该 SPD 必须符合本文的一般要求,电气要求,环境和材料要求,其他标准的机械方面的要求也适用于 SPD。

除非另有规定,本部分给出的交流值是有效值(r. m. s)。SPD 应按照制造商的安装程序安装和进行电气连接。不应采用外部冷却或加热。

当没有其他规定时,试验应在大气中进行,周围温度应是 20 ℃±15 ℃。

如果没有其他规定,对所有试验中要求的电源电压 U_{REF} 或 U_c,它的试验电压允差为 U_{c-5}%。

当制造商把电缆作为整体供货的 SPD 试验时,完整长度的电缆应作为被试 SPD 的一部分。

如果无其他指定，试验期间不允许对 SPD 进行维护或拆卸。根据表 6.3 要求，应按制造商的要求选择并连接外部 SPD 脱离器。

应该在制造商声明的每一个保护模式上进行所有的试验。但是如果有一些保护模式具有相同的电路，在最脆弱的保护模式上进行一次单次试验即可，每次试验使用新的试品。

对多模式电器(如三相 SPD)内部保护元件电路相同，在每个模式(如三相)上进行试验可满足三个试品的要求。

对有可能根据制造商指引用在缺零系统中的有指定 N 端子的 SPD，需另外在不连接 N 极下进行针对 L-PE 保护模式的试验。

如根据表 6.3 需使用棉纸的情况下：

—对于固定式 SPD：棉纸需固定在除安装面之外，距离试品各个方向 100mm±20mm。

—对于移动式 SPD：棉纸需松散地包裹在 SPD 的所有面，包括底面。

注：薄纸：薄、软和有一定强度的纸，一般用于包裹易碎的物品，其质量在 $12g/mm^2$ 和 $25g/mm^2$ 之间。

如根据表 6.3 要求，一个金属屏栅须固定靠近在 SPD 所有表面，具体细节，包括金属屏栅和 SPD 的距离须记录在测试报告中。金属屏栅须具备以下特性：

1)结构

—编织金属丝网

—穿孔金属或金属板网

2)孔面积/总面积的比例：0.45、0.65。

3)孔尺寸不超过 30 mm^2。

4)面处理：裸露或导电电镀。

5)电阻：金属屏栅最远处点到金属屏栅连接点的电阻比较足够小到不会限制屏栅电路的短路电流。

金属屏栅需通过一个 6 AgL/gG 熔断器连接到 SPD 待测试的一个端子上。每次施加短路后，屏栅的连接应更换到 SPD 的另一个端子(图 6.1)。

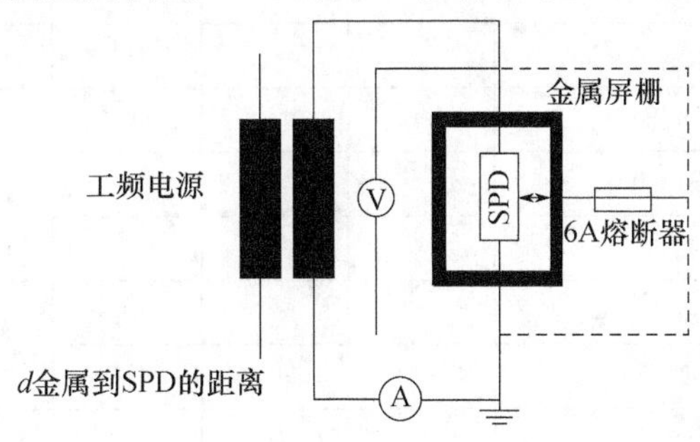

图 6.1　金属屏栅的试验布置

如果制造商对外部的SPD脱离器按供电电源的预期短路电流规定了不同的要求，则应对每个要求的SPD脱离器和相应预期短路电流的组合进行所有相关的试验程序。

在型式试验的整个过程中，指示器显示的状态必须清晰地给出它所连接部件状态的信号。如果有多余一种的状态指示方法，例如本地的和遥信的，每一种指示都要检测。

应该注意，进行冲击试验和测量时，需要良好的试验技术以确保记录正确的试验值。

在根据本标准内试验条件进行测试时，SPD不能产生任何危害。

表 6.3　适用于SPD的型式试验要求

试验系列	试验项目	连接外部脱离器	使用薄纸	使用金属屏栅	试验类别Ⅰ	试验类别Ⅱ	试验类别Ⅱ
1	标识和标志	—	—	—	A	A	A
	安装	—	—	—	A	A	A
	接线端子和连接	—	—	—	A	A	A
	防直接接触试验	—	—	—	A	A	A
	环境，IP代码	—	—	—	A	A	A
	残流	—	—	—	A	A	A
	动作负载试验						
	Ⅰ，Ⅱ，Ⅲ类动作负载试验	A	—	—	A	A	A
	Ⅰ类试验的附加动作负载试验	A	—	—	A	—	—
	热稳定性试验 c	A	—	—	A	A	A
	电气间隙和爬电距离	—	—	—	A	A	A
	球压试验	—	—	—	A	A	A
	耐非正常热和火	—	—	—	A	A	A
	耐电痕化	—	—	—	A	A	A
2	电压保护水平						
	残压	—	—	—	A	A	—
	波前放电电压	—	—	—	A	A	
	用复合波测限制电压	—	—	—	—	—	A
3	绝缘电阻	—	—	—	A	A	A
	介电强度	—	—	—	A	A	A
3[a]	机械强度	—	—	—	A	A	A
	耐热试验	—	—	—	A	A	A

续表

试验系列	试验项目	连接外部脱离器	使用薄纸	使用金属屏栅	试验类别Ⅰ	试验类别Ⅱ	试验类别Ⅲ
4[c]	耐热试验	—	—	—	A	A	A
	TOV 试验						
	低压侧故障引起的 TOV	A	A	—	A	A	A
	高中压侧故障引起的 TOV	A	A	—	A	A	A
5[c]	短路电流特性试验	A	—	A	A	A	A
二端口和输入/输出端子分开的一端口的附加试验							
3[c]	额定负载电流	A	—	—	A	A	A
	过载特性	—	—	—	A	A	A
2[b]	负载侧短路电流特性	A	—	A	A	A	A
制造商声明的附加试验							
3[b]	电压降	—	—	—	A	A	A
2[a]	负载侧冲击耐受	A	—	—	A	A	A
6	多极 SPD 的总放电电流试验	—	—	—	A	A	—
户外型 SPD 的环境试验							
7	对定义成“户外型”SPD	—	—	—	A	A	—
分离独立电路 SPD 的附加试验							
3[a]	分离电路的隔离性	—	—	—	A	A	A
短路型 SPD 的附加试验							
8	特性转换过程(预处理试验)	—	—	—	—	A	—
	冲击耐受试验(在短路状态下)	—	—	—	—	A	—
	短路电流性能试验(在短路状态下)	A	—	A	—	A	—

A＝适用

—＝不使用

a 连接外部脱离器意思是在型式试验过程中，制造商声明的外部脱离器应和 SPD 一起测试，除了在动作负载试验中，RCD 不进行测试。

b 对于这些试验，根据表 6.4 进行初始泄漏电流测量。

c 对于这个试验序列，可能会用到多于一组的样品。

d 对于整个动作负载试验(包括附加负载试验，如果适用时)，可能用到 1 组独立的样品。

表 6.4 型式试验的通用合格判别标准

A	必须达到热稳定。在施加 U_c 电压的最后 15 min,如果电流 I_c 的阻性分量峰值或功耗呈现出下降的趋势或没有升高,则认为 SPD 是热稳定的。如果试验本身是加电 U_c 进行的,则不间断的继续保持加电 15 min,或在 30 s 内重新加电
B	电压和电流波形图及目测检查试品应没有击穿或闪络的迹象
C	试验过程中不应发生可见的损害。试验后,检查发现的细小的凹痕或裂缝如不影响防直接接触,则可以忽略,除非 SPD 的防护等级(IP 代码)被破坏。试验后,试品上不应有燃烧的痕迹
D	试验后所测量的电压值应小于或等于 UP。应使用 8/20 冲击电流测量残压的试验来确定限制电压。但用 8/20 冲击电流测量残压的试验,对试验类别Ⅰ只采用峰值为 I_{imp} 的 8/20 冲击电流,对试验类别Ⅱ采用峰值为 In 的 8/20 冲击电流。对试验类别Ⅲ,则根据复合波测量限制电压的试验采用 U_{oc} 进行试验
E	试验后,不应有过量的泄漏电流 试品根据制造商指示按正常使用连接到参考试验电压 U_{ref} 的电源,测量流过每个端子的电流。电流的阻性分量(在正弦波峰处测量)不应超过 1 mA,或者电流不应超过在相关试验初始时测量结果 20% 任何可重置或装配的脱离器应手动分断(如适用),应施加 2 倍 U_c 或 1000 V 交流电压(二者间高的)来检查绝缘强度。试验过程中,无绝缘的闪络,击穿,包括内部的(击穿)或外部的(痕迹)或发生其他破坏性放电的迹象 此外,对于仅连接 N-PE 的 SPD 模式,应测量流过 PE 端子的电流,此时将 SPD 的端子连接到最大持续工作电压 U_c 的电源。电流的阻性分量(在正弦波峰值处测量)不应超过 1 mA,或者电流不应超过在相关试验初始时测量结果 20% 正常使用中如果有超过一个的接线方式,应检查每一个可能的接线方式
F	试验时,制造商规定的外部脱离器不应动作;试验后,脱离器应处在正常工作状态 本条款中,正常工作状态是指脱离器未发生损坏,可继续操作。操作性可通过手动进行检查(在可能的地方),或在制造商和实验室协议下通过简单的电气试验来检查
G	试验时,制造商规定的内部脱离器不应动作;试验后,脱离器应处在正常工作状态 本条款中,正常工作状态是指脱离器未发生损坏,可继续操作。操作性可通过手动进行检查(在可能的地方),或在制造商和实验室协议下通过简单的电气试验来检查
H	脱离必须通过一个或多个内部和/或外部脱离器来实现,必须检查它们是否给出正确的状态指示
I	对防护等级大于或等于 IP20 的 SPD,使用标准试指施加一个 5 N 的力(见 IEC60529)不应触及带电部件,除了 SPD 按正常使用安装后在试验前已可触及的带电部分外
J	如果试验过程中发生脱离(内部或外部),对应保护元件的有效脱离应该有清晰的指示 如果发生内部脱离,试品按正常使用连接到额定频率的最大持续工作电压 U_c 保持 1 min。试验电源应有大于等于 200 mA 的短路电流容量,流过相关保护元件的电流不应超过 1 mA 流过与相关保护元件并联的元件或其他电路(如指示器电路)的电流可忽略,只要它们不会造成电流流过相关保护元件。此外,如果有的话,流过 PE 端子的电流,包括并联电路和其他电路(如指示器电路),不应超过 1 mA 正常使用中如果有超过一个的连接布置,应检查每一个可能的连接布置

续表

K	电源流出的短路电流，如果有的话，应该在 5 s 内通过一个或多个内部和/或外部脱离器切断
L	薄纸不应燃烧
M	不应有对人员或设备产生的爆炸或其他危险
N	不应有对屏栅的闪络，试验过程中连接屏栅的 6 A 熔断器不应动作
O	试验结束后，试品应冷却室温后，并连接到电压为 U_c 的电源 2 h 加电过程中应监测残流，残流不应超过试验开始时测量值的 10%

1. 用于Ⅰ类附加动作负载试验的冲击放电电流

流过待测电器(SPD)的冲击放电电流通过由其峰值 I_{imp}，电荷量 Q 和比能量 W/R 参数来确定。冲击电流不应表现出极性反向并应在 50μs 内达到峰值 I_{imp}，电荷量 Q 转移应在 5 ms 内发生，比能量 W/R 应在 5 ms 内释放。

冲击持续时间不应超过 5 ms。

表 6.5 给出了一定的 I_{imp}(kA)值相对应的 Q(As)值和 W/R(kJ/Ω)值。

I_{imp}(A)、Q(As)和 W/R(J/Ω)的关系如下：

$$Q=I_{imp}\times a \text{ 其中 } a=5\times 10^{-4}\text{s} \tag{6.1}$$

$$W/R=I_{imp}^2\times b \text{ 其中 } b=2.5\times 10^{-4}\text{s} \tag{6.2}$$

表 6.5　Ⅰ类试验参数

I_{peak}在 50 μs 内 kA	Q 在 5 ms 内释放量(C)	W/R 在 5 ms 内 kJ/Ω
25	12.5	156
20	10	100
12.5	6.25	39
10	5	25
5	2.5	6.25
2	1	1
1	0.5	0.25

电流峰值 I_{peak} 和电荷量 Q 的允差是：

—I_{peak} −10%/+10%

—Q−10%/+20%

—W/R−10%/+45%

2. 用于Ⅰ类和Ⅱ类残压与动作负载的冲击电流

标准电流波形是 8/20。流过试品的电流波形的允许误差如下：

—峰值±10%

—波前时间±10%

—半峰值时间±10%

允许冲击波上有小过冲或振荡，但其幅值应不大于峰值的5%。在电流下降到零后的任何极性反向的电流值应不大于峰值的30%。

对于二端口电器，反向电流的幅值应小于5%，使它不至于影响限制电压。

3. 用于Ⅰ类和Ⅱ类放电试验的冲击电压

标准电压波形是1.2/50。在待测试品(DUT)连接处的开路电压波形的允许误差如下：

—峰值±5%

—波前时间±30%

—半峰值时间±20%

在冲击电压的峰值处可以发生振荡或过冲。如果振荡的频率大于500 kHz或过冲的持续时间小于1μs，应画出平均曲线，从测量的要求来讲，平均曲线的最大幅值确定了试验电压的峰值。

在冲击电压峰值的0%到80%的上升部分上的振幅不允许超过峰值的3%。

测量设备整个带宽至少应为25 MHz，并且过冲应小于3%。

试验发生器的短路电流应小于20%的标称放电电流 I_n。

4. 用于Ⅲ类试验的复合波

复合波发生器的标准冲击波的特征用开路条件下的输出电压和短路条件下的输出电流来表示。开路电压的波前时间为1.2 μs，至半峰值时间为50 μs。短路电流的波前时间为8 μs，至半峰值时间为20 μs。

在发生器没有反向滤波器时测量下列值。

(1)在待测试品(DUT)连接处的开路电压 U_{oc} 的允许误差如下：

—峰值±5%

—波前时间±30%

—半峰值时间±20%

这些误差差只针对发生器本身，不连接任何SPD或者电源线路。

在冲击电压的峰值处可以发生振荡或过冲。如果振荡的频率大于500 kHz或过冲的持续时间小于1 μs，应画出平均曲线，从测量的要求来讲，平均曲线的最大幅值确定了试验电压的峰值。

在冲击电压峰值的0%到80%的上升部分上的振幅不允许超过峰值的3%。

测量设备整个带宽至少应为25 MHz，并且过冲应小于3%。

(2)在待测试品(DUT)连接处的短路电流的允许误差如下：

—峰值±10%

—波前时间±10%

—半峰值时间±10%

无论连接或者不连接电源线路，这些发生器的允差都需要满足。是否连接电源线路取决于试验是否需要加电或不加电。

只要波峰处单个波峰的幅值小于峰值的 5%，电流过冲或振荡是允许的。在电流下降到零后的任何极性反向的电流应小于峰值的 30%。

(3)试验设置：

发生器的虚拟阻抗标称值为 2 Ω，虚拟阻抗定义为开路电压 U_{oc}的峰值和短路电流 I_{sc}的峰值之比。

以上的波形和允差要求只用于在制造商声明的 U_{oc}上的试验，这可能要求发生器进行一些调整。

发生器的耦合元件倾向于使用最大持续工作电压 U_c尽可能接近被测元件的压敏电阻元件，从而确保不同测试实验室间结果的可比性。

注：由于发生器耦合元件的非线性而影响在 U_{oc}的不同设置下整个发生器的阻抗，这避免了在试验设置上过多的努力。

开路电压的峰值和短路电流的峰值的最大值分别为 20 kV 和 10 kA。在这些值(20 kV/10 kA)以上，应进行Ⅱ类试验。

加电试验中是否使用去耦网络取决于 SPD 的内部设计：

—如果 SPD 不包含感性元件，不需要去耦网络。

—如果 SPD 包括感性元件，但不包含任何电压开关元件，倾心于不使用去耦网络，或使用备选试验流程来进行限制电压试验。

—如果 SPD 包括感性元件和电压开关元件，不应使用去耦网络。

耦合元件和去耦网络只在加电试验中需要用到。

去耦网络的例子见图 6.2 或图 6.3。

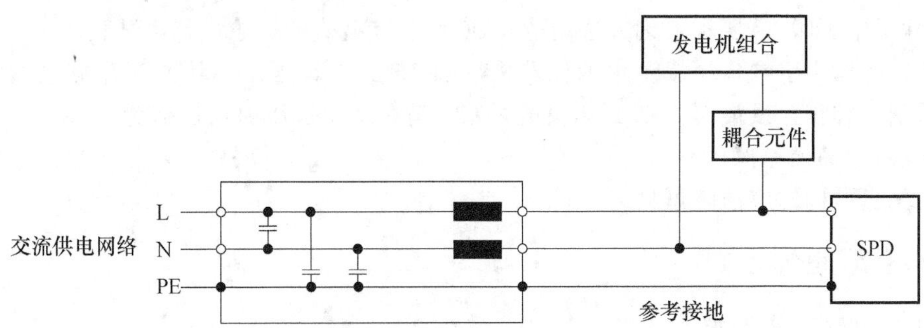

图 6.2　用于单相电源去耦网络的示例

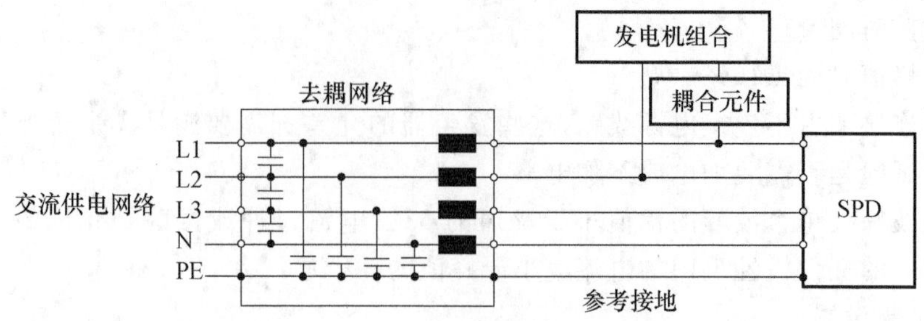

图 6.3　用于三相电源去耦网络的示例

5. 无须去耦网络进行限制电压试验的备选试验电路

带有电抗元件的二端口 SPD 会与反向滤波器的电抗元件产生相互作用，这可能产生限制电压偏低的假象。在这种情况下的试验应采用图 6.4 所示的替代试验方法。

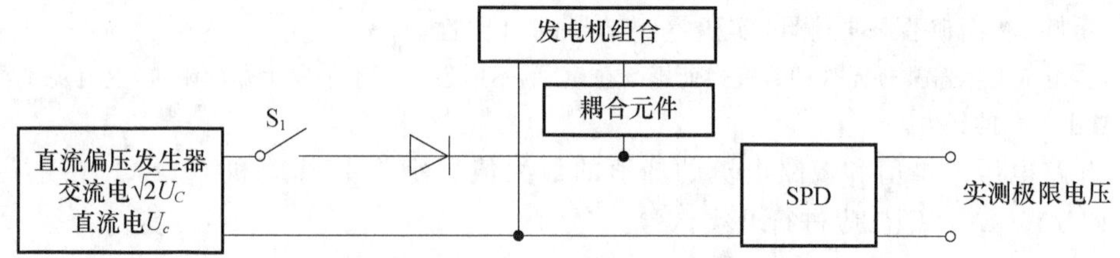

图 6.4　测量限制电压的替代试验

1)对于交流 SPD，通过一个二极管对其施加$\sqrt{2}U_C$ 的直流电压。按图 6.4 通过一个二极管、气体放电管或压敏电阻施加冲击。

2)在 S_1 闭合至少 100 ms 后，才能施加冲击。施加冲击后，在 10 ms 内切断直流电压。

3)把 SPD 与发生器的连接反向，进行相反极性的试验。

6. 标志的耐久性试验

除了用压印、模压和雕刻方法制造外，应对所有型式的标志进行本试验。

试验时，用手拿一块浸湿水的棉花来回擦 15 s，接着再用一块浸湿脂族己烷溶剂(芳香剂的容积含量最多为 0.1%，贝壳松脂丁醇值为 29，初沸点近似为 65 ℃，比重为 0.68 g/m^3)的棉花擦 15 s。

试验后，标志应清晰可见。

6.3.2　电气试验

1. 防直接接触试验

(1)绝缘部件

试品按正常使用条件安装，连接最小截面积的导体进行试验，然后用最大截面积的导体重复试验。

对于插入式 SPD(不使用工具就可更换),当插头部分地插入或全部插入插座时,试指放在每个可能接触到的位置。

使用一个电压不低于 40 V 和不高于 50 V 的电气指示器来显示与有关部件接触。指示器的一侧连接在样品的所有连在一起的带电端子,另一侧连接到试验试指来检查是否触摸到带电部件。

(2)金属部件

当 SPD 按正常使用条件接线和安装后,易触及的金属零件必须通过一个低阻抗的连接件与地相连,除了用于固定基座和盖或插座盖板并与带电部件绝缘的小螺钉和类似零件。

依次在接地端子和每个易触及的金属部件之间通以 1.5 倍额定负载电流或 25 A,两者选较大值(交流电源的空载电压不超过 12 V)。

测量接地端子和易触及的金属部件之间的电压降,并根据电流和电压降计算电阻。电阻不应超过 0.05 Ω。

注:应注意试验时,在测量电极的顶部与金属零件之间的接触电阻不会影响试验结果。

2. 残留 IPE

SPD 所有保护模式应按制造商的说明正常连接,供电系统的线到地的电压应调整至参考电压 U_{REF}。

测量流过 PE 端子的残流。

注 1:如果制造商允许 SPD 安装有几种配置,本试验应对每种配置进行。

注 2:应测量真有效值电流。

注 3:如果 SPD 包括一个专门的只连接到 PEN 导线上的端子,这该端子不认为是 PE 端子。

合格判别标准

测量得到的残留不应超过制造商根据残流 IPE 声称的值。

3. 确定限制电压

按表 6.6 和流程图 6.5,对不同类型的 SPD 进行试验,确定其限制电压。

表 6.6　确定测量限制电压需进行的试验

	Ⅰ类	Ⅱ类	Ⅲ类
用 8/20 冲击电流测量残压的试验	×	×	
测量波前放电电压的试验	× *	× *	
用复合波测量限制电压的试验			×

* 仅对电压开关型和复合型 SPD 进行试验。

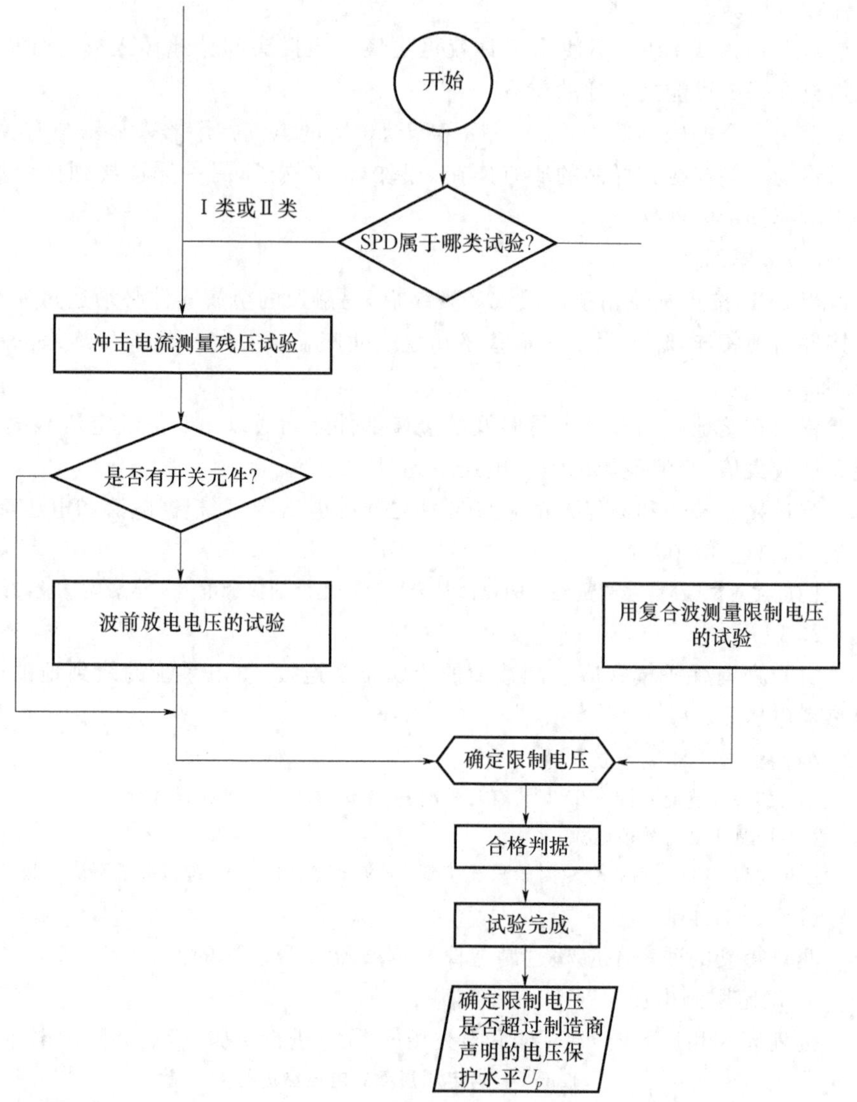

图 6.5　确定电压保护水平 Up 的试验流程图

试验时，采用下列特定试验条件：

—所有一端口的 SPD 应不通电试验。

—所有二端口的 SPD 必须根据用 8/20 冲击电流测量残压的试验步骤和用复合波测量限制电压的试验程序进行通电试验，其电源电压在 U_c 时的标称电流至少 5 A。在电压正弦波得(90±5)。施加正极性脉冲，在(270±5)。施加负极性脉冲。

—对于具有端子的一端口 SPD，进行试验时不带外接脱离器，在端子上测量限制电压。对于具有连接导线的一端口 SPD，用 150 mm 长度的外接导线测量限制电压。对于二端口的 SPD 和具有负载接线端子分开的一端口的 SPD，在 SPD 的负载端口或负载接线端子测量限制电压，在输入端口或端子测量 U_{max}。

—限制电压和 U_{max} 是根据表 6.6 和图 6.5 和相应 SPD 试验类别的试验获得。

(1)用 8/20 冲击电流测量残压的试验步骤

1)当测试Ⅰ类 SPD 时，应依次施加峰值约为 $0.1I_{imp}$；$0.2I_{imp}$；$0.5I_{imp}$；$1.0I_{imp}$ 的 8/20 冲击电流。

当测试Ⅱ类 SPD 时，应依次施加峰值约为 $0.1I_n$；$0.2I_n$；$0.5I_n$；$1.0I_n$ 的 8/20 冲击电流。

如果 SPD 仅包含电压限制元件，对Ⅰ类 SPD 仅在 I_{imp} 峰值进行本试验，对Ⅱ类 SPD 仅在 I_n 峰值进行本试验。

对 SPD 施加一个正极性和一个负极性序列。

2)如果制造商有声明 I_{max}，应施加一次额外的峰值为 I_{max} 的 8/20 冲击电流，电流极性为前面 1)试验中残压较大的极性。

3)每次冲击的间隔时间应足以使试品冷却到环境温度。

4)每次冲击应记录电流和电压波形图。把冲击电流和电压的峰值(绝对值)绘成放电电流与残压的关系曲线图，应画出最吻合数据点的曲线。曲线上应有足够的点，以确保直至 I_n 或 I_{imp} 的曲线没有明显的偏差。

—决定限制电压的残压由下列电流范围内相应曲线的最高电压值来确定：

—Ⅰ类：直到 I_{imp}；

—Ⅱ类：直到 I_n。

注：残压是在电流流过期间测量的最大峰值电压。任何由于发生器的特殊设计，例如 crowbar 发生器，在电流流动之前或期间产生的高频干扰或毛刺都不予考虑。

5)确定 U_{max} 的值是直到电涌电流 I_n，I_{max} 或 I_{imp} 的最大残压，取决于 SPD 的试验等级。

(2)测量波前放电电压的试验步骤

使用 1.2/50 冲击电压，发生器开路输出电压设定为 6 kV。

1)对 SPD 施加 10 次冲击，正负极性各 5 次。

2)每次冲击的间隔时间应足以使试品冷却到环境温度。

3)如果对波前施加的 10 次冲击中的任一次没有观察到放电，然后把发生器的开路输出电压设定为 10 kV，重复上述 1)和 2)的试验。

4)用示波器记录 SPD 上的电压。

5)测得的限制电压是整个试验程序中的最大放电电压。

(3)用复合波测量限制电压的试验程序

使用复合波进行本试验。

1)每次冲击的间隔时间应足以使试品冷却到环境温度。

2)设定复合波发生器的电压,使输出的开路电压为制造商对 SPD 规定 U_{oc} 的 0.1;0.2;0.5 和 1.0 倍。如果 SPD 仅包括电压限制元件,仅需要在 U_{oc} 下进行本试验。

3)用上述这些发生器的整定值,每种幅值对 SPD 施加 4 次冲击,正负极性各 2 次。

4)每次冲击时,应用示波器记录从发生器流入 SPD 的电流和在 SPD 输出端口的电压。

5)测得的限制电压和 U_{max} 是在整个试验程序中记录的最大放电电压。

注:这可能是放电电压或残压,取决于 SPD 的设计。

(4)所有测量限制电压试验的合格判别标准

必须符合表 6.4 中的合格判别标准 B,C,I 和 M。

4. 动作负载试验

见动作负载试验的流程图(图 6.6)。

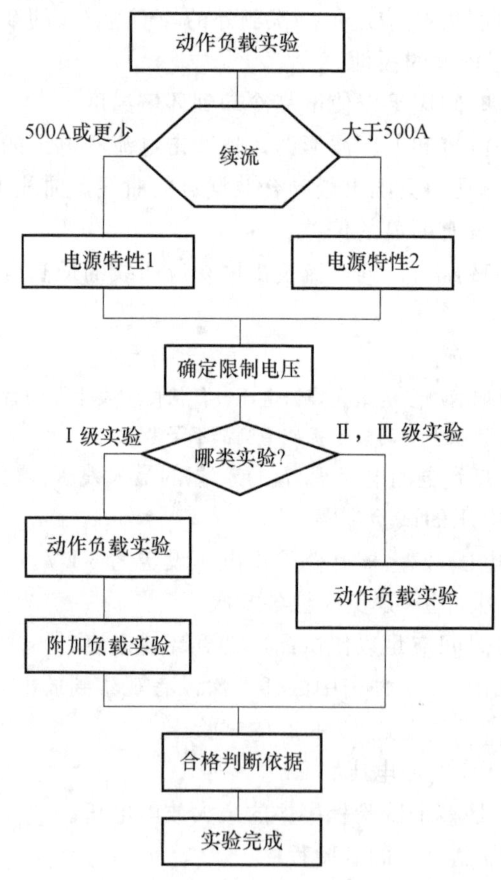

图 6.6　动作负载试验的流程图

(1)一般要求

本试验是通过对SPD施加规定次数和规定波形的冲击来模拟其工作条件,试验时用交流电源对SPD施加最大持续工作电压U_c。

试验设置必须根据图6.7中的电路图。

应用试验确定限制电压。

为避免试品的过载,试验必须:

—根据用8/20冲击电流测量残压的试验步骤,对于Ⅰ类试验仅在I_{imp}对应的峰值处进行。

—根据用8/20冲击电流测量残压的试验步骤,对于Ⅱ类试验仅在I_n下进行。

—根据用复合波测量限制电压的试验程序,对于Ⅲ类试验仅在U_{oc}下进行。

正负极性冲击各一次。

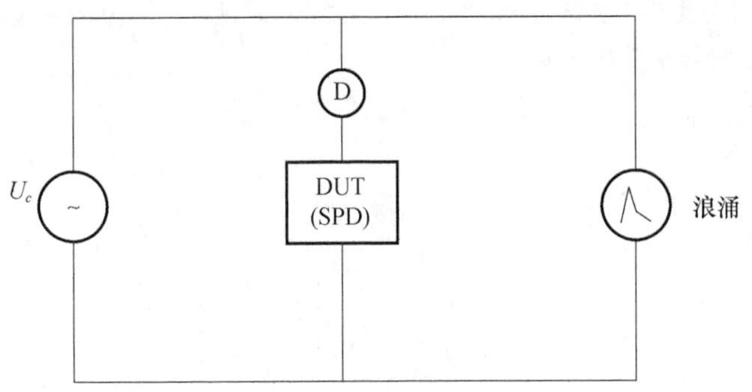

图6.7　动作负载试验的试验设置

图例:

U_c:8.3.4.2的工频电源

D:制造商指定的SPD外部脱离器

DUT:待测设备(SPD)

Surge:进行Ⅰ类和Ⅱ类动作负载试验的8/20电流;进行附加负载试验的冲击电流;根进行Ⅲ类动作负载试验的复合波

(2)动作负载试验的工频电源特性

1)续流小于500 A的SPD

试品应连接到工频电源。电源的阻抗应这样,在续流流过时,从SPD的接线端子处测量的工频电压峰值的下降不能超过U_c峰值的10%。

2)续流大于500 A的SPD

试验样品应连接至电源预期短路电流等于由制造商声明的额定短路电流I_{SCCR}和工频电压U_C,或500 A(当制造商未声明I_{SCCR})。仅连接至TT和/或TN系统的中线和保护地之间的SPD除外,其预期短路电流至少为100 A。

(3) Ⅰ类和Ⅱ类的动作负载试验

对本试验,施加 15 次 8/20 正极性的冲击电流,分成 3 组,每组 5 次冲击。试品与电源连接。每次冲击应与电源频率同步。从 0°角开始,同步角应以 30°±5°的间隔逐级增加。试验如图 6.8 所示。

SPD 施加电压 U_c,在施加每组冲击时,电源的预期短路电流需符合动作负载试验的工频电源特性的要求。在施加每组冲击之后和最后的续流(如有)遮断之后,需继续加电至少一分钟来检查复燃。在最后一组冲击和继续加电 1 min 后,SPD 保持加电,或在少于 30 s 内加电到 Uc,保持 15 min 来检查稳定性。为了该目的,电源(在 Uc)的短路流容量可减少到 5 A。

当 SPD 按Ⅰ类试验时,施加的冲击电流值等于 I_{imp}。

当 SPD 按Ⅱ类试验时,施加的冲击电流值等于 I_n。

注:如果 SPD 被分类为Ⅰ类试验和Ⅱ类试验,本试验可只进行一次,但必须使用两种试验等级下最严酷的一组参数,可与制造商协商。

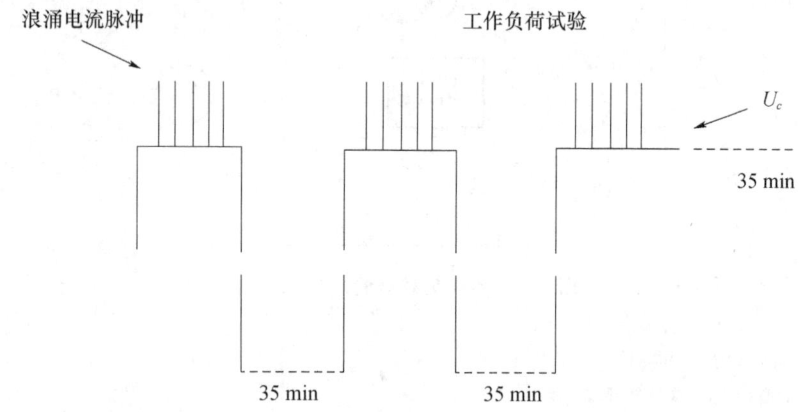

图 6.8 Ⅰ、Ⅱ类试验的动作负载时序图

两次冲击之间的间隔时间为 50～60 s,两组之间的间隔时间为 30～35 min。

两组冲击之间,试品无需施加电压。

每次冲击应记录电流波形,电流波形不应显示试品有击穿或闪络的迹象。

(4) Ⅰ类试验的附加动作负载试验

本实验通过 SPD 的电流逐步增加到至 I_{imp}。

SPD 施加电压 U_c,在施加每组冲击时,电源的预期短路电流为 5 A。在施加每组冲击之后和最后的续流(如有)遮断之后,需继续加电至少 1 min 来检查复燃。在最后一组冲击和继续加电 1 min 后,SPD 保持加电,或在少于 30s 内加电到 Uc,保持 15 min 来检查稳定性。为了该目的,电源(在 Uc)的短路流容量也是 5 A。

对通电的试品,应按下列方式在相应于工频电压的正峰值时,施加正极性的冲击电流:

1)用 0.1I_{imp}电流冲击一次;检查热稳定性;冷却至环境温度。

2)用 0.25I_{imp}电流冲击一次;检查热稳定性;冷却至环境温度。

3)用 0.5I_{imp}电流冲击一次;检查热稳定性;冷却至环境温度。

4)用 0.75I_{imp}电流冲击一次;检查热稳定性;冷却至环境温度。

5)用 1.0I_{imp}电流冲击一次;检查热稳定性;冷却至环境温度。

时序图如图 6.9 所示。

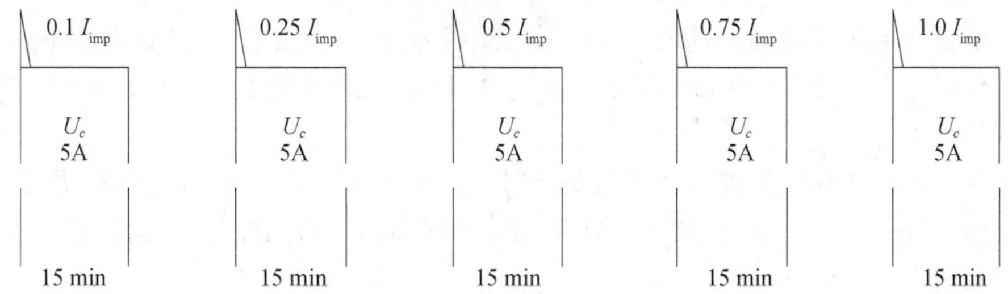

图 6.9　Ⅰ类试验的附加动作负载试验时序图

(5)Ⅲ类动作负载试验

SPD 使用三组对应于U_{oc}的冲击进行试验:

—在正半波峰值处触发 5 次正极性冲击。

—在负半波峰值处触发 5 次负极性冲击。

—在正半波峰值处触发 5 次正极性冲击。

时序图如图 6.10 所示。

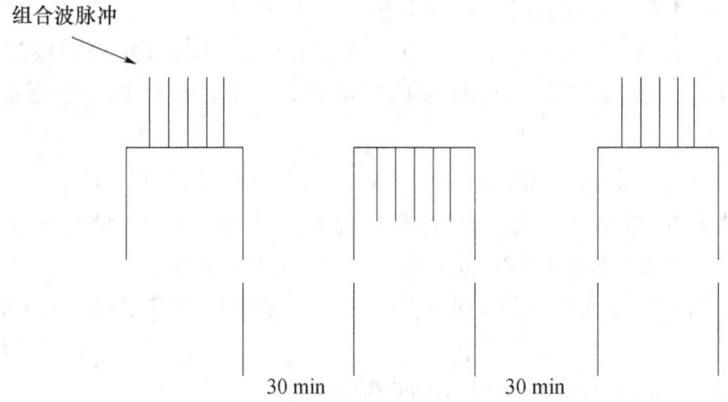

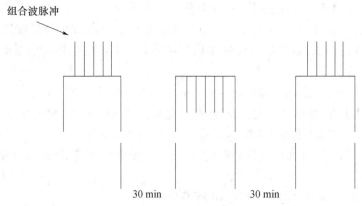

图 6.10　Ⅲ类试验的动作负载试验时序图

(6)所有动作负载试验和Ⅰ类试验的附加动作负载试验的合格判别标准

表6.4中的合格判别标准A,B,C,D,E,F,G和M必须满足。

5. SPD的脱离器和SPD过载时的安全性能

(1)耐热试验

SPD在环境温度为80 ℃±5 K的加热箱中保持24 h。

表6.4中的合格判别标准C和G必须满足。

(2)热稳定试验

试验要求

本试验程序有二种不同的设计:

—仅包括电压限制的元件的SPD。在这种情况下,采用下列1)的试验程序;

—包括电压限制的元件和电压开关元件的SPD。这种情况下列2)的试验程序适用。

试品准备

具有不同的非线性元件并联连接的SPD,必须对SPD的每个电流路径进行试验,试验时拆开/断开其余的电流路径。如果相同型式和参数的元件并联连接,它们应作为一个电流路径进行试验。

任何与电压限制元件串联连接的电压开关元件应采一根铜线短路,铜线的直径应使其在试验时不熔化。

制造商应提供按上述要求准备的试品。

注1:这个试验可能需要分别准备几组样品。

1)没有开关元件与其他元件串联的SPD的试验程序

试验试品应连接到工频电源。

电源电压应足够高使SPD有电流流过。对于该试验,电流调整到一个恒定值。试验电流的误差为±10%。对于第一个试品,试验从2 mA的有效值开始;或者如果试品在U_c下的泄漏电流已经超过2 mA有效值,从U_c开始。

然后,试验电流以2 mA或先前调节的试验电流5%的步幅(两者取较大值)增加。

对于另外两个试品,起始点应从2 mA变到第一个样品脱扣时的电流值的前5步的电流值。

每一步保持到达到热平衡状态(即10 min内温度变化小于2 K)。

连续监测SPD最热点的表面温度(仅对易触及的SPD)和流过SPD的电流。

注2:最热点可以通过初始试验确定,或进行多点监测以确定最热点。

如果所有的非线性元件断开,则试验终止。试验电压不应再增加,以避免任何脱离器故障。

注3:当质疑所有非线性元件是否脱扣,需目测检查。

注4:只是元器件的分裂不认为是脱扣。

试验时，如果SPD端子间的电压跌到低于U_{REF}，则停止调节电流，电压调节回U_{REF}并保持15 min。为此，不需要再进行连续的电流监测。电源应具有短路电流能力，在任何脱离器动作前，它不会限制电流。最大可达到的电流值不应超过制造商声明的短路耐受能力。

2)有开关元件与其他元件串联的SPD的试验程序

SPD采用电压为U_{REF}的工频电源供电，电源应具有短路电流能力，在任何脱离器动作前它不会限制电流。最大可达到的电流值不应超过制造商声明的短路耐受能力。

如果没有明显的电流流过，应接着进行1)试验程序。

注5："没有明显的电流"的含义是指SPD没有进入导通转换的突变状态(即SPD保持热稳定)。

合格判别标准

表6.4中的合格判别标准C,H,I,J,M和O必须满足。

对于户内型SPD，试验时表面温升应小于120 K。在脱离器动作5 min后，表面温度不应超过周围环境温度80 K。

(3)短路电流性能试验

本试验不适用于下列SPD：

—分类为户外使用，并且安装在伸臂距离以外的SPD，或

—在TN系统和/或TT系统中仅用于连接N-PE的SPD。

表6.7 预期短路电流和功率因数

$I_{p\,0}^{+5}\%$ kA	$\cos\varphi_{-0.05}^{0}$
$I_p \leqslant 1.5$	0.95
$1.5 < I_p \leqslant 3.0$	0.9
$3.0 < I_p \leqslant 4.5$	0.8
$4.5 < I_p \leqslant 6.0$	0.7
$6.0 < I_p \leqslant 10.0$	0.5
$10.0 < I_p \leqslant 20.0$	0.3
$20.0 < I_p \leqslant 50.0$	0.25
$50.0 < I_p$	0.2

试验试品应按制造商出版的说明书安装，并且连接最大截面积的导线，连接试品的电缆最大长度为每根0.5m。

试品准备

具有并联连接的非线性元件并包含一个或多个非线性元件的SPD，对每个电流路

径应按下述的方式分别准备三个一组的试品。

在正常运行条件下具有大于等于 6 kV 冲击耐压水平和大于等于 2500 V 的 1 min 工频耐压水平的，具有集成脱离器功能并包含电压开关型元件的电流回路，测试时不需要任何的准备，仅是和根据下述方法准备的其他电流回路相连接。

电压限制元件和电压开关元件应采用适当的铜块(模拟替代物)来代替，以确保内部连接，连接的截面和周围的材料(例如，树脂)以及包装不变。

应由制造商提供按上述要求准备的试品。

试验程序

本试验应对两个不同的试验配置进行试验，对每个配置 a)和 b)采用一组单独准备的试品。

a)声明的额定短路电流试验

试品连接至电压为 U_{REF} 的工频电源。SPD 端口处调整至制造商声明的预期短路电流及符合表 6.7 的功率因数。

在电压 U_{REF} 过零后的 45°±5°电角度和 90°±5°电角度处接通短路进行二次试验。

如果可更换的或可重新设定的内部或外部的脱离器动作，每次应更换或重新设定相应的脱离器。如果脱离器不能更换或重新设定，则试验停止。

合格判别标准

表 6.4 中的合格判别标准 C,H,I,J,K,M 和 N 必须满足。

b)低短路电流试验

将试品接到电压为 U_{REF} 的工频电源上，电源的预期短路电流应为产品的最大过电流保护电流值(如果制造商声明)的 5 倍，其功率因数按表 6.7 规定，通电时间为 5±0.5 s。如果制造商没有要求有外部的过电流保护，采用 300 A 的预期短路电流。

在电压 U_{REF} 过零后的 45°±5°电角度处接通短路电流进行一次试验。

合格判别标准

表 6.4 中的合格判别标准 C,I,M 和 N 必须满足。

如果试验中脱离器动作，表 6.4 中的合格判别标准 H,J 和 K 必须满足。

1) I_{fi} 低于宣称额定短路电流(ISCCR)的 SPD 的附加试验

重复短路电流性能试验的试验，但不根据短路电流性能试验进行样品准备。

SPD 的电压开关型元件用一个正向的电涌电流 8/20 或其他合适的波形在正半波的电压过零后的 35°±5°电角度处触发 SPD 接通短路。电涌电流应足够高以产生续流但任何情况下均不应超过 I_n。

为确保在触发电涌下外部脱离器不动作所有的外部脱离器应如图 6.11 所示与工频电源串联放置。

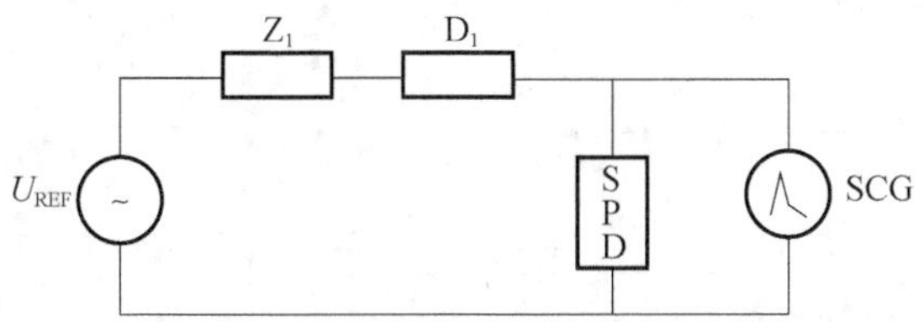

图 6.11　I_{fi}低于宣称额定短路电流的 SPD 的试验回路

图例：Z_1按照表 6.8，调整预计短路电流的电阻，D_1外部脱离器，SCG 带耦合设备的浪涌发生器。

合格判别标准

表 6.4 中的合格判别标准 C，I，M 和 N 必须满足。

2)模拟 SPD 失效模式的附加试验

样品准备

对于这个试验，任何电子显示器电路可以脱开。

试验试品应按制造商出版的说明书安装，并且连接 6.4.2 的最大截面积的导线，连接试品的电缆最大长度为每根 0.5 m。

如果制造商有推荐外部脱离器，应使用外部脱离器。

试验程序

样品应连接到调整成以下电压的工频电源：

—U_c 不超过 440 V 的 SPD，施加 1200 V 电压$_0^{+5}$%，

—U_c 高于 440 V 的 SPD，施加等于 $3U_c$ 的电压$_0^{+5}$%

预备电压施加的时间为 0～0.25s，电源的预期短路电流有效值应调整到 1A～20A。

施加预备电压之后，应在试品上施加一个大小等于 U_{ref}，电源短路电流容量如下所述的电压 5 min 或至少 0.5 s，在电流被内部或外部脱离器切断之后。

从施加预备电压到 U_{ref}的转换应没有间断。流过 SPD 的电流应被监测。图 6.12 和图 6.13 显示了一个合适的试验电路和时序图。

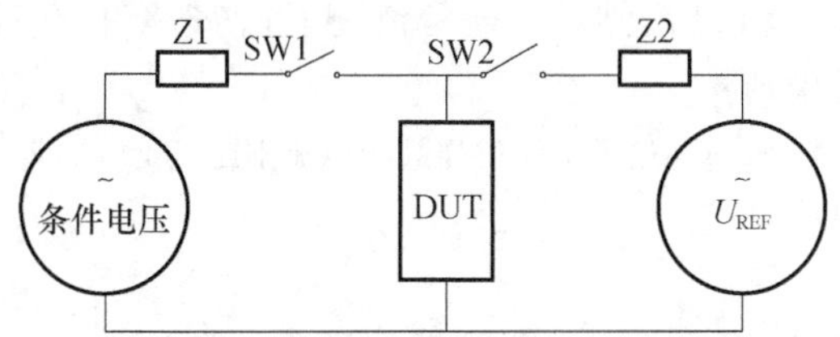

图 6.12　SPD 失效模式模拟的试验电路

图例：Z1 调节预处理发生器的预期电流的阻抗，Z2 调节 U_{ref}的预期电流的阻抗，SW1 机械式或静止式断路器，用以在 SPD 上施加处理电压，SW2 机械式或静止式断路器，用以在处理过的 SPD 上施加参考试验电压，SW1 和 SW2 可以使机械式或静止式，DUT 待测试品(SPD 和脱离器)。

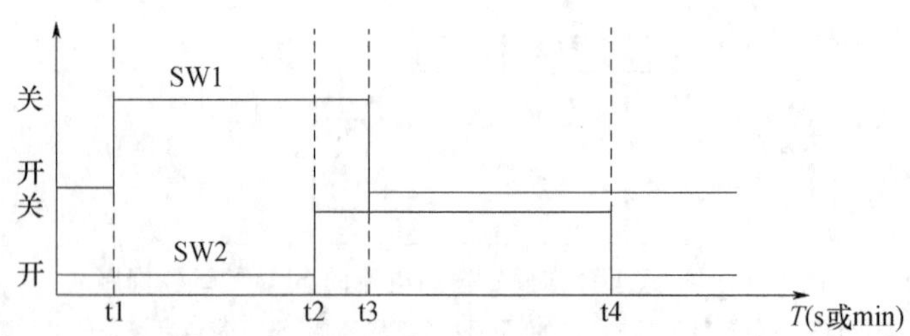

图 6.13　SPD 失效仿真模拟的时序图

图例：t1=0，t3≥t2≥5 s−0%，t2≤t3<5 s+5%，t4=5 min_0^{+5}%或在电流切断后≥0.5 s。

在试品安装处的 U_{ref} 电压下，电源的预期短路电流应该有+5%的允差，电源的功率因数应满足表 6.7。

以下的每个试验都必须在一组的新的三个样品上进行，这三个样品分别在上述 U_{ref} 下经过短路电流 100 A，500 A 和 1000 A 下的预处理，除非这些值超过了制造商的声明值。

进一步试验应在三个经过预处理的样品上进行，U_{ref} 下的预期短路电流等于制造商声称的额定短路电流。针对这个试验，在处理试验结束和施加 U_{ref} 之间的时间间隔应尽可能短，不应超过 100 ms。

如果在第一组样品（100 A 试验设置下）试验的所有测量值：

—在施加预处理电压的 5 s 内发生脱离

—在预处理电压之后施加的 U_{ref} 过程中流过样品的电流不超过 1 mA。

—在预处理电压之后施加的 U_{ref} 过程中流过样品的电流增加不超过试验前在 U_{ref} 下确定的初始值的 20%。

则不需要进行下一步的试验。

合格判定标准

表 6.4 中的 C，I，M 和 N 需满足。通常情况下，表 6.4 中的 H 和 J 也要满足，除了以下两种 SPD 脱离器未动作

注：在可调电压之后施加的 U_{ref} 过程中流过样品的电流不超过 1 mA 或电流增加不超过试验前在 U_{ref} 下确定的初始值的 20%。

—短路型 SPD

—SPD 在施加 U_{ref} 过程中电流中断或没有显著电流。

对于该试验，在处理期间任何对电子指示电路的损害不认为是失效。

6. 绝缘电阻

本试验不适用于具有与保护接地连接的金属外壳的 SPD。

试品按以下要求准备。

试品如有附加的进线孔，则全部打开；如有敲落孔，则打开其中一个孔。把不借助工具就能拆卸的盖和其他部件取下，如有必要同样进行耐潮试验。

试验流程

潮湿处理应在相对湿度保持为 93%±3%的潮湿箱中进行。放置试品处的空气温度保持在温度变化在±2 K 内的 20 ℃～30 ℃之间的任一合适温度。试品在放入潮湿箱之前，应预热至 T ℃和(T+4) ℃温度之间。

注 1：大多数情况下，试品在进入潮湿箱前应在所要求的温度下至少保持 4 h，即能达到这个温度。

试品应在潮湿箱中保持 2 d(48 h)。

注 2：潮湿箱中放置硫酸钠(Na_2SO_4)或硝酸钾(KNO_3)的饱和水溶液，并使其与箱内空气有一个足够大的接触面，就可获得要求的相对湿度。

潮湿试验后经 30～60 min，施加 500 V 的直流电压 60 s 后测量绝缘电阻。

把被拆下的部件重新装好后，在潮湿箱或在使试品达到规定温度的房间里进行测量。

按下列要求进行测量：

1)在所有互相连接的带电部件和 SPD 易偶尔接触的壳体之间。

本试验术语“壳体”包括：

—所有容易触及的金属部件和按正常使用安装后可触及的绝缘材料表面覆盖的金属箔。

—安装 SPD 的平面，如有必要，该表面可覆盖金属箔。

—把 SPD 固定在支架上的螺钉和其他工件。

对于这些测量，金属箔应这样覆盖，使可能存在的模铸件也受到有效的试验。连接至 PE 的保护元件在本试验时可断开。

2)在 SPD 主电路的带电部件和辅助电路的带电部件(如果有的话)之间。

合格判别标准

绝缘电阻应不低于：

—5 MΩ，对于 1)项的测量结果

—2 MΩ，对于 2)项的测量结果。

7. 介电强度

户外使用的 SPD 在接线端间试验，内部部件拆下。在本试验过程中要对 SPD 喷水。

户内型 SPD 按在所有互相连接的带电部件和 SPD 易偶尔接触的壳体之间和在 SPD 主电路的带电部件和辅助电路的带电部件(如果有的话)之间所述进行试验。

按表 6.8 用交流电压对 SPD 进行试验。开始时电压不超过所要求的交流电压的一半，然后在 30 s 内增加至全值，并保持 1 min。

表 6.8　介电强度

SPD 持续工作电压/V	交流试验电压/kV
U_C 至 100	1.1

续表

SPD 持续工作电压/V	交流试验电压/kV
U_C 至 200	1.7
U_C 至 450	2.2
U_C 至 600	3.3
U_C 至 1200	4.2
U_C 至 1500	5.8

合格判别标准

不应发生闪络和击穿，然而如果在放电时电压的变化小于 5%，可允许局部放电。

试验用电源变压器应设计成在开路的接线端子间调整到试验电压后，如把接线端子短路，至少应流过 200 mA 的短路电流。过电流继电器（如有的话）只有当试验电流超过 100 mA 时才动作。测量试验电压的装置应具有±3%的精度。

8. 暂时过电压下的性能

(1)在低压系统故障引起的 TOV 下试验

试验程序

应采用新的试品并按制造商说明的正常使用条件安装。

试品应连接到 U_T0～5%的工频电压，持续时间为 t_T=5 s+50%。

电压 U_T 按制造商声明的较高的 TOV-电压。该电压源应能输出一个足够高的电流。

除了失零试验，U_T 电源应能输出足够大的电流，以确保在试验过程中 SPD 端子上的电压不会跌落到 U_T 超过 5%。对于失零试验，电源应能输出 10 A 的预期短路电流。

紧接着在施加 U_T 后，应在试品上施加等于 U_{ref}0～5%并具有同样电流能力的电压 15 min。

对于失零的试验，U_{ref}的电源应能输出的等于 SPD 声明的额定短路电流的预期短路电流。

试验周期之间的时间间隔应尽可能短，并且在任何情况下不应超过 100 ms。试品连接至图 6.8 的试验电路。图 6.14 和图 6.15 是试验电路的实例和该试验相应的时序图。

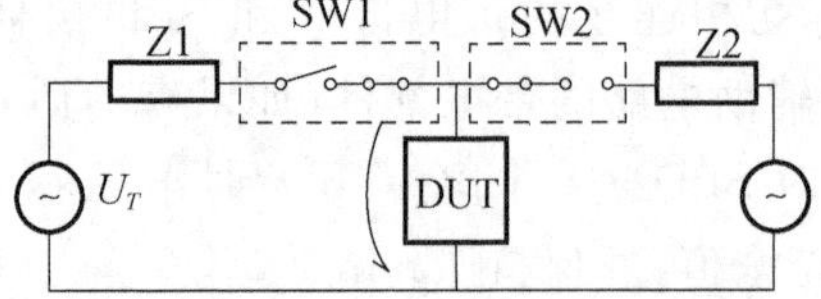

图 6.14 在低压系统故障引起的 TOV 下进行试验的电路示例及相应的时序图

图例：U_T 根据附录 B 的 TOV，U_{ref}根据附录 A 的参考试验电压，Z1 调节 U_T 电源的预期短路电流的阻抗，Z2 调节 U_{ref}电源的预期短路电流的阻抗，S1 施加 TOV 的开关，S2 施加参考试验电压的开关，DUT 被试装置（SPD+脱离器，如适用）。

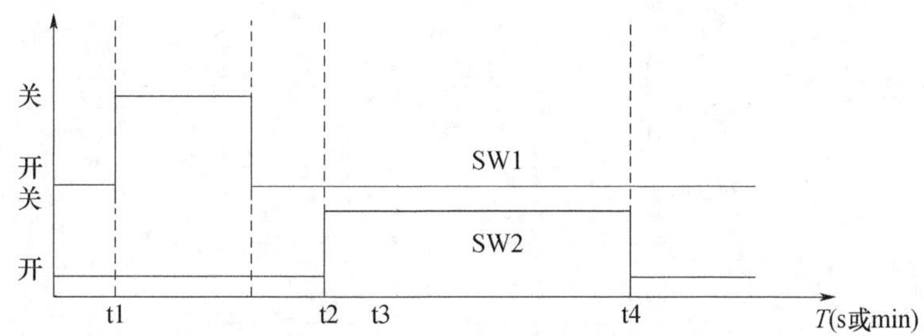

图 6.15　在低压系统故障引起的 TOV 下进行试验的电路示例及相应的时序图

图例：$t1=0$，$t2=tT_{0}^{+5}\%$，$t2\leqslant t3<(t2+100\text{ms})_{0}^{+5}\%$，$t4=tT+15\ \text{min}_{0}^{+5}\%$

合格判别标准

1)TOV 故障模式

表 6.4 中的合格判别标准 C,H,I,J,K,L 和 M 必须满足。

2)TOV 耐受模式

表 6.4 中的合格判别标准 A,B,C,D,E,F,G,I,L 和 M 必须满足。

(2)在高(中)压系统的故障引起的暂时过电压(TOV)下试验

应采用新的试品并按制造商说明的正常使用条件安装，试品连接至图 6.16 的试验电路或等效的电路。

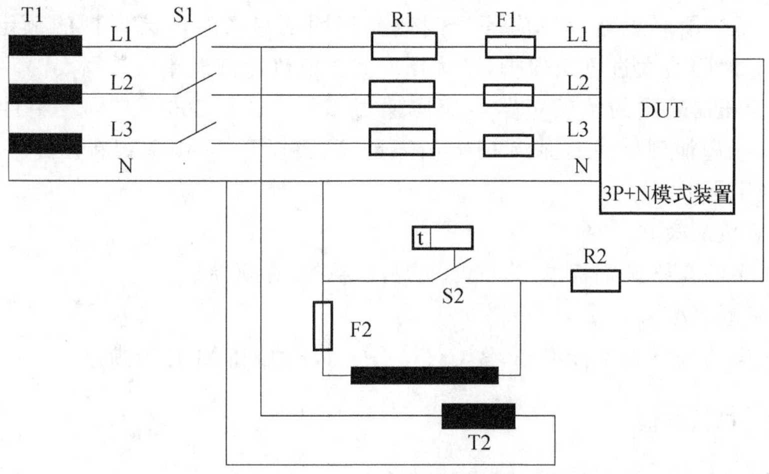

图 6.16　在高(中)压系统故障引起的 TOV 下试验 SPD 时采用的电路示例

图例：S1 主开关，S2 定时开关-在主开关闭合 200 ms 后闭合，F1 按制造商的说明推荐的最大过电流保护，F2TOV 变压器保护熔断器(需要耐受 300 A 持续 200 ms)，T1 二次绕组电压为 U_{ref} 的电源变压器，T2TOV 变压器，一次绕组电压为 U_{ref}，二次绕组电压为 1200 V，R1 调节 U_{ref} 电源的预期短路电流的限流电阻，R2 调节 TOV 电路的预期短路电流至 300 A 的限流电阻(约 4 Ω)，DUT 被试装置。

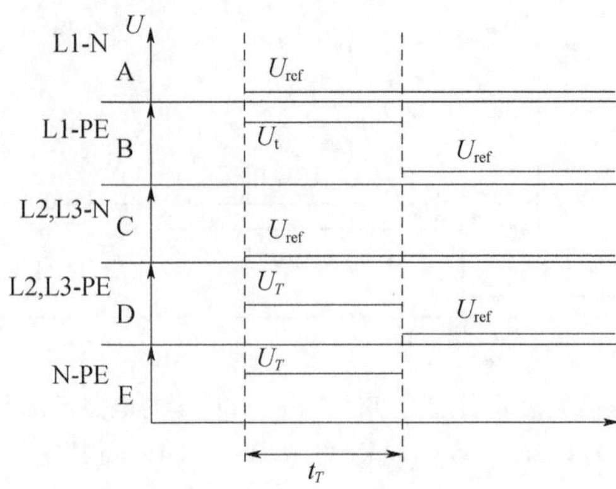

图 6.17　在高(中)压系统故障引起的 TOV 下 SPD 端子上预期电压的相应时序图试验程序

通过闭合 S1 在 L1 相的 90°电角度处对试验试品施加 $U_{T0}{}^{+5}$ %。

在 TOV 施加时间 tT_0^{+5} %后，S2 自动闭合。

通过短路 TOV－变压器(T2)的二次绕组把 SPD 的 PE－端子连接至中性线(经过限流电阻 R2)。这将使保护 TOV 变压器的熔断器 F2 动作。

图 6.16 和图 6.17 是试验电路的实例和该试验相应的时序图。

允许采用其他的试验电路，只要它们确保对 SPD 有相同的应力。

电源 U_{ref} 的预期短路电流应等于制造商声明的最大过电流保护的额定电流的 5 倍，如果没有声明最大过电流保护，则为 300 A。电流允许误差为$_0^{+5}$ %。

TOV 变压器输出的预期短路电流应通过 R2 调节至 300 A_0^{+5} %。中性线接地的 SPD 例外，U_{ref}施加到试品上保持 15 min 不断开，直至开关 S1 重新断开。

合格判别标准

1)TOV 故障模式

表 6.4 中的合格判别标准 C,H,I,J,K,L 和 M 必须满足。

2)TOV 耐受模式

表 6.4 中的合格判别标准 A,B,C,D,E,G,I,K,L 和 M 必须满足。

6.3.3　机械试验

1. 螺钉，载流部件和连接的可靠性试验

通过直观检查其是否符合要求，但对 SPD 接线所使用的螺钉，还需进行下列试验(表 6.9)：

拧紧和拧松螺钉：

—10 次(对于与绝缘材料螺纹啮合的螺钉)；

—5 次(所有其他情况)。

与绝缘材料螺纹啮合的螺钉或螺母,每次应完全旋出然后再旋入,除非螺钉的结构阻止螺钉旋出。

应采用合适的螺丝起子或扳手施加扭矩进行此试验。

拧紧螺钉不能采用冲击力。

每次拧松螺钉时,要移动导体。

表 6.9　螺钉的螺纹直径和施加的扭矩

标称螺纹直径/mm	扭矩/Nm		
	Ⅰ	Ⅱ	Ⅲ
$d \leqslant 2.8$	0.2	0.4	0.4
$2.8 < d \leqslant 3.0$	0.25	0.5	0.5
$3.0 < d \leqslant 3.2$	0.3	0.6	0.6
$3.2 < d \leqslant 3.6$	0.4	0.8	0.8
$3.6 < d \leqslant 4.1$	0.7	1.2	1.2
$4.1 < d \leqslant 4.7$	0.8	1.8	1.8
$4.7 < d \leqslant 5.3$	0.8	2.0	2.0
$5.3 < d \leqslant 6.0$	1.2	2.5	3.0
$6.0 < d \leqslant 8.0$	2.5	3.5	6.0
$8.0 < d \leqslant 10.0$	—	4.0	10.0

第Ⅰ栏数值适用于螺钉拧紧时,不露出孔外的无头螺钉和其他不能用刀口宽于螺钉直径的螺丝刀拧紧的螺钉。

第Ⅱ栏数值适用于用螺丝刀拧紧的其他螺钉。

第Ⅲ栏数值适用于除用螺丝刀之外的工具来拧紧的螺钉和螺母。

如果六角头螺钉带有可用螺丝刀来紧固的槽口,以及第Ⅱ和Ⅲ栏的数值不同时,应做二次试验,第一次对六角头施加第 III 栏规定的扭矩,然后对另一个试品用螺丝刀施加第Ⅱ栏规定的扭矩。如果第Ⅱ栏和第Ⅲ栏的数值相同,则仅用螺丝刀进行此试验。

合格判别标准

在试验过程中,螺钉拧紧的连接不应松动,并且不应有妨碍 SPD 继续使用的损坏,诸如螺钉断裂或螺钉头上的槽、螺纹、垫圈或螺钉夹头损坏。

外壳和盖不应损坏,这应通过直观检查来确认。

2. 连接外部导体的接线端子

按制造商推荐的要求把 SPD 固定在一块厚度约 20 mm,涂有无光泽黑漆的木板上，并且防止外部过度的加热或冷却。

除非另有规定，SPD 的接线端子应按下列要求连接导体：

—二端口器件和输入/输出接线端子分开的一端口器件，按表 6.10；

—其他的一端口器件按制造商说明。

按Ⅰ类试验的 SPD 和按Ⅱ类试验的标称放电电流≥5 kA 的一端口的 SPD 至少应能夹紧截面为 4 mm^2 的导体。

(1)螺钉接线端子

1)一般要求

这些试验使用合适的螺丝刀或扳手施加表 6.9 所示的力矩。

接线端子连接最小和最大截面积的新导体，实心导体或绞合导体采用最不利的一种。

导体以规定的最小距离深入端子，直到导体从远端伸出，并处于最可能协助导线伸出的位置。

然后使用等于表 6.10 相应栏目中规定值的 2/3 的扭矩拧紧接线端子螺钉。

对每根导线施加表 6.11 所示的拉力，单位为牛顿。施加拉力时应无冲击，时间为 1 min，方向为导线的轴向方向。

表 6.10 螺钉型端子或无螺钉端子能连接的铜导体截面积

二端口的 SPD 或输入/输出接线端子分开的一端口的 SPD 的最大持续负载电流 a)/A	能夹住的标称截面范围（单个导体）/mm^2
I≤13	1～2.5
I≤13	1～4
13<I≤16	1.5～6
16<I≤25	2.5～10
25<I≤32	4～16
32<I≤50	10～25
80<I≤100	16～35
100<I≤125	25～50

a 对电流额定值小于等于 50 A 的接线端子的结构要求能夹紧实心导体及硬性绞合导体；也允许使用软性导体。但是，对截面积为 1～6 mm^2 的导体的接线端子，允许其结构仅能夹紧实心导体。

2)螺钉型端子的拉力试验

表 6.11 拉力(螺钉型端子)

接线端子能连接导体的截面积/mm^2	≤4	≤6	≤10	≤16	≤50
拉力/N	50	60	80	90	100

a)接线端子连接最小和最大截面积(按最不利选取)的铜导体中的一种导体(实心或多股绞合)。然后用表 6.9 相应栏目中规定值的 2/3 的扭矩拧紧紧固螺钉。然后拧松接线端子螺钉,接着对导体可能受到接线端子影响的部分进行检查。

合格判别标准

导体不应有过度的损坏或导线被切断的现象。

如果导体上有深的或尖锐的压痕,则认为是过度损坏。

在试验过程中,接线端子不应松动,也不能有妨碍接线端子继续使用的损坏,诸如螺钉断裂或螺钉头上的槽、螺纹、垫圈或螺钉夹头损坏。

b)接线端子连接表 6.12 所示结构的硬性多股绞合铜导体。在导体插入接线端子前,可对导体的线丝进行适当的整形。导体插入至接线端子底部或刚好从接线端子另一边露出,并且是处于最可能使线丝松脱的位置。然后用表 6.9 相应栏目中规定值的 2/3 的扭矩拧紧紧固螺钉或螺母。

合格判别标准

试验结束后,应无导体的线丝从 SPD 的接线端子中脱出。

表 6.12　导体尺寸

能被夹紧的标称截面范围/mm^2	绞合导体	
	导线股数	每股导线直径/mm
1～2.5[a]	7	0.67
1～4[a]	7	0.85
1.5～6[a]	7	1.04
2.5～10	7	0.35
4～16	7	0.70
10～25	7	2.14
16～35	19	1.53
25～50	正在考虑中	正在考虑中

注:如果接线端子仅用来夹紧实心导体时,不进行此试验。

(2)无螺钉接线端子

通过以下的试验来检验其是否符合要求。

接线端子连接 7.3.1 节规定的型式及最小和最大截面积的新导体,实心导体或绞合导体采用最不利的一种。

然后对每根导线施加表 6.13 所示的拉力。施加拉力时应无冲击,时间为 1 min,方向为导线的轴向方向。

合格判别标准

在试验过程中,插入接线端子中的导线应没有移动或任何损坏的迹象。

表 6.13 (无螺钉接线端子)拉力

截面积/mm^2	0.5	0.75	1.0	1.5	2.5	4	6	10	16	25	35
拉力/N	30	30	35	10	50	60	80	90	100	135	190

(3)绝缘穿刺连接

1)用于单芯导体的 SPD 的接线端子的拉力试验

通过以下的试验来检验其是否符合要求。

接线端子连接最小和最大截面积(最不利的一种)的新的导体(实心或绞合)采用。

按表 6.9 规定的扭矩拧紧螺钉(如果有的话)。

连接和拆卸导体 5 次,每次使用新的导体。在每次接线后对导线施加表 6.13 规定的拉力,施加拉力时应无冲击,时间为 1 min,方向为导线的轴向方向。

合格判别标准

在试验过程中,插入接线端子中的导线应没有移动或任何损坏的迹象。

2)用于多芯电缆或电线的 SPD 的接线端子的拉力试验

用于单芯电缆相同的方法来对夹紧多芯电缆或电线的 SPD 的接线端子进行拉力试验,可是拉力应施加在全部多芯电缆或电线上而不是单芯线上。

按下面的公式计算拉力:

$$F=F(x)\sqrt{n} \tag{6.3}$$

式中:

F——施加的全部力;

n——多芯电缆的芯数;

$F(x)$——按单根导体的截面作用于一根芯线上的力(见表 6.9)。

在试验过程中,电缆或电线不应滑出接线端子。

3)飞线连接端子的拉力试验

将在现场连入电源系统的集成的飞线,应使用以下试验来检查。

飞线和固定铰钉必须经受从任意角度施加到导线上的 89 N 的拉力,不能有损坏或脱离,时间为 1 min。

合格判别标准

在试验过程中,不应有导体的移动或任何损坏的迹象。

(4)扁平快速连接端子

(5)软辫线连接(飞线)

3. 验证电气间隙和爬电距离

用于户内和类似环境中的 SPD 应按污染等级 2 来设计。

在更加严酷环境中使用的 SPD 可要求特别的预防措施,例如一个合适的 SPD 罩子或附近外壳，确保SPD满足的污染防护等级2。

注：没有通风口的SPD防护罩可认为对限制污染提供了充分的保护，可对内部爬电距离采用污染等级2的要求。

对于户外和无法触及的SPD应采用按污染等级4。对于内部距离，如果SPD覆盖了足够的外壳确保满足污染等级3的条件，这可减低到污染等级3。

在确定电气间隙和爬电距离时，空气间隙电极间的距离不应被考虑。

合格判定依据

电气间隙和爬电距离不应小于表6.14和表6.15中的值，其中表6.15应用于表6.14中的1)、2)和3)。

注：海拔高度超过2000 m时，使用U_{max}作为输入参数给情况A(均匀场条件下)的列中。但在任何情况下，由于机械方面的原因，表6.14中的最低要求必须满足。

表6.14　SPD的电气间隙

UMAX[a]	≤2000 V[a]	≤4000 V	>4000 V ≤6000 V	>6000 V ≤8000 V
	电气间隙/mm			
1)不同极的带电部件之间	1.5	3	5.5	8
2)带电部件与安装SPD时必须拆卸的固定盖的螺钉或其他工件之间	1.5	3	5.5	8
带电部件与安装表面之间(注2)	3	6	11	16
带电部件与安装SPD的螺钉或其他工件之间(注2)	3	6	11	16
带电部件与壳体之间(注1和2)	1.5	3	5.5	8
3)脱离器机构的金属部件与壳体之间(注1)	1.5	3	5.5	8
脱离器机构的金属部件与安装SPD的螺钉或其他工具之间	1.5	3	5.5	8

a 该栏仅适用于U_c小于等于180 V的SPD。

注1：术语“壳体”包括：

所有容易触及的金属部件和按正常使用安装后可触及的绝缘材料表面覆盖的金属箔。

安装SPD的平面，如有必要，该表面可覆盖金属箔。

把SPD固定在支架上的螺钉和其他工件。

注2：如果SPD的带电部件与金属隔板或SPD安装平面之间的电气间隙仅与SPD的设计有关，使得SPD在最不利的条件下(甚至在金属外壳内)安装，其电气间隙也不会减少时，则采用第一的值就足够了。

表 6.15 SPD 的爬电距离

电压[b,c] r.m.s/V	最小爬电距离/mm								
	印刷电路材料		污染等级						
	污染等级		1	2			3		
	1	2							
	所有材料组	除Ⅲ[b]以外的所有材料组	所有材料组	材料组[a]			材料组[a]		
				Ⅰ	Ⅱ	Ⅲ	Ⅰ	Ⅱ	Ⅲ[d]
10	0.025	0.04	0.08	0.4	0.4	.04	1	1	1
12.5	0.025	0.04	0.09	0.42	0.42	0.42	1.0	1.05	1.05
16	0.025	0.04	0.1	0.45	0.45	0.45	1.1	1.1	1.1
20	0.025	0.04	0.11	0.48	0.48	0.48	1.2	1.2	1.2
25	0.025	0.04	0.125	0.5	0.5	0.5	1.2	1.25	1.25
32	0.025	0.04	0.14	0.53	0.53	0.53	1.3	1.3	1.3
40	0.025	0.04	0.16	0.56	0.8	1.1	1.4	1.6	1.8
50	0.025	0.04	0.18	0.6	0.85	1.2	1.5	1.7	1.9
63	0.04	0.063	0.2	0.63	0.9	1.25	1.6	1.8	2
80	0.063	0.1	0.22	0.67	0.95	1.3	1.7	1.9	2.1
100	0.1	0.16	0.25	0.71	1	1.4	1.8	2	2.2
125	0.16	0.25	0.28	0.75	1.05	1.5	1.9	2.1	2.4
160	0.25	0.4	0.32	0.8	1.1	1.6	2	2.2	2.5
200	0.4	0.63	0.42	1	1.4	5	2.5	2.8	3.2
250	0.56	1	0.56	1.25	1.8	2.5	3.2	3.6	4
320	0.75	1.3	0.75	1.6	2.2	3.2	4	4.5	5
400	1	18	1	2	2.8	4	5	5.6	6.3
500	1.3	2.4	1.3	2.5	3.6	5	6.3	7.1	8
630	1.8	3.2	1.8	3.2	4.5	6.3	8	9	10
800	2.4	4	2.4	4	5.6	8	10	11	12.5
1000	3.2	5	3.2	5	7.1	10	12.5	14	16

a 关于材料组的信息参考表 6.16。

b 这个值是用于绝缘功能的工作电压。对于主电源供电的电路的基本绝缘和附加绝缘，是在设备的额定电压或额定绝缘电压的基础上，进行电压合理化。对于系统，设备和不直接从主电源供电的内部电路的基本绝缘和附加绝缘，适在额定电压和在设备等级内操作条件的最繁重的组合下，系统，设备和内部电路上发生的最大电压有效值。

c 针对主保护电路，该栏参考 U_c。

d 材料Ⅲ[b]不可用于 630 V 以上的污染等级 3 中。

注：如果实际电压不同于表格中的值，允许使用内插法得到中间电压。当使用内插法时，应采用线性内插法。数值应取整到和表格中的值一样的位数。

表 6.16　材料组和分类之间的关系

材料组	CTI
材料组 Ⅰ	600≤CTI
材料组 Ⅱ	400≤CTI<600
材料组 Ⅲ[a]	175≤CTI<400
材料组 Ⅲ[b]	100≤CTI<175

注:材料组合分类之间的关系是根据《固体绝缘材料耐电痕化指数和相比电痕化指数的测定方法》(CTI 值,使用解法 A)。

不接导体以及连接制造商规定的最大截面积的导体时,测量电气间隙和爬电距离。假定螺母和非圆头螺钉拧紧在最不利的位置。

如果有隔板,电气间隙沿着隔板测量;如果隔板由不连接在一起的两部分组成,电气间隙通过分隔的间隙测量。绝缘材料制成的外部零件的槽和孔的爬电距离测量至可触及表面覆盖的金属箔之间的距离:测量时金属箔不能压入孔内,但可根据《国际电工委员会防尘放水等级标准》将它推进角落和类似的地方。

如果在爬电距离路径上有槽,只有在槽宽至少为 1 mm 时,才把槽的轮廓计入爬电距离;槽小于 1 mm,仅考虑其宽度。

如果隔板由不粘合在一起的两部分组成,爬电距离通过分开的间隙测量。如果带电部件与隔板相应表面之间的空气间隙小于 1 mm,仅考虑通过分隔表面的距离,把它看作爬电距离。否则,把整个距离,即空气间隙和通过分隔表面的距离之和看作电气间隙。如果金属部件被至少 2 mm 厚自硬性的树脂覆盖,或如果能承受介电强度的试验电压的绝缘覆盖,则不需要测量爬电距离和电气间隙。

填充材料或树脂不应满过槽孔的边缘,而应牢固地附着在槽孔壁及其中的金属物上。

可通过目检和不使用工具试图剥离填充物或树脂来进行测试。

4. 机械强度

(1)撞击试验

SPD 应具有足够的机械强度,以使其能承受安装和使用过程中遭受的机械应力。

通过下列试验来检验其是否符合要求:

用图 6.18 和图 6.19 所示的撞击试验装置对试品进行撞击试验。

撞击元件有一个半径为 10 mm 的半圆形球面,它是由洛氏硬度为 HR100 的聚酰胺材料制成,质量为 150±1 g。

它被刚性地固定在一根外径为 9 mm,壁厚为 0.5 mm 的钢管下端,钢管上端可在转轴上转动,使它只能在一个垂直平面上摆动。

转轴的轴线是在撞击元件轴线上方 1000±1 mm 处。

用一个直径为 12.700±0.0025 mm 的球;100±2 N 的起始载荷及 500±2.5 N 的过载荷来确定撞击元件头部的洛氏硬度。

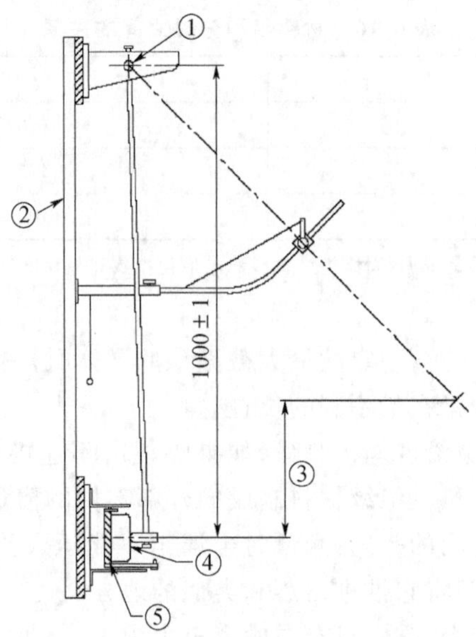

图 6.18　试验装置

单位:mm

图例:①摆;②框架;③下落高度;④试品;⑤安装架。

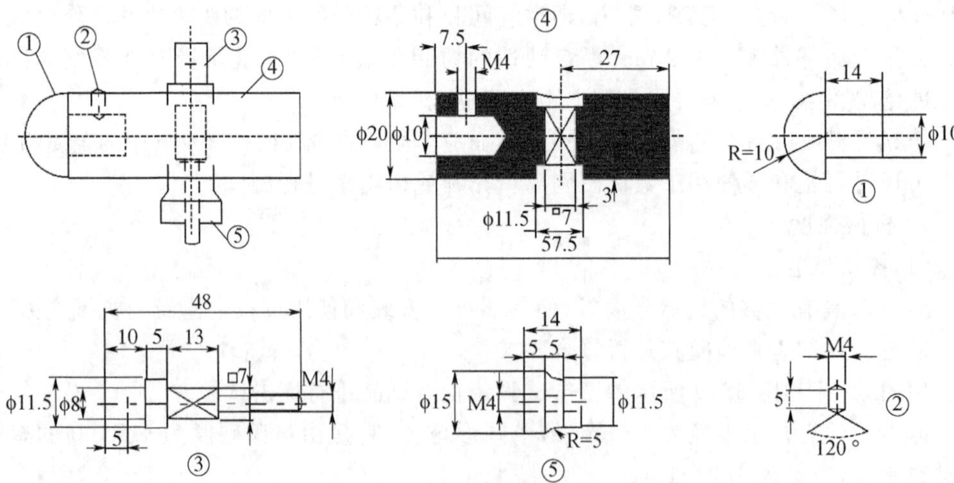

图 6.19　摆锤的撞击元件

单位:mm

部件的材料:①－聚酰胺;②,③,④,⑤－Fe360 钢试验装置应这样设计：必须在撞击元件表面上施加 1.9～2.0 N 之间的力，才能将钢管保持在水平位置。

将试品安装在一块 8 mm 厚，长宽均约为 175 mm 的层压板上，层压板上下两边固定在刚性托架上。

移动式 SPD 的试验像固定式 SPD 一样，但用辅助装置把它固定在层压板上。

安装支架的质量应为 10±1 kg，它应安装在一个刚性框架上。

安装支架应设计为：

—试品能这样放置，使撞击点位于通过枢轴轴线的垂直平面上。

—试品能够在水平方向移动，并且能绕着一根与层压板表面垂直的轴线转动。

—层压板能绕着一根垂直轴线转动。

嵌入式 SPD 安装在一个铁树木或类似机械特性的材料制成的基座的凹槽内，再整个固定在层压板上(SPD 不在其相应的安装盒中试验)。

如果使用木板，则木板纤维的方向应垂直于撞击的方向。

螺钉固定的嵌入式 SPD，应用螺钉固定在嵌入基座的凸缘上。卡爪固定的嵌入式 SPD 应用卡爪固定在基座上。

在撞击实施前，应用表 6.9 规定值 2/3 的扭矩把底座和盖子的固定螺钉拧紧。

试品应这样安装使得撞击点位于通过枢轴轴线的垂直平面上。

使撞击元件从表 6.17 规定的高度落下。

表 6.17　用于撞击要求的落下距离

下落高度/mm	受撞击的外壳部件	
	普通 SPDa	其他 SPD
100	A 和 B	A 和 B
150	C	C
200	D	D

A—前面部件，包括凹进部分。

B—正常安装后，从安装表面突出小于 15 mm(从墙算起的距离)的部件，除了上面的 A 部分。

C—正常安装后，从安装表面突出大于 15 mm 而小于 25 mm(从墙算起的距离)的部件，除了上面的 A 部分。

D—正常安装后，从安装表面突出大于 25 mm(从墙算起的距离)的部件，除了上面的 A 部分。

下落高度取决于试品离安装表面最突出部分，并施加在试品的所有部分，除 A 部分以外。

下落高度是摆释放时测试点位置与撞击瞬间测试点位置之间的垂直距离。测试点是标志在撞击元件表面上的一点，该点是通过钢管摆的轴线和撞击元件的轴线的交点并垂直于该两轴线构成的平面的直线与撞击元件表面的交点。

试品受到的撞击是均匀地分布在试品上。敲落孔不施加撞击。

施加下列撞击：

—对于A部件，撞击5次：1次在中心。试品水平移动后：在中心和边缘间薄弱的点各1次；然后把试品绕它的垂直于层压板的轴线转过90°之后，在类似的点各1次。

—对于B(适用时)，C和D部件，4次撞击。

—在层压板转过60°后，在试品的一侧面撞击1次，保持层压板的位置不变，试品绕它的垂直于层压板的轴线转过90°之后，在试品的另一侧面撞击1次。

—把层压板往相反方向转过60°，对试品的其他两侧面各撞击1次。

合格判别标准

试验后，试品应无本部分含义内的损坏。尤其是带电部件应不易被标准试验指触及。

对于外表的损坏以及不导致爬电距离或电气间隙减少的小的压痕和不会对防触电保护或防止水的有害进入产生不利影响的小碎片均可忽略不计。

不采用附加的放大手段的条件下，正常或校正视力所不可见的裂缝，玻璃纤维增强模塑件及类似材料表面的裂缝可以忽略不计。

6.3.4　环境和材料试验

1. 防止固体物进入和水的有害进入。

2. 耐热。

SPD在温度为100 ℃±2 K的加热箱中保持1 h。

合格判别标准

表6.4中的合格判别标准C和I以及下列的附近试验合格判别标准：

—内部组装的任何密封化合物(包括灌封的)的移动不应对SPD的功能性造成问题。

—即使SPD的脱离器断开，也可认为SPD已通过试验。

3. 球压试验

SPD中用绝缘材料制成的外部零件用图6.20和图6.21所示的试验装置进行球压试验。

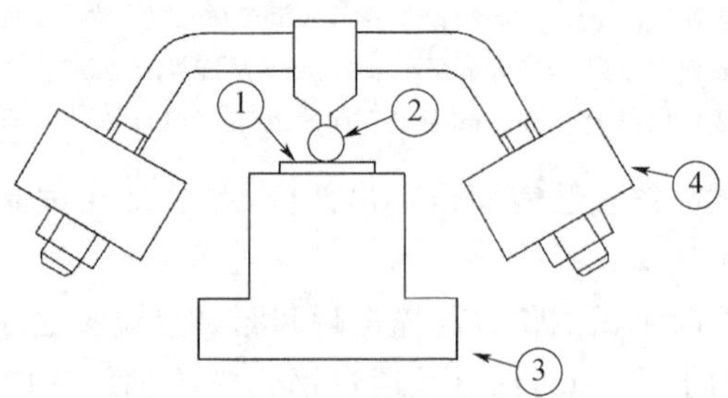

图6.20　球压试验装置

图例：①试品；②压力球；③重物；④试品支架。

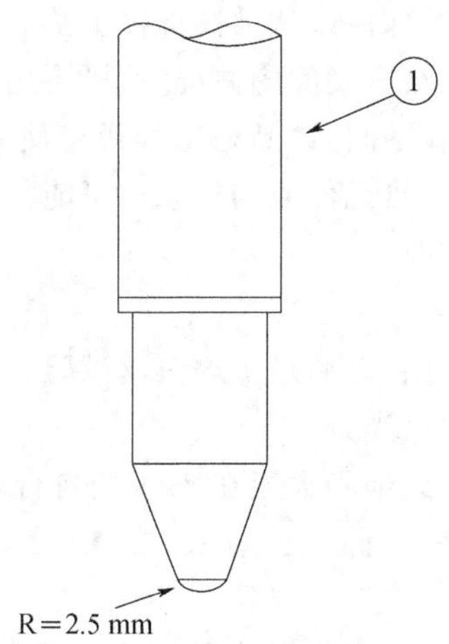

图 6.21　球压试验装置的载荷杆

①载荷杆

绝缘材料制成的把载流部件和接地电路的部件保持在其位置上必需的外部零件，在一个温度为 125 ℃±2 K 的加热箱中进行试验。

绝缘材料制成的不是把载流部件和接地电路的部件保持在其位置上必需的外部零件，即使这些零件与它们相接触，试验在 70 ℃±2 K 的加热箱中进行。

把试品适当地固定，使其表面处于水平位置，把一个直径 5 mm 的钢球用 20 N 的力压此表面。

1 h 后，把钢球从试品上移开，然后把试品浸入冷水中使其在 10 s 内冷却至环境温度。

合格判定依据

测量由钢球形成的压痕直径不应超过 2 mm。

注：陶瓷材料的部件不进行本试验。

4. 耐非正常热和耐燃

灼热丝试验应按《电工电子产品着火危险试验》在下列条件下进行：

—对于 SPD 中用绝缘材料制成的把载流部件和保护电路的部件保持在位置上必需的外部零件，试验应在 850 ℃±15 K 温度下进行。

—对于所有由绝缘材料制成的其他零件，试验应在 650 ℃±10 K 温度下进行。

对陶瓷材料制成的部件不进行本试验。

如果绝缘件是由同一种材料制成，则仅对其中一个零件按相应的灼热丝试验温度进行试验。

灼热丝试验是用来保证电加热的试验丝在规定的试验条件下不会引燃绝缘部件，或保证在规定的条件下可能被加热的试验丝点燃的绝缘材料部件在一个有限的时间内燃烧,而不会由于火焰或燃烧的部件或从被试部件上落下的微粒而蔓延火焰。

试验在一台试品上进行。在有疑问的情况下,可再用两台试品重复进行此项试验。试验时,施加灼热丝一次。试验期间,试品处于其规定使用的最不利的位置(被试部件的表面处于垂直位置)。考虑加热元件或灼热元件可能与试品接触的使用条件,灼热丝的顶端应施加在试品规定的表面上。

合格判定依据

如果符合下列条件,试品可看作通过了灼热丝试验:

—没有可见的火焰和持续火光,或

—灼热丝移开后试品上的火焰和火光在 30 s 内自行熄灭。

不应点燃薄棉纸或烧焦松木板。

5. 耐电痕化

试验根据《固体绝缘材料耐电痕化指数和相比电痕化指数的测定方法》的溶液 A,试验电压取决于测量得到的爬电距离和要求的材料类别。

6.3.5　特殊 SPD 设计的附加试验

1. 二端口和输入/输出端子分开的一端口的 SPD 试验

(1)额定负载电流(IL)

SPD 在常温下用表 6.18 规定的标称截面的电缆施加电压 U_C。试验必须使用流过阻性负载的额定负载电流并达到热平衡,不允许对 SPD 进行强迫冷却。

表 6.18　过载电流试验的试验导体

试验电流/A		导体横截面积/mm^2
大于	小于等于	
0	8	1.0
8	12	1.5
12	15	2.5
15	20	2.5
2	25	4.0
32	32	6.0
50	50	10
65	65	16
80	85	25
100	100	35

续表

试验电流/A		导体横截面积/mm^2
大于	小于等于	
115	115	35
130	130	50
15	150	50
175	175	70
200	200	95
25	225	95
25	250	120
275	275	150
300	300	185
350	350	185

注:如果在特别的国家使用其他标准横截面积,则需使用最接近的横截面积进行测试。

合格判别标准

表 6.4 中的 C,F 和 G 需满足。

(2)过载性能

试验在环境温度下进行,并且试品应避免异常的外部加热或冷却。

试验电路和步骤应如(1)所述,除了主要回路之外的电路本实验可以忽略。

进行试验时不连接任何外部过电流保护装置(内部可移除的过电流保护装置用一个阻抗可忽略不计的连接代替)。

如果制造商规定了最大过电流保护,SPD 应通以等于最大过电流保护 K 倍的电流负载 1 h。因子 K 可以从表 6.19 中选取。

表 6.19　过载性能的电流系数 *K*

保护装置	触发电流系数 k
断路器	1.45
熔断器	1.6

注 1:如果制造商未指定保护装置的类型(断路器或熔断器),本试验采用较高的 k 因子。

注 2:对于使用其他值得国家,这些值应根据 7.1.1c7 在 SPD 的数据表中申明。

注 3:日本的国情:对于断路器 $k=1.25$,对于熔断器 $k=1.5$。

注 4:北美的国情:k 还在考虑中。

如果制造商没有规定最大过电流保护,SPD 应通以 1.1 倍额定负载电流 1 h,或至内部的脱离器动作。如果在 1 h 内没有脱离器动作,每小时将先前的试验电流增加至

1.1 倍继续试验,直至内部脱离器动作。

合格判别标准

1)任何内部脱离器动作

表 6.4 中 C,H,I,J 和 M 应满足。

2)没有内部脱离器动作

表 6.4 中 C,D,E 和 I 应满足。

(3)负载侧短路特性试验

该试验适用于所有 SPD,除了那些声明用于户外和安装在不可触及,以及只连接在 TT 和/或 TN 系统中的 N-PE 极的 SPD。

重复短路电流性能试验(除了 I_{fi} 低于宣称额定短路电流(I_{SCCR})的 SPD 的附加试验)中的试验设置和试验方法,除了不短路任何元件,但用最大截面积及 500 mm 长的短路导体连接到下列 SPD 的输出端子:

—短路导体穿过负载侧所有的相端子和中性点端子(如适用)。

—短路导体穿过负载侧的所有端子。

图 6.22 给出了相应的试验电路。

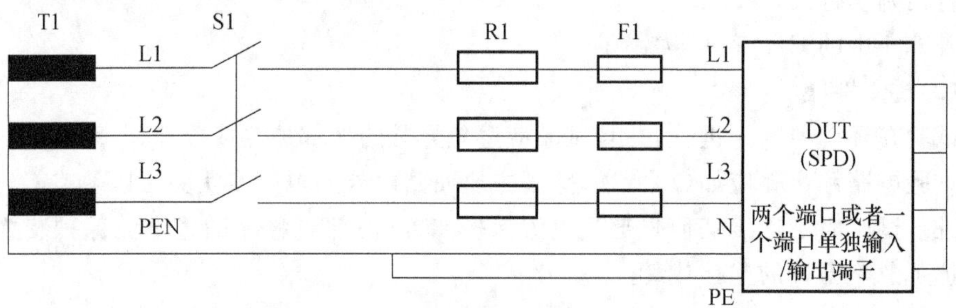

(a)负载侧所有相端子和中性线端子短路的测试

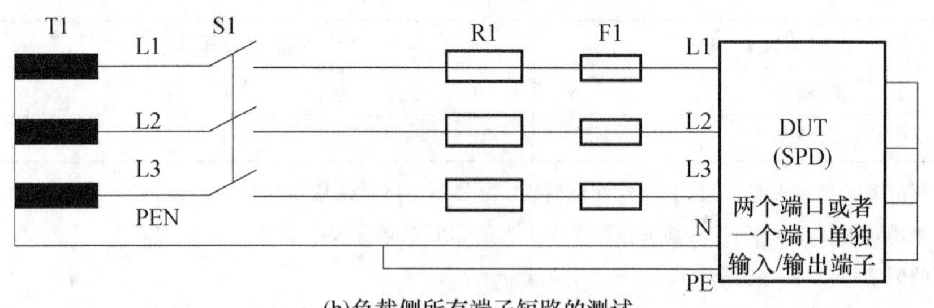

(b)负载侧所有端子短路的测试

图 6.22 负载侧短路电流试验的试验电路范例

S1 短路同步触发的主开关,F1 制造商要求的所有脱离器,包括根据制造商说明中推荐的最大过电流保护,T1 二次绕组电压为 U_{ref} 的电源变压器,R1 用来调整电源预期短路电流的限流电阻,DUT 待测试品。

合格判别标准

表 6.4 中 C,E,H,I,J,K,M 和 N 和下列附件合格判别标准必须满足。

1)内部脱离器动作

—从在图 6.22 所示的电路的输出端子移开短路导体,并施加 U_{ref},在输出端子上不应有电压。

—在对应的输入相端子和输出相端子上施加 2 倍 U_C 的工频电压 1 min,不应有超过 0.5 mA 的电流。

2)没有内部脱离器动作

—表 6.4 中合格判定 D 应满足。

2. 户外型 SPD 的环境试验

1)UV 辐射的加速老化试验

将三个完整的试品按照户外使用的方式安装并暴露在紫外线辐射(UV-B)和喷水条件下 1000 h:60 ℃的紫外线 102 min,65 ℃和 65%相对湿度的紫外线和喷水 18 min,每次 120 min 循环 500 次。UV 辐射应根据 ISO4892.2 的方法 A。ISO4892.1 和 ASTM151 应用作本试验的通用指南。

在试验过程中,试品应连接到电压为 U_C 的工频电源,并间隔 120 min 监测残流。

合格判定标准

在试验过程中和试验结束后,通过直观检查看看试品有无空隙、裂痕、电痕化和表面腐蚀。残流不应超过 10%。为了满足本标准中其他电气和机械性能的要求,应评估电痕化、表面腐蚀和裂痕的程度以确定是否会危害产品的外壳。

2)水浸试验

试品应保持浸泡在容器中 42 h,容器盛有含有浓度为 1 kg/m^3 NaCl 的沸腾的去离子水。

注:上述水的特性应在试验开始时测量。

注:当制造商声明密封系统的材料不能耐受沸水温度长达 42 h,试验温度(沸水)可降低至 80 ℃(最少持续时间 168 h,如 1 周)

在沸腾结束时,试品应保持在容器中直到水温冷却到大约 20 ℃(±15 ℃),并应保持在水中直到进行完验证试验。水浸试验结束后,试品应进行介电试验。

3)介电试验

试品应施加 1000 V+$2U_C$ 的工频交流电压 1 min 进行介电试验,并测量泄漏电流。试验电压根据以下方法施加:

—具有金属外壳的 SPD,含有或不含有安装支架。

电压应施加在连接在一起的所有端子或外部引线和金属外壳之间。外部导线不经过内部连接(既不直接也不经过电涌保护元件)连接到外壳。如果所有的端子和外部引线直接或通过元件连接到导电外壳，则不需进行本试验。

—具有非导电外壳的 SPD，含有非导电支架或不含有支架。

非导电外壳应紧紧包裹在导电金属箔内，距离任何非绝缘的引线或端子的 15 mm 内。电压应施加在导电金属箔和连接在一起的所有端子或外部引线之间。

—具有非导电外壳和导电支架的 SPD。

非导电外壳应紧紧包裹在导电金属箔内，距离任何非绝缘的引线，端子和金属安装支架的 15 mm 内。电压应施加在导电金属箔和连接在一起的所有端子，外部引线和安装支架之间。

注：介电试验的目的是确定在喷水和水浸试验中是否产生了可导致试品吸取导电性的液体的空隙。

合格判定标准

试验过程中测量得到的泄漏电流不应超过 25 mA。

4)温度循环试验

应进行下限为－40 ℃上限为 100 ℃的 5 个温度循环试验。每半个循环的持续时间为 3 h，温度变化应在 30 s 内完成。

合格判定标准

在试验过程中和试验结束后，通过直观检查看看试品有无空隙、裂痕、电痕化和表面腐蚀。残流不应超过 10%。为了满足本标准中其他电气和机械性能的要求，应评估电痕化、表面腐蚀和裂痕的程度，以确定这些情况是否会危害产品的外壳。

5)抗腐蚀的验证

具有外露金属部件的 SPD 应进行本试验，并根据制造商的指引如正常使用状况进行安装。

试品的外壳应是新的并处于干净状态。试品应经过以下试验：

—根据《基本环境试验程序》的试验 Db 进行湿热循环试验，在 40 ℃和 95%的相对湿度下进行 24h 的 12 次循环。

—根据《基本环境试验程序》的试验 Ka 进行盐雾试验，在(35±2) ℃的温度下进行 24 小时的 14 次循环。

试验后，试品应用自来水冲洗 5 min，在蒸馏水或去矿物质水中清洗，然后摇动或用风筒去除水滴。然后将待测试样本在正常工作条件下保存 2 h。

合格判定程序

通过直观检查来验证符合以下情况：

—没有生锈，裂化或其他变质的迹象。但是，任何保护层的表面劣化是允许的。

—密封没有被破坏。

—任何可移动的部件(脱离器)的动作无需非正常的力。

3. 分开隔离电路的 SPD

分离电路的隔离性和介电耐受性必须根据制造商声称进行测试。

4. 短路型 SPD

对于这种 SPD，紧接着冲击耐受试验和短路电流性能试验后，根据特性转换过程进行短路化处理。

(1)特性转换过程(预处理试验)

一个正极性的冲击 I_{trans} 施加到未带电的 SPD，将 SPD 的特性转换成内部短路。为了检查内部短路，试验后进行适当的测量。

(2)冲击耐受试验

一个正极性的冲击 I_{trans} 施加到未带电的 SPD。

合格判别标准

表 6.4 中的 C，I 和 M 需满足。

(3)短路电流性能试验(短路状态)

试验设置

试验根据短路电流性能试验进行，除了 I_{fi} 低于宣称额定短路电流(I_{SCCR})的 SPD 的附加试验和模拟 SPD 失效模式的附加试验，但不需要进行任何样品准备。

6.3.6　制造商声称的特殊性能的附加试验

1. 多极 SPD 的总放电电流试验

试验要求

试验发生器的一端连接至多极 SPD 的 PE 或 PEN 端子。其余的每个端子通过一个串联的典型的阻抗(由一个 30 mΩ 的电阻和一个 25 μH 的电感组成)连接至发生器的另外一端。

注 1：这些阻抗模拟至电源系统的连接，并且不宜被测量系统增加，例如分流器。

注 2：本试验的配置不代表所有系统的配置。特殊的配置或应用可能需要其他的试验程序。

如果满足表 6.20 均衡电涌电流的误差，可使用较小的阻抗。

注 3：均衡电涌电流是总的放电电流除以 N，N 表示带电端子(相线和中性线)的数量。

表 6.20　均衡电涌电流的误差

试验类别	均衡电流和误差
Ⅰ类试验	$I_{imp(1)}=I_{imp(2)}=I_{imp(N)}=I_{imp}/N\pm10\%$ $Q_{(1)}=Q_{(2)}=Q_{(N)}=Q_{(I总)}/N-10/+20\%$ $W/R_{(1)}=W/R_{(2)}=W/R_{(N)}=W/R_{(I总)}/N2.10/+45\%$
Ⅱ类试验	$I_{8/20(1)}=I_{8/20(2)}=I_{8/20(N)}=I_{total}/N\pm10\%$

试验程序

多极 SPD 应采用制造商声明的总放电电流 I_{total}进行一次试验。

合格判别标准

表 6.4 中的 B,C,D,E,G,I 和 M 应满足。

2. 确定电压跌落的试验

在输入端施加电压 U_C,并应恒定在－5％内。试验时使额定负载电流流过阻性负载,同时在连接负载时测量输入和输出电压。使用下列公式确定电压降百分比。

$$\Delta U\% = [(U_i - U_0)/U_i]100\% \tag{6.4}$$

其中：

U_i是输入电压,U_0是在满额定阻性负载下同时测量得到输出电压,这个参数只适用于双端口 SPD。

如果可得到可比较的结果,也可使用其他的测量技术。

合格判定标准

应记录该值并符合制造商的规定。

3. 负载侧电涌耐受能力

对本试验进行：

—15 次 8/20 电流冲击。

—或 15 次复合波冲击,开路电压为 U_{oc}。

对试品的输出端口施加等于制造商规定的负载侧电涌耐受能力值的冲击,冲击分成 3 组,每组 5 次。用标称电流至少为 5 A 的电源对 SPD 施加 U_c。每次冲击应与电源频率同步,同步角应从 0°角开始,以 30°±5°的间隔逐级增加。

两次冲击之间的间隔时间为 50～60 s,两组之间的间隔时间为 25～30 min。

整个试验过程中,试品应施加电压。应记录输出端子上的电压。

合格判别标准

表 6.4 中的 A,B,C,D,E,F 和 G 应满足。

4. 电压升高率 du/dt 的测量

该试验针对不带电的双端口 SPD,输出端连接有阻性负载,可以在 U_{ref}下产生额定负载电流 0.1 倍的电流。满足复合波发生器连接到双端口 SPD 的输入端。

注 1:在试验过程中,不需要施加工频电。

发生器设为 6 kV 的开路电压,从而产生开路电压上升率 du/dt 大约为 5 kV/us。示波器连接到双端口 SPD 的输出端,记录施加冲击时得到的波形。

通过测量得到波形上升沿在 t_{90}和 t_{30}处的电压差和时间差,计算最大电压上升率。

注 2:t_{90}和 t_{30}是波形前沿 90％和 30％处的点。

考虑到波头处的震荡,该试验应进行 5 次并记录最大 du/dt。

合格判别标准

必须记录到的最大电压上升率表,并且满足制造商的声称值。

5. 常规试验和验收试验

(1)常规试验

应进行适当的试验来验证 SPD 能满足其性能要求。制造商应规定试验方法。

(2)验收试验

验收试验按制造商和用户的协议进行。当用户在购货协议中规定了验收试验时,应抽取最接近并小于 SPD 供货数量立方根的整数进行下列试验。任何试品数量或试验型式的变更应由制造商和用户协商。

如果没有其他规定,规定下列试验作为验收试验:

1)按标志的耐久性试验规定,验证标识。

2)按标志的耐久性试验规定,验证标志。

验证电气参数(例如测量限制电压)。

参考文献

国际电工委员会. 2011. 低压浪涌保护器:部分 11:用于连接到低压配电系统的浪涌保护器的要求以及测试方法:IEC 61643—11[S].

第 7 章 安全接地技术

7.1 电气系统接地

接地,全称是低压配电系统保护接地,是运用于低压配电系统中使电气设备在正常情况下不带电的金属部分(如外壳等)接地的保护方式。保护接地的目的是为了防止因设备绝缘损坏而出现相对外壳漏电故障时的接触电压伤人或形成电气事故,以适时切断电源而装设的。用电设备完善的保护接地措施不但对减少电击事故、保护人身和设备安全非常必要,还对防止电气火灾的发生十分重要。

7.1.1 电气设备的接地要求

接地的目的是为了在正常和事故以及雷击的情况下,利用大地作为接地电流回路的一个元件,从而将设备接地处固定为所允许的接地电位。电气设备的接地,主要由电气系统的中性点工作制所决定的。在各种接地系统中,电气设备的接地要求各不相同。

(1)1 kV 以上的大接地短路电流系统中的电气设备接地。这种系统中的线路电压高、接地电流很大,当发生短路故障时,在接地装置上及接地装置附近所产生的接触电压和跨步电压很难计算。因为根据公式计算,使短路电流 I_K 与接地电阻 R_e 的乘积($I_K \cdot R_e$)值小到满足接触电压及跨步电压的理论计算值是几乎不可能。但从安全观点出发,在该系统中当电气设备绝缘损坏而发生单相短路时,继电保护装置动作使断路器迅速断开;单相短路接地电流流经的时间很短,恰在此时间内有人接触故障设备的机会很少。而且对于该系统的电气设备,运行维护人员进行操作时均采用绝缘棒和橡胶绝缘靴、绝缘手套等安全用具,发生危险性触电事故也较少。所以,接地电阻值规定小于 0.5Ω 则是适当的。但是为了保证安全运行,即使采用自然接地体能满足规定接地电阻值要求时,还应装设人工接地体,并且其接地电阻值不应大于 1 Ω。同时,为了减小跨步电压,最好采用均压接地网,埋设帽檐形辅助均压带。

(2) 1 kV 以上的小接地短路电流系统中的电气设备接地。对于这类设备接地处的对地安全电压,要根据其是否与低压电气设备采用共同接地装置而定。如果小接地短路电流系统中的电气设备与 1 kV 以下的低压电气设备有共同接地,由于考虑到接地的并联回路很多，对地电压值只要不超过安全电压的 1 倍就可以了，一般采用 125 V。如果接地装置仅用于 1 kV 以上的电气设备，对地电压值可以比有共同接地情况时再提高一倍，即采用 250 V。因为 1 kV 以上的电气设备分布的范围不如低压设备广，而且一般只有熟悉电气设备性能的专职人员才能进行操作和维护。例如，在 1 kV 以上的小接地短路电流系统中某电气设备，经计算所得的接地短路电流为 I_K，当其接地装置与 1 kV 以下的设备共用时，接地电阻 R_e 应为

$$R_e \leqslant \frac{125}{I_K}(\Omega) \tag{7.1}$$

如果其接地装置仅用于电压为 1 kV 以上电气设备时，则

$$R_e \leqslant \frac{250}{I_K}(\Omega) \tag{7.2}$$

根据以上两式所计算得的 R_e 值，再结合考虑到季节变化的增大值，该电气设备的接地电阻值一般不应大于 10。若装设有电容电流补偿装置时，其接地电阻值则不得超过 4 Ω。

(3) 1 kV 以下的中性点不接地系统中的电气设备接地。在 1 kV 以下的中性点不接地系统中，当发生单相接地短路故障时，通常不会产生很大的接地短路电流，运行实践表明最大不会超过 15 A。若以 15 A 接地短路电流值计算，并将接地电阻值限制在等于或小于 4 Ω，则对地电压为 4×15＝ 60(V)，在安全电压之内。因此，对于中性点不接地系统的低压电气设备，其接地电阻值应考虑不超过 4 Ω；对于由单台容量或并联容量不超过 100 kVA 的变电器供电时，由于配电变压器的内阻抗较大，不可能产生较大的接地短路电流，因此接地装置的接地电阻值可采用不大于 10 Ω；对于容量在 100 kVA 及以下的低压电气设备，其接地电阻值为 10 Ω。

(4) 1 kV 以下的中性点直接接地系统中的电气设备接地。在 1 kV 以下的中性点直接接地系统中，一般电气设备的接地电阻值不应超过 4 Ω；中性线重复接地的接地电阻不应大于 10 Ω。在总容量不超过 100 kVA 的配电变压器供电时，低压电气设备的重复接地的接地电阻可不大于 30 Ω，但中性线重复接地处应不少于 3 处。

7.1.2　电气设备的组成部分

低压交流配电系统及其所连接的电气设备分布最广，几乎遍及工矿企业的各个部门和民用建筑的各个角落，这些电气设备经常由不熟悉电气的人们所接触和使用。如果一旦因未采取安全措施而发生事故，将产生电击，甚至烧毁设备或危及人身安全的事故。为了确保配电系统及其电气设备的安全运行和使用，必须采取适当措施。接地是常用的一种有效方法，因为大地是可导电的地层，其任何一点的电位通常取为零，即零电位；如果将电气设备的金属外壳与大地相连，这时金属外壳就接近零电位。即使在故障情况下，例如电气设备因绝缘破坏造成破壳短路，由于金属外壳已与大地作了良好的

电气连接,则金属外壳与大地间的电位差很低,人与之接触,通过人体的电流也很小,不会产生病理性效应,从而保证了人身安全。

将配电系统中可接地的一点(一般为中性点)进行接地,从电气安全角度看,在一定条件下可与电气设备的接地共同作用。当接地故障时,使配电系统中的继电保护设备在适当时间内动作,切断电源用以保证安全;从运行角度看,可以限制局部区域内所有绝缘的导电体之间的电位差和限制系统出现过电压,确保继电保护装置动作,稳定系统运行,防止系统振荡。电气设备可以直接接地,也可以通过导线连接到配电系统已接地的中性点上:电气设备和配电系统的几种接地组合称为配电系统的接地制式。接地制式的基本组成,就是电气设备和配电系统两部分。其中,电气设备的接地组成部分在各种接地制式中大致相同,随着接地系统范围不同而稍有差异。电气设备的接地组成部分如图 7.1 所示。

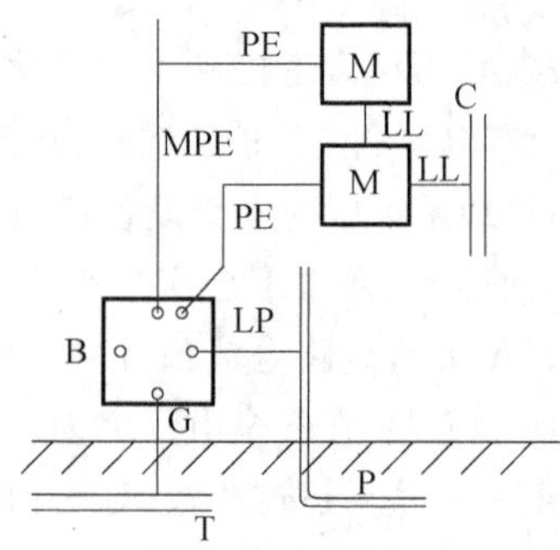

图 7.1　电气设备的接地组成示意图

(1)接地体(T):与大地地层土壤紧密接触,并与大地形成电气连接的一个或一组导体。

(2)外露导电部分(M):电气设备能触及的导电部分;正常时不带电,故障时可能带电,通常为电气设备的金属外壳。

(3)外界导电部分(C):不属于电气设备本身的导电部分,但可引入电位,一般是地电位,如建筑物的金属结构。

(4)主接地端子板(B):一个建筑物或部分建筑内各种接地(如工作接地、保护接地等)的端子和等电位连接线的端子的组合:如成排排列则称为主接地端子排。

(5)保护线(PE):为了防止电击,要求将设备外露导电部分、装置外界导电部分、主接地端板、接地干线、接地体、电源接地点或人工接地点进行电气连接的导体;其中连接多个外露导电部分的导体称为保护干线(MPE)。

(6)接地线(G):将主接地端子板或将外露导电部分直接接到接地体的保护线。连接多个接地端子板的接地线称为接地干线(MT),MT 用于大的接地系统(图 7.1 中未标出)。

(7)等电位连接线:将保护干线、接地干线、主接地端子板、建筑物内的金属管道(图 7.1 所示的金属水管 P)以及可作利用的金属构件、集中采暖管和空调系统的金属管道连接起来的导体,称为主等电位连接线(LP)。若上述连接线只用于一套电气设备、一个场所的称为辅助等电位连接线(LL)。等电位连接线在系统正常运行时不流通电流,只有在故障时才流过故障电流。

7.1.3　用电设备不接地容易发生火灾

用电设备完善的保护接地措施,不但对减少电击事故的发生、保护人身和设备安全非常必要,还对防止电气火灾十分重要。随着国民经济的迅速发展和用电量的不断增大,近年来电气火灾发生次数呈上升趋势,且电气火灾在火灾中所占百分数也逐年增大。为降低电气火灾发生率,电气工作者对接地故障这类隐蔽而危险的起火源应给予更多的注意和防范。

1. 用电设备不接地容易发生火灾

如图 7.2 所示,用电设备 M 未作接地措施。当设备绝缘破损发生单相对地短路时,接地故障电流 I_K需经设备与地面的自然接触电阻和电源的接地体电阻 R_S通向电源中性点。因为自然接触电阻很大,故障电流小,不足以使熔断器或低压断路器等继电保护电器动作,致使接地故障点发生的电火花或电弧得以持续存在,引燃附近易燃物质,造成火灾。与此同时,用电设备所带危险电压经线路金属套、管或电缆金属外皮蔓延使这些部位对地带危险电压。如果它和与大地有连接的金属物体(如水暖管道、金属建筑结构等)发生碰撞,就可能在这些地方产生电火花(俗称打火)或电弧。需要说明,建立电弧时,击穿空气的电场强度需 30 kV/cm,但不同电位的带电导体碰撞后再分离可燃弧,20 V/cm 的电场强度即可维持电弧;这时 2～ 20 A 的电流可产生局部高温,完全可以引燃易燃物质,尤其是充满易燃粉尘的场所,更具发生火灾危险性。因此,电气设备外壳不接地是个火灾隐患。

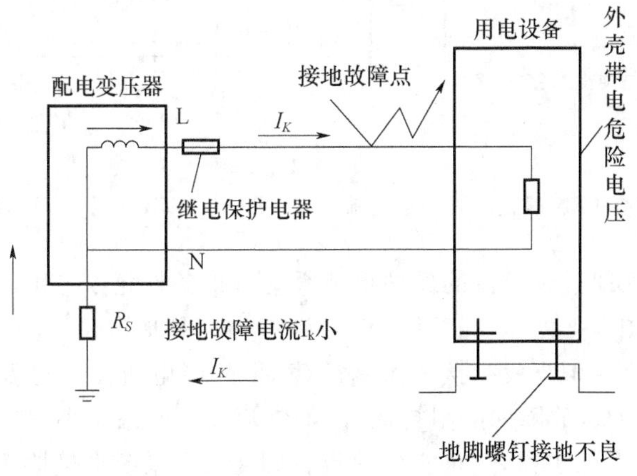

图 7.2　用电设备不接地的危险示意图

2. 几种保护接地系统的防火安全程度

电气设备可靠接地可降低对地故障电压，也为上述的继电保护电器提供了低阻故障电流通路；致使其能迅速切断故障电路，大大减少火灾发生的危险。保护接地系统有多种，其防火安全程度不尽相同。其中 TN-C 系统，即过去常说的保护接零系统。其中性线（N 线）和保护线（PE 线）是合用一根线的，如图 7.3 所示。此线（PEN 线）通过三相不平衡电流或单相负荷电流，因此这根线上有电压降，其对地电压有时可达几十伏。电气设备外壳和敷线金属套管正常时都带此电压，可能对地打火，仍然不安全，所以在有火灾和爆炸危险的场所不应采用 TNC 配电系统。图 7.3 中虚线所示为 TNC 系统架空线路相线坠地的情况，如果相线落在一般地面上，因接触电阻 R_E 较大、接地故障电流小，不能使线路继电保护电器动作，故障得以持续存在。如果相线对地打火而近旁有易燃物质，它可能引起火灾。TNC 系统中，PEN 线安装不牢固易发生断线故障。若断在单相线路上，此时 220 V 相电压将通过设备内绕组延伸到设备外壳上，招致更大的火灾和电击危险。因此，采用 TN-C 系统时应注意线路架设要牢固：并注意按机械强度要求选择导线截面积，确保运行安装。如图 7.4 所示，在 TN-S 系统中 N 线和 PE 线是分开的，N 线对地绝缘；PE 线专于接地。在此系统内，因 PE 线不通过上述三相不平衡电流或单相负荷电流，正常工作时设备外壳不带电压，所以上述危险可以大大减少。但接地回路设置不善则潜在危险。如设备 PE 线引出端子“F”处螺栓松动，平时不影响使用，也不易察觉；但一旦用电设备或线路发生接地故障时，虚接处的接触电阻抑制了故障电流，使继电保护电器不能动作，虚连打火现象持续存在。如果此时附近有易燃物质，火花高温极易使其烤燃着火。就防火而言，TN 配电系统的安全程度较差。

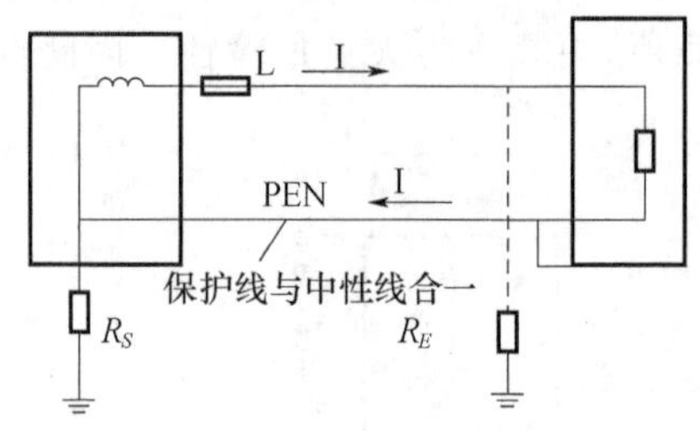

图 7.3　TN-C 系统 PEN 线正常时通过电流

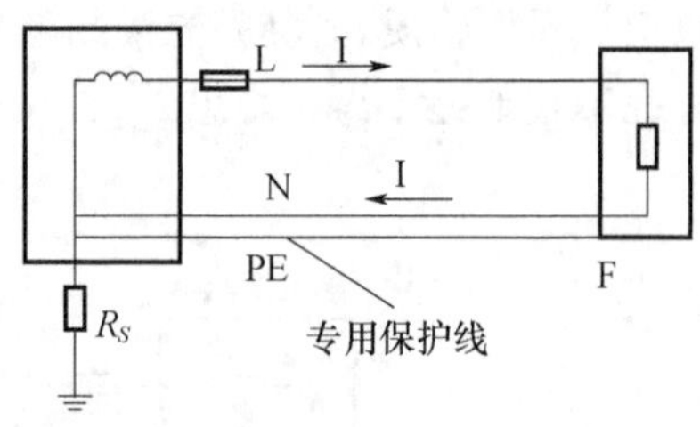

图 7.4　TN-S 系统 PE 线正常时不通电流

在 TT 系统内（即过去常说的保护接地系统），设备外壳以专用的接地体接地，与电源无电气联系，如图 7.5 所示。正常工作时设备外壳是地电位。不可能产生电火花或电弧，因此更为安全。但当发生接地短路故障时，故障电流需通过设备接地体电阻 R_E 和电源接地体电阻 R_S，故障回路阻抗大，故障电流比 TN 系统小，往往需要装设对接地故障灵敏度高的漏电保护器，这是它的缺点。即在 TT 系统中接地安装很完善，但保护电器动作不灵敏，不能切除接地故障，火灾危险依然存在。

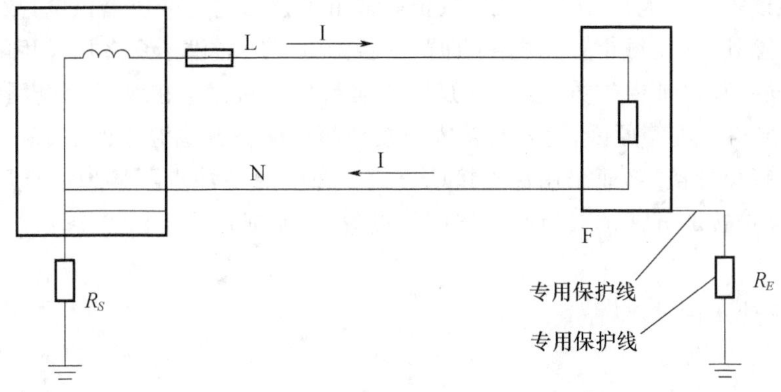

图 7.5　TT 系统 PE 线与大地同电位

最为安全的是 IT 系统，不仅用电设备设有专用接地体，其电源还与大地绝缘（或经高阻抗接地），如图 7.6 所示。它不宜配出中性线（N 线）。当系统内发生接地故障时，故障电流仅是线路对地电容电流，其值甚小，不形成电火花和电弧。因此不需要切断电源，不影响供电，只须发出信号及时排除接地故障即可，所以多用于矿井等特殊要求的场所。

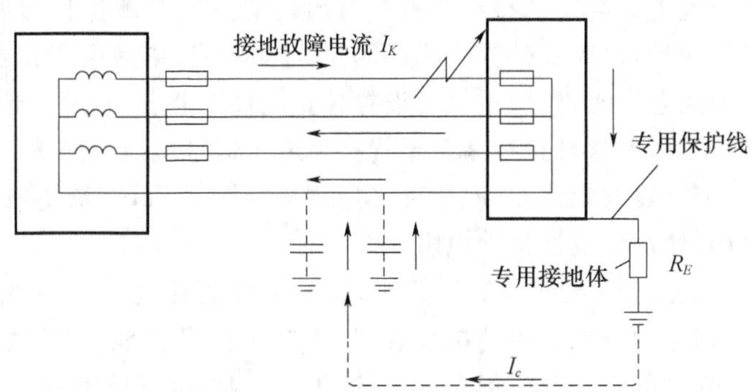

图 7.6　IT 系统接地故障时 PE 线只通过电容电流

7.1.4　电气设备的接地方式取决于供电情况

电气设备选用保护接零还是采用保护接地方式，主要取决于配电系统的中性点是否接地、低压电网的性质及电气设备的额定电压等级。在电源中性点有良好接地的低压配电系统中，应优先选用保护接零方式（采用保护接零后，设备发生单相接地故障时，故障电流经零线与相线构成回路；因为零线阻抗很小，短路电流将很大，足能使低压断路器可靠动作或熔丝熔断，迅速切除故障。为了防止零线断线、减少接触电压，同时要进行保护零线重复接地)。大多数工厂、企业都由单独的配电变压器供电,故均属此类。但下列情况除外:凡属城市公用电网,即由一台配电变压器供给众多用户用电的低压网络,应采用同一种接地保护方式,且常是统一实行保护接地;在农村配电网络内,因不便于统一、严格管理等原因,为避免接零与接地两种保护方式混用而引起事故,所以规定一律不实行保护接零,而采用保护接地方式。在电源中性点不接地的低压配电网络中,应采用保护接地方式。对所有高压电气设备,一般都是采用保护接地。

7.2 防雷接地

7.2.1 接地和接地装置的基本概念

18 世纪富兰克林为避雷针防雷提出防雷接地,希望接地电阻愈小愈好,测量接地电阻时并没有考虑用什么样的电流。19 世纪末 20 世纪初电力输送网建立起来后,要求妥善解决电力系统的接地问题,这种接地称为安全接地,接地装置比较庞大,在地下用钢材组成接地网,尽可能降低接地电阻,测量接地电阻使用的电流当然是电力系统的工频电流,这样测量所得的电阻值称之为工频接地电阻,使用的仪器是摇表式的,摇表所产生的是工频交流电。与安全接地几乎同时出现的是电学测量仪器的发展,需要把精密测量仪的外壳接地,以减少外界干扰。20 世纪 40 年代以后电子仪器迅速发展,机壳接地防止干扰的问题突出,实验室需要设置独立的接地装置,这种接地并不通过大电流,目的是为了防干扰,称这种接地为防干扰接地或叫信号接地。随着邮电通信事业的发展,防干扰是一个重要技术需要,测这种接地用直流就可以,直流电有一个极化电压引起的误差,所以就使用摇表测接地电阻。

20 世纪 80 年代迅速发展起来的计算机,需要良好的接地,以防止干扰,在设置计算机系统时,必须相应的设置专用的接地装置,也属于信号接地,或称逻辑地。随着微电子技术的发展,静电的危害与之俱来,在石油化工行业,也频繁发生静电引发的大火,为了泄放各种绝缘物及工作人员身上的静电,出现第四种接地,即防静电接地。

以上各种接地是相互独立发展的,一个建筑物要设置几种接地系统,各有各的目的和需要,相互间会发生影响,20 世纪 80 年代以后防雷接地极由于闪电入地造成对电子设备和电力设备的反击频频出现,因此如何处理这些接地,就成为一个困扰的难题,防干扰的接地要求单点接地,而安全接地特别是防雷接地要求多点接地,二者是矛盾的。

防雷接地与电力系统的安全接地是比较相似的,可以统一起来,成为一个接地网。但是也有差异,那就是对接地电阻值的规定问题,闪电入地有火花效应,接地极表现出来的电阻与用摇表测出的工频接地电阻值不同,而应是另一个值,称之为冲击接地电阻。20 世纪 90 年代以后,关于接地的问题,研究讨论较多,近来的认识已趋向一致,即认为应该把接地统一起来成为一个接地网，形成等电位。如微波站、机房与微波天线塔各有接地装置，也要作等电位连接，变为一个整体，从而使地电位在闪电入地时，共同升高，避免了反击，但是这样统一的接地，对计算机网络而言，在平常无闪电时，会产生干扰，所以现在流行的办法是把防干扰接地单独设置，与安全接地隔离开来，但在其间设一个低压避雷器或火花隙，当闪电击中避雷装置入地时，两者有瞬间接通，短时间内成为等电位。

7.2.2　接地电阻

接地电阻是由两部分组成，第一部分是金属接地电极，它在冲击电流下既有电阻，也有电感，所以对于冲击电流所表现出来的，既有电阻，又有感抗，感抗与冲击电流的波形有关，它实际上表现为阻抗，而不是纯电阻，其电阻部分是服从欧姆定律的，与闪电的强度无关。第二部分是闪电电流进入大地时表现出来的电阻，与电流的分布情况、土壤的成分状况和闪电的强度有关，很复杂，这部分电阻称之为流散电阻或散流电阻，这部分电阻值是占主要的，它不服从狭义的欧姆定律，或者说它是与电流的大小紧密相关的非线性电阻。

接地电阻主要决定于散流电阻，是非线性的，与闪电电流的峰值和波形有关，不是纯电阻。实际上测量一个具体的接地装置的冲击接地电阻的真正值是几乎不可能的，用模拟雷电电压测量，则要把庞大的冲击高电压设备搬上去，困难很大，而它与实际上的闪电仍有差异，从理论研究上考虑，则是有可能的，那就是使用特殊设计的高压脉冲记忆示波器来记录闪电入地瞬间的电流及电压波。从防雷规范的要求看，并不需要这种精确性，因为雷电本身的发生是概率性的，只需根据长期观测统计的情况，做出一个相对来说比较安全又经济的安全标准就可以了，以后可以根据实践情况不断修改就是了。

7.2.3　工作接地、保护接地与防雷接地

电气设备需要接地的部分与大地的连接是靠接地装置来实现的，它由接地体和接地引线组成。接地体有人工和自然两大类，前者专为接地的目的面设置，而后者主要用于别的目的，但也兼起接地体的作用，例如钢筋混凝土基础、电缆的局部外皮、轨道、各种地下金属管道等都属于天然接地体。接地引线也有可能是天然的，例如建筑物墙壁中的钢筋等。

电力系统中各种电气设备的接地可分为以下三种：

1. 保护接地

为了保护人身安全，无论在发、配电还是电力系统中都将电气设备的金属外壳接地，以保证金属外壳经常固定为地电位，一旦设备绝缘损坏而使外壳带电时不致有危险

的电位升高引起工作人员触电伤亡。在正常情况下接地点没有电流流入，金属外壳保持地电位，但当设备发生故障而有接地短路电流流入大地时，接地点和它紧密相连的金属导体的电位都会升高，有可能威胁到人身安全。

人所站立的地点与接地设备之间的电位差称为接触电压(取人手触摸设备的 1.8 m 处，人脚距离设备的水平距离 0.8 m)。人的双脚着地点之间的电位差称为跨步电压(取跨距为 0.8 m)。它们都有较高的数值使通过人体的电流超过危险值(一般规定 10 mA)减小接地电阻或改进接地装置的结构形状可以降低接触电位和跨步电位。

2. 工作接地

根据电力系统正常运行的需要而设置的接地，例如三相系统的中性点接地，双极直流输电系统的中点接地等。它所要求的接地电阻值在 0.5～10 Ω 的范围内。

3. 防雷接地

用来将雷电流顺利泄入地下，以减小它所引起的过电压，它的性质似乎介于前面两种之间，它是防雷保护装置不可或缺的组成部分，这有些像工作接地；它又是保障人身安全的有力措施，而且只有在故障条件下才发挥作用，这又有些像保护接地，它的阻值一般在 1～10 Ω 的范围内。

对工作接地和保护接地而言，通常接地电阻是指流过工频或直流电流时的电阻值。这时电流入地点附近的土壤中均出现了一定的电流密度和电位梯度，所以已不是电工意义上的“地”。

防静电接地：为防止静电对易燃、易爆，如易燃油、天然气储藏和管道的危险作用而设的接地。

接地极：埋入地中并直接与大地接触的金属导体，称为接地极。兼作接地极用的直接与大地接触的各种金属构件、金属井管、钢筋混凝土建(构)筑物的基础、金属管道和设备，称为自然接地极。

接地线：电气装置、设施的接地端子与接地极连接用的金属导电部分。

接地装置：接地线和接地极的总和。

接地网：由垂直和水平接地体组成的供发电厂、变电所所使用的兼有泄流和均压作用的网格状接地装置。

集中接地装置：为加强对雷电流的散流作用，降低地面电位梯度而敷设的附加接地装置，一般由 3～5 根垂直地极组成，在土壤电阻率较高的地区，则敷设 3～5 根放射形水平接地极。

接地电阻：接地极或自然接地极的对地电阻和接地线电阻的总和，称为接地装置的接地电阻。接地电阻的数值等于接地装置对地电压与通过接地极流入地中电流的比值。按通过接地极流入地中工频交流电流求得的电阻，称为工频接地电阻。

接地电阻 R_e 是表征接地装置功能的一个最重要的电气参数。严格说来，接地电阻包括四个组成部分，即：接地引线的电阻、接地体本身的电阻、接地体与土壤间的过渡（接触）电阻和大地的溢流电阻。不过与最后的逆流电阻相比，前三种电阻要小得很多，一般均忽略不计，这样一来，接地电阻 R_e 就等于从接地体到地下远处零位面之间的电压 U_e 与流过的工频直流电流 I_R 之比，即

$$R_e=\frac{U_e}{I_e} \tag{7.3}$$

7.2.4　冲击接地电阻

冲击电流或雷电流通过接地体流向大地时，接地体呈现的电阻叫做冲击接地电阻，冲击接地电阻与工频接地电阻不同，其主要原因是冲击电流的幅值可能很大，会引起土壤放电，而且冲击电流的等效频率又比工频高得多，当冲击电流进入接地体时，会引起一系列复杂的过渡过程，每一瞬间接地体呈现的有效电阻值都有可能有所不同，而且接地体上最大电压出现的时刻不一定就是电流最大的时刻。为了使冲击接地电阻 R_{ch} 有一明确的定义，通常定义为

$$R_{ch}=\frac{U_m}{I_m} \tag{7.4}$$

式中：U_m——接地体上的最大电压；

I_m——流过接地体的最大电流。

由于 U_m 和 I_m 出现的时刻可能不同，所以 R_{ch} 并无实际上的物理意义，但是这一定义在工程上使用很方便，因为我们感兴趣的是在一定的 I_m 下接地体上的最大电压 U_m 是多少，而这在 R_{ch} 已知的条件下马上可以算出来。

在某些情况下，为了数字处理，有时也把在雷电流波头时刻（$t=2.6\ \mu s$），接地体呈现的电阻作为冲击接地电阻，而对于某一特定 t 值的冲击接地电阻将加以说明。

对于单一的集中接地体，由于尺寸不大，谈不上有什么显著的波过程，即在讨论其冲击接地电阻时，不需要考虑它的电感与电容，可以认为其冲击接地电阻与冲击波的频率无关。此时使得冲击接地电阻与工频接地电阻不同的主要因素是：强大的冲击电流流入土壤后会形成很强的电场，使土壤发生强烈的局部放电现象。一般土壤由于是不均匀媒质，所以其耐压强度只有 8.5 kV/cm 左右，在 $\rho=100\ \Omega\cdot m$ 时使土壤放电的电流密度为：

$$J=\frac{8.5\times10^3}{100\times10^2}=0.85(A/cm^2) \tag{7.5}$$

如果接地极长 3 cm，直径 4 cm，则其表面面积为 $300\pi\times4=3770(cm^2)$，所以在 $I\approx 0.85\times3770\approx3200(A)=3.2(kA)$ 时，其周围土壤即已发生放电现象。实际上由于电流场不均匀，在更小的雷电流下已能发生土中的放电现象。实验表明：当单根水平接地体的电位为 1000 kA 时，火花放电区域的直径可达 70 cm。实际常遇到雷电流总值在 10 kA 或数十千安以上，这时在土中形成的强烈放电可使土壤的等值电阻率 ρ_d 大为减小，也可以

认为 ρ_d 不变,但接地体的等值直径已大为增加,所以此时接地体的冲击接地电阻将比工频接地电阻小。以上所述,显然适用于尺寸不大的复合集中接地体的情况(例如由 3～5 根2.5 m长的垂直接地极或由 3～5 根 10 m 长的水平接地极所组成的复合接地装置)。

冲击接地电阻 R_{ch} 与工频接地电阻 R_g 的比值,称为接地体的冲击系数 α,对集中接地体来说,α 一般小于 1,但对长度很大的延长接地体来说,由于其电感效应,α 也可能大于 1。α 值一般由实验方法求得,在缺乏准确数据时,集中的人工接地体或自然接地体的冲击系数 α 可按下式计算:

$$\alpha=\frac{1}{0.9+\beta\frac{(I\rho)^m}{l^{1.2}}} \tag{7.6}$$

冲击接地电阻 R_{ch} 为

$$R_{ch}=\alpha R_g \tag{7.7}$$

式中:I 为冲击电流幅值(kA);ρ 为土壤电阻率(kΩ · m);l 为垂直或水平接地体的长度,或环形闭合接地体的直径,或方形闭合接地体的边长(m);β、m 为与接地体形状有关的系数,对垂直接地体有 $\beta=0.9$,$m=0.8$,对水平及闭合接地体有 $\beta=2.2$,$m=0.9$。

由 n 根接地体并联成的复合接地体的冲击接地电阻 R_{chn} 也可由各个接地体的冲击接地电阻 R_{ch} 与冲击利用系数 η_{ch} 求得,即

$$R_{chn}=\frac{R_{ch}}{n\eta_{ch}} \tag{7.8}$$

式中:η_{ch} 一般取为工频利用系数 η 的 90%,但拉线棒拉线盘间以及铁塔的各基础间应取 η 的 70%。

冲击电流通过接地体散流的情况比较复杂,主要特性如下:

(1)由于冲击电流相当于高频电流的情形,因此,除接地体的电阻和电导外,接地体的电感和电容均对冲击阻抗发生作用。其作用大小,决定于接地体的形状、冲击电流的波形幅值以及地的电气参数 ρ 和 ε。

(2)当接地体表面的电流密度达到某一数值时,会产生火花放电现象,其结果相当于接地体的直径加大了一些。

(3)冲击电流在地中流动时,由于高频电流的集肤效应,不像直流电那样可以穿透无限深处的地层,也不像工频电流那样可以穿透地的有限深度,而是在距地面不太深的范围内流动。

(4)地的两个点性能参数 ρ 和 ε,特别是地电阻率在高频的情况下,并非像工频那样可以近似为常数,而是在很大程度的向减小的方向变化。

(5)接地体周围的电场强度达到某一数值时,电压和电流不再是线性关系,而是表现为非线性。

第一种特性对冲击接地可能不利(当 ρ 较小时),也可能有利(当 ρ 很大时)。

冲击电流通过接地体的最初瞬间,冲击阻抗与接地体的稳态过工频接地电阻无关,这时接地体的波过程起主要作用,冲击阻抗等于波阻。当波往接地体深处运动时,在波电流上将附加着土壤的传导电流,这时接地体的冲击阻抗主要由接地体的电感和土壤的电导来决定的。这个过程称为"电感—电导"泄流过程。最后,当电流不再变化时,电感可以略去不计,冲击阻抗才表现出电阻的性质,趋近于稳态或工频接地电阻。

任何一个接地体,只要是在冲击电流或电压作用下,均表现出波的过程——"电感—电导"泄流过程。对于水平网状接地体和垂直集中接地体,各个过程的长短不一样,只是对集中接地体,因时间极短,可以忽略不计,因而对于集中接地体,只考虑电阻过程;一般电阻率地区的水平长接地体,只考虑"电感—电导"泄流过程;特高电阻率地区的水平接地体还要考虑波过程。

7.2.5 冲击电位分布

在独立避雷针附近和一些高层建筑物的进出口处,为了验算冲击跨步电势对人体的电击伤害,需要计算地面冲击电位分布。但由于受到接地体形状、地层电阻率和介电系数的分布以及雷电流波形和集肤效应等复杂因素的影响,要用解析的方法直接计算地面冲击电位分布是比较困难的。因此,常用试验的方法是将测量的冲击电位分布和工频电位分布加以比较,以便得出冲击电势的估算式。

在接地体附近冲击电位的梯度比工频电位的梯度大,这是因为冲击电流通过接地体时,接地体附近的阻抗区除有工频电流相似的电阻分量外,由于磁场和集肤效应的作用,还包括了较为显著的与频率有关的电阻和电感分量,故电位梯度较大;离开接地体愈远,由于电流通过的地层截面增大,后一分量所占的比例显著减小,因而地面冲击电位分布和工频电位分布相似。这种相似性提供了用测量工频接地电阻的方法来测量冲击接地电阻的可能性。

通过对试验数据的分析统计,还可以做出一个近似的估计,避雷针附近和高层建筑物的进出口地面上的最大冲击跨步系数 K_{chk} 可按下式计算:

$$K_{\mathrm{chk}}=2K_k \tag{7.9}$$

式中:K_k 为工频跨步系数。

人体允许的冲击电流可用下式估算:

$$i_{\mathrm{ch}}=\frac{165}{\sqrt{t}} \tag{7.10}$$

式中:t 为雷电流波头时间(μs)。

试验证明:只要在雷电时,人体不是直接接触避雷针本体或避雷针的接地引下线,而是偶然接触其他与避雷针接地装置连接的设备或金属构件的接地部分时,一般都无危险的电击伤害。

在距避雷针接地体 3 m 的范围内，由于冲击电位梯度大，对人体有危险是由跨步电压引起的电击伤害。

因此，独立避雷针不应设在人经常通行的地方，避雷针及其接地装置与道路出入口的距离不宜小于 3 m，否则应采取均压措施，或铺设砾石或沥青地面。

对于装设在发电厂和变电所屋外配电装置构架上的避雷针，如果已经按照工频接地的要求采取了均压或高电阻率的路面构层等安全措施时，就可以认为在冲击的情况下也能保证安全，不必另加措施。否则，当有人员可能进入 3 m 的范围内时，就应采取均压或高电阻率的地面结构层等措施。

当雷电流经构架避雷针(线)的接地引下线进入发电厂、变电所的接地网，再经接地网流入大地时，会造成接地网的局部电位升高，地网附近的电缆沟内往往有二次保护、计量、通信、控制等低压电缆，如果地网局部电位升高超过一定数值，接地体的电缆起火，形成灾难性的事故。

针对冲击电流的冲击电位分布情况，对发电厂、变电所的接地网应采取针对性的措施。如：改善地网的均压；在防雷设备，如构架避雷针(线)的接地处，加强集中接地；对电缆沟要另附均压地带，并每隔 5 m 与电缆沟内的接地扁钢相连一次，对二次电缆，特别是屏蔽电缆的一点接地要正确。

试验证明：屏蔽电缆的一点接地要选在低压控制仪器处而在被控制的一次设备处悬空；反之，就可能把接地网的局部电位升高产生的高电压经屏蔽电缆的接地引到控制仪器，再经电容的耦合作用将控制仪器击坏。

7.3　接地装置

接地装置是连接电气设备、电气装置与大地间的过渡装置，它是专为泄流雷电流和接地短路电流设置的，即将设备需接地的部分与大地之间连接起来的装置，包括接地体和接地线两部分。电力设备的接地装置，一般是由自然接地体和人工接地体构成的。自然接地体包括埋于地下的金属水管和其他各种管道、建筑物和构筑物的地下金属结构和金属电缆外皮等；人工接地体通常是由垂直埋设的棒形接地体和水平接地体组合而成。棒形接地体可以采用钢管、角钢或槽钢，水平接地体可以采用扁钢或圆钢。

7.3.1　接地装置的分类及布置

接地装置是将需接地的部分与大地之间连接起来的装置，完整的接地装置应由接地体和接地线两部分组成，而接地线又分为接地干线和接地支线两种。每一接地装置的具体结构，应根据使用环境、技术要求和安装形式而定。接地装置以接地体的数量多少来分类，有以下 3 种组成形式。

1. 单极接地装置

简称单极接地，由一支接地体构成，适用于接地要求不太高而设备接地点较少的场所。它的具体组成是：接地线一端与接地体连接，另一端与设备接地点直接连接，如图 7.7a 所示：如果有几个接地点时，可用接地干线逐一将每一分支接地线连接起来，如图 7.7b 所示。

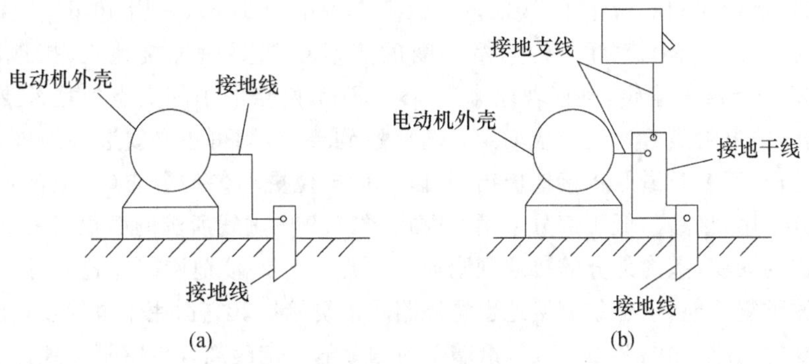

图 7.7　单极接地装置的组成示意图

(a)单台设备时；(b)两台设备以上时

2. 多极接地装置

简称多极接地，由两支或两支以上接地体构成，应用于接地要求较高而设备接地点较多的场所，以及用来达到进一步降低接地电阻的目的，多极接地装置的可靠性较强，应用较广，有些供电部门规定，用户的低压保护接地装置一律须采用这种结构，不准采用单极接地装置。多极接地装置是将各接地体之间用扁钢或圆钢连成一体，使每支接地体形成并联状态，从而减少整个接地装置的接地电阻。多极接地装置的组成形式如图 7.8 所示。

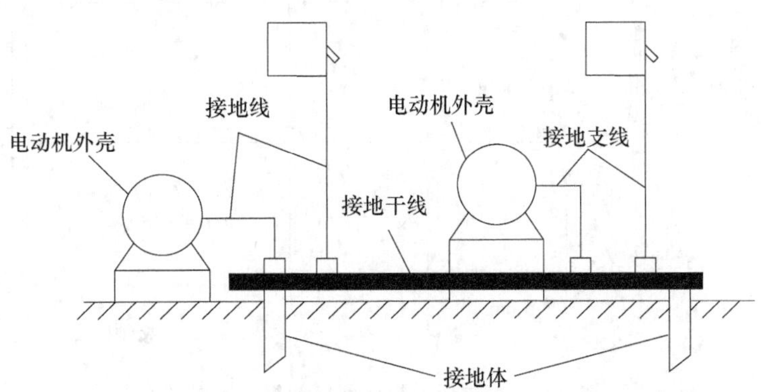

图 7.8　多极接地装置的组成示意图

3. 接地网络

简称接地网，由多支接地体按一定的排列顺序相互连接所形成的网络。通常说的“接地网”是发电厂、变电站内埋于地下一定深度，由金属连接成格状或网状的接地体的总称。接地网络常应用于发电厂、变电站和配电所以及机床设备较多的车间、工厂或露天加工场等场所。工矿企业变电所多采用网格式接地，如图 7.9 所示。网格间的距离为 5～6 m(为了减小接地棒间的屏蔽作用，接地棒间距离不应小于 5 m)，采用 40 mm×4 mm 扁钢或直径为 10 mm 圆钢作为网格，网格外圈的交点处都要埋设接地极，接地极可采用 38 mm× 2500 mm 的扁钢，网格埋地深 0.6～0.8 m，网格的中间交点处是否要装设接地极，则根据接地电阻是否达到要求而定。若已达到要求，则可不必安装接地极，否则应适当装设接地极，安装时最好将接地极错开，以求得电位更均匀地分布(工矿企业变电站多为高压部分采用户外式，低压部分采用户内式，图 7.9 中虚线所围的面积即表示变电站户外部分所占的面积，室内部分的接地网则通过两点与户外接地网络相连)。图 7.10 所示为网络式的重复接地，这种重复接地也称环路式重复接地。它适用于电气设备固定、且安全要求较高的场所，如图 7.10 所示，沿墙壁内侧每隔一定距离埋设钢管接地棒，并用扁钢把钢管接地棒连接成一个整体。这时接地网络内如有设备发生碰壳，虽然设备对地电压仍然较高，但网络内对地电位的起伏不大，人的接触电压和跨步电压都是很小的，这就大大地降低了触电的危险。为了使对地电压分布更加均匀，通常还将这些自然接地体，如自来水管、建筑物的金属结构等同接地网络连接在一起。总之，接地网既满足设备群的接地需要，又加强了接地装置的可靠性，也降低了接地电阻。

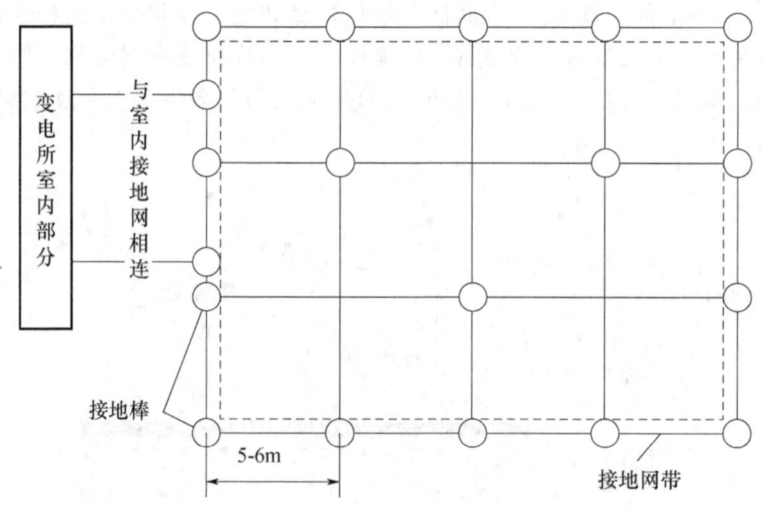

图 7.9　变电所的接地网络的组成示意图

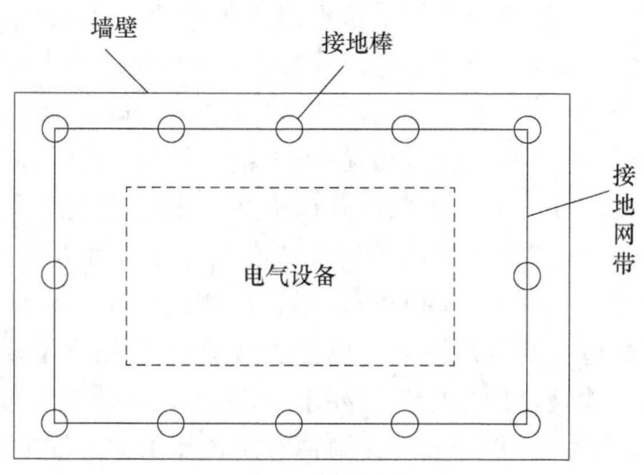

图7.10　网络式重复接地示意图

接地装置根据接地电阻值的要求及施工现场实际情况来分类有多种型式，例如独立避雷针的接地装置型式为一个等边三角形，边长5 m，每角处设置垂直接地体一支，三支垂直接地体用水平接地体相连接后引至避雷针支承体的接地螺栓上，与避雷针接地引线相连接。变电站、配电所、车间和作坊的接地装置，通常采用复合式环形闭合接地网，沿建筑物四周每隔5 m左右埋入垂直接地体，然后用水平接地体焊接连成环形闭路，按具体需要引出若干接地引线供连接设备的接地线用。原则上接地装置各垂直接地体之间的距离不小于5 m，以免因距离过近互相屏蔽，影响接地电流向外扩散。所有接地体均应埋在冻土层以下，一般情况下，接地体埋深不应小于0.5 m。接地体布置在地下0.5～0.8 m，不仅可以防止机械损伤，而且可以改善接地体地面电压分布。为了保证接地体具有足够的机械强度，对埋于地下的接地体，为免于腐蚀锈断，钢接地体最小尺寸见表7.1。对于有强烈腐蚀性的土壤(即土壤电阻率$\rho \leqslant 10^4\ \Omega \cdot cm$以下的潮湿土壤)应使用较大截面积的导体或将导体镀锌。若不镀锌，则圆钢直径应大于12 mm，钢管壁厚大于5 mm，扁钢尺寸大于40 mm× 4 mm。

表7.1　钢接地体最小尺寸表

名称	建筑物内	屋外	地下
圆钢直径/mm	5	6	8
扁钢界面/mm^2	24	48	48
扁钢厚度/mm	3	4	4
角钢厚度/mm	2	2.5	4
钢管壁厚/mm	2.5	2.5	3.5

电力设备接地装置的布置方式与土壤电阻率的大小有关：当土壤电阻率小于 3×10^4 Ω·cm 时，因电位分布衰减较快，宜采用以棒形垂直接地体为主的简单棒带接地装置；当土壤电阻率大于 3×10^4 Ω·cm 而小于 5×10^4 Ω·cm 时，因电位分布衰减较慢，应采用以水平接地体为主的棒带接地装置；当土壤电阻率在 5×10^4 Ω·cm 以上时，因电位分布衰减更慢，采用伸长形的接地带效果更好。此外，接地装置埋设位置应在距建筑物 3 m 以外的地方。当埋设在距建筑物入口或人行道的距离小于 3 m 的地方时，应在接地装置上面敷设 50～80 mm 厚的沥青层。接地装置应安装在土壤电阻率较低的地方，并应避免靠近烟道或其他热源处。以免土壤干燥，电阻率增高。若必须设在土壤电阻率较高的处所，不能满足接地电阻值要求时，可用人工处理土壤的方法来降低土壤电阻率。接地体不应在垃圾、灰渣及对接地体有腐蚀作用的土壤中埋设，接地线的敷设位置应不妨碍设备的拆除和检修。对于大型接地网，为了便于分别测量接地电阻值，在适当地点还应设立测量井。总之，接地装置的型式及布置应根据所要求的接地电阻值、土质情况和地形条件等来计算确定。

7.3.2　接地装置的技术要求

接地是经接地装置与地连接的。接地电阻是指接地装置对大地的电位与接地电流的比值。所谓良好的接地首先是指达到规定的接地电阻值。接地电阻是接地装置技术要求中最基本也是最重要的技术指标。对接地电阻的要求，一般根据以下几个因素决定：需接地的设备容量。容量越大，接地电阻应越小。凡所处地位越重要的设备，接地电阻就应越小；需接地的设备工作性质不同，要求也不同。如配电变压器低压侧中性点工作接地的接地电阻就比避雷器工作接地的要小些。被接地设备的数量越多或者价值越高，要求的接地电阻也就越小。几台设备共用的接地装置，它的接地电阻应以接地要求最高的一台设备为标准。总之，原则上要求接地装置的接地电阻越小越好，但也应考虑经济合理，以不超过规定的数值为准。

为确保接地装置在运行中能发挥应有的作用，各类接地电阻允许值均应符合规程要求，见表 7.2。其中发电厂、变电站及其他电力设备接地网的接地电阻值，在我国的接地规程中规定，接地短路电流系统的电力设备，其接地装置的接地电阻，应符合下式要求：

$$R_{ed}=\frac{2000}{I_d} \tag{7.11}$$

式中：R_{ed}——考虑到季节变化影响的最大接地电阻，Ω；

I_d——流经接地装置的最大稳态短路电流，A；

当 $I_d>4000$ A 时，取 $R_{ed}\leqslant0.5$。

表 7.2　各类接地电阻允许值的规定

序号	电气装置名称	接地的电气装置特点	接地电阻(Ω)
1	1 kV 以上的大接地短路电流系统	仅用于该系统的接地装置	$R_{ed}=\frac{2000}{I_d}$ 当 $I_d>4000$ A 时，取 $R_{ed}\leqslant 0.5$
2	1 kV 以上的小接地短路电流系统	仅用于该系统的接地装置	$R_{ed}=\frac{250}{I_d}$ 且 $R_{ed}\leqslant 10$
3		与 1 kV 以下系统共用的接地装置	$R_{ed}=\frac{120}{I_d}$ 且 $R_{ed}\leqslant 10$
4	1 kV 以下系统	总容量在 100 kVA 以上的发动机或变压器相连的接地装置	$R_{ed}\leqslant 4$
5		上行装置的重复接地	$R_{ed}\leqslant 10$
6		与总容量在 100 kVA 以下的发动机或变压器相连的接地装置	$R_{ed}\leqslant 10$
7		上行装置的重复接地	$R_{ed}\leqslant 30$
8	引入线上装有 25 A 以下熔断器的小容量线路和电气设备	任何供电系统	$R_{ed}\leqslant 10$
9		高低压电气设备联合接地	$R_{ed}\leqslant 4$
10		电流互感器、电压互感器二次侧接地	$R_{ed}\leqslant 10$
11		电弧炉接地	$R_{ed}\leqslant 4$
12		工业电子设备接地	$R_{ed}\leqslant 10$
13	建筑物	第一类防雷建筑物(防直击雷)	$R_{cj}\leqslant 10$
14		第一类防雷建筑物(防雷电感应)	$R_{cj}\leqslant 10$
15		第二类防雷建筑物(防直击雷、感应雷共用)	$R_{cj}\leqslant 10$
16		第三类防雷建筑物(防直击雷)	$R_{cj}\leqslant 30$
17		其他建筑物防雷电波沿低压架空线侵入	$R_{cj}\leqslant 30$
18	防雷设备	保护变电站的独立避雷针	$R_{cj}\leqslant 10$
19		杆上避雷器或保护间隙(在电气上与旋转电机无联系者)	$R_{cj}\leqslant 10$
20		杆上避雷器或保护间隙(在电气上与旋转电机无联系者)	$R_{cj}\leqslant 5$

注：R_{ed}为工频接地电阻；R_cj 为流经接地装置的单相短路电阻(Ω)；I_d为单相接地电容电流(A)。

在中性点非直接接地的小接地短路电流系统的电力设备，其接地装置的接地电阻值应符合下述要求：①高压与低压电力设备共用的接地装置 $R_{ed}=120/I_{jd}$；②只用于高压电力设备的接地装置 $R_{ed}=250/I_{jd}$。两关系式中 I_{jd} 为单相接地电容电流(即计算用的接地故障电流)，单位为 A。

为使用方便，现将各类常用的接地装置的允许接地电阻值(R)简要地归纳如下：①电源容量 100 kVA 以上的变压器或发电机的工作接地，$R\leqslant 4$ Ω。②电源容量等于小于

100 kVA的变压器或发电机的工作接地，$R \leqslant 10\ \Omega$。③100 kVA 及以下低压配电系统的保护中性线重复接地，$R \leqslant 10\ \Omega$；当重复接地有 3 处以上时，$R < 30\ \Omega$。④电气设备不带电金属部分的保护接地，$R \leqslant 4\ \Omega$；引入线装有 25 A 以下熔断器的设备保护接地，$R \leqslant 10\ \Omega$。⑤低压线路杆塔的接地或低压进户线绝缘子脚的接地，$R \leqslant 30\ \Omega$。⑥变电站、配电所母线上 FZ 型阀型避雷器的接地，$R \leqslant 4\ \Omega$。⑦线路出线段 FS 型阀型避雷器接地、管型避雷器接地、独立避雷针接地（个别可取 $R \leqslant 30\ \Omega$），工业电子设备的保护接地，均为 $R \leqslant 10\ \Omega$。⑧烟囱的防雷保护接地，$R \leqslant 30\ \Omega$（包括水塔或料仓的防雷接地的要求均同于此项）。

7.3.3　接地装置上的最大允许接触电压和跨步电压及其降低方法

在接地装置的设计中，除应满足接地电阻的要求以外，在接地网的布置上，还应使接地区域内的电位分布尽量均匀，以便减小接触电压和跨步电压。在有关电气接地规程中限定接地装置的接地电阻，实际上就是限定了接触电压和跨步电压的高低。反过来讲，从安全角度出发，限定了接触电压和跨步电压的高低，也就确定了接地电阻的大小。

发电厂、变电站或其他电力设备的接地网，如果是以水平敷设的接地体为主的接地装置时，其最大接触电压和跨步电压可用下式计算。最大接触电压为：

$$U_{\mathrm{mC}} = K_m K_i \rho \frac{I}{L}(\mathrm{V}) \tag{7.12}$$

最大跨步电压：

$$U_{\mathrm{Bm}} = K_s K_i \rho \frac{I}{L}(\mathrm{V}) \tag{7.13}$$

式中：ρ——平均土壤电阻率，Ω · m

I——流经接地装置的最大单相短路电流，A；

L——接地网中接地体的总长度，m；

K_m、K_s——与接地网布置方式有关的系数（在一般计算中取 $K_m = 1$；$K_s = 0.1 \sim 0.2$）；

K_i——流入接地装置的电流不均匀修正系数（在计算中取 $K = 1.25$）。

例：某变电站接地网，接地体的总长度为 1500 m，流经接地装置的最大单相短路电流为 1200 A，该变电站内的平均土壤电阻率为 3000 Ω · m。试确定变电站接地网的最大接触电压和跨步电压各是多少。

解：

$$U_{\mathrm{mC}} = K_m K_i \rho \frac{I}{L}(\mathrm{V}) = 1 \times 1.25 \times 300 \times \frac{1200}{1500} = 300(\mathrm{V})$$

$$U_{\mathrm{Bm}} = K_s K_i \rho \frac{I}{L}(\mathrm{V}) = 0.2 \times 1.25 \times 300 \times \frac{1200}{1500} = 60(\mathrm{V})$$

在大接地短路电流系统中，如果发生单相接地或同点相接时，其电力设备接地装置上的最大允许接触电压 U_{mC} 和跨步电压 U_{Bm} 不应大于下列数值：

$$U_{mC}=\frac{250+0.25\rho_p}{\sqrt{t}}(V) \tag{7.14}$$

式中:ρ_p——人脚站立处地表面的土壤电阻率,Ω·m

t——接地保护动作时间(即接地短路电流持续时间),s。

在小接地短路电流系统中,发生单相接地故障时,一般不迅速切除故障;此时,电力设备接地装置上的接触电压 U_{mC} 和跨步电压 U_{Bm} 应小于下列数值。

$$U_{mC}=50+0.05\rho_p(V) \tag{7.15}$$

$$U_{Bm}=50+0.2\rho_p(V) \tag{7.16}$$

上述电力设备接地装置上的最大允许接触电压 U_{mC} 和跨步电压 U_{Bm} 的计算式,是按人体通过电流允许值为 $165/\sqrt{t}$(mA)和人体电阻为 15000 时导出的。在条件特别恶劣的场所,例如矿山井下和水田中,最大允许接触电压值和跨步电压值要适当降低。

在接地装置的设计和安装,除应满足接地电阻要求外,在接地网的布置上还应使接地装置区域内的电位分布尽量均匀,以便减小接触电压和跨步电压。降低接地网上的接触电压和跨步电压的方法:一是最好采用以水平接地体为主的人工接地网,而且使水平接地体成为闭合环形。同时在环形接地网络内部加设相互平行的均压带,均压带间的距离一般为 4～5 m 为宜。其二是在一般情况下接地体的埋设深度不小于 0.6 m,为降低接触电压和跨步电压,要求水平接地体局部埋设深度不应小于 1 m(环形或成排布设水平接地体须埋设于冻土层以下),并应铺设 50～80 cm 厚的沥青层或采用沥青碎石地面,其宽度应超出接地装置 2 m 左右。第三是在被保护地区的人员入口处,即接地网的边缘经常有人出入的走道处,敷设“帽檐式”均压带。“帽檐式”均压带的布置方式和安装尺寸,如图 7.11 所示及见表 7.3。敷设两条与接地网相连接的“帽檐式”辅助均压带,能显著降低接地网上的接触电压和跨步电压。

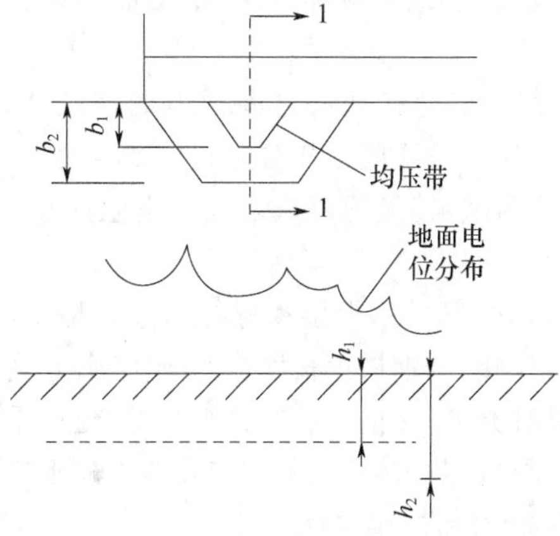

图 7.11 “帽檐式”均压带的间距和埋深示意图

表 7.3 “帽檐式”均压带的间距和埋深

间距 b_1/m	1	2	3	4
间距 b_2/m	2	4.5	6	—
埋深 h_1/m	1	1	1.5	1
埋深 h_2/m	1.5	1.5	2	—

当人工接地网的地面上局部区域的接触电压和跨步电压超过最大允许值,因地形、地质条件的限制扩大接地网的面积有困难,全面增设均压带又不经济时,可采取下列措施。

1. 在经常维护的通道、配电装置操动机构四周、保护网附近局部增设 12 m 网孔的水平均压带,可直接降低大地表面电位梯度。此方法比较可靠,但需增加钢材的消耗。

2. 铺设砾石地面或沥青地面,用以提高地表面电阻率,以降低人身承受的电压。此时地面上的电位梯度并不改变。①采用碎石、砾石或卵石的高电阻率路面结构层时,其厚度不小于 15～ 20 cm,电阻率可取 25000 Ω · m。②采用沥青混凝土结构层时,其厚度为 4 cm,电阻率取 500 Ω · m。③为了节约材料,也可以将沥青混凝土只在重点区域使用。如只在经常维护的通道、操动机构的四周、保护网的附近铺设沥青混凝土,而其他地方采用砾石或碎石覆盖(采用高电阻率路面的措施,在使用年限较久,如果地面的砾石层内充满泥土或沥青地面破裂时,则不安全。因此,要定期进行维护)。

具体采用哪种措施,应因地制宜地选定。

7.3.4 接地装的安全要求

接地装置的安全要求,应符合电力行业的规定,即交流标称电压 500 kV 及以下发电、变电、送电和配电装置(含附属直流电气装置,并简称 A 类电气装置)以及建筑物电气装置(简称 B 类电气装置)的接地要求和方法,概括如下。

1. 导电的连续性

接地装置必须保证电气设备至接地线之间导电的连续性,不得脱节断开。采用建筑物钢附件做接地线时,在其伸缩缝或接头处均应加跨接线,以保证连续可靠。接地装置安装完毕,应进行连续性测试,其最远两点之间的电阻应小于 1 Ω。

2. 连接可靠

接地装置的导体间连接,一般采用焊接和螺栓压接。扁钢之间搭焊长度为宽度的 2 倍,且至少在 3 个棱边进行焊接;圆钢搭焊长度应为圆钢剖面直径的 6 倍。地面上部分用螺丝连接时,接触表面应处理光洁,保证导体间接触良好,还应采取防松动措施,如用弹簧垫圈等。接地装置所用钢材全部热镀锌防锈,焊接口应补刷沥青防锈,禁止刷油漆。

3. 足够的导电(载流)能力和热稳定性

接地装置应能承受接地短路故障电流和对地泄漏电流,特别是能承受热的机械应力和电的机械应力而不发生危险，即要求接地装置在故障电流通过时应不过度发热和熔化。因此，选择接地体和接地保护线时应考虑过电流和故障电流条件下的热效应。①小接地短路电流系统中，保护接地线应保证长时间流过计算用的单相接地短路电流时，敷设在地上的保护接地线温度不超过 150 ℃；敷设在地下的接地线温度不超过 100 ℃。一般情况下，不检验发生两相异点短路时接地线的热稳定性。②中性点不接地的低压电力设备，其保护接地线应能满足两相在不同地点发生接地故障时，在短路电流作用下的热稳定性要求。保护接地线的截面应按相线允许的载流量来确定，即接地干线的允许载流量不应小于供电网络中容量最大线路相线允许载流量的 1/2；单台用电设备接地线的允许载流量不应小于供电分支线路相线允许载流量的 1/3。③中性点直接接地的低压电网，保护接地线和中性线应保证在发生接地故障时，电力网中任意一点的短路电流能使最近处保护装置可靠地切除故障，即保证在切断接地故障电流之前，接地线不被烧坏。总之，接地保护线不但要满足机械强度的要求，还应满足导电能力的要求。标准规定，B 类电气装置接地保护线的截面应与工作零线（中性线）截面相同，见表 7.4。

表 7.4　接地保护线及中性线的保护截面

装置的相线截面 A_φ/mm²	相应接地保护线的最小截面 A_p/mm²
$A_\varphi \leqslant 16$	A_φ
$16 < A_\varphi \leqslant 35$	16
$A_\varphi > 35$	$A_\varphi/2$

注：1. 应用本表时，如果得出非标准尺寸，则采用最接近标准截面的导线。

2. 表中的数值只在保护线及中性线的材质与相线相同时才有效。否则保护线截面的确定要使其得出的电导与应用本表所得的结果相当。

4. 足够的机械强度

接地装置所用材料的尺寸不能小于规定的最小尺寸。A 类电气装置接地装置钢质导体最小尺寸见表 7.5；B 类电气装置接地装置的接地体大多采用建筑物钢附件，其地下部分接地保护线的最小截面见表 7.6。

表 7.5　A 类电气装置接地装置钢质导体的最小尺寸

种类	规格及单位	屋内	屋外	地下
圆钢	直径/mm	6	8	8/10
扁钢	截面/mm²	24	48	48
	厚度/mm	3	4	4
角钢	厚度/mm	2	2.5	4
钢管	管壁厚度/mm	2.5	2.5	3.5/2.5

注：1. 地下部分圆钢直径，其分子、分母数据分别对应于架空线路和发电厂、变电站的接地装置。

2. 地下部分钢管的厚度，其分子、分母数据分别对应于埋于土壤中和室内混土地坪中。

3. 架空线路杆塔的接地体引出线，其截面不应小于 50 mm²，并应热镀锌。

表 7.6 B类电气装置埋入土壤接地线最小截面积 单位：mm^2

接地线类型	用机械方法保护的	没用机械方法保护的
有防腐蚀保护的	见表 7.4	铜 16
		铜 16
无腐蚀保护的	铜 25,50	

5. 防止发生机械损伤和化学腐蚀

接地装置应尽量布置敷设在人畜不易接触的地方，以免意外损伤，但又必须便于日常检查维护。在接地保护线引入建筑物的入口处，设置标志。明敷的接地保护线表面应涂 15～100 mm 宽度相等的绿色和黄色相间的条纹。在潮湿或有腐蚀性蒸气的房间内，接地保护线离墙不应小于 10 mm。

6. 电气设备间的接地保护线不得串接

电气设备的每个接地部分应以单独的接地保护线与接地母线相连接，严禁在一个接地保护线中串接几个需要接地的部分。

7. 足够的地下安装距离

接地装置的接地体与建筑物的距离应不小于 1.5 m；与建筑物出入口或人行道的距离应不小于 3 m；与独立避雷针的接地体之间的距离应不小于 5 m。接地体顶端离地面的距离应不小于 0.6 m，应埋设在冻土层之下（冻土层以下的土壤电阻率基本不受季节影响）。

8. 保护接零线（保护中性线）应重复接地

在低压电网 TN-C 系统，为了保证在故障时保护中性线的电位尽可能保持接近大地电位，保护中性线应是均匀分配的重复接地。在低压电网 TN-S 系统，为了在发生故障时尽量降低漏电设备外壳上的接触电压，保护接零线也应是均匀分配的重复接地。通常，重复接地点有以下几个：若条件许可，重复接地点宜在每一接户线、引接线处；架空线路末端；长度超过 200 m 的架空线分支处及分支线末端；架空线进户处、出户处；各电气配电箱或开关箱处。

总之，接地装置的质量能否符合接地技术的要求与安装工艺有密切关系。不符合质量标准要求的接地装置，不但不能起到应有的保护作用，反而会酿成意外事故。因此在安装接地装置时，一定要严格按照接地的技术要求和接地的工艺规定进行施工，以确保重复接地的质量可靠。

7.3.5 接地装置的材料选用及防腐措施

电力系统的接地装置，应充分利用直接埋入地中或水中有可靠接触的自然接地体，如金属结构、非可燃或不具有爆炸性质的金属管道、钢筋混凝土构筑物的基础等。当自然接地体不能满足要求时，需装设人工接地体。人工接地装置的材料，一般应选用钢材而不采用贵重的有色金属(铜或铝)。人工接地体一般采用结构钢制成，历来是采用钢管、圆钢、角钢、扁钢。用作人工接地体的材料，不应有严重的锈蚀、厚薄或粗细严重不匀的材料，脆性铸铁管、棒料均不能应用；有严重弯曲的经矫正后方可应用。接地体的直径(或等值直径)对接地电阻的影响不大，因此接地体的直径不宜选择得过大，以免浪费材料；考虑到应符合通过电流时热稳定的要求，使用年限(受腐蚀影响)和机械强度，也不宜选择得过小。一般选择时圆钢直径 10～ 20 mm；角钢厚度不小于 4 mm；扁钢截面不小于 50 mm^2；钢管直径不小于 25 mm，且其管壁厚度不小于 3.5 mm。而接地线则常采用直径在 8～ 16 mm 的圆钢，或截面在 50～100 mm^2 的扁钢。考虑安装的方便，对垂直埋设的接地体，每根长度在 2.5～3 m(垂直安装接地体埋入大地的有效散流深度，一般在 2～3 m，不能短于2 m；超过 3 m 时，对减小接地电阻的作用已不显著，却要增加施工难度)。水平安装的一般都较长，最短的通常也在 6 m 左右。而接地线的长度宜控制在 40 m 内。

垂直埋设的接地体常采用钢管，因为用钢管作接地体时与重量相同的其他钢件相比具有许多优点：钢管中空而有较大的直径，增加与土壤的接触面；钢管刚度大，打入土壤时不易弯曲；冲击接地电流有趋肤效应，钢管的金属利用率高，有利于接地电流的传导。接地装置安装施工中，常采用直径为 50.8 mm(2 英寸①)、长度为 2.5 m 的钢管做人工接地体。若钢管直径小于 50.8 mm，则由于机械强度小容易弯曲，不适宜采用机械方法打入土中。如果钢管直径大于 50.8 mm，根据试验结果，当直径由 50.8 mm 增加到 127 mm(5 英寸)时，流散电阻仅减少 15%，所以从经济效果来看并不合算。垂直埋设的接地体长度若小于 2.5 m，流散电阻增加很多；反之，若接地体的长度再增加时，流散电阻减少并不显著。此外，在采用直径为 50.8 mm、长度为 2.5 m 的钢管做人工接地体时，接地体之间的连接常用扁钢而不用圆钢，因为扁钢与土壤的接触面比圆钢大。使用扁钢作接地线时，其厚度不得小于 4 mm。

在同一电源系统中采用不同材料的接地体是错误的。如为降低工作接地的接地电阻，采用了铜接地体；而对重复接地，为了降低造价，采用角钢接地体。这种做法是错误的。因为不同材料在土壤中呈现的电位是不同的，铁(Fe)为－0.440 V；铜(Cu)为＋0.337 V。如果工作接地用铜接地体，重复接地用铁作接地体，这两个电极之间就存在 0.777 V 电位差。此电位差在电力系统中虽是微不足道的，但在土壤中就会引起电腐蚀现象，使负极逐渐被腐蚀，这是不希望发生的。在接地工程设计中为避免出现这种情况，当工作接地的接地体采用铜接地体时，地下接地线及重复接地都应采用铜质材料。

接地装置的腐蚀是严重威胁接地网安全运行的原因之一，所以搞清接地装置腐蚀的原因和规律对进行防腐措施是非常重要的。接地装置大都是直接埋在潮湿的地下，

① 1英寸＝2.54 cm。

受周围介质作用，由化学和电化学反应引起的破坏，通常被称为金属腐蚀。从化学、热力学观点来看，金属都有其自发地与介质作用转变氧化态的倾向，常温下，氧和水的共存是金属腐蚀的必要条件，其腐蚀速度除了与接地材料本身的成分、结构和加工性能有关外，主要与所处的环境(介质)有关。接地装置的腐蚀有 4 种情况：(1)土壤腐蚀。埋设在地下的金属材料发生的腐蚀，如人工接地体；(2)电解质溶液腐蚀。即金属在水及酸、碱、盐溶液中的腐蚀。这些溶液若渗透到地下腐蚀接地体，尤其是化工部门，就会使接地体的腐蚀速度更快；(3)大气腐蚀。金属在潮湿的气体(如空气)中会发生腐蚀，如露在空气中的接地连接线；(4)接地引下线的腐蚀是材质介于大气和土壤两种介质间的一种腐蚀。由于大气介质和土壤介质电化腐蚀机理的差别和土壤表层结构组成的不均性，使得接地引下线材质的腐蚀程度比接地体更加严重。总之，敷设在大气和土壤中的接地装置，影响大气、土壤腐蚀接地装置的因素是相当多的，各地的情况也不尽相同。所以要因地而异，并根据腐蚀的性质经过技术、经济方面的比较而采取不同的防腐措施。防止接地装置被腐蚀的措施如下所示。

1. 采用降阻防腐剂

试验表明，降阻防腐剂具有良好的防腐效果。试片埋在降阻防腐剂中比原土壤中的腐蚀率小的原因：降阻防腐剂为弱碱性，pH 为 10，原土壤为弱酸性，pH 为 6。铁的析氢腐蚀作用和吸氧腐蚀作用都无法存在；降阻防腐剂中的阴离子 OH^- 数量比原土壤大，它与铁之间的“标准电极电位差”就比较小。故可抑制铁失去电子的能力，减小了腐蚀作用；降阻防腐剂中含有大量钙、钠、镁和铝的金属氧化物，它们的金属离子都比铁的“标准电极电位”低。故可起一定的阴极保护作用；降阻防腐剂呈胶粘体，它将铁紧密地包围着，使空气(氧气)无法与铁表面接触。故可防止氧化腐蚀作用；降阻防腐剂与铁表面发生化学反应，生成一层密实而坚固稳定的氧化膜，使铁表面被“钝化处理"。故不易腐蚀；铁的氧化物属于碱性氧化物，与水作用后生成难溶于水的弱碱，仅能与酸反应。因此铁埋在具有弱碱性的降阻防腐剂中，可以受到保护作用。

2. 采用导电涂料 BD01 和牺牲阳极联合保护

此方法是将接地网涂两遍自制的 BD01 涂料，再连接牺牲阳极埋于地下。应用面积约为 115 cm^2的试片试验表明，无涂料无牺牲阳极保护的阴极，其腐蚀率为 0.0278 mm/a；无涂料有牺牲阳极保护的阴极，其腐蚀率为 0.0085 mm/a，有涂料有牺牲阳极保护的阴极，基本无腐蚀。采用这种防腐方法的技术条件是：有涂料和无涂料的阴极(接地网)的面积和阳极面积比分别为 25.7：1 和 7.5：1，保护电位至少比自然电位偏负 0.237 V。采用导电涂料能降低接地电阻值，而且还能使接地网的接地电阻变化平稳；比一般接地网少投资 50%，能保护接地网使用 40 年以上。

3. 采用无腐蚀性或腐蚀性小的回填土壤

在腐蚀性强的地区，宜采用腐蚀性小或无腐蚀性的土壤回填埋置接地体；并避免施工残余物(如砖块、木块等基建残余物)回填,尽量减少导致接地装置被腐蚀的因素。

4. 采用圆断面接地体

在腐蚀性强、腐蚀速度快的地域,宜选用圆断面的接地体。实践证明,在相同的腐蚀条件下,扁钢导体的残留断面减少得更快。此外,在有腐蚀性的场所最好采用热镀锌的接地体。

5. 采用涂防锈漆或镀锌的接地引下线

接地引下线的防腐措施是涂层防护,即将涂料覆盖在金属表面上,使金属与腐蚀介质完全隔离开,从而起到防护作用。涂层材料通常由合成树脂或植物油、橡胶浆液等与溶剂配制而成,涂覆干涸后形成一层防护膜。常用的防腐涂料有红丹漆、环氧煤焦沥青漆(化工区的接地引下线的拐弯处,可在 590～ 650 ℃范围内退火消除应力后,再涂防腐涂料)。另外,在接地引下线地下近地面 10～ 20 cm 处最容易被腐蚀,可在此段套一段绝缘材料, 如塑料套管等以防腐蚀。

6.采用接地网防腐蚀的新技术、新工艺

如电缆沟的防腐措施中,改变接地体周围的介质是种较好的方法,其具体做法是用水泥(硅酸钙成分含量越高越好)混凝土将扁钢浇到电缆沟的壁内。由于水泥混凝土是一种多孔体,地中或电缆沟内湿气中的水分渗进混凝土后即变为强碱性的,pH 在 12～14 范围内。根据腐蚀理论,铁在碱性电解质中(pH≥12), 表面会形成一层氧化膜,它能有效地抑制铁的腐蚀。例如某变电站电缆沟内的接地扁钢就浇筑在电缆沟水泥混凝土两壁,运行了 30 年后,最大腐蚀深度小于 1 mm,年腐蚀深度小于 0.025 mm;相反,电力电缆的外皮及支撑电缆的角铁架已严重腐蚀,有的铁架已被锈断。因此在电缆沟施工中宜将接地扁钢三面浇筑到水泥混凝土两壁中,对于各焊点再作特殊处理,如打掉焊渣、涂沥青漆或用混凝土覆盖,这样的处理基本上可保证在 40 年内电缆沟的接地扁钢不被腐蚀或仅有轻微腐蚀。

7.3.6　接地装置的导体间连接和埋设

接地与接地装置安全(安装)要求之一是连接可靠,即接地导体互相间应保证有可靠的电气连接。接地体(线)的连接应包括垂直接地体与水平接地体的连接、接地体与接地线的连接以及电气设备与接地线的连接。接地体(线)的连接应采用焊接,焊接必须牢固无虚焊。焊接处应使得焊缝平整饱满并有足够的机械强度,不得有夹渣、咬肉、裂纹、虚焊、气孔等缺陷,焊好后应清除药皮、刷沥青漆进行防腐处理。接地装置的地下部分应采用搭接焊,其搭接长度必须符合下列规定:①扁钢为其宽度的 2 倍(且至少有 3 个棱边焊接),如图 7.12a 所示。②圆钢为其直径的 6 倍,如图 7.12b 所示。③圆钢与扁钢连接时,其长度为圆钢直径的 6 倍,如图 7.12c 所示。④扁钢与钢管、扁钢与角钢焊接时,为了连接可靠,除应在其接触部位两侧进行焊接外,并应焊由钢带弯成的弧形(或直角形)卡子或直接由钢带本身变成弧形(或直角形)与钢管(或角钢)焊接。人工接地体之间的连接应采用焊接。当采用扁钢作水平接地体时,敷设前应检查和调直,然后将扁钢侧放(即垂直置于)地沟内(扁钢应侧放而不可平放,因侧放时与土壤接触面大而散流电阻较小),依次将扁钢在距垂直接地体顶端大于 50 mm 处与其焊接。扁钢与角钢或钢管、圆钢垂直接地体连接时,应采用搭接焊方法,如图 7.13 所示。当水平接地体的长度不足时,也需要进行搭接焊,并需要留有足够的连接长度,留作需要时使用。

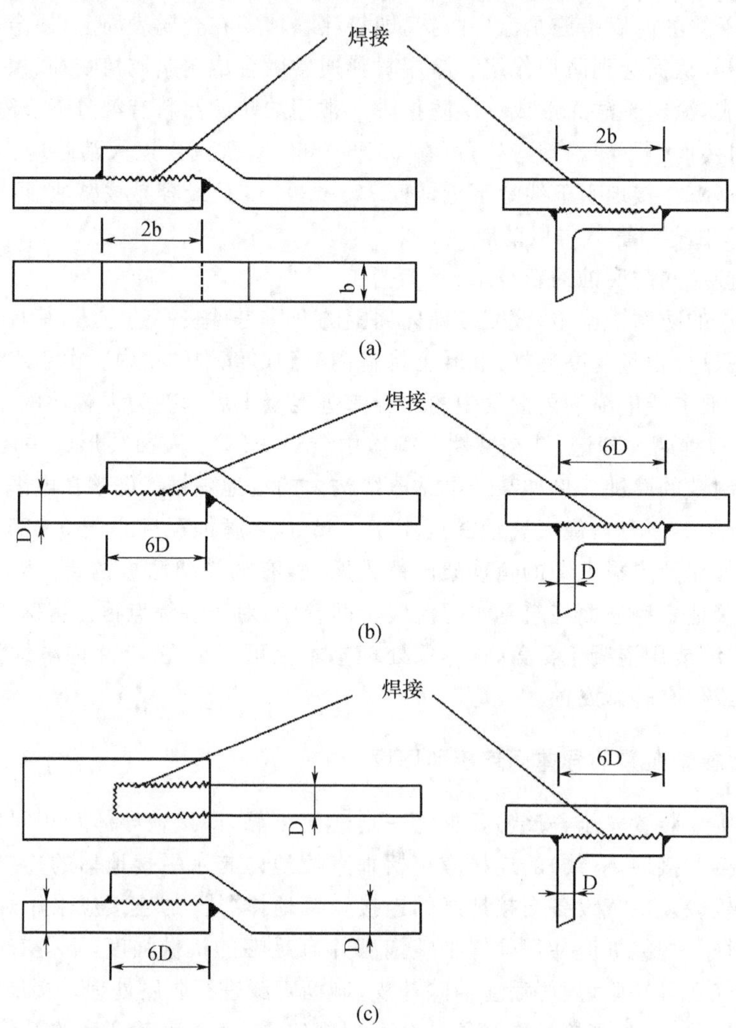

图 7.12　接地装置地下部分导体搭焊长度示意图

(a)扁钢的连接;(b)圆钢的连接;(c)扁钢与圆钢的连接

b—扁钢的宽度;D—圆钢的直径

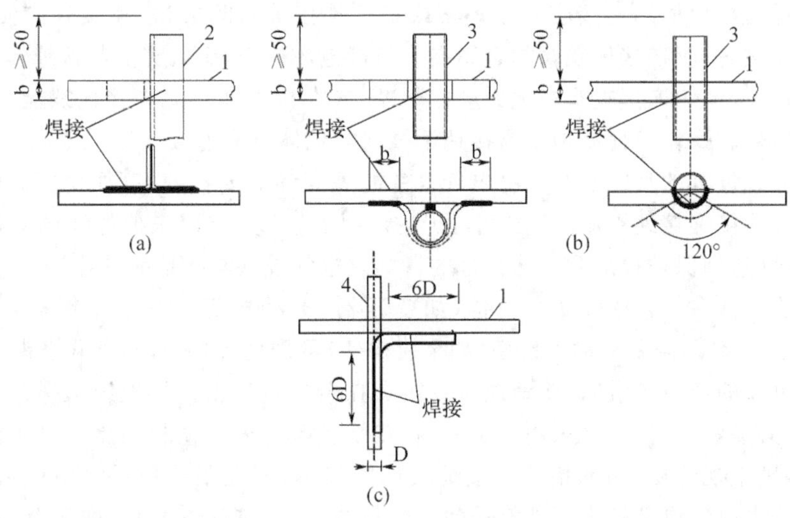

图 7.13　垂直接地体与水平接地体的连接示意图(单位:mm)
(a)垂直角钢和水平扁钢;(b)垂直钢管和水平扁钢;(c)垂直圆钢和水平扁钢
b—扁钢的宽度;D—圆钢的直径
1—扁钢;2—角钢;3—钢管;4—圆钢

接地体(线)的焊接应采用搭接焊,其搭接长度必须符合下列规定:扁钢为其宽度的两倍;当扁钢之间以宽度的两倍进行搭接时,搭接面有两个长边(沿扁钢长度方向)和两个短边(沿扁钢宽度方向);对搭接面的焊接,规范只指出至少有 3 个棱边。众所周知,交流电沿导体流动时将产生趋肤效应。对于 25 mm×4 mm 的扁钢来说,沿两个宽边(25 mm) 表层的电流大于沿两个窄边(4 mm) 表层的电流。若采取两短一长的焊接方法,两个宽边表层电流分别经两个短缝焊口过渡到另一根扁钢中,电流路径变化不大,容易通过。相反,如果采取两长一短的焊接方法,则其中一个宽边表层的电流需分配到两个窄边后再过渡到另一根扁钢中去,这时的电流路径似乎就不及前一种(焊接方法)通畅了。因此,还是以两短一长的焊接方法为好。再从施工工艺考虑,两长一短施工难度高。因采用扁钢作水平接地体时,扁钢应侧放而不可平放;而采取两短一长则施工极为方便。因此从施工工艺合理性这一点出发,应该采取两短一长的焊接方法。另外,作为避雷带的扁钢应为镀锌扁钢,搭接焊接后镀锌层会遭到破坏;焊接表面可涂防锈漆,但搭焊的内表面则无法进行防锈处理。由于避雷带安装时窄边向上,如果采取焊接两长一短,雨水就会从扁钢的侧面,即从未焊的短边这一方向渗入搭接部位的内表面,加深锈蚀;若采取焊接两短一长,且位于下面的长棱边不焊,则雨水难以进入,减轻了腐蚀作用。因此从防雨水锈蚀这一点出发,应该采取两短一长焊接方法,并且下面一长棱边不焊,可使雨水无法在搭焊的内表面内积存。

接地线与接地体的连接应采用焊接或螺栓连接等可靠方法,连接处应便于检查。采用螺栓连接时,应在接地线端加金属夹头与接地体夹牢,金属夹头与接地体相接触的一面应镀锡,接地体连接夹头的地方应擦干净;或在接地体上烧焊接地螺栓,用镀锌的垫圈、弹簧垫圈、螺帽等使接地线与接地干线或接地体可靠连接。

接地装置设置的目的是为了将电气设备的外壳和需要接地点(如变压器中性点),通过接地线连接到接地网上去,因此,虽然接地网符合要求还得把电气设备接地线接好,才能保证达到保护接地和工作接地的目的。电气设备与接地线的连接,一般采用焊接和螺栓连接两种,需要移动的设备(如变压器、电动机等),宜采用螺栓连接,如图7.14所示。一般不需要移动的设备(如金属构架)可采用焊接,如电气设备装在金属构架上而有可靠的金属接触时,接地线可直接焊在金属构架上。接地线用螺栓与电气设备连接时,必须紧密可靠,并采用弹簧垫圈、双螺帽等有效的防松措施。对有振动的场合,更应特别重视防松、防断措施。接地线如为扁钢,其孔眼应用手电钻或钻床钻孔。接地线应接在电气设备标有接地符号的专门位置上,不能接在易松动、脱落、有可能被拆卸的部位,如电动机的风扇罩壳、可卸盖板等部位。每一接地的设备应用单独接地支线与接地干线或接地体直接连接。不得把几个应予接地的部分互相串接成一根接地支线,再与接地干线或接地体连接,以防止中间环节拆除时使接地中断。

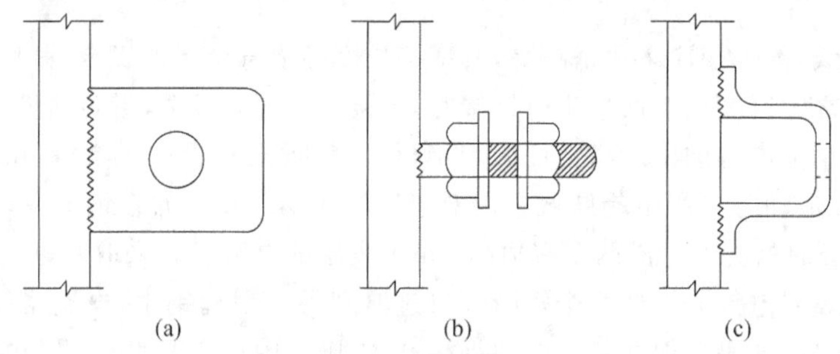

图 7.14　螺栓连接时接地桩头形式示意图

(a)单极桩头;(b)螺栓桩头;(c)Ⅱ形桩头

电气设备、装置的接地装置,应充利用直接埋入地中或水中有可靠接触的金属导体作为自然接地体,当自然接地体的接地电阻不符合要求时,才埋设人工接地体。接地装置埋设位置应在距建筑物 3 m 以外;应尽量选择土层较厚、土壤电阻率较低的地方埋设接地体,并应避免靠近烟道或其他热源处,以免土壤干燥,电阻率增高。不应在垃圾、灰渣及对接地装置有腐蚀的土壤中埋设。当埋设在距建筑物入口或人行道的距离小于3 m 时,应在接地装置上面敷设 50～ 80 mm 厚的沥青层。如敷设在腐蚀性较强的场所,接地体应采用热镀锌、镀锡钢材,并适当加大截面;注意不准涂刷防腐漆,否则会严重地影响散流效果。若必须敷设在土壤电阻率较高的处所,不能满足接地电阻值要求时,可用人工处理土壤的方法(如加木炭屑、食盐和水等)来降低土壤电阻率。接地线的敷设位置应不妨碍设备的拆除与检修;并尽量安装在不易受到机械损伤的地方,必要时应加钢管等保护。明敷接地线可涂漆防腐。

人工接地体均采用热镀锌钢材,一般常用钢管和角钢作为接地体,扁钢或圆钢作接地线。但接地体之间的连接用扁钢而不用圆钢,因为扁钢与土壤的接触面比圆钢大,使用扁钢时厚度不得小于 4 mm。进行人工接地体施工安装时,应严格按照设计要求逐项实施。按设计规定测出接地网的各路线,并以白灰划线,在此路线上挖深 0.9～1.0 m、宽 0.5 m 的土沟。即根据设计的接地系统布置图挖土沟,土沟上面宽、底部渐窄,沟壁与沟底水平线的夹角在 60°～80°;在埋设垂直接地体处稍大些,沟底若有石块、碎砖、砂渣等垃圾应清除干净。挖沟时,附近如有建筑物或构筑物时,沟的中心线与建筑物或构筑物的基础距离不得小于 2 m;挖沟时若发现灰渣等不良地段,应予以处理,一般是采用换土。沟挖好后,按设计要求加工好的垂直接地体应在地沟内中心线上垂直打入地中。一般是一人扶着接地体,一人用大锤打击接地体的顶部,使用大锤打击接地体时要平稳,防止打斜、打歪;接地体要扶稳握稳,不可摇摆,否则接地体打入地下后与土壤之间会产生缝隙,增加接触电阻,影响散流效果。接地体上部剩 150～200 mm 时停止打入,接地体顶部距地面应大于 600 mm。垂直接地体不宜少于 2 根,其间距不小于两根接地体长度之和,如图 7.15 所示。当受地方限制时,可适当减少一些距离,但一般不应小于接地体的长度。当垂直接地体打入地下后,应在其四周用土壤埋入并夯实,以减小接触电阻。另外,注意敷设的接地体和连接扁钢应避开其他地下管路、电缆等设施。一般与电缆及管道交叉时,相距不小于 100 mm;与电缆及管道平行时不小于 300～350 mm,水平接地体应按设计要求取材,如采用扁钢时应侧向敷设在地沟内,埋设深度距地面不小于 0.6 m,如图 7.16 所示。多根水平接地体平行敷设水平间距应符合设计要求,当无设计规定时不宜小于 5 m。若利用建筑物基础施工埋设水平接地体时,应埋设在建筑物散水及灰土基础以外的基础槽边,但不宜直接敷设在基础底坑与土壤接触之处,以避免受土壤的腐蚀而损坏后使压在建筑物基础下的接地体无法维修。对于可能流过较大接地电流的部分设备(如变压器中性点、避雷器接地及有二次绕组的设备),应采用两根以上的接地引线与接地网的不同部位相连接。

根据设计在规定位置埋设的垂直接地体,各接地体的顶端应保持在同一水平面上。垂直接地体之间连接用的扁钢及扁钢水平接地体,扁钢均应侧放而不平放,因侧放与土壤接触面大,散流电阻较小;扁钢与垂直接地体、扁钢水平接地体间的搭接以电焊连接,焊接必须牢固无虚焊,符合焊接规范要求,经全面检查验收合格,做好隐蔽工程记录后,即可填土覆盖。回填时泥土中不应有石子、建筑碎料及垃圾等;外取的土壤不得有较强的腐蚀性;在回填土时应分层夯实将沟填平。若泥土较干,可分层浇些水,使土壤与接地体接触紧密些,以减小接地电阻。

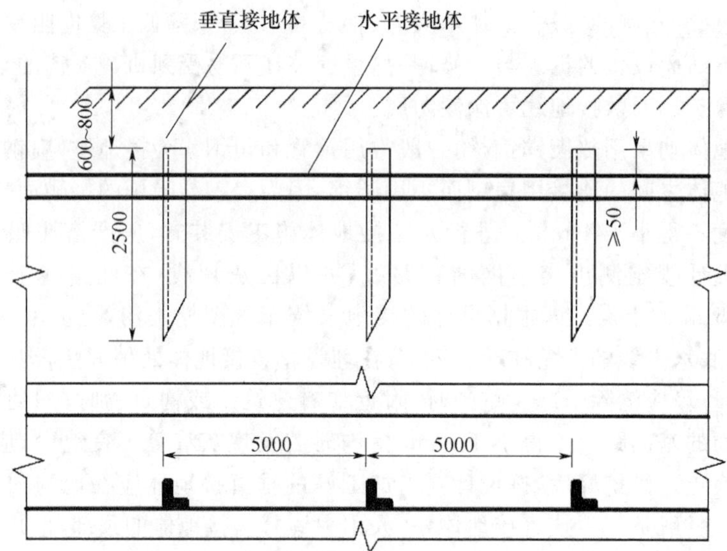

图 7.15　垂直接地体埋设示意图(单位:mm)

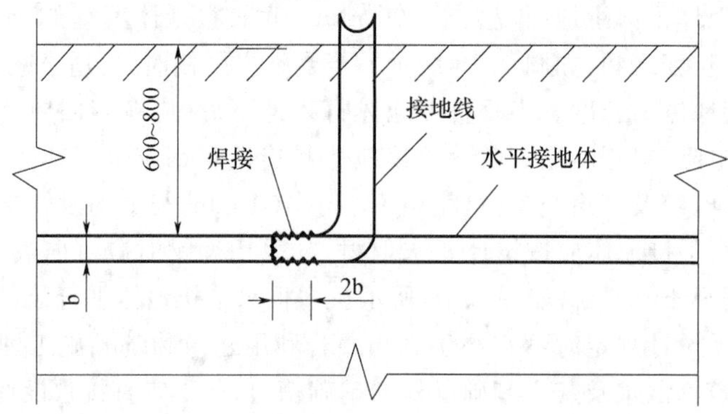

图 7.16　水平接地体埋设示意图(单位:mm)

7.3.7　接地装置的质量检验和维修

在电气接地工作中,往往因为不良安装而造成一些不应该发生的事故。归纳起来造成事故的主要原因有 3 点:一是安装工作未按照设计要求进行,往往根据现场工作的方便予以更改,尤其对于要求比较高的地方,如果不按照设计规定进行施工,则最容易发生事故;二是安装工作虽然按照设计要求进行,但在安装过程中不够严格,尤其是很多隐蔽工程,事后也很不容易发现施工中的缺点,这也是造成事故的原因之一;三是有些简易的安装工作,经常由不懂电气接地的人员进行施工,尤其是家用及生活用电器的接地工作，如不引起注意，反而容易造成事故。鉴于以上情况，在接地安装工作开始以前，必须先熟悉设计，对于简易的安装工作，也要熟悉有关规程，并要求严格按照设计或规程的规定进行安装；对于隐蔽工程，在安装完毕后，必须先进行检验，然后再进行浇灌混凝土等土建工作，以免土建工作完成后无法检查；其他安装工作在施工完毕后也要进行检验，否则日后也可能发生事故。总之，为了防止不合格的接地装置投入使用，检验工作必须严格按质量标准执行。质量检验的项目和要求如下所示。

(1)接地装置的每个连接点必须按照符合工艺要求规定的标准进行检验，不可采用抽查几个连接点的方法，应逐一全面进行检查。连接点应检查的内容有：采用电焊焊接的，应敲去焊渣，检验各焊口是否存在虚焊，接触面积是否符合焊接规程要求(合格的焊口应在各面涂防锈沥青漆)；不应采用焊接的是否用了焊接(如从管道上引接的接地线)；采用螺栓压接的，应检查连接面是否做了防腐处理，应垫入垫圈和弹簧垫圈的是否有漏垫，螺钉规格是否用得适当，螺母是否拧紧，接触面积是否足够，连接器材是否正规。

(2)接地体或接地线在利用现有金属体时，应先着重检查有无误接到可燃可爆炸的管道或箱罐上；检查导电连续性是否良好，应作过渡连接的有否漏接。

(3)接地体四周土壤是否夯实；接地线的支持点是否牢固；接地线穿过建筑物的墙壁或基础时是否加装了防护套管；接地线与电缆、管道等交叉时是否有遮盖物加以保护；接地线在经建筑物的伸缩缝处是否装设了补偿装置。

(4)接地线的安全载流量是否足够，选择的材料有无误用(如应用铜芯导线处而误用了铝芯导线)；检查接地线的导体是否完整、平直与连续；检查应接地保护的设备有无漏接，连接点有无接错；检查电气设备是否按要求进行了接地，各接地螺栓是否接妥，检查完毕在接地螺栓表面涂上防锈漆。此外，明敷接地线的表面应涂以15～100 mm宽度相等的绿色和黄色相间的条纹；在每个导体的全部长度上或只在每个区间或每个可接触到的部位上宜做出标志；在接地线引向建筑物的入口处和在检修用临时接地点处，均应刷白色底漆并标以黑色记号。

(5)接地电阻是检验接地装置质量的主要项目，必须按照技术要求规定的数值标准进行检验，切不可任意降低标准。应逐个设备进行接地电阻测量，并作好记录。

接地装置在运行中，接地线由于有时遭受外力破坏或化学腐蚀等影响，往往会有损失或断裂的现象发生；接地体周围的土壤会由于干旱、冰冻的影响，而使接地电阻发生变化。因此，接地装置同其他电气设备、装置一样，必须进行定期的检查和维修，以确保它的可靠性。接地装置的定期检查和维修项目如下所示。

(1)接地装置的接地电阻值必须定期复测。接地装置接地电阻的试验期限长短，视接地装置的不同作用而定。一般来说，防雷接地装置接地电阻的试验期限较长，工作接地和保护接地的试验期限较短。接地装置电阻值的测量应在土壤电阻率较大的干燥季节进行(如第一次在夏季土壤最干燥时期试验,则第二次应在冬季土壤冰冻最严重时期进行),防雷装置的接地电阻值在每年雷雨季节前检查测量。在每次进行检查测量后,应详细地记录在接地装置的检查试验记录簿内。各类接地装置试验期限的具体规定为:变电站、配电所的接地网、车间电气设备的接地装置、各种防雷保护的接地装置,其接地电阻值每年测量一次;架空防雷、独立避雷针的接地装置,接地电阻值两年测量一次;10 kV及以下线路变压器,工作接地装置每两年测量一次接地电阻值。接地电阻值增大时,应及时修复,切不可勉强运行。接地体的接地电阻增大,一般是因为接地体出现严重锈蚀或接地体与接地干线接触不良所引起的,应更换接地体或重新紧固连接处的螺栓或重新焊接连接处。接地线局部的电阻增大,一般是因为连接点或跨接过渡线轻度松散;连接点的接触面存在氧化层或其他污垢。应重新拧紧压接螺钉或清除氧化层及污垢后再紧固螺栓。

(2)对含有重酸、碱、盐和金属矿岩等化学成分的土壤地带,应定期将接地系统挖开检查,观察接地体和接地体连接的接地干线有无出现严重锈蚀。有不符合要求的地方应及时修复,当导体锈蚀达30%以上时应更换导体,不可勉强继续使用。

(3)接地装置的每一个连接点,尤其是采用螺栓压接的连接点,应每隔半年至一年检查一次。连接点出现松动时,必须随检查,随拧紧。采用焊接的连接点,也应定期查验焊接是否保持完好。

(4)对接地线的每个支持点,应进行定期检查。发现有松动或脱落的及时重新固定好。发现接地线有机械损伤、化学腐蚀现象,应更换较大截面积的镀锌或镀锡接地线;发现接地线的截面积大小有误的(通常由于设备容量增加后而接地线没有相应地更换所引起的),应按规定作相应的更换;发现有遗漏接地或接错位置的(在设备进行维修或更换时,一般都要拆卸电源线头和接地线头,待重新安装设备时往往会因疏忽而把接地线头漏接或接错位置),应及时补接好或改正错误接线。

(5)接地装置在巡视检查中,发现人工接地体周围地面上堆放及倾倒有强烈腐蚀性物质时,应及时清理干净;发现接地体被雨水冲刷或动土挖掘而露出时,应及时进行维修并填土夯实。

7.3.8 环路式接地装置

电气设备的任何部分与土壤间作良好的电气连接,称为接地。与土壤直接接触的金属体或金属体组,称为接地体;连接于接地体与电气设备之间的金属导线,称为接地线。接地线和接地体合称为接地装置。电气设备敷设接地装置后当然较没有敷设接地装置时要安全得多。但是,由于单根接地体周围的电位分布不均匀,在接地电流或接地电阻较大时,容易使人受到危险的接触电压或跨步电压的威胁。特别是在接地体埋设点距被保护设备较远的情况下,采用"外引式"接地时,情况就更严重(若相距 20 m 以上时，人体接触电气设备时所受到的接触电压，将接近于接地体的全部对地电压，这是极为危险的）。此外，单根接地体或外引式接地的可靠性也较差，万一引线断开就极不安全（为取得良好接地效果及保障安全可靠，人工接地体不论垂直还是水平埋设，其钢管、角钢或扁钢的根数均不应少于两根）。针对上述情况，可以采用"环路式"接地装置（见图 7.17），以克服上述不足之处。

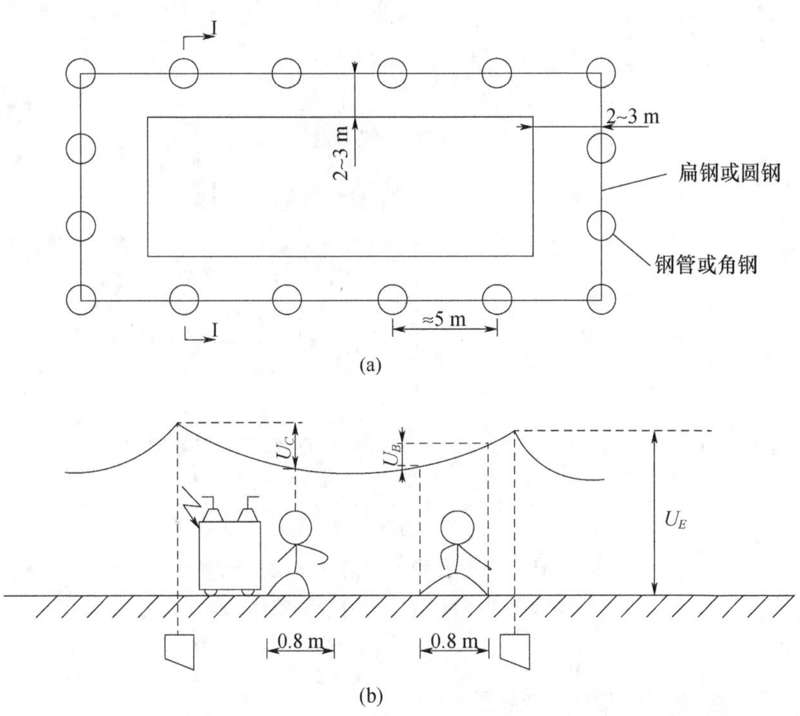

图 7.17　环路式接地体的布置和电位分布

U_C—接触电压；U_B—跨步电压；U_E—对地电压

(a)接地体平面布置；(b)沿 I-I 方向的电位分布

在变电站、配电所或车间内，都要尽可能采用环路式接地装置。采用环路式接地体布置方式时，接地体间的流散电场将互相重叠而使地面上的电位分布较为均匀，因此跨步电压及接触电压便很低。当接地体间相隔距离为接地体长度的 1～3 倍时，这种效应就更为显著。若接地区域范围较大，可在环路式接地装置范围内，每隔 5 m 的宽度敷设水平接地体作为均压带（见图 7.18）。该均压带有均压、减小接触电压和跨步电压的作用，还有散流作用；同时该均压带还可作为接地干线用，以使各被保护设备的接地线连接更为方便可靠。此外，当接地网的边缘在经常有人出入的走道处，还需要埋设帽檐式辅助均压带（通常采用扁钢），可显著降低跨步电压而防止危险。

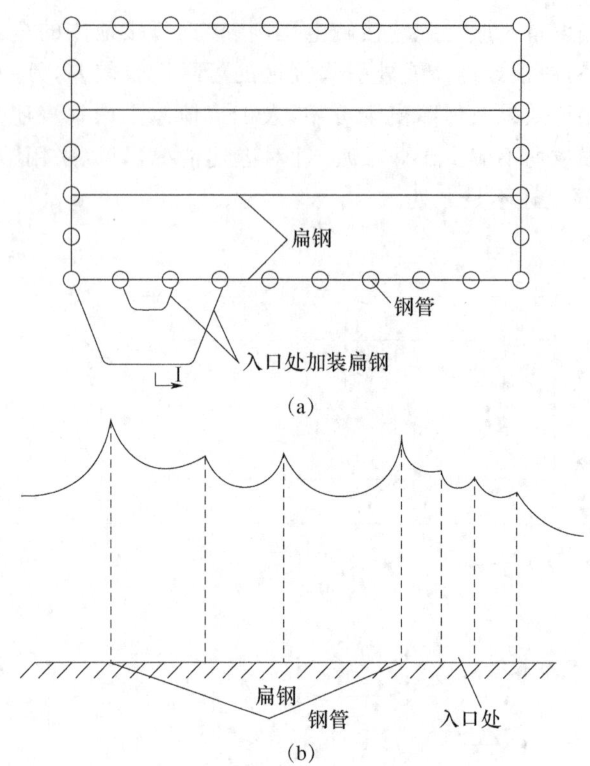

图 7.18　装设有均压带的环路式接地网
(a)接地网平面布置;(b)I-I 方向的电位分布

7.4　接地电阻的测量

7.4.1　简述

防直雷击的装置由接地体、接闪器、接地体与接闪器的连接线三部分组成。

接地装置的电阻由下面四部分组成:

(1)接地体与接闪器间的连线电阻。

(2)接地体本身的电阻。

(3)接地体与土壤的接触电阻。

(4)当电流由接地体流入土壤后,土壤呈现的电阻。第(3)与第(4)部分之和称散流电阻,它们占接地电阻的绝大部分。

当电流从接地体流向土壤向各方面扩散时,离接地体越近,则电流密度越大,电位梯度越大,当电流流至无穷远时,电流密度为零,电位梯度也为零,即电位为零。但在工程上只要离接地体适当远的地方，电流密度已足够小，电位梯度已接近零，可以认为这些地方的电位为零了。在同样大的电流密度时，土壤电阻率越高，电位梯度越大。它们之间成正比例关系，即 $\delta \propto \rho$ 故接地电阻

$$R_g = \frac{1}{I}\int_0^\infty \delta \mathrm{d}l \tag{7.17}$$

式中：R_g——接地电阻，Ω；

I——接地体流入（或流出）的电流，A；

δ——电位梯度，V/cm。

对一般的工程，积分的上限不必到无穷远，只须达到工程所要求的精度就可以了。所以式(7.17)可以写成

$$R_g = \frac{1}{I}\int_0^\infty \delta \mathrm{d}l = \frac{1}{I}\int_0^l f(\rho)\mathrm{d}l \tag{7.18}$$

由此可知接地体接地电阻与土壤电阻率成正比。此外电流在土壤扩散的情况，与接地体的形状和尺寸有密切关系，因此接地装置电阻的大小也是与接地体的形状和尺寸有关。

7.4.2　接地体周围地面的电位分布

当电流流入大地后，在接地体周围的土壤中有电压降。由于接地体周围在不同方向上扩散电流的密度不一样，所以其周围电位分布也不一样。以简单的管状接地体为例，它周围电位分布如图 7.19 所示。

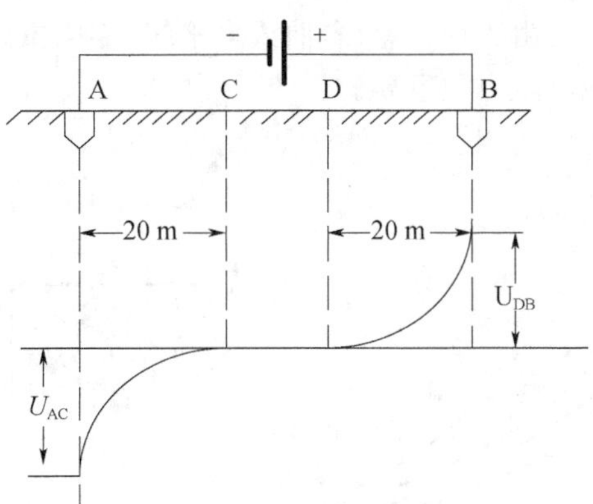

图 7.19　管形接地体周围的电位分布

由图 7.19 可以看出，接地体 A 和 B 附近电压降大（电位梯度大），离 A、B 越远，电压降越平缓（电位梯度小），当距离 A、B 远到一定程度（例如 C、D 两点间），电压降趋近于零。即在 CD 区内工程上可认为没有电压降了，叫做零电位区。

如图 7.19 所示，A、B 之间总电压降

$$U_{AB}=U_{AC}+U_{DB}=I(R_A+R_B) \tag{7.19}$$

式中：U_{AB}——接地体A、B之间的电压，V；

U_{AC}——A、C两点间的电压，V；

U_{DB}——D、B两点间的电压，V；

I——接地体A、B的电流，A；

R_A、R_B——接地体A、B的电阻，Ω。

因此测量接地体A(或B)的电阻R_A(或R_B)时，只要测得I和U_{AC}(或U_{DB})就可以按公式(7.20)计算出来。

$$R_A=\frac{U_{AC}}{I}\left(\text{或 } R_B=\frac{U_{DB}}{I}\right) \tag{7.20}$$

当电流回路的两个接地体A、B之间的距离足够大，使C、D之间土壤中的电流密度小到在土壤中的电位梯度近似为零时，两地极之间才会出现"零电位区"。即在这区间内的电压降可以认为是零，因此又叫零电阻区。反之如果A、B距离小到一定程度，则不会出现零电位区间。这对正确测量接地电阻具有很重要意义。

接地体周围的电位分布除了与接地体的外形有关外，还与埋设的方法和深度有关。图7.20和图7.21分别画出管状接地体和带状接地体不同埋设深度下的电位分布情况。

由图7.20、图7.21可以看出，当接地体埋得越深，接地体上边的地面($l_x=0$)的电位愈低，且曲线愈平缓，即电位梯度愈小，也就是说，跨步电压愈低。这一现象可以作如下解释：当接地体埋得更深以后，在$l_x=0$处对应的地面上电流密度比埋得浅时小，因而电压降低了。另一方面，由于埋得愈深，曲线愈平缓，零电位区距离地极就愈远，明确这一点，对正确测量接地电阻也很重要。

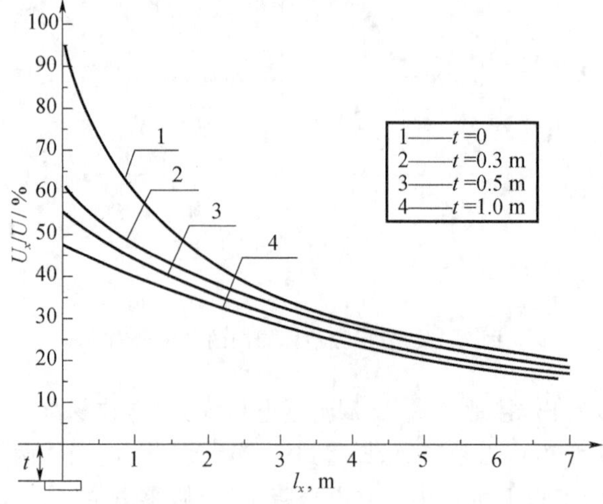

图7.20 管状地体周围的电位分布

图 7.20 式中：t——埋设深度；

U_x——为距离接地体 l_x 处的电位；

U——为距离接地体 $l_x=0$ 处的电位。

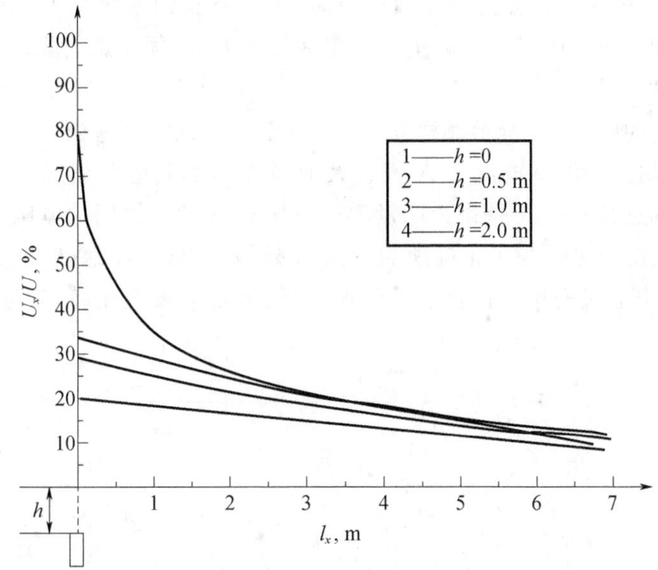

图 7.21　带状接地体周围的电位分布

7.4.3　测量电流的选择和地极安排

1. 测量电流的选择

在接地体流过的电流一般有两种：交流故障电流和雷电流。因此只有当通过接地体流过故障电流或雷电流（冲击电流）时，才能完全真实地反映出接地电阻的大小。但从工程观点来看，那是不现实的。因此实际上不得不采用较小的电流来测量。经研究证明，如果按照一定条件，即使采用较小的电流，也可以比较正确地测出接地电阻值。现将有关电流选择应考虑的问题分述如下：

(1)直流电流流过接地体及土壤时，会产生极化电动势，这样就会使得测量结果与通过交流电流时不一样。雷电流就其性质来说是高频电流，因此用直流电表测量也是不恰当的。

(2)实验结果证明，使用的交流电源频率高低对测量的结果影响不大，因为接地体的功率因数接近于 1。

(3)在一定范围内测量时使用电流的大小对结果影响不大。苏联 B·E·马诺衣洛夫和 A·K·托洛波夫曾用 5000 A 和 100 A 分别测试，结果相差不超过 5%。但是当使用电流过小时，由于土壤中的杂散电流会使测量的结果产生较大误差。对于用电流表—电压表法测量接地电阻时采用的电流最好不要小于 50 A，采用电焊变压器作为测试的电源是很合适的。

(4)当使用小电流的仪器测量接地电阻时，消除外界的干扰是十分重要的，因为土壤中的杂散电流形成的电场会使测量产生很大的误差，必须注意消除。

2. 测量地极的安排

测量地极应如图 7.22 所示那样安排，A 为需要测试的接地极(或接地系统)，B 为辅助接地体，作用是使测试电流从 A 流经大地经由 B 回到电源而成为闭合回路，通常把 B 作为电流辅助地极。K 是作为测量零电位区与 A 地极之间的电压用的辅助地极，通常叫做电压辅助地极。为了正确地测量出 A 地极的电位，K 地极必须插在零电位区 CD 内。如果三个地极安排不符合上述要求，会使测量结果不准确，甚至完全不能反映出实际情况。

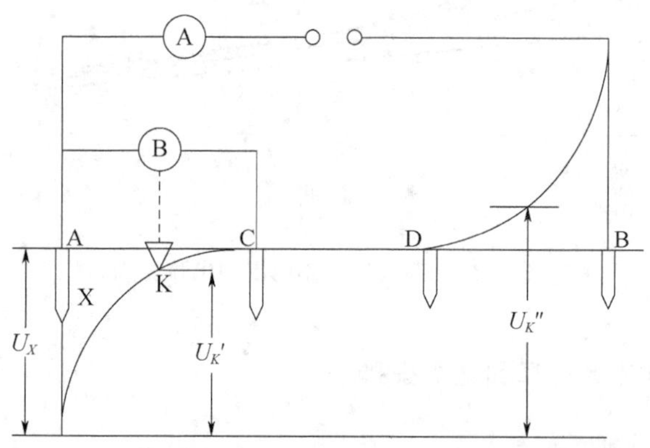

图 7.22　被试接地体、电流极、电压极的正常工作方式

例如把 A 与 B 的距离放近一些，使它们的距离缩短到$\overline{AB}=\overline{AC}+\overline{DB}$，这时两个地极形成两个半球形分布的电势场，两个地极间的零电位区正好在两半球的切点。这时两地极间的电阻仍然与$\overline{AB}>\overline{AC}+\overline{DB}$时的数值相同。若两地极间的距离再缩短，以致$\overline{AB}<\overline{AC}+\overline{DB}$，则两地极间就没有实际电位梯度为零的区域，即没有一段无电压降的区域，也就是说没有零电阻区域。虽然这时也同样会出现一个电位梯度等于零的零电位点，但这一点的意义与上述零电位区有原则上的区别。这时可以理解为两个接地装置的电阻均被短路了一部分，因而接地电阻减小了。这样就不能准确地反映出在运行中接地电阻的实际数值。这点在实际测试中不可忽视。

当电压辅助地极放在零电位区 CD 中时，测得的结果 $R_g=U_K/I$ 才是正确的接地电阻值。如果辅助电压极放在靠近 A 的 K'点，则测得的电压 $U'_K<U_K$。可见测得的电

阻值 $R'_g=U'_K/I<U_K/I=R_g$。也就是说，测得的电阻值偏小。同理如果将电压辅助极放在靠近电流辅助极 B 的 K''处，测量出来的电阻值将偏大。如 AB 距离太小，零电位区实际上只成为零电位点时，如果 K 辅助极正好插在中间零电位点所测到的电阻仍是正确的。

要求操作既简便，而测到的数据又准确，A、B 两接地极之间的距离应≥40 m，电压辅助极 K 应该插在 A、B 的中间。为了正确地确定零定位区的距离和所测量到的数据作必要的修正，现将苏联莫斯科电业局颁发的“高压输电线路及变电所接地装置测量规程”中的管状及复式接地体周围电位与距离关系曲线给出，如图 7.23 及图 7.24 所示，以供参考。

从图 7.23 中曲线 4 可以看出，在测量单个管状接地体时，如果$\overline{AB}$为 40 m，$\overline{AC}$为 20 m，则误差不大于 3%～5%；在测量 2～5 个管子组成的接地体电阻时，如果保持$\overline{AB}$为 80 m，$\overline{AC}$为 40 m，也可以使误差不大于 3%～5%；测量复杂的接地体时，电流辅助电极，电压辅助电极与电缆金属管道之间的距离不应小于 50 m 及 100 m。当这些电缆和金属管道与被测接地体不相连接时，上述距离可以缩小 1/2 或 1/3。

由上述可知，为了测得比较准确的接地电阻值，电流辅助地极和电压辅助地极与接地体之间的距离，必须根据接地体的结构适当选择。显然测量具有伸长接地装置的接地电阻时，电流辅助电极和电压辅助电极与接地体的距离仍然采用 40 m 与 20 m 是不正确的，这时 A、B 之间的距离应大于 $5D+40$ m(D 为接地网的最大对角线长度)，同时$\overline{BC}$应保持 40 m 左右。

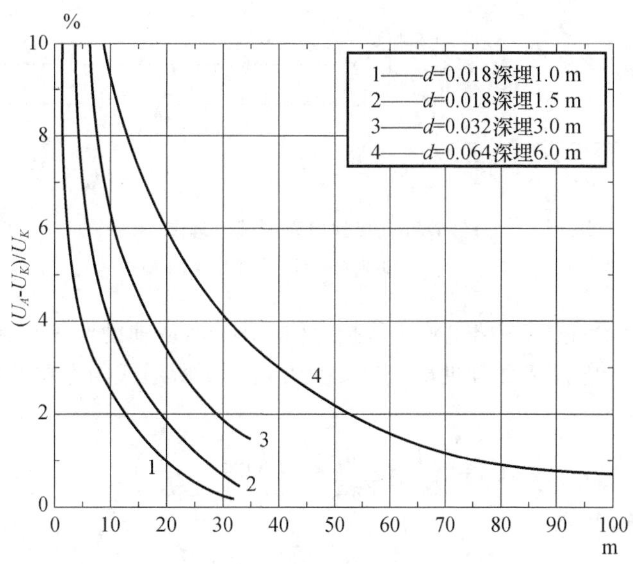

图 7.23　管状接地体周围的电位分布

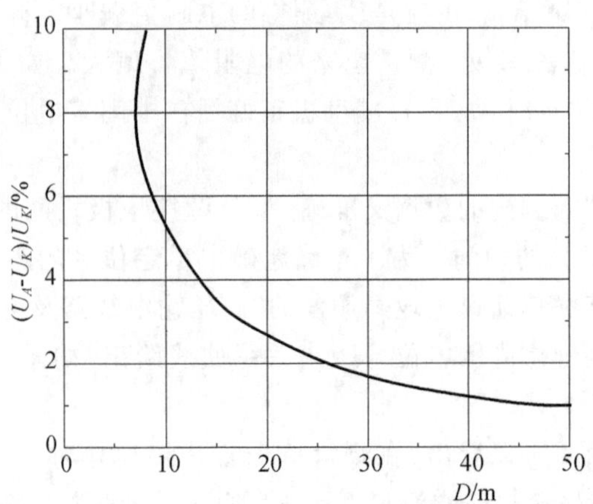

图 7.24 复式接地体周围的电位分布

D—接地网的最大对角线

下面从理论上分析把电极布置在什么位置上才能消除测量误差，从而得到真实的接地电阻值。

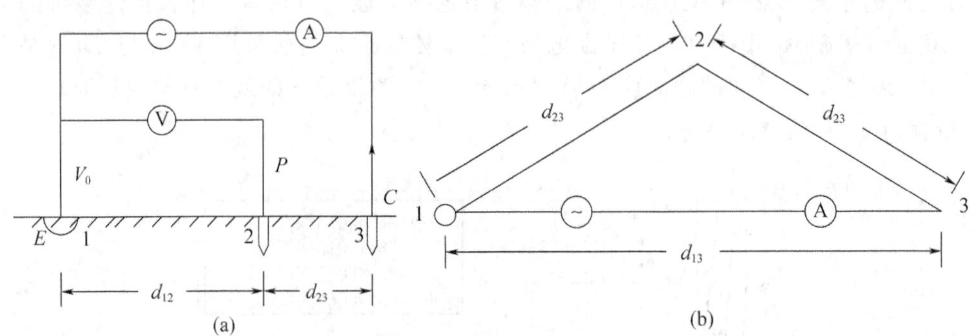

图 7.25 接地电阻测试原理图

(a)剖面图 (b)平面图

如图 7.25 所示，假定短路电流 I 从接地体 E 流入，从辅助电极 C 流出，则接地体 E 的电位应是 E 本身电流 I 和辅助电流极 C 的电流 $-I$ 所形成的电位叠加。点 1 上的电位为：

$$U_1=\frac{\rho I}{2\pi r}-\frac{\rho I}{2\pi d_{13}}=\frac{\rho I}{2\pi}\left(\frac{1}{r}-\frac{1}{d_{13}}\right) \tag{7.21}$$

同理点 2 的电位为：

$$U_2=\frac{\rho I}{2\pi d_{12}}-\frac{\rho I}{2\pi d_{23}}=\frac{\rho I}{2\pi}\left(\frac{1}{d_{12}}-\frac{1}{d_{23}}\right) \tag{7.22}$$

则 1、2 两点之间的电位差 $U_{12}=U_1-U_2$，即

$$U_{12}=\frac{\rho I}{2\pi}\left(\frac{1}{r}-\frac{1}{d_{12}}-\frac{1}{d_{13}}+\frac{1}{d_{23}}\right) \tag{7.23}$$

故用此法所测到的接地体上的接地电阻值为：

$$R'=\frac{U_{12}}{I}=\frac{\rho}{2\pi}\left(\frac{1}{r}-\frac{1}{d_{12}}-\frac{1}{d_{13}}+\frac{1}{d_{23}}\right) \tag{7.24}$$

而当土壤电阻率 ρ 均匀时，半球接地体的实际电阻为：

$$R=\frac{\rho}{2\pi r} \tag{7.25}$$

因此，测量误差为：

$$\Delta R=R'-R=\frac{\rho}{2\pi}\left(\frac{1}{d_{23}}-\frac{1}{d_{13}}-\frac{1}{d_{12}}\right) \tag{7.26}$$

此处

$$d_{23}=\sqrt{d_{12}^2+d_{13}^2-2d_{12}d_{13}\cos\theta} \tag{7.27}$$

故

$$\Delta R=\frac{\rho}{2\pi}\left(\frac{1}{\sqrt{d_{12}^2+d_{13}^2-2d_{12}d_{13}\cos\theta}}-\frac{1}{d_{12}}-\frac{1}{d_{23}}\right) \tag{7.28}$$

要使测量的结果符合实际值，即测量误差必须为 0，即 $\Delta R=0$。要使 $\Delta R=0$，有两种可能，一种情况是 d_{12}、d_{13}、d_{23} 都足够大，则它们的倒数为零，但这种方法测量引线太长，实际测量不方便一般不采取。

另一种情况，令 $\Delta R=0$，即有：

$$\frac{1}{\sqrt{d_{12}^2+d_{13}^2-2d_{12}d_{13}\cos\theta}}-\frac{1}{d_{12}}-\frac{1}{d_{13}}=0 \tag{7.29}$$

1）当辅助电压极 P 位于接地体 E 与辅助电流极 C 的直线上时，即有 $\theta=0$，$\cos\theta=1$，则有：

$$\frac{1}{d_{13}-d_{12}}-\frac{1}{d_{12}}-\frac{1}{d_{13}}=0 \tag{7.30}$$

令 $d_{12}=ad_{13}$，则上式变为：

$$\frac{1}{d_{13}-ad_{13}}-\frac{1}{d_{13}}-\frac{1}{ad_{13}}=0 \tag{7.31}$$

即

$$\frac{1}{1-a}-\frac{1}{a}-1=0 \tag{7.32}$$

整理得：

$$a^2+a-1=0 \tag{7.33}$$

解之得

$$a=\frac{-1\pm\sqrt{5}}{2}=0.618\text{（取正值）} \tag{7.34}$$

即是：

$$d_{12}=0.618d_{13} \tag{7.35}$$

如图 7.26 所示，图中 $D=2r$，r 为接地体的等值半径。从图中可以得出 d_{13} 从 1.5D

到 20D 变化的曲线族中，d_{12}/d_{13} 愈小，曲线愈陡。但各曲线确定都在 $d_{12}/d_{13}=0.618$ 处相交。这就说明，在直线布置电压和电流极时，电压极 P 离接地体 E 的距离 d_{12} 为电流极 C 离接地体 E 的距离 d_{13} 的 61.8%时，可以测到接地体 E 实际的接地电阻。

2)当电压和电流极为三角形布置时，若取 $d_{12}=d_{13}$，如图 7.27 所示，则将 $d_{12}=d_{13}$ 代入(7.29)式得：

$$\frac{1}{\sqrt{d_{12}^2+d_{12}^2-2d_{12}^2\cos\theta}}-\frac{1}{d_{12}}-\frac{1}{d_{12}}=0 \tag{7.36}$$

$$2\sqrt{2(1-\cos\theta)}=1 \tag{7.37}$$

解之得：$\cos\theta=7/8$，即 $\theta=28.9°\approx29°$

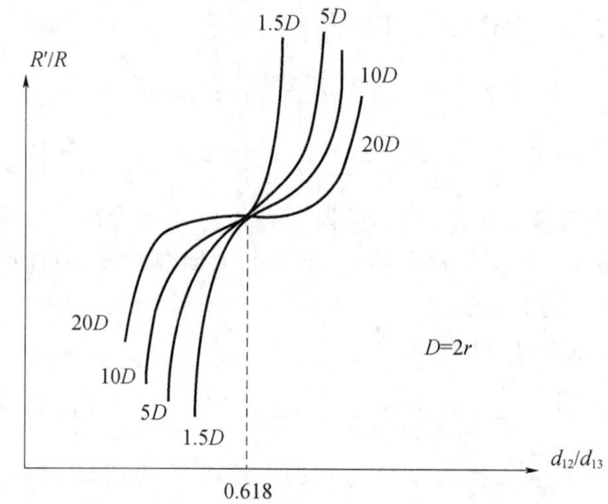

图 7.26　d_{13} 不同时，R'/R 与 d_{12}/d_{13} 的理论关系曲线

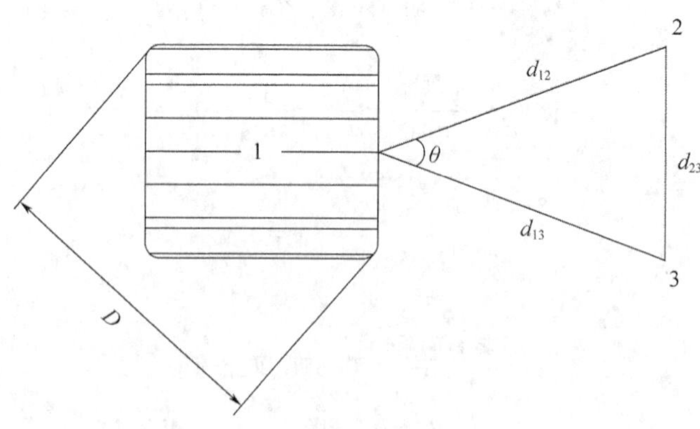

图 7.27　三角形布置

即当电压极 P 与电流极 C 离接地体的距离相等（$d_{12}=d_{13}$），且夹角为 29°时，可以测到接地体实际的接地电阻值。

从直观上看，在直线布置时，辅助电压极 P 似乎应放在 d_{13} 的 50%处，因为 50%为零位点，但为什么要放在 0.618 的位置才能测到正确的接地体的接地电阻值呢？这就是因为实际的零位点在无穷远处，现在把它们移近了，必然会带来误差，使测得的结果偏小。为了补偿因零位点靠近接地体而引起的误差，需要将辅助电压极 P 从 50%的零位点处移到 61.8%d_{13}处，增加一些电压值修正测量结果，因此这种方法就称之为补偿法，或 0.618 法。

当采用等腰三角形法测量时，虽然零位不是在 60°的零位点上，同样为了补偿因零位靠近接地体而引起的误差，需要将辅助电压极 P 从 60°的零位处移到 $\theta\approx 29°$的非零位处。增加一些电压值修正测量结果，因此，这种测量方法亦为补偿法。

为了区别起见，前者称为直线补偿法，后者称为夹角补偿法，它们是目前规程所推荐的接地电阻测量方法。

大家应当注意，上述理论分析是在当接地体 E 的半径 r 为无限小，即点源电极的条件下才成立。但实际的接地网 r 比较大，因此必然会带来较大的误差。根据试验和理论分析，我国推荐采用 0.64 法或 25°法。

7.4.4　测量仪器的选择和测量数据的校正

测量接地电阻的方法不一，但大致可分为

(1)电流表—电压表法。

(2)接地电阻测量仪测量法。

(3)电流表电力表法。

(4)电桥法。

其中(1)、(2)用得最多。

(1)电流表—电压表法使用的仪器最简单，只要交流电流表、交流电压表各一只，一个能输出足够大的交流电源，一般采用电焊变压器作电源是很合适的

电流表—电压表法能测量从 0.1 到 100 Ω 以上的接地电阻值，尤其是对小接地电阻，它的准确度比其他方法都高。采用电流表—电压表法测量接地电阻的原理见图 7.28。接地电阻阻值 R_A 可分别从电流表、电压表测量到的数值 I 和 ΔU 按式(7.38)算出：

$$R_A=\frac{\Delta U}{I} \tag{7.38}$$

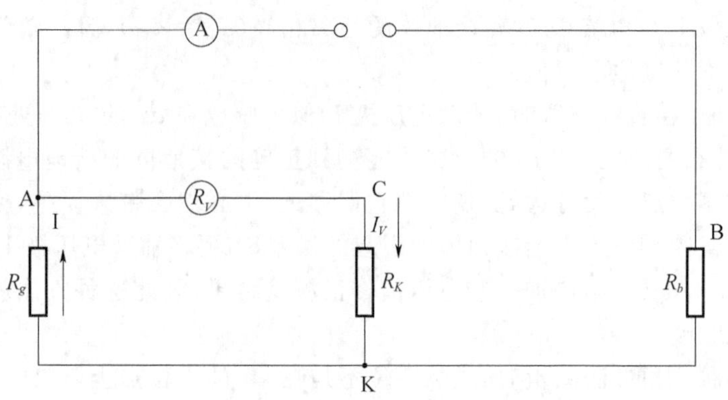

图 7.28　用电流表及电压表测量接地电阻原理图

R_V—电压表内阻；R_g—接地体接地电阻；

R_K—电压辅助极接地电阻；R_b—电流辅助极接地电阻

用电流表—电压表法测量接地电阻应考虑下面几个问题：

1)电压表内阻对测量准确度的影响

电压表与电压辅助地极是串联的，它的内阻大小对测量的准确度有很大的影响。

$$U_V = \Delta U - I_V R_K \tag{7.39}$$

$$I_V = \frac{\Delta U}{R_V + R_K} \tag{7.40}$$

式中：U_V——电压表度数，V；

ΔU——A、K 两点的实际电压，V；

I_V——流过电压表的电流，A；

R_V——电压表的内阻，Ω；

R_K——A、K 两点之间的散流电阻，Ω(图 7.28)。

解(7.39)式和(7.40)式得

$$U_V = \Delta U\left(1 - \frac{R_K}{R_V + R_K}\right) \tag{7.41}$$

由于 R_V 的存在，如果把电压表的读数作为 A、K 两点间的电压，将使测到的电阻值偏低，如式(7.42)。

$$\frac{\Delta R_g}{R_g} = \frac{U_V - \Delta U}{\Delta U} = -\frac{R_K}{R_V + R_K} \times 100\% \tag{7.42}$$

式中的负号表示测量出来的电阻值较实际值小。从式(7.42)不难算出如果希望误差小于 2%，则电压表内阻应大于或等于电压辅助地极散流电阻的 50 倍。因此应使用内阻高的电压表，如静电电压表，晶体管伏特表，电子管伏特表等较为合适。

2)由于地下电流的干扰给测试带来误差,应予以校正

由于地下有杂散电流 I_n 的存在,测量时在电压表回路中将产生干扰电压 U_n,因而引起误差。可采取以下两种方法校正,使误差被控制在允许范围内。

A. 增加测量电流 I 的数值,很明显,当测试电流 I 越大,A、K之间的电压 ΔU 就越大,当 $\Delta U \gg U_n$ 时,误差就认为可以允许。方法是:如图7.29所示,三相电源中用A相作测量电源,其他两相B、C开路。先将闸刀P断开,测得干扰电压 U_n,然后按经验粗略估算出 R'_g,按 $I_n = U_n / R'_g$ 估算出 I_n,如果采用测量电流 $I = (15 \sim 20) I_n$,合上闸p按公式 $R''_g = U_V / I$ 进行测量并计算出 R''_g 的值,然后用新测到的 R''_g 校验来修正原先估算的 R'_g 和 I_n,经过多次修正和测量,结果所测到的 R'''_g 与真实的接地电阻 R_g 的误差可不大于5%～7%。

B. 利用两次测量结果对数值进行校正。按图7.29接线,且1接a点,2接O点,并将开关P合上,测得电压表读数 U_1;然后将接点1接到O点,接点2接到a点上,测量电压读数 U_2;最后将 P 断开,测得电压读数 U_n。

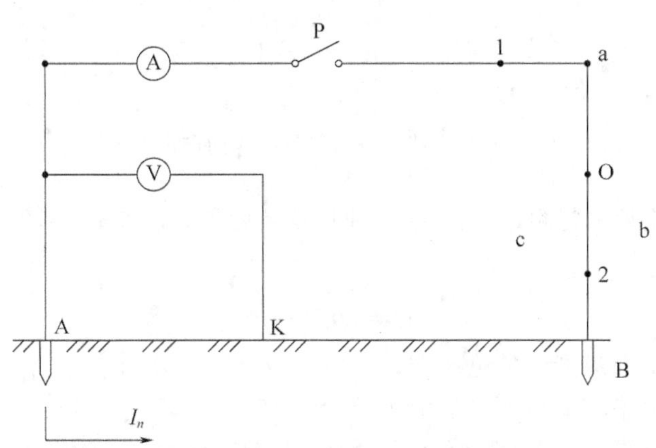

图7.29　校正外界干扰电流对测量结果影响的原理图

A—被测量地极;B—电流辅助地极;a、b、c—变压器三相绕组输出端;O—变压器中点;1. 相线接线端子;2. 零线与电流辅助接地极线端子

测量电流 I 在接地体A上引起的压降 ΔU_2 与 U_n、U_1、U_2 的关系可以从图7.29中看出,因 $\Delta U_1 = \Delta U_2$,根据余弦定理

$$U_1^2 = \Delta U_1^2 + U_n^2 - 2|\Delta U_1| U_n \cos\alpha \tag{7.43}$$

$$U_2^2 = \Delta U_2^2 + U_n^2 - 2|\Delta U_2| U_n \cos\beta \tag{7.44}$$

把式(7.43)与式(7.44)相加

$$U_1^2 + U_2^2 = 2\Delta U_1^2 + 2U_n^2 - 2|\Delta U_1| U_n (\cos\alpha + \cos\beta) \tag{7.45}$$

因 α 和 β 互为补角,故 $\cos\alpha + \cos\beta = 0$

令 $\Delta U=|\Delta U_1|=|\Delta U_2|$

$$\Delta U=\sqrt{\frac{U_1^2+U_2^2-2U_n^2}{2}} \tag{7.46}$$

若电源采用三相专用变压器，应将各相(O—A)、(O—B)、(O—C)顺序接入电路测出被测接地体的电压分别为 U_A、U_B、U_C 按

$$\Delta U=\sqrt{\frac{1}{3}(U_A^2+U_B^2+U_C^2)-U_n^2} \tag{7.47}$$

计算被测接地电阻 $R_g=\Delta U/I$。(图 7.30)

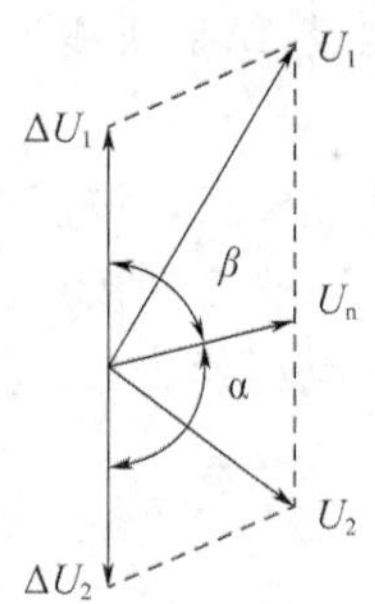

图 7.30　干扰电压与测量电压的向量关系

如果干扰电流频率与测量电流频率不同，而且为它的谐波时，则 $U_1=U_2=U_M$，$U_A=U_B=U_C$，可用公式

$$\Delta U=\sqrt{U_M^2-U_n^2} \tag{7.48}$$

式中：ΔU——测量电流产生的电压 V；

U_n^2——外来干扰电流产生的电压 V；

U_M^2——等于分别三次接通电源测得的 U_A^2、U_B^2、U_C^2 的平均值 V。

(2)专用接地电阻测量仪

专用的接地电阻测量仪品种型号甚多，但大致可分为下面几种：

1)电桥型接地电阻测试仪，其结构基本按电桥工作原理，如上海产的“701 型接地电阻测试器”。

2)流比计型，是以流比计作为测量的中枢，并配有手摇发电机作电源。

3)晶体管接地电阻测试仪。这种仪器轻便。为了避免其他信号干扰，利用 12V 的电池组作电源，通过晶体管振荡器产生 1000 Hz 的交流电流经大地。还通过相敏整流电路，使输出信号与电源信号同步进入毫安表内，直接显示接地电阻。其测量的量程分别为 0～1 Ω，0～10 Ω，0～100 Ω，0～1000 Ω，它的辅助接地棒电阻允许在 0～8 kΩ 之间，不致影响测量结果。

总的来说,专业的接地电阻测试仪都有体积小、重量轻、自配电源和辅助棒、便于工地和野外使用的特点,一般都采用非 50 Hz 的交流电源,以便限制由于电流极化电位和 50 Hz 的杂散电流的干扰。它的缺点是测量时流过接地体的电流太小,与雷击时的电流相差太远,尤其在小接地电阻的地网测试中会带来较大的相对误差。至于各种仪表的结构和用法,由于其品种繁多,在此不一一叙述,请读者自行参阅有关仪表的说明书。

(3)测量时的注意事项

无论采用哪种仪表测试都应注意下面事项:

1)被测接地体 A、电压辅助地极 K、电流辅助地极 B 之间的距离均应符合规定要求。

2)所用的连接线的横截面积一般都不应小于 1～1.5 mm^2,在应用各种专用仪器时,与被测接地体 A 相联的导线电阻不应大于 R_g 的 2%～3%,否则应在测到的结果中减去这段导线的电阻值。

3)各种引线应与地绝缘。

4)仪器的电压辅助地极引线与电流辅助地极引线之间的距离不应小于 1 m,以免自身发生干扰。

5)应反复在不同方向上测量 3～4 次,取其算术平均值。

6)使用摇表,当发现有干扰,在摇表还未转动时,仪表指针已有读数,表示有直流杂散电流;指针振动时表示有交流杂散电流,应改变转动的速度,以使避免外界干扰的影响。

7.5　土壤电阻率的测量

7.5.1　测量原理

现场测量电阻率的方法是以稳定电流场理论为基础。物质的电阻率是指单位立方体该物质两相对面之间的电阻。由于土壤结构的复杂性以及含水量不同等原因,土壤电阻率可以在很大范围内变化,不可能用取样的方法获得大地电阻率。通常采用的方法有三电极法和四电极法。四电极法比三电极法更准确些,现在一般采用四电极法,四电极法又叫 Winner 法。下面介绍由四电极法确定电阻率的基本原理(图 7.31)。

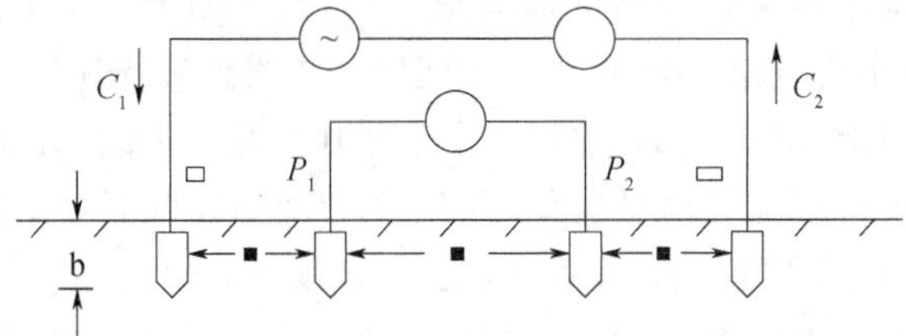

图 7.31　winner 四电极法原理图

如图 7.31 所示，将 C_1，C_2，P_1，P_2 四根电极在一条直线上按等间距 $20I_n$ 打入地下，为了使打入的电极不影响地中电流分布，电极打入地下的深度 h 应满足 $h\leqslant a/20$。

外侧两电极 1.2/50 μs 为电流极，与交流或直流电源 e 串联，用电流表 A 测量入地电流，内侧两电极 1.2/50 μs 为电压极，与电压表 V 相连，由于 C_1 和 C_2 流入和流出的电流均为 I，根据点源电极附近电位的计算方式，可以计算出 P_1 和 P_2 点的电位为：

$$U(P_1)=\frac{I\rho}{2\pi}\left(\frac{1}{a}-\frac{1}{2a}\right) \tag{7.49}$$

$$U(P_2)=\frac{I\rho}{2\pi}\left(\frac{1}{2a}-\frac{1}{a}\right) \tag{7.50}$$

则 P_1 和 P_2 两极之间的电位差，即电压表的读数为：

$$U_{P_1P_2}=U(P_1)-U(P_2)=\frac{I\rho}{2\pi a} \tag{7.51}$$

则土壤的电阻率为：

$$\rho_a=2\pi a\,\frac{V}{I} \tag{7.52}$$

7.5.2 土壤电阻率实测数据的简易处理方法

根据美国土壤有限公司出版的《地电阻率手册》中提供的资料表明，ρ_a 代表离地面深度为 a 的土壤层的视电阻率，它表征着该层土壤的综合散流特性。根据这道理，如果是均匀的各向同性的土壤，则 i_2 无论取多大，测得的 ρ_a 就是该站区实际土壤的电阻率。但在实际工程中，站区土壤一般都是非均匀各向异性的，在这种情况下，按照接地规程中测量接地网接地电阻的理论和方法，a 选取 4～5 倍接地网最大对角线长度，测量的结果与实际比较接近，但是，a 取得太大，会给测量工作带来一定的困难。因此，一般采取短间距 a 值测量，大量现场测量 a 的取值是从几米到几十米，由此可以得到一系列的 ρ_a 值。理论上可以直接用测得的视电阻率来计算接地电阻和地表电位，且准确度较高，但计算比较复杂，需要的计算机存贮容量大，计算时间长。从工程角度来看也不必那样准确。但是在设计计算时，又只能用一个等值电阻率进行计算，这就涉及将若干 ρ_a 值等值为设计计算用的等值电阻率的处理问题。目前，这种等值处理的方法较多，如去掉所有测量数据中的最高和最低值后取平均值；Gross 等人在大量理论分析与试验研究的基础上，提出将复杂结构的地下土壤用两层模型来描述的理论，及根据电流场理论推出视电阻率与上、下层土壤电阻率、上层土壤厚度，测量间距的关系公式，然后根据关系式在双对数坐标纸上做出量板图。在实际工程中，将测量的视电阻率曲线与量板曲线比较分析可得上、下层土壤电阻率及上层厚度等，再经分析计算得到计算用等值电阻率等。由于站区占地面积大，测点数很多，在每一测点又有若干测量间距，无论选何点、何间距的实测值作为计算依据都不合适，而且比较繁杂。根据理论分析，参考国外的经验，在工程中可以用下面简单的方法进行处理。

1. 纵深分层土壤

为了研究纵深分层土壤的土壤等值电阻率问题，先对双层土壤进行分析，然后再考虑三层或多层土壤的情况。

如图 7.32 所示，把管形垂直电极视为一个瘦长形的旋转椭圆面，以其中心 O 为原点，采用正交椭圆双曲坐标，空间点的坐标为(u,v,θ)，u 为椭圆坐标，v 为双曲坐标，θ 为该点与 YOZ 面的夹角。则管形接地电极的电场的拉普拉斯的方程如下：

$$\frac{\partial}{\partial u}\left(\frac{u^2-r_0^2}{r_0}\frac{\partial V}{\partial u}\right)+\frac{\partial}{\partial v}\left(\frac{r_0^2-u^2}{r_0^2}\frac{\partial V}{\partial \nu}\right)+\frac{\partial}{\partial \theta}\left[\frac{r_o(u^2-v^2)}{(u^2-v^2)(r_0^2-v^2)}\frac{\partial V}{\partial \theta}\right]=0 \tag{7.53}$$

式中：r_0 为椭圆与双曲线共交点至原点的距离。

考虑到地中各点电位对旋转长椭圆电极的中心轴（即长轴 Z）为对称，各椭圆面为等位面，故 V 同 θ 和 V 无关，上式可简化为：

$$\frac{\mathrm{d}}{\mathrm{d}u}\left(\frac{u^2-r_o^2}{r_o}\frac{\mathrm{d}V}{\mathrm{d}u}\right)=0 \tag{7.54}$$

这里，假定两层土壤的分界面正好与某一旋转双曲面吻合，如图 7.32 所示。

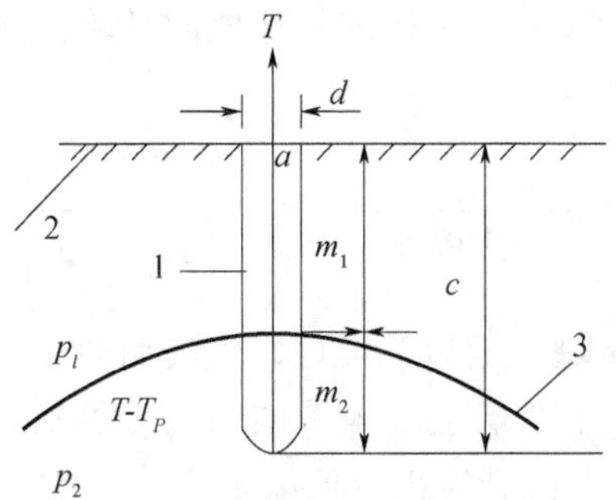

图 7.32　双层土壤中的管形电极

1. 管形电极；2. 地表面；3. 双层土壤界面

解(7.54)式所示的方程，考虑到 $l \gg d$，同时近似认为 $r_0=l$，可得到电极表面电位：

$$V_o=\frac{Q}{4\pi\varepsilon l}\ln\frac{4l}{d} \tag{7.55}$$

式中：Q 为 $2l$ 长的椭圆电极上的总电荷。

当假定 $r_0=l$ 时，实质上是忽略管端电荷的不均匀分布状态，认为电荷在电极表面是均匀分布的，于是可求得上层土壤中接地极段表面的总电荷为

$$Q_1=\frac{Q}{2l}h_1 \tag{7.56}$$

于是上层土壤中接地极段表面电容为：

$$C_1=\frac{Q_1}{V_o}=\frac{Q}{V_o}\frac{h_1}{2l} \tag{7.57}$$

将式(7.56)代入式(7.57)得：

$$C_1=\frac{2\pi\varepsilon h_1}{\ln\frac{4l}{d}} \tag{7.58}$$

由 $R_1=\frac{\rho_1\varepsilon}{C_1}$ 即可求得上层土壤中电极段的接地电阻值为：

$$R_1=\frac{\rho_1}{2\pi h_1}\ln\frac{4l}{d} \tag{7.59}$$

同样可以求得下层土壤中电极段的接地电阻为：

$$R_2=\frac{\rho_2}{2\pi h_2}\ln\frac{4l}{d} \tag{7.60}$$

总的接地电阻为 R_1 与 R_2 的并联值，即

$$R=\frac{R_1R_2}{R_1+R_2}=\frac{1}{2\pi l}\frac{l\rho_1\rho_2}{h_1\rho_2+h_2\rho_1}\ln\frac{4l}{d} \tag{7.61}$$

把它和单层均匀土壤中垂直管电极的接地电阻计算公式 $R=\frac{\rho}{2\pi l}\ln\frac{4l}{d}$ 相比较，可得等值土壤电阻率：

$$\rho_e=\frac{l\rho_1\rho_2}{h_1\rho_2+h_2\rho_1}=\frac{\rho_1\rho_2}{\frac{h_1}{l}\rho_2+\frac{h_2}{l}\rho_1}=\frac{l}{\frac{h_1}{\rho_1}+\frac{h_2}{\rho_2}} \tag{7.62}$$

这样就把双层不均匀土壤等效为单层均匀土壤而便于工程设计计算。对于 3 层不均匀土壤，可先将第 1 层和第 2 层土壤等值成一层土壤后，再与第 3 层土壤同样按式(7.62)2 层土壤等值电阻率公式计算出等值电阻率：

$$\rho_{e_3}=\frac{(h_1+h_2)+h_3}{\frac{(h_1+h_2)}{\rho_e^2}+\frac{h_3}{\rho_3}}=\frac{h_1+h_2+h_3}{\frac{h_1}{\rho_1}+\frac{h_2}{\rho_2}+\frac{h_3}{\rho_3}} \tag{7.63}$$

依次类推，可得 n 层土壤电阻率的等值电阻率为

$$\rho_{e_n}=\frac{\sum_{i=1}^{n}h_i}{\sum_{i=1}^{n}\frac{h_i}{\rho_i}} \tag{7.64}$$

2. 水平分块土壤

在工程中常会遇到土壤在水平方向分块的地质情况，如图 7.33 所示，水平接地网可能跨越在不同的分块上。为研究土壤分块时，土壤等值电阻率的处理，以下以水平接地网跨越两个分块的情况为例，求分块时土壤等值电阻率的处理。

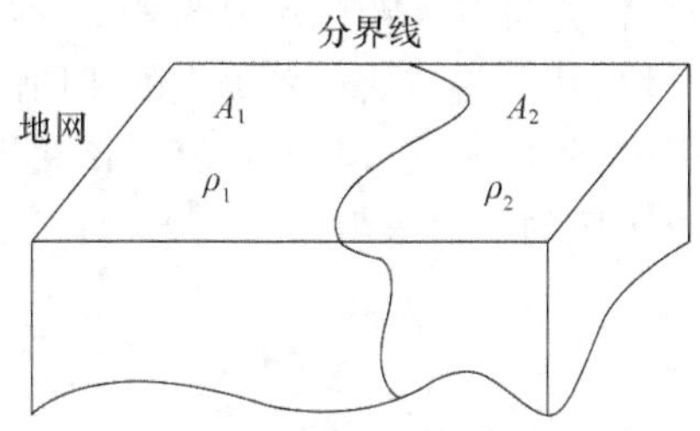

图 7.33　水平方向分块不均匀土壤中接地网示意图

设水平接地网面积为 $A=A_1+A_2$，A_1 部分的土壤电阻率为 ρ_1，A_2 部分的土壤电阻率为 ρ_2，两部分各自的接地电阻分别为 R_1、R_2，则有：

$$R_1=\frac{0.5\rho_1}{\sqrt{A_1}} \tag{7.65}$$

$$R_2=\frac{0.5\rho_2}{\sqrt{A_2}} \tag{7.66}$$

则总的地网接地电阻应为 R_1、R_2 的并联值：

$$R=R_1//R_2=\frac{0.5\rho_1\rho_2}{\rho_1\sqrt{A_2}+\rho_2\sqrt{A_1}} \tag{7.67}$$

若这块土壤是均匀的，其等值土壤电阻率为 ρ_e，则有

$$R=\frac{0.5\rho_e}{\sqrt{A}} \tag{7.68}$$

将式(7.68)代入，即可求得土壤分块时的等值土壤电阻率：

$$\rho_e=\frac{\rho_1\rho_2\sqrt{A}}{\rho_1\sqrt{A_2}+\rho_2\sqrt{A_2}}=\frac{\sqrt{A_1+A_2}}{\dfrac{\sqrt{A_1}}{\rho_1}+\dfrac{\sqrt{A_2}}{\rho_2}} \tag{7.69}$$

若土壤分为 3 块，先将其中两块等值后再与第 3 块同样按式(7.69)作等值计算，可得土壤分为 3 块时的土壤等值电阻率为：

$$\rho_{e_3}=\frac{\sqrt{(A_1+A_2)+A_3}}{\dfrac{\sqrt{(A_1+A_2)}}{\rho_e^2}+\dfrac{\sqrt{A_3}}{\rho_3}}=\frac{\sqrt{A_1+A_2+A_3}}{\dfrac{\sqrt{A_1}}{\rho_1}+\dfrac{\sqrt{A_2}}{\rho_2}+\dfrac{\sqrt{A_3}}{\rho_3}} \tag{7.70}$$

依次类推，可得当土壤分为 n 块时的土壤等值电阻率为：

$$\rho_{e_n}=\frac{\sqrt{\sum\limits_{i=1}^{n}A_i}}{\sum\limits_{i=1}^{n}\dfrac{\sqrt{A_i}}{\rho_i}} \tag{7.71}$$

在对实测数据进行处理时，先将其所测区域分为若干块，分块时尽量把相邻的且电阻率实测值相近的点分为一块，然后将每块内各测点的相同间距的视电阻率平均，得到该块各间距下测得的视电阻率，然后按式(7.70)计算出该块土壤的等值电阻率，最后按(7.71)式计算整个所测区域土壤的等值电阻率。

7.6 改善接地效果的方法

接地电阻的大小是考核接地装置的主要指标，它直接关系到发电厂或变电所的人身安全，因而也是在实际的接地工程中重点解决的技术问题。可是在实际的接地工程中，有些地方由于土壤电阻率非常高，要使接地装置工频接地电阻降到($R_g \leqslant 2000/I$)规定值以下非常困难。在这种情况下，就要根据现场实际情况想办法降低接地装置的工频接地电阻。

7.6.1 充分利用自然接地体降阻

在接地工程中，充分利用混凝土结构物中的钢筋骨架、金属结构物以及上下水金属管道等自然接地体，是减小接地电阻、节约钢材以及达到均衡电位接地的有效措施。在发电厂、变电所可资利用的自然接地体有：

(1)水电站主厂房水下的钢筋混凝土。

(2)水电站地下压力钢管或钢筋混凝土管。

(3)各类钢筋混凝土基础或钢板衬砌的竖井。

(4)钢筋混凝土或用钢板衬砌的地下厂房。

(5)架空输电线路的“地线—杆塔”接地系统。

(6)埋于地下的金属自来水管和有金属外皮的电缆。

(7)发电厂、变电所主控楼，或高压配电室的钢筋混凝土地基。

在利用这些自然接地体时，事先应做好规划，在施工时应对这些钢筋混凝土内的钢筋进行连接，以及引出与人工接地网的连接都预先做好计划，施工时同步进行。在人工接地网的设计和施工时，为了充分利用自然接地体的降阻作用，应尽量减少人工接地体对自然接地体的屏蔽作用。

7.6.2 外引接地装置

当距发电厂、变电所 2000 m 以内有较低电阻率的土壤时，可敷设引外接地极，特别是一些变电所为了节约耕地，一般都建在山坡上，而这种地方的土壤都为风化石土壤，或者为多岩山地，土壤电阻率一般都比较高，且下层土壤的土壤电阻率更高。变电所占地面积最大者不超过 100 m×100 m,如在所内把接地电阻降到合格值 0.5 Ω 以下几乎是不可能的。无论是专门用来降阻的外引接地装置,还是引外连接线(水平接地体),其埋深都要达到 1.2～1.5 m 以下。因为这样才能不影响农民的耕作,使接地体免遭破坏。另外,连接线和外引接地装置的截面还要满足要求,并做好防腐处理。

7.6.3 采用深井式接地极

当地下较深处有土壤电阻率较低的地质结构时,可用井式或深钻式接地极。把平面地网做成立体地网,利用下层低电阻率的地层来降阻,根据地质结构分为如下三种情况。

(1)当土壤为均匀土壤,上下层的土壤电阻率值变化不大,但地面由于受面积的限制或地形的限制无法外延,只有向下发展时,可采用深井压力灌降阻剂的方法建成立体地网。这时流过大地的电流,向垂直和水平方向扩散,在均匀电阻率的土壤中星半球形等位面扩散,充分利用电流垂直方向的扩散分量,可将较大的电流引入地的深层。

(2)当土壤为不均匀土壤,土壤在垂直于地面的方向上分层,但下层土壤 ρ_2 远远小于上层土壤 ρ_1 时,一般为地下有各类金属矿藏、石墨、煤等土壤,这是可把竖井打到下层土壤内,充分利用下层较低电阻率的地质层来降阻。此时接地电阻的计算公式如下。

单根垂直接地极的电阻为

$$R_e=\frac{\rho_1}{2\pi}\left[\frac{\ln\frac{4l}{d}}{h+\frac{\rho_1}{\rho_2}(l-h)}\right] \tag{7.72}$$

$$R_e=\frac{[\rho_n]}{2\pi l}\ln\frac{4l}{d} \tag{7.73}$$

$$[\rho_n]=\frac{\rho_1\rho_2}{\frac{h}{l}(\rho_2-\rho_1)+\rho_1} \tag{7.74}$$

式中:h——电阻率为 ρ_1 的地层深度,m;

l——垂直接地体的长度,m;

d——垂直接地体的直径,m;

ρ_1——上层土壤电阻率,Ω·m;

ρ_2——下层土壤电阻率,Ω·m;

ρ_n——等值电阻率,Ω·m。

(3)土壤为不均匀土壤,但下层的土壤电阻率 ρ_2 高于上层的土壤电阻率 ρ_1,这种地质结构多为山区,上层为土壤、下层为岩石,这种情况再采用深井法降阻效果不大,也就没有必要再采用深井法降阻,因为打井的费用要比水平接地体高许多倍,且降阻效果还没有水平接地体的效果好，应尽量采用外延扩网的方法降阻。

深埋接地极埋设选择时应注意以下几点：

(1)首先用等距四极法测量土壤电阻率，改变极间距离 a，测量不同深度的土壤电阻率，找出地层深处电阻率最小的地层，选定若干个深埋接地点，进行比较。这些深埋地点除地层深处电阻率较小的外，还应是地电阻率随深度增加而减小较快者，即高电阻率的地面覆盖层的厚度不大，或地下水位较高的地方。

(2)在岩石地区选择深埋地点时，应在地质和物探人员的协助下，仔细勘测和分析地下水的位置和深度，特别是选择在水库蓄水后及引水系统放水后，使地下水位升高的地方。例如：某水电厂一个直径为∅150 mm，深 50.6 m 的孔，插入∅50 mm 钢管，施工后测量的接地电阻为 100 Ω。当引水系统放水后，因地下水位升高，水从钻孔冒出，测量的接地电阻为 27 Ω，两者之比为 3.7∶1。

(3)在发电厂、变电所附近的地区，如发现有金属矿体，可将深埋接地体插入矿体上，利用矿体来延长接地的范围。有资料说明，在电阻率为 5000 Ω·m 的多年冻土中，一个规模为 6000 m× 100 m× 0.8 m 的镍矿，其接地电阻为 1.5 Ω。

(4)当地面的电阻率较高，一般浅埋的水平接地网主要是起均压作用。因此，深埋接地体可以放在均压网内。为了减少屏蔽，最好放在接地网四周。

深埋接地体的施工方法：

(1)在一般沙质黏土地层，可用人工打轧水井或机械打井的方法打井，井深可一直打到低电阻率的地层或地下水层以下(如 20～50 m)。接地极可用角钢，也可用钢管，一节节地焊接起来插入深井中，然后把高效膨润土降阻剂加水搅成浆状，用压力机压入深井。把多口井上面用水平接地体连接起来形成一个立体地网，能够起到有效的降阻作用。

(2)深井爆破——压力灌降阻剂法一般是用在山岩地区的均匀土壤，或上、下分层下部土壤电阻率较低的土壤地质。可用钻井机钻直径 100～200 mm，深 40～100 m 的竖井，在井中插入垂直接地极，然后沿井的深度每隔 5～8 m 安放一定的炸药进行爆破，将岩石爆松、爆裂，接着用压力机将调成浆糊状的降阻剂压入深井中及爆破产生的缝隙中，以达到通过降阻剂将地下大范围的土壤内部沟通及加强接地极与土壤或岩石的接触，从而较大幅度降低接地电阻的目的。从实际经验可知，爆破制裂长度可达 2～10 m，竖井的孔径 100～200 mm，井深 40～100 m，炸药量 10～30 kg；降阻剂使用量为每井 1000～2500 kg。竖井可布置在地网周边的顶角，或在地网的引外接地网上，深井的距离应为井深的两倍，这样可以达到减少屏蔽，加大降阻效果的作用。深井垂直极的顶端应该用水平接地体连接起来，形成一个立体地网。

采用深井爆破制裂——压力灌降阻剂法时单根接地体的接地电阻的计算。

被电阻率为 ρ 的大地无限包围，且长度 L 远大于其直径 d 的垂直接地体电阻可采用下式计算：

$$R=\frac{\rho}{2\pi L}\ln\frac{4L}{d} \tag{7.75}$$

式中：ρ——土壤电阻率，Ω·m；

L——井深（垂直接地体长度，m）；

d——为接地体直径，m。

单根接地体采用深井爆破制裂——压力灌降阻剂法后，形成如图 7.34 所示的填充了降阻剂的区域，这时接地体的直径为 $d+2D$，设井深 L。填充了降阻剂的平均电阻率为 ρ_1，则

$$R=\left(\frac{\rho_1}{2\pi L}\right)\left(\ln\frac{D_1}{d}+\frac{\rho}{2\pi L}\ln\frac{4L}{D_1}\right) \tag{7.76}$$

式中：D_1 为等效制裂宽度（m）

若 $\rho_1 \ll \rho$，且 ρ_1 很小，则

$$R=(\rho/2\pi L)\ln\frac{4L}{D_1} \tag{7.77}$$

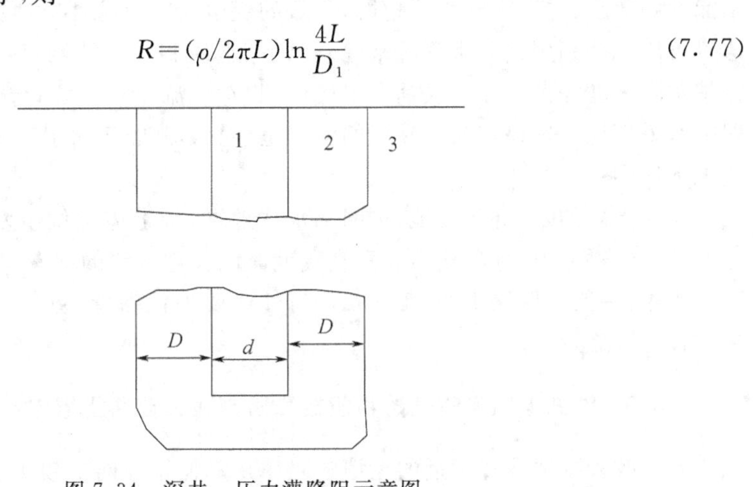

图 7.34　深井—压力灌降阻示意图

1—接地体；2—等效制裂宽度；3—土壤

利用钻井法可把平面地网组成立体地网，这时地面的电位分布比较均匀，可以降低设备的接触电压和地面的跨步电压。接地电阻不受季节的影响，但由于打井所需施工费用较高，所以如不是有可以利用的电阻率低的地层或由于场地限制无法外延，一般情况下不轻易采用。同时，深井法也有垂直极的互相屏蔽问题，如需要使用立体地网，垂直极也应放在地网四周，极间距离应为垂直极长度的两倍。

7.6.4　如果条件许可，扩大接地网面积和设置水下、水底、岸边地网是降低接地电阻最有效，也是最常用的方法

由公式 $R_E=0.5\rho/\sqrt{A}$ 可知，地网接地电阻的大小主要取决于接地网的面积。但如

果接地电阻率 ρ 值过高，比如 3000 Ω·m，可以把接地电阻降到 0.5 Ω 以下，地网面积的平方根要达到 3000 m，地网面积要达到 3000 m×3000 m＝9000000(m^2)，要建这么大的接地网是不可能的。但如果土壤电阻率在 500 Ω·m 以下，如果在地形条件允许的情况下可以采用扩网的方式。但扩网前一定要对变电所四周的地形情况进行认真勘测，看是否有土壤电阻率较低的地方，并应尽量利用这些土壤电阻率低的地方扩网。

在实际的接地工程中，往往会遇到没有可直接利用的地形扩大接地网，这时就要根据现场实际情况，采用扩网和水平外延相结合的方法，即从变电所的四周想办法用水平接地体外延。遇到土壤电阻率较低的场所能建立地网的尽量建立地网，另外再加上使用降阻剂，即能把发电厂、变电所的工频接地电阻降到合格以下。

水电站所处的位置一般都在山区，土壤电阻率比较高，地方狭小，没有办法用扩网来降低工频接地电阻，但可以充分利用水电站机房管道等自然接地体，如果接地电阻仍不能达到要求，可以建立水下地网，一般的变电所附近往往有池塘、水库、河流、小溪等，这时可以充分利用这些水资源来建立水下、水底和岸边地网，对于中小型池塘来说，可在枯水时把塘泥挖开在塘底铺设水底地网，对溪流、小河，可沿着河岸设置水平接地体，即把水平接地体埋设在河边较湿的泥土里，对大型池塘、水库、水城面积较大时可以设置水下地网。

需要指出的是，外延接地、扩网和水下地网，接地体都位于发电厂、变电所的外部，有的还处于耕地内，水平接地和垂直接地体以及连接线的埋深都要足够，不要影响了农民的耕作，一般应埋深 1.2～1.5 m。另外还要加强保持，防止破坏，防止腐蚀，保证接触装置的可靠运行。

7.6.5 填充电阻率较低的物质或降阻剂人工改善土壤电阻率

人工改善接地装置附近的土壤电阻率是降低接地网工频接地电阻的有效而又常用的措施。

离开接地电极距离为接地电极尺寸 10 倍以内的土壤对接地电阻起着很大的作用。从前面讨论各种形式的接地体的接地电阻时，无不与土壤的电阻率 ρ 有关。由接地网的工频接地电阻 $R_g=0.5\rho/\sqrt{A}$ 可见，接地电阻除了与接地网的面积 A 直接相关外，还与当地的土壤电阻率直接相关。当接地电阻的面积一定时，接地电阻 R_g 与土壤电阻率 ρ 成正比，因此要降低接地网的工频接地电阻，除了可以增大接地网的面积外，如果能想办法降低土壤的电阻率 ρ，也可以达到降阻的目的。

改善土壤电阻率的办法有：①换土法，即使用电阻率 ρ 较低的土壤来换掉电阻率较高的土壤，这种方法虽有效果，但对大中型地网由于工程量太大而很少采用。②工业废渣填充法，即利用附近工厂的废渣，做到综合利用。置换材料的特性应保证：电阻率低、不易流失、性能稳定、易于吸收和保持水分、无强烈腐蚀作用，并且施工方便、经济合理，如采用电石渣和低电阻率的黏土($\rho \leqslant 100\ \Omega \cdot m$)各半，加入 5% 食盐做成的换材料，或采用铁屑加黏土等，这种置换方法由于受材料的来源限制，局限性比较大，同时有些废渣对钢接地体有腐蚀作用，所以仅在一些发电厂的地网和工业区的接地网有少量采用。目前最常用的是各种降阻剂法，降阻剂可以分为化学降阻剂、物理降阻剂和树脂降阻剂，还有稀土降阻剂和膨润降阻剂。

需要值得注意的是：

(1)降阻剂的降阻效果是通过合理的设计和施工体现出来的，并不是说施加了某某降阻剂就能把接地电阻降低到百分之几。

(2)有些降阻剂对钢接地体具有防腐作用，但有些降阻剂对钢接地体的腐蚀性却很强，使用时应注意。

(3)降阻剂的稳定性与扩散性也好似相互矛盾的，扩散快的易随水土流失，而性能稳的扩散慢。

7.6.6　发电厂、变电所的综合降阻措施

外延接地降阻法、深井立体地网法、扩网法、水下接地网法和降阻剂法，但在实际的接地工程中，并不是单单使用某一种方法，而是要对现场做认真的勘探、测量，看土壤是均匀土壤还是不均匀土壤，周围有没有土壤电阻率低的地方(2000 m 范围以内)可以引外接地，有没有扩网的位置及位置大小，地下有没有电阻率低的地质层，附近有没有可以利用的水资源和土壤较湿的地方，做好认真的技术经济分析。根据发电厂、变电所的规模，接地短路电流的大小，对接地电阻、地网均压的要求，经过认真地分析计算决定采用什么样的接地降阻方式。

(1)如果发电厂、变电所外有可以扩网的位置，而扩网的地方土壤电阻率又比较低，可采用扩网加水平放射的方法；如附近还有可以利用的水资源，如池塘、水库、江、河、小溪等，还可辅以水下、水底或岸边地网，并尽量充分利用厂房，输电线路杆塔的自然接地，扩网和水平放射可施加降阻防腐剂。但要注意：扩网部分要尽量减少对原地网的屏蔽和对自然接地体的屏蔽，扩充地网与原地网的连接至少要三点以上连接，并防止外力破坏。

(2)如果为上、下不均匀土壤，且下层土壤电阻率比较低，可以用深井或深井爆破制裂—压力灌降阻剂的方法，建成立体地网，但这种办法的施工费用较高。这种方法一般在发电厂、变电所四周没有扩网位置，而对接地电阻要求又较严的地方使用这种方法一般不宜再采用四角放射、延长接地，因为这样的放射线同样会把深井的垂直接地极产生屏蔽作用，而削弱深井接地极的降阻作用。这时深井宜设在水平射线的项点，如不用外延放射，深井接地极宜放在地网的四周，或放在地网的顶角上。

(3)对山区、丘陵地区建在山坡、山包上的变电所，大部分是一边挖土，一边回垫的

地形，这时可在垫土前先铺设一层水平地网再引到上层的均压网带上，建成局部双层地网，再根据地形、地质，采用外延放射，施加降阻剂的方法进行处理。对具体的接地工程，可根据实际的地形、地质情况，综合分析对比各种方法的效果、费用以及以后运行维护是否方便，最后决定采用哪些措施来降低接地电阻。

参考文献

李景禄．2009．现代防雷技术[M]．北京：中国水利水电出版社．

第 8 章　电气系统雷电安全检测

8.1　电气系统检测规定

8.1.1　一般规定

(1)低压配电系统的设计应根据工程的种类、规模、负荷性质、容量及可能的发展等综合因素确定，对于重要工程宜采用智能配电系统。

(2)确定低压配电系统时，应符合下列要求：

1)供电可靠、保证电能质量和减少电能损耗。

2)系统接线简单可靠并具有一定灵活性。

3)保证人身、财产、操作安全及检修方便。

(3)低压配电系统的设计应符合下列规定：

1)配电变压器二次侧至用电设备之间的低压配电级数不宜超过三级。

2)各级低压配电箱(柜)宜根据未来发展预留备用回路。

3)由建筑物外引入的低压电源线路，应在总配电箱(柜)的受电端装设具有隔离和保护功能的电器。

(4)变电所引入的专用回路，在受电端可装设不带保护功能的隔离电器；对于树干式供电系统的配电回路，各受电端均应装设带隔离和保护功能的电器。

8.1.2　低压配电系统

1. 多层民用建筑的低压配电系统应符合下列规定：

(1)低压电源进线宜采用电缆并埋地敷设，进线处应设置总配电箱(柜)，箱内应设置总开关电器，总电源箱(柜)宜设在室内，当设在室外时，应选用防护等级不低于 IP54 的箱体，箱体电器应适应室外环境的要求。

(2)照明、电力、消防及其他防灾用电负荷，宜分别自成配电系统。

(3)当用电负荷较大或用电负荷较重要时，应设置低压配电室，并宜从低压配电室以放射式配电。

(4)由低压配电室至各层配电箱或分配电箱，宜采用树干式或放射与树干相结合的混合式配电。

2. 高层民用建筑的低压配电系统应符合下列规定：

(1)照明、电力、消防及其他防灾用电负荷应分别自成系统。

(2)用电负荷或重要用电负荷容量较大时，宜从变电所以放射式配电。

(3)高层民用建筑的垂直供电干线，可根据负荷重要程度、负荷大小及分布情况，采用下列方式供电：

1)高层公共建筑配电箱的设置和配电回路应根据负荷性质按防火分区划分。

2)400 A 及以上宜采用封闭式母线槽供电的树干式配电。

3)400 A 以下可采用电缆干线以放射式或树干式配电；当为树干式配电时，宜采用预制分支电缆或 T 接箱等方式引至各配电箱。

4)可采用分区树干式配电。

3. 超高层民用建筑的低压配电系统还应符合下列规定：

(1)长距离敷设的刚性供电干线，应避免预期的位移引起的损伤。

(2)固定敷设的线路与所有重要设备、供配电装置之间的连接应选用可靠的柔性连接。

(3)设置在避难层的变电所，其低压配电回路不宜跨越上下避难层。

(4)超高层建筑的垂直干线可采用电缆转接封闭式母线树干式供电。

4. 供避难场所使用的用电设备，应从变电所采用放射式专用线路配电。

5. 周期性使用的公共建筑，其内部邻近变电所的低压配电系统之间，宜设置联络线。

8.1.3 导体选择

1. 低压配电导体选择应符合下列规定：

(1)电线、电缆及母线的材质可选用铜或铝合金。

(2)消防负荷、导体截面积在 10 mm^2 及以下的线路应选用铜芯。

(3)民用建筑的下列场所应选用铜芯导体：

1)发生火灾时需要维持正常工作的场所。

2)移动式用电设备或有剧烈振动的场所。

3)对铝有腐蚀的场所。

4)易燃、易爆场所。

5)有特殊规定的其他场所。

(4)绝缘导体应符合工作电压的要求，室内敷设塑料绝缘电线不应低于 0.45 kV/0.75 kV，电力电缆不应低于 0.6 kV/1 kV。

(5)对于不轻易改变使用功能、不易更换电线电缆的场所宜采用寿命较长电线电缆。

2. 低压配电导体截面积的选择应符合下列要求：

(1)导体的载流量不应小于预期负荷的最大计算电流和按保护条件所确定的电流，并应按敷设方式和环境条件进行修正。

(2)线路电压损失不应超过规定的允许值。

(3)导体应满足动稳定与热稳定的要求。

(4)导体最小截面积应满足机械强度的要求，配电线路每一相导体截面积不应小于表 8.1 的规定。

8.1　导体最小允许截面积

布线系统型式	线路用途	导体最小截面积/mm^2	
		铜	铝/铝合金
固定敷设的电缆和绝缘电线	电力和照明线路	1.5	10
电线	信号和控制线路	0.5	—
固定敷设的裸导体	电力(供电)线路	10	16
	信号和控制线路	4	—
软导体及电缆的连接	任何用途	0.75	—
	特殊用途的特低压电路	0.75	—

3. 导体敷设的环境温度与载流量校正系数应符合下列规定：

(1)当沿敷设路径各部分的散热条件不相同时，电缆载流量应按最不利的部分选取。

(2)导体敷设处的环境温度，应满足下列规定：

1)对于直接敷设在土壤中的电缆，应采用埋深处历年最热月的平均地温。

2)敷设在室外空气中或电缆沟中时，应采用敷设地区最热月的日最高温度平均值。

3)敷设在室内空气中时，应采用敷设地点最热月的日最高温度平均值，有机械通风的应采用通风设计温度。

4)敷设在室内电缆沟和无机械通风的电缆竖井中时，应采用敷设地点最热月的日最高温度平均加 5 ℃。

(3)导体的允许载流量，应根据敷设处的环境温度进行校正，校正系数应按现行国家标准《低压电气装置　第 5-52 部分：电气设备的选择和安装 布线系统》的有关规定确定。

(4)当土壤热阻系数与载流量对应的热阻系数不同时，敷设在土壤中的电缆的载流量应进行校正，其校正系数应按现行国家标准《低压电气装置　第 5-52 部分：电气设备的选择和安装 布线系统》的有关规定确定。

4. 电缆采用不同敷设方式时，其载流量的校正系数应符合下列规定：

(1)多回路或多根电缆成束敷设的载流量校正系数和多回路直埋电缆的载流量校

正系数均应按现行国家标准《低压电气装置　第5-52部分:电气设备的选择和安装 布线系统》的有关规定确定。

(2)当三相四线制线路中存在谐波电流时,在选择中性导体截面积时应计入谐波电流的影响。当中性导体电流大于相导体电流时,电缆截面积应按中性导体电流选择。当中性导体电流大于相电流133%且按中性导体电流选择电缆截面积时,电缆载流量可不校正。当三相负荷平衡系统中存在谐波电流,4芯或5芯电缆中中性导体和相导体具有相同材料和截面积时,按表8.2确定电缆载流量的校正系数。

8.2　4芯或5芯电缆存在谐波电流时的校正系数

相电流中三次谐波分类(%)	校正系数	
	按相电流选择截面积	按中性导体电流选择截面积
0～15	1.00	—
15～33	0.86	—
33～45	—	0.86
>45	—	1.00

注:相电流的三次谐波分量是三次谐波与基波(一次谐波)的比值,用%表示。

5. 中性导体和保护接地导体(PE)截面积的选择应符合下列规定:

(1)具有下列情况时,中性导体至少应和相导体具有相同截面积:

1)单相两线制电路。

2)三相四线电路中,相导体截面积不大于16 mm^2(铜)或25 mm^2(铝/铝合金)。

(2)三相四线制电路中,相导体截面积大于16 mm^2(铜)或25 mm^2(铝/铝合金)且满足下列全部条件时,中性导体截面积可小于相导体截面积:

1)在正常工作时,负荷分配较均衡且谐波电流(包括三次谐波和三次谐波的奇数倍)不超过相电流的15%。

2)对TT系统或TN系统,在中性导体截面积小于相导体截面积的地方,中性导体上应装设过电流保护,该保护应使相导体断电但不必断开中性导体。

注:当中性导体的截面积不小于相导体的截面积,且在中性导体中的电流预期不会超过相导体的电流值时,中性导体上不需要装设过电流保护。在这两种情况下,中性导体应受到短路保护。

(3)保护接地导体截面积的选择,应符合下列规定:

1)保护接地导体的截面积,可按照公式(8.1)确定,也可按表8.3进行选择,并满足下文的要求;

2)当切断时间不超过5 s时,满足公式(8.1)要求;

$$S\geqslant\frac{\sqrt{I^2t}}{k} \tag{8.1}$$

式中：S——保护接地导体的截面积，mm^2；

I——流过保护电器的可忽略故障点阻抗产生的预期故障电流，A；

t——保护电器自动切断的动作时间，s；

k——由保护接地导体、绝缘和其他部分的材料以及初始和最终温度决定的系数。

表 8.3　保护接地导体的最小截面积　　单位：mm^2

相导体的截面积	相应保护接地导体的最小截面积	
	保护接地导体与相导体使用相同材料	保护接地导体与相导体使用不同材料
$S \leqslant 16$	S	$\frac{k_1}{k_2} \times S$
$16 < S \leqslant 35$	16	$\frac{k_1}{k_2} \times 16$
$S > 35$	$S/2$	$\frac{k_1}{k_2} \times \frac{S}{2}$

注：k_1——相导体的 k 值，根据导体和绝缘材料按现行国家标准《低压电气装置　第 4-43 部分：安全防护 过电流保护》的相关规定选取。

k_2——保护接地导体的 k 值，按现行国家标准《低压电气装置　第 5-54 部分：电气设备的选择和安装 接地配置和保护导体》附录 A 进行计算和选取。

3）单独敷设的保护接地导体的截面积，当有防机械损伤保护时，铜导体不应小于 2.5 mm^2；铝导体不应小于 16 mm^2。无防机械损伤保护时，铜导体不应小于 4 mm^2；铝导体不应小于 16 mm^2。

（4）当两个或更多个回路共用一根保护接地导体时，其截面积应符合下列规定：

1）根据这些回路中遭受最严重的预期故障电流和动作时间确定截面积，并应符合公式（8.1）的要求。

2）对应于回路中的最大相导体截面积，应按表 8.3 的规定选择。

（5）TN-C 与 TN-C-S 系统中的保护接地中性导体应满足下列要求：

1）应按相导体额定电压加以绝缘。

2）TN-C-S 系统中的保护接地中性导体从某点分为中性导体和保护接地导体后，不得再将这些导体互相连接。

（6）电气装置外可导电部分，严禁用作保护接地导体（PEN）。

8.1.4　低压电器的选择

1. 低压电器的选择应符合下列规定：

（1）选用的电器应满足下列要求：

1）电器的额定电压、额定频率应与所在回路标称电压及标称频率相适应。

2)电器的额定电流不应小于所在回路的计算电流。

3)电器应适应所在场所的环境条件。

4)电器应满足短路条件下的动稳定与热稳定的要求,用于断开短路电流的电器,应满足短路条件下的通断能力。

(2)当维护、测试和检修设备须断开电源时,应设置隔离电器。隔离电器宜采用同时断开电源所有极的多极隔离电器。检修时宜断开与被保护设备最近一级的隔离电器。当隔离电器误操作会造成严重事故时,应采取防止误操作的措施。

(3)隔离电器应符合下列规定:

1)断开触头之间的隔离距离应可见或明显采用“闭合”和“断开”标示。

2)隔离电器应能防止意外闭合。

3)应采取防止意外断开隔离电器的锁定措施。

(4)隔离电器可采用下列器件:

1)多极或单极隔离开关、隔离器。

2)插头和插座。

3)熔断器。

4)连接片。

5)不需要拆除导线的特殊端子。

6)具有隔离功能的断路器。

(5)不得将半导体电器作隔离电器。

(6)功能性开关电器选择应符合下列规定:

1)功能性开关电器应能适合于可能有的最繁重的工作制。

2)功能性开关电器可仅控制电流而不必断开负载。

(7)不得将隔离器、熔断器和连接片用作功能性开关电器。

(8)功能性开关电器可采用下列器件:

1)开关。

2)半导体通断器件。

3)断路器。

4)接触器。

5)继电器。

6)16A 及以下的插头和插座。

(9)多极电器所有极上的动触头应机械联动,并应可靠地同时闭合和断开,仅用于中性导体的触头应在其他触头闭合之前先闭合,在其他头断开之后才断开。

(10)当多个低压断路器同时装入密闭箱体内时,应根据环境温度、散热条件及断路器的数量、特性等因素,确定降容系数。

2. 在 TN-C 系统中，严禁断开保护接地中性(PEN)导体，且不得装设断开保护接地中性导体的任何电器。

3. 三相四线制系统中四极开关的选用，应符合下列规定：

(1)电源转换的功能性开关应作用于所有带电导体，且不得使所连接电源并联。

(2)TN-C-S、TN-S 系统中的电源转换开关，应采用切断相导体和中性导体的四极开关。

(3)有中性导体的 IT 系统与 TT 系统之间的电源转换开关，应采用切断相导体和中性导体的四极开关。

(4)正常供电电源与备用发电机之间的电源转换开关应采用四极开关。

(5)TT 系统中当电源进线有中性导体时应采用四极开关。

(6)带有接地故障保护(GFP)功能的断路器应选用四极开关。

4. 自动转换开关电器(ATSE)的选用应符合下列规定：

(1)应根据配电系统的要求。选择高可靠性的 ATSE 电器，并应满足现行国家标准《低压开关设备和控制设备　第 6-1 部分：多功能电器 转换开关电器》的有关规定。

(2)ATSE 的转换动作时间宜满足负荷允许的最大断电时间的要求。

(3)当采用 PC 级自动转换开关电器时，应能耐受回路的预期短路电流，且 ATSE 的额定电流不应小于回路计算电流的 125%。

(4)当采用 CB 级 ATSE 为消防负荷供电时，所选用的 ATSE 应具有短路保护和过负荷报警功能，其保护选择性应与上下级保护电器相配合。

(5)当应急照明负荷供电采用 CB 级 ATSE 时，保护选择性应与上下级保护电器相配合。

(6)宜选用具有检修隔离功能的 ATSE，当 ATSE 不具备检修隔离功能时，设计时应采取隔离措施。

(7)ATSE 的切换时间应与供配电系统继电保护时间相配合，并应避免连续切换。

(8)ATSE 为大容量电动机负荷供电时，应适当调整转换时间，在先断后合的转换过程中保证安全可靠切换。

5. 剩余电流保护器的设置应符合下列规定：

(1)应能断开被保护回路的所有带电导体。

(2)保护接地导体(PE 线)不应穿过剩余电流保护器的磁回路。

(3)剩余电流保护器的选择，应确保回路正常运行时的自然泄漏电流不致引起剩余电流保护器误动作。

(4)上下级剩余电流保护器之间应有选择性，并可通过额定动作电流值和动作时间的级差来保证。剩余电流的故障发生点应由最近的上一级剩余电流保护器切断电源。

(5)下列设备的配电线路应设置额定剩余动作电流值不大于 30 mA 的剩余电流保

护器：

1)手持式及移动式用电设备。

2)人体可能无法及时摆脱的固定式设备。

3)室外工作场所的用电设备。

4)家用电器回路或插座回路。

(6)用于电子信息设备、医疗电气设备的剩余电流保护器应采用电磁式。

(7)剩余电流保护器应根据电气回路中的剩余电流波形选择，并应符合下列规定：

1)当波形仅含有正弦交流电流时，应选择 AC 型剩余电流保护器。

2)当波形含有脉动直流和正弦交流时，应选择 A 型剩余电流保护器。

3)当波形含有直流、脉动直流和正弦交流电流时，应选择 B 型剩余电流保护器。

8.1.5 低压配电线路的保护

1. 低压配电线路的保护应符合下列定：

(1)低压配电线路应根据不同故障类别和具体工程要求装设短路保护、过负荷保护、过电压及欠电压保护、电弧故障保护，当配电线路发生故障时，保护装置应切断供电电源或发出报警信号，或将状态及故障信息上传。

(2)低压配电线路采用的上、下级保护电器，其动作宜具有选择性，各级保护电器之间应能协调配合；对于非重要负荷的保护电器，可采用无选择性切断。

2. 配电线路的短路保护应符合下列规定：

(1)短路保护电器的分断能力不应小于保护电器安装处的预期短路电流。

(2)电缆和绝缘导体发生短路时，应在导体的温度上升到不超过允许限值的时间内切断回路电流。并应符合下列规定：

1)当短路持续时间不大于 5 s 时，短路电流使导体绝缘由正常运行的最高允许温度上升到极限温度的时间 t，应按下式计算

$$t=(k \cdot S/I)^2 \tag{8.2}$$

式中：t——短路电流持续时间，s；

k——不同导体的温度系数，可按现行国家标准《低压电气装置　第 4-43 部分：安全防护过电流保护》进行选取；

S——导体截面积，mm^2；

I——短路电流有效值(方均根值，A)。

2)当短路持续时间小于 0.1 s 时，应计入短路电流非周期分量的影响；当短路持续时间大于 5 s 时应计入散热影响。

(3)当短路保护电器为低压断路器时，被保护线路预期短路电流不应小于低压断路器瞬时或短延时过电流脱扣器整定电流的 1.3 倍。

3. 对于突然断电比过负荷造成损失更大的线路，不应设置过负荷保护。

4. 配电线路的过负荷保护应符合下列规定：

(1)过负荷保护电器宜采用反时限特性的保护电器，其分断能力可低于保护电器安装处的短路电流值，但应能承受通过的短路能量，并应符合上文的要求。

(2)过负荷保护电器的动作特性应同时满足下列条件：

$$I_B \leqslant I_n \leqslant I_z \tag{8.3}$$

$$I_2 \leqslant 1.45 I_z \tag{8.4}$$

式中：I_B——线路的计算电流(A)

I_n——熔断器熔体额定电流或断路器额定电流或整定电流(A)

I_z——导体允许持续载流量(A)

I_2——保证保护电器在约定时间内可靠动作的电流(A)。当保护电器为低压断路器时，I_2 为约定时间内的约定动作电流；当为熔断器时，I_2 为约定时间内的约定熔断电流。

(3)对于多根并联导体组成的线路，当采用一台保护电器保护所有导体时，其线路的允许持续载流量(I_z)应为每根并联导体的允许持续载流量之和，并应符合下列规定：

1)导体的材质、截面积、长度和敷设方式均应相同。

2)线路全长内不应有分支线路引出或用作隔离或通断的电器。

3)线路布置使并联导体之间的电流分配应均衡。

5. 配电线路的过电压及欠电压保护应符合下列规定：

(1)对于三相负荷严重不平衡的场所，当电压下降或升高对人员造成危险或造成电气装置和用电设备的损坏时，应装设过、欠电压保护。

(2)当被保护用电设备的运行方式允许短暂断电或短暂失压而不出现危险时，欠电压保护器可延时动作。

6. 配电线路的电弧故障保护电器应符合下列规定：

(1)电弧故障保护电器应符合现行国家标准《电弧故障保护电器(AFDD)的一般要求》的有关规定。

(2)商场、超市以及人员密集场所的照明、插座回路，宜装设电弧故障保护电器。

(3)储存有可燃物品的库房的照明、插座回路，宜装设电弧故障保护电器。

7. 保护电器的装设位置应符合下列规定：

(1)过负荷保护电器应装设在导体截面积、安装方式或系统结构改变处。当满足下列条件之一时，过负荷保护电器可沿着该布线的路线任意处装设：

1)该布线的短路保护符合上文的规定。

2)其长度不应超过 3 m，且采取了防止机械损伤等保护措施，并远离可燃物。

(2)下列情况可不装设过负荷保护电器：

1)被设置在截面积、安装方式或系统结构改变处的负荷侧导体，其过负荷得到电源侧保护电器的有效保护。

2)在配电装置进线的电源端和配电装置的分支回路已设置过负荷保护电器，且保护有效。

(3)短路保护电器应装设在导体的截面积减小处或其他变化导致导体的载流量发生改变处。当布线采取了防止机械损伤等保护措施，且不靠近可燃性材料时，在下列情况下可不装设短路保护电器。

1)发电机、变压器、整流器、蓄电池与相关的控制盘之间的连接导体。

2)回路的断开可能使有关电气装置的运行出现危险。

3)测量回路。

4)在配电装置的进线端，上级总配电盘(柜)内有一个或多个短路保护电器，而且这些电器保护了总配电盘(柜)与进线端之间的部分。

(4)短路保护电器应装设在低压配电线路不接地的各相(或极)上，但对于中性点不接地且中性导体不引出的三相制配电系统，可在二相(或极)上装设保护电器。

(5)在多相回路中，当相电流中的谐波含量致使在中性导体中的电流预期超过导体载流量时，应对该中性导体进行过负荷检测及保护，过负荷检测及保护应与通过中性线的电流特性相协调，并应分断相导体而不必分断中性导体。

8.1.6　低压配电系统的电击防护

1. 低压配电系统的电击防护应包括基本保护(直接接触防护)、故障保护(间接接触防护)和特殊情况下采用的附加保护。

2. 电击防护应采取基本防护和故障防护组合或基本防护和故障防护兼有的保护措施。

3. 低压配电系统的电气设备所采取的基本防护应符合下列规定：

(1)带电部分应完全用绝缘层覆盖。绝缘应符合国家现行标准的有关规定。

(2)当采用遮栏和外壳(外护物)防护时。遮栏和外壳(外护物)应符合现行国家标准《低压电气装置　第 4-41 部分:安全防护 电击防护》的有关规定。

(3)由专业人员操作或管理的电气装置，当采用阻挡物和置于伸臂范围之外的保护措施时，应符合下列规定：

1)当采用阻挡物进行防护，阻挡物应能防止身体不慎接近带电部分或身体不慎触及带电部分。

2)当采用置于伸臂范围之外的保护措施时，只能用于防止无意识地触及带电部分，并应符合下列规定：

不应在伸手可及的范围之内同时触及不同电位的部分；

如果通常有人的位置在水平方向被一个低于 IPXXB 或 IP2X 防护等级的阻挡物所阻挡，伸臂范围应从阻挡物算起；

在头的上方，伸臂范围是从地面算起的 2.5 m；

在人手通常持握大或长的物件的场所，应计及这些物件的尺寸，在此情况下以上所要求的距离应予以加大。

(4)SELV 和 PELV 均可作为基本防护措施。

4. 低压配电系统的电气装置根据外界影响的情况，可采用下列一种或多种保护措施：

(1)在故障情况下自动切断电源。

(2)将电气装置安装在非导电场所。

(3)双重绝缘或加强绝缘。

(4)电气分隔措施。

(5)特低电压(SELV 和 PELV)。

5. 故障防护(间接接触防护)应符合下列规定：

(1)故障防护的设置应防止人身间接电击以及电气火灾、线路损坏等事故；故障保护电器的选择，应根据配电系统的接地形式，移动式、手持式或固定式电气设备的区别以及导体截面积等因素或技术经济比较确定。

(2)外露可导电部分应按各种系统接地形式的具体条件，与保护接地导体连接。

(3)建筑物内应作总等电位联结。

6. 对于交流配电系统中不超过 32 A 的终端回路，其故障防护最长的切断电源时间不应大于表 8.4 的规定。

8.4　最长的切断电源时间　　单位：s

系统	50 V$<U_0\leq$120 V	120 V$<U_0\leq$230 V	230 V$<U_0\leq$400 V	$U_0>$400 V
TN	0.8	0.4	0.2	0.1
TT	0.3	0.2	0.07	0.04

注：1 当 TT 系统内采用过电流保护电器切断电源，且其保护等电位联结到电气装置的所有外露可导电部分时，该 TT 系统可以采用表中 TN 系统最长的切断电源时间。

2 U_0是指交流相导体对地的标称电压。

交流配电系统中超过 63 A 的配电回路，TN 系统保护电源的时间不应超过 5 s，TT 系统切断电源的时间不应超过 1 s。

对于标称电压大于交流 50 V 的系统，在发生对保护接地导体或对地故障时，其电源的输出电压能在 5 s 之内下降至不大于交流 50 V；当不采用电击防护而切断电源时，则自动切断电源的时间可不作要求。

当自动切断电源的时间不满足时，则应采取辅助等电位联结措施。

7. TN 系统的保护措施应符合下列规定：

(1)电气装置的外露可导电部分应通过保护接地导体接至装置的总接地端子，该总接地端子应连接至供电系统的接地点。

(2)固定安装的电气装置，当满足现行国家标准《低压电气装置　第 5-54 部分：电气设备的选择和安装　接地配置和保护导体》的有关要求时.可用一根导体兼作保护接地中性导体。但在保护接地中性导体中不应设置任何开关或隔离器件。

(3)TN 系统保护电器的特性以及回路的阻抗应满足下式要求：

$$Z_s \cdot I_a \leqslant U_0 \tag{8.5}$$

式中：Z_s——故障回路的阻抗(包括电源、电源至故障点的相导体和故障点至电源之间的保护接地导体在内的阻抗(Ω))。

I_a——保护电器在上文规定的时间内能使保护电器自动动作的电流，采用剩余电流保护器(RCD)时，其动作电流在上文规定的时间内切断电源的剩余动作电流(A)。

U_0——相导体对地标称交流电压(V)。

(4)过电流保护器和剩余电流保护器(RCD)可用作 TN 系统的故障防护，但剩余电流保护器(RCD)不能用于 TN-C 系统。在 TN-C-S 系统中采用 RCD 时，在 RCD 的负荷侧不得再出现保护接地中性导体。应在 RCD 的电源侧将中性导体与保护接地导体分别引出。

8. TT 系统的保护措施应符合以下规定：

(1)以下情况均应通过保护接地导连接到接地极上：

1)由同一个保护电器保护的所有外露可导电部分。

2)多个保护电器串联使用时，每个保护电器所保护的所有外露可导电部分。

(2)供电系统的中性点应接地。当该系统没有中性点或中性点未从电源设备引出时，应将一相导体接地。

(3)在 TT 系统中应采用剩余电流保护器(RCD)做故障保护。当故障回路的阻抗 Z_s 值足够小，且稳定可靠，也可选用过电流保护电器做故障防护。

(4)采用剩余电流保护器(RCD)做故障防护时，应符合下列规定：

1)切断电源的时间应符合上文的要求；

2)保护电器的动作特性应符合下式要求：

$$R_A \cdot I_{\Delta n} \leqslant 50\ \mathrm{V} \tag{8.6}$$

式中：R_A——外露可导电部分的接地极和保护接地导体的电阻之和(Ω)；

$I_{\Delta n}$——RCD 的额定剩余动作电流(A)。

(5)采用过电流保护电器时，应符合下式要求：

$$Z_s \cdot I_a \leqslant U_0 \tag{8.7}$$

式中：Z_s——故障回路的阻抗，包括电源、电源至故障点的相导体、外露可导电部分的保护接地导体、接地导体、电气装置的接地极和电源的接地极在内的阻抗(Ω)。

I_a——在上文规定的时间内能使保护电器自动动作的电流(A)。

9. IT 系统的保护措施应符合下列规定：

(1)在 IT 系统中，带电部分应对地绝缘。

(2)在发生带电导体对外露可导电部分或对地的单一故障时，应满足公式(8.8)的要求。并采取措施避免发生第二次故障，造成人体同时接触不同电位的外露可导电部分而产生危险。

(3)外露可导电部分应单独地、成组地或共同地接地，并应符合下式要求：

$$R_A \cdot I_d \leqslant 50\ \text{V} \tag{8.8}$$

式中：R_A——外露可导电部分的接地极和保护接地导体的电阻之和(Ω)。

I_d——发生第一次接地故障时，在相导体与外露可导电部分之间出现阻抗可忽略不计的故障电流(A)，应计及电气装置的泄漏电流和总接地阻抗值的影响。

(4)IT 系统可以采用下列监视器和保护电器：

1)绝缘监视器(IMD)。

2)剩余电流监视器(RCM)。

3)绝缘故障定位系统(IFLS)。

4)过电流保护器。

5)剩余电流保护器(RCD)。

(5)为提高供电的连续性而采用 IT 系统时，应设置绝缘监视器以检测第一次带电部分与外露可导电部分或与地之间的故障。绝缘监视器应具有连续发出音响信号和一直持续到故障被消除为止的可视信号功能。当同时发出了音响信号和可视信号时，音响信号应能解除。

(6)除装设保护电器用于在发生第一次接地故障时即切断电源的情况外，可采用 RCM 或绝缘故障定位系统来显示第一次带电部分与外露可导电部分或与地之间的故障。监视器应具有连续发出音响和一直持续到故障被消除为止的可视信号功能。且当同时发出音响和可视信号时，音响信号可解除，但视觉报警可一直持续到故障被消除为止。

(7)发生第一次故障后在不同带电部分又发生第二次故障时，自动切断电源应符合下列规定：

1)当所有外露可导电部分通过保护接地导体连接到同一接地系统时，保护电器应自动切断电源，并满足下列要求：

当交流系统的中性导体不配出时应符合：$2I_a \cdot Z_s \leqslant U$

当交流系统的中性导体配出时应符合：$2I_a \cdot Z_{s'} \leqslant U_0$　(8.9)

式中：I_a——在上文规定的时间内，使保护电器动作的电流(A)。

Z_s——包括相导体和保护接地导体在内的故障回路的阻抗(Ω)。

$Z_{s'}$——包括中性导体和保护接地导体在内的故障回路的阻抗(Ω)。

U——相导体之间的标称交流电压(V)。

U_0——相导体与中性导体之间的标称交流电压(V)。

2)当外露可导电部分成组地或单独地接地时,保护电器应自动切断电源,并符合下式要求:

$$R_A \cdot I_a \leqslant 50\ \mathrm{V} \tag{8.10}$$

式中:R_A——外露可导电部分的接地极和保护接地导体的电阻之和(Ω);

I_a——能使保护电器自动动作的电流(A)。

10. 附加防护应符合下列规定:

(1)采用剩余电流保护器(RCD)作为附加防护时,应满足下列要求:

1)在交流系统中装设额定剩余电流不大于 30 mA 的 RCD,可用作基本保护失效和故障防护失效,以及用电不慎时的附加保护措施。

2)不能将装设 RCD 作为唯一的保护措施,不能为此而取消其他保护措施。

(2)采用辅助等电位联结作为附加保护时,应满足下列要求:

1)辅助等电位联结可作为故障保护的附加保护措施。

2)采用辅助等电位联结后,为防护火灾和电气设备内热效应,在发生故障时仍需切断电源。

3)辅助等电位联结可涵盖电气装置的全部或一部分,也可涵盖一台电气设备或一个场所。

4)辅助等电位联结应包括可同时触及的固定式电气设备的外露可导电部分和外界可导电部分,也可包括钢筋混凝土结构内的主筋;辅助等电位联结系统应与所有电气设备以及插座的保护接地导体(PE)相连接。

5)当不能确定辅助等电位联结的有效性时,可采用下式进行校验:

$$R \leqslant 50\mathrm{V}/I_a \tag{8.11}$$

式中:R——可同时触及的外露可导电部分和外界可导电部分之间的电阻(Ω)。

I_a——保护电气的动作电流(对过电流保护器,指 5 s 以内的动作电流;对剩余电流保护器,指额定剩余动作电流)(A)。

8.1.7 电气装置的接地

1. 交流电气装置的接地范围包括配电变压器中性点的系统接地和电气装置或设备的保护接地。交流电气装置或设备的外露可导电部分的下列部分应接地:

(1)配电变压器的中性点和变压器、低电阻接地系统的中性点所接设备的外露可导电部分。

(2)电机、配电变压器和高压电器等的底座和外壳。

(3)发电机中性点柜的外壳、发电机出线柜、母线槽的外壳等。

(4)配电、控制和保护用的柜(箱)等的金属框架。

(5)预装式变电站、干式变压器和环网柜的金属箱体等。

(6)电缆沟和电缆隧道内,以及地上各种电缆金属支架等。

(7)电缆接线盒、终端盒的外壳,电力电缆的金属护套或屏蔽层,穿线的钢管和电缆桥架等。

(8)高压电气装置以及传动装置的外露可导电部分。

(9)附属于高压电气装置的互感器的二次绕组和控制电缆的金属外皮。

2. 交流电气装置的接地和接地电阻

当向建筑物供电的配电变压器安装在该建筑物外时,建筑物内应做总等电位联结,电气装置的接地应符合下列规定:

(1)低压电缆和架空线路在引入建筑物处,对于 TN-S 或 TN-C-S 系统,保护接地导体(PE)或保护接地中性导体(PEN)应一点或多点接地。

(2)对于 TT 系统,保护接地导体(PE)应单独接地。

向建筑物供电的配电变压器安装在该建筑物内,建筑物内应做总等电位联结。

交流电气装置的接地电阻应符合下列规定:

(1)高压系统为直接接地或经低电阻接地时,变电所接地装置的接地电阻应满足下列要求:

1)低压系统接地形式为 TN 系统,且高压与低压接地装置共用时,应根据下式确定变电所接地装置的接地电阻:

$$R_E \leqslant U_f / I_E \tag{8.12}$$

2)低压系统接地形式为 TT 系统时,变电所接地装置的接地电阻应符合下式要求:

$$R_E \leqslant 1200 / I_E \tag{8.13}$$

式中:R_E——变电所接地装置的接地电阻,Ω;

U_f——低压系统在故障持续时间内工频故障电压的允许值,V;

I_E——高压系统流经变电所接地装置的接地故障电流,A。

(2)当高压系统为不接地系统时,电气装置的接地电阻应符合下列要求:

1)低压系统接地形式为 TN 系统,且高压与低压接地装置共用时,变电所接地装置的接地电阻值应符合下式要求:

$$R_E \leqslant 50 / I_E \tag{8.14}$$

2)低压系统接地形式为 TT 系统时,变电所接地装置的接地电阻应符合下式要求:

$$R_E \leqslant 250 / I_E \tag{8.15}$$

式中:R_E——电所接地装置的接地电阻,Ω。

I_E——高压系统流经变电所接地装置的接地故障电流,A。

高土壤电阻率地区,当达到上述接地电阻值困难时,可采用网格式接地网或深井加物理降阻剂等措施。

3. 低压配电系统的接地形式可分为 TN、TT、IT 三种类型，其中 TN 系统又可分为 TN-C、TN-S 与 TN-C-S 三种形式。

低压配电系统的接地形式应根据系统电气安全防护的具体要求确定。

当保护接地和功能接地共用接地导体时，应首先满足保护接地导体的相关要求。

电气装置的外露可导电部分不得用作保护接地导体(PE)的串联过渡接点。

保护接地导体(PE)应符合下列规定：

(1)保护接地导体(PE)对机械损伤、化学或电化学损伤、电动力和热效应等应具有适当的防护。

(2)不得在保护接地导体(PE)回路中装设保护电器和开关器件，但允许设置只有用工具才能断开的连接点。

(3)当采用电气监测仪器进行接地检测时，不应将工作的传感器、线圈、电流互感器等专用部件串接在保护接地导体中。

(4)当铜导体与铝导体相连接时，应采用铜铝专用连接器件。

保护接地导体(PE)的截面积应满足发生短路后自动切断电源的条件，且能承受保护电器切断时间内预期故障电流引起的机械应力和热效应。

保护接地导体(PE)可由下列一种或多种导体组成：

(1)多芯电缆中的导体。

(2)与带电导体共用外护物绝缘的或裸露的导体。

(3)固定安装的裸露的或绝缘的导体。

(4)满足动、热稳定电气连续性的金属电缆护套和同心导体电力电缆。

下列金属部分不应作为保护接地导体(PE)：

(1)金属水管。

(2)含有气体、液体、粉末等物质的金属管道。

(3)柔性或可弯曲的金属导管。

(4)柔性的金属部件。

(5)支撑线、电缆桥架、金属保护导管。

采用 TN-C-S 系统时，当 PEN 导体从某点分开后不应再合并或相互接触，且中性导体不应再接地。

TN 接地系统接地应符合下列要求：

(1)在 TN 接地系统中，PEN 或 PE 导体对地应有效可靠连接。

(2)单体建筑和群体建筑低压配电系统的接地形式不应采用 TN-C 系统。

(3)TN-C-S 接地系统中的 PEN 导体应满足以下要求：

1)除成套开关设备和控制设备内部的 PEN 导体外，PEN 导体必须按可遭受的最高电压设置绝缘。

2)电气装置外露可导电部分，包括配线用的钢导管及金属槽盒在内的外露可导电部分以及外界可导电部分，不得用来替代 PEN 导体。

3)TN-C-S 系统中的 PEN 导体从某点起分为中性导体和保护接地导体后，保护接地导体和中性导体应各自设有母线或端子。

TN 接地系统中的 PEN 导体，应在建筑物的入口处进行总等电位联结并重复接地。

TN 接地系统中，变电所内配电变压器低压侧中性点，可采用直接接地方式。

TN 接地系统中，低压柴油发电机中性点接地方式，应与变电所内配电变压器低压侧中性点接地方式一致，并应满足以下要求：

(1)当变电所内变压器低压侧中性点，在变压器中性点处接地时，低压柴油发电机中性点也应在其中性点处接地。

(2)当变电所内变压器低压侧中性点，在低压配电柜处接地时，低压柴油发电机中性点不能在其中性点处接地，应在低压配电柜处接地。

TT 接地系统的接地应符合下列要求：

(1)TT 接地系统中所装设的用于故障防护的保护电器的特性和电气装置外露可导电部分与大地间的电阻值应满足上文的要求。

(2)TT 接地系统应采用剩余电流动作保护装置(RCD)作为故障防护，当在电气装置的外露可导电部分与大地间的电阻值非常小时，可以过电流保护电器兼作故障防护。

(3)TT 接地系统的电气设备外露可导电部分所连接的接地装置不应与变压器中性点的接地装置相连接，其保护接地导体的最大截面积为：铜导体 25 mm^2，铝导体35 mm^2。

IT 接地系统中包括中性导体在内的任何带电部分严禁直接接地。IT 系统中的电源系统对地应保持良好的绝缘状态。IT 系统在外露可导电部分单独或集中接地。

下列部分严禁接地：

(1)采用设置非导电场所保护方式的电气设备外露可导电部分。

(2)采用不接地的等电位联结保护方式的电气设备外露可导电部分。

(3)采用电气分隔保护方式的单台电气设备外露可导电部分。

(4)在采用双重绝缘及加强绝缘保护方式中的绝缘外护物里面的外露可导电部分。

8.2　雷电安全检测规定

8.2.1　检测分类及项目

检测分为首次检测和定期检测。首次检测分为新建、改建、扩建建筑物防雷装置施工过程中的检测和投入使用后建筑物防雷装置的第一次检测。定期检测是按规定周期进行的检测。

新建、改建、扩建建筑物防雷装置施工过程中的检测，应对其结构、布置、形状、材料规格、尺寸、连接方法和电气性能进行分阶段检测。投入使用后建筑物防雷装置的第一次检测应按设计文件要求进行检测。

检测项目如下：

(a)建筑物的防雷分类。

(b)接闪器。

(c)引下线。

(d)接地装置。

(e)防雷区的划分。

(f)雷击电磁脉冲屏蔽。

(g)等电位连接。

(h)电涌保护器(SPD)。

8.2.2　检测要求和方法

1. 建筑物的防雷分类

建筑物应根据建筑物重要性、使用性质、发生雷电事故的可能性和后果，按防雷要求分为三类。

2. 接闪器

接闪器的布置，应符合表 8.5 的规定。布置接闪器时，可单独或任意组合采用接闪杆、接闪带、接闪网。

表 8.5　各类防雷建筑物接闪器的布置要求

建筑物防雷类别	滚球半径/m	接闪网网格尺寸/m
第一类防雷建筑物	30	≤5×5 或≤6×4
第二类防雷建筑物	45	≤10×10 或≤12×8
第三类防雷建筑物	60	≤20×20 或≤24×16

检查接闪器与建筑物顶部外露的其他金属物的电气连接、与引下线的电气连接，屋面设施的等电位连接。检查接闪器的位置是否正确，焊接固定的焊缝是否饱满无遗漏，螺栓固定的应备帽等防松零件是否齐全，焊接部分补接闪刷的防腐油漆是否完整，器截面是否锈蚀 1/3 以上。检查接闪带是否平正顺直，固定支架间距是否均匀，固定可靠，接闪带固定支架间距和高度是否符合要求。检查每个支持件能否承受 49 N 的垂直拉力。首次检测时，应检查接闪网的网格尺寸是否符合表 8.5 的要求。

首次检测时，应用经纬仪或测高仪和卷尺测量接闪器的高度、长度，建筑物的长、宽、高，并根据建筑物防雷类别用滚球法计算其保护范围。检查接闪器上有无附着的其他电气线路。当低层或多层建筑物利用女儿墙内、防水层内或保温层内的钢筋作暗敷接闪器时，要对该建筑物周围的环境进行检查，防止可能发生的混凝土碎块坠落等事故隐患。除低层和多层建筑物外，其他建筑物不应利用女儿墙内钢筋作为暗敷接闪器。

接闪带在转角处应按建筑造型弯曲，其夹角应大于 90°，弯曲半径不宜小于圆钢直径 10 倍、扁钢宽度的 6 倍。接闪带通过建筑物伸缩沉降缝处，应将接闪带向侧面弯成半径为 100 mm 弧形。

当树木在第一类防雷建筑物接闪器保护范围外时，应检查第一类防雷建筑物与树木之间的净距，其净距应大于 5 m。

3. 引下线

引下线的布置一般采用明敷、暗敷或利用建筑物内主钢筋或其他金属构件敷设。专设引下线可沿建筑物最易受雷击的屋角外墙明敷，建筑艺术要求较高者可暗敷。建筑物的消防梯、钢柱等金属构件宜作为引下线的一部分，其各部件之间均应连成电气通路。例如，采用铜锌合金焊、熔焊、螺钉或螺栓连接。

注：各金属构件可被覆有绝缘材料。

各类防雷建筑物专设引下线平均间距应符合表 8.6 的规定。

表 8.6　各类防雷建筑物专设引下线的平均间距

建筑物防雷类别	间距/m
第一类防雷建筑物	≤12
第二类防雷建筑物	≤18
第三类防雷建筑物	≤25

第一类防雷建筑物的独立接闪杆的杆塔、架空接闪线的端部和架空接闪网的各支柱处应至少设一根引下线。对用金属制成或有焊接、绑扎连接钢筋网的杆塔、支柱，宜利用其作为引下线。

第一类防雷建筑物防闪电感应时，金属屋面周边每隔 18～24 m 应采用引下线接地一次。现场浇制的或由预制构架组成的钢筋混凝土屋面，其钢筋宜绑扎或焊接成闭合回路，并应每隔 18～24 m 采用引下线接地一次。

第二类防雷建筑物的专设引下线不应少于 2 根，并应沿建筑物四周和内庭院四周均匀对称布置，其间距沿周长计算不应大于 18 m。当建筑物的跨度较大，无法在跨距中间设引下线，应在跨距两端设引下线并减小其他引下线的间距，专设引下线的平均间距不应大于 18 m。当仅利用建筑物四周的钢柱或柱内钢筋作为引下线时，可按跨度设引下线。

第三类防雷建筑物的专设引下线不应少于 2 根，并应沿建筑物四周和内庭院四周均匀对称布置，其间距沿周长计算不应大于 25 m。当建筑物的跨度较大，无法在跨距中间设引下线时，应在跨距两端设引下线并减小其他引下线的间距，专设引下线的平均间距不应大于 25 m。当仅利用建筑物四周的钢柱或柱内钢筋作为引下线时，可按跨度设引下线。

明敷引下线与电气和电子线路敷设的最小距离，平行敷设时不宜小于 1.0 m，交叉敷设时宜不小于 0.3 m。

引下线与易燃材料的墙壁或墙体保温层间距应大于 0.1 m，当小于 0.1 m 时，引下线的横截面应不小于 100 mm^2。

首次检测时，应检查引下线隐蔽工程记录。检查专设引下线位置是否准确，焊接固定的焊缝是否饱满无遗漏，焊接部分补刷的防锈漆是否完整，专设引下线截面是否腐蚀 1/3 以上。检查明敷引下线是否平正顺直、无急弯，卡钉是否分段固定。引下线固定支架间距均匀，是否符合水平或垂直直线部分 0.5～1.0 m，弯曲部分 0.3～0.5 m 的要求，每个固定支架应能承受 49 N 的垂直拉力。检查专设引下线、接闪器和接地装置的焊接处是否锈蚀，油漆是否有遗漏及近地面的保护设施。

首次检测时，应用卷尺测量每相邻两根专设引下线之间的距离，记录专设引下线布置的总根数，每根专设引下线为一个检测点，按顺序编号检测。

首次检测时，应用游标卡尺测量每根专设引下线的规格尺寸。检测每根专设引下线与接闪器的电气连接性能，其过渡电阻不应大于 0.2 Ω。

测量接地电阻时，每年至少应断开断接卡一次。专设引下线与环形接地体相连，测量接地电阻时，可不断开断接卡。采用仪器测量专设引下线接地端与接地体的电气连接性能，其过渡电阻应不大于 0.2 Ω。

4. 接地装置

除第一类防雷建筑物独立接闪杆和架空接闪线(网)的接地装置有独立接地要求外，其他建筑物应利用建筑物内的金属支撑物、金属框架或钢筋混凝土的钢筋等自然构件、金属管道、低压配电系统的保护线(PE)等与外部防雷装置连接构成共用接地系统。当互相邻近的建筑物之间有电力和通信电缆连通时，宜将其接地装置互相连接。

第一类防雷建筑物的独立接闪杆和架空接闪线(网)的支柱及其接地装置至被保护物及与其有联系的管道、电缆等金属物之间的间隔距离应符合规定。各类防雷建筑物接地装置的接地电阻(或冲击接地电阻)值应符合要求。其他行业有关标准规定的设计要求值见表 8.7。

表 8.7　接地电阻(或冲击接地电阻)允许值

接地装置的主体	允许值/Ω	接地装置的主体	允许值/Ω
汽车加油、加气站	≤10	天气雷达站	≤4
电子信息系统机房	≤4	配电电气装置(A类)或配电变压器(B类)	≤4
卫星地球站	≤5	移动基(局)站	≤10

注 1:加油加气站防雷接地、防静电接地、电气设备的工作接地、保护接地及信息系统的接地当采用共用接地装置时,其接地电阻不应大于 4 Ω。

注 2:电子信息系统机房宜将交流工作接地(要求≤4 Ω)、交流保护接地(要求≤4 Ω)、直流工作接地(按计算机系统具体要求确定接地电阻值)、防雷接地共用一组接地装置,其接地电阻按其中最小值确定。

注 3:雷达站共用接地装置在土壤电阻率小于 100 Ω·m 时,宜≤1 Ω;土壤电阻率为 100～300 Ω·m 时,宜≤2 Ω;土壤电阻率为 300～1000 Ω·m 时,宜≤4 Ω;当土壤电阻率>1000 Ω·m 时,可适当放宽要求。

人工接地体的材料、埋设深度、间距和土壤电阻率的测量等要求应符合规定。第一、二、三类防雷建筑物的接地装置在一定的土壤电阻率条件下,其地网等效半径大于规定值时,可不增设人工接地体,此时可不计及冲击接地电阻值。

首次检测时,应查看隐蔽工程记录;检查接地装置的结构型式和安装位置;校核每根专设引下线接地体的接地有效面积;检查接地体的埋设间距、深度、安装方法;检查接地装置的材质、连接方法、防腐处理。

检查接地装置的填土有无沉陷情况。检查有无因挖土方、敷设管线或种植树木而挖断接地装置。首次检测时,应检查相邻接地体在未进行等电位连接时的地中距离。检查独立接闪杆的杆塔、架空接闪线(网)的支柱及其接地装置与被保护建筑物及其有联系的管道、电缆等金属物之间的间隔距离是否符合规定。检查防跨步电压措施是否符合规定。用毫欧表测量两相邻接地装置的电气贯通情况,判定两相邻接地装置是否达到规定的共用接地系统要求或规定的独立接地要求。检测时应使用最小电流为 0.2 A 的毫欧表对两相邻接地装置进行测量,如测得阻值不大于 1 Ω,判定为电气贯通,如测得阻值大于 1 Ω,判定各自为独立接地。

(1)接地装置的工频接地电阻值测量常用三极法和接地电阻表法,其测得的值为工频接地电阻值,当需要冲击接地电阻值时,应进行换算或使用专用仪器测量。测量大型接地地网(如变电站、发电厂的接地地网)时,应选用大电流接地电阻测试仪。使用接地电阻表(仪)进行接地电阻值测量时,应按选用仪器的要求进行操作。

(2)三极法测量接地电阻值

三极法的三极是指图 8.1 上的被测接地装置 G,测量用的电压极 P 和电流极 C,三极(G、P、C)应布置在一条直线上且垂直于地网。测量用的电流极 C 和电压极 P 离被测接地装置 G 边缘的距离为 $d_{GC}=(4\sim5)D$ 和 $d_{GP}=(0.5\sim0.6)d_{GC}$,$D$ 为被测接地装置的最大对角线长度,点 P 可以认为是处在实际的零电位区内。为了较准确地找到实际零电位区时，可把电压极沿测量用电流极与被测接地装置之间连接线方向移动三次，每次移动的距离约为d_{GC}的5%，测量电压极P与接地装置G之间的电压。如果电压表的三次指示值之间的相对误差不超过5%，则可以把中间位置作为测量用电压极的位置。把U_G，电压表和电流表的指示值U_G和I代入式$R_G=\frac{U_G}{I}$中去，得到被测接地装置的工频接地电阻R_G。

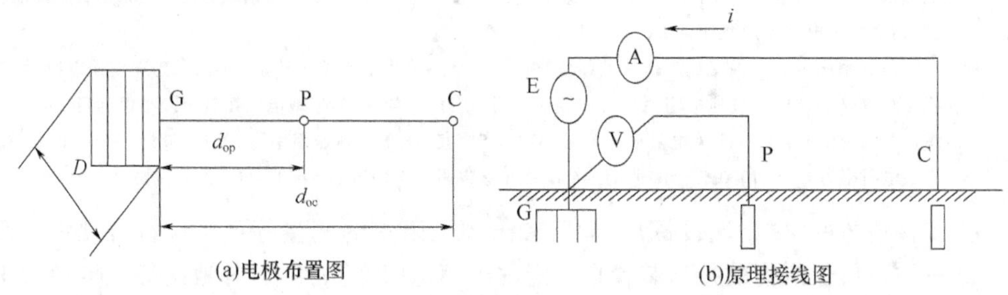

(a)电极布置图　　(b)原理接线图

图8.1　三极法的接线原理图

说明：

G—被测接地装置。

P—测量用的电压极。

C—测量用的电流极。

E—测量用的工频电源。

A—交流电流表。

V—交流电压表。

D—被测接地装置的最大对角线长度。

当被测接地装置的面积较大而土壤电阻率不均匀时，为了得到较可信的测试结果，宜将电流极离被测接地装置的距离增大，同时电压极离被测接地装置的距离也相应地增大。测量工频接地电阻时，如d_{GC}取(4～5)D值有困难，当接地装置周围的土壤电阻率较均匀时，d_{GC}可以取2D值，而d_{GP}取D值；当接地装置周围的土壤电阻率不均匀时，d_{GC}可以取3D值，d_{GP}值取1.7D值。测量大型接地地网(如变电站、发电厂的接地地网)时，应选用大电流接地电阻测试仪。使用接地电阻表(仪)进行接地电阻值测量时，宜按选用仪器的要求进行操作。

(3)检测中常见问题处理

1)当引下线暗敷且未设断接卡而与接地装置直接连接时，可在引下线与接地装置不断开的情况下对防雷装置电气通路和工频接地电阻值进行检测。其检测方法是：当被测建筑物是用多根暗敷引下线接至接地装置时，应根据建筑物防雷类别所规定的引下线间距(一类12 m、二类18 m、三类25 m)在建筑物顶面敷设的接闪带上选择检测点，每一检测点作为待测接地极 G′，由 G′将连接导线引至接地电阻仪，然后按仪器说明书的使用方法测试。

2)当接地极 G′和电流极 C 之间的距离大于 40 m 时，电位极 P 的位置可插在 G′、C 连线中间附近，其距离误差允许范围为 10 m，此时仅考虑仪表的灵敏度。当 G′和 C 之间的距离小于 40 m 时，则应将电位极 P 插于 G′与 C 的中间位置。

3)三极(G、P、C)应在一条直线上且垂直于地网，应避免平行布置。

4)在测量过程中由于杂散电流、工频漏流、高频干扰等因素，使接地电阻表出现读数不稳定时，可将 G 极连线改成屏蔽线(屏蔽层下端应单独接地)，或选用能够改变测试频率、采用具有选频放大器或窄带滤波器的接地电阻表检测，以提高其抗干扰的能力。

5)当地网带电影响检测时，应查明地网带电原因，在解决带电问题之后测量，或改变检测位置进行测量。

6)G 极连接线长度宜小于 5 m。当需要加长时，应将实测接地电阻值减去加长线阻值后填入表格。也可采用四极接地电阻测试仪进行检测。加长线线阻应用接地电表二极法测量。

7)造成接地电阻测量不准确的原因：

a)地网周围土壤构成不一致，结构不紧密，干湿程度不同，具有分散性。地表面有杂散电流，架空地线、地下水管、电缆外皮等对测试影响特别大。解决的方法是取不同的点进行测试，取平均值。从理论上讲，搞清土壤结构是准确测量接地电阻的前提。

b)测试线方向不对，距离不够长。解决的方法是找准测试方向和距离。

c)辅助接地极电阻过大。解决的方法是在地桩处泼水或使用降阻剂降低电流极的接触电阻。

d)测试夹与电极间的接触电阻过大。

e)干扰影响。解决的方法，调整放线，尽量避开干扰大的方向。

f)若背靠高山，面对河流，应沿土壤分界面方向上测量。

8)首次检测时，在测试接地电阻值符合设计要求的情况下，可通过查阅防雷装置工程竣工图纸，施工安装技术记录等资料，将接地装置的形式、包围的面积、接地体金属表面积、材料、规格、焊接、埋设深度、位置等资料填入防雷装置原始记录表。

(4)土壤电阻率的测量

测量目的：为解决本标准中涉及土壤电阻率 ρ 的相关规定和计算公式中的要求。

土壤电阻率是土壤的一种基本物理特性，是土壤在单位体积内的正方体相对两面间在一定电场作用下，对电流的导电性能。一般取每边长为 10 mm 的正方体的电阻值为该土壤电阻率 r，单位为 Ω·m。

土壤电阻率的影响因子有：土壤类型、含水量、含盐量、温度、土壤的紧密程度等化学和物理性质，同时土壤电阻率随深度变化较横向变化要大很多。因此，对测量数据的分析应进行相关的校正。本书只对接地装置所在的上层(几米以内)土壤层进行测量，不考虑土壤电阻率的深层变化。

土壤电阻率的测量方法有：土壤试样法、三点法(深度变化法)、两点法(西坡土壤电阻率测定法)、四点法等，这里主要介绍四点法。在采用四点法测量土壤电阻率时，应注意如下事项：

a)试验电级应选用钢接地棒，且不应使用螺纹杆。在多岩石的土壤地带，宜将接地棒按与铅垂方向成一定角度斜行打入，倾斜的接地棒应躲开石头的顶部。

b)试验引线应选用挠性引线，以适用多次卷绕。在确实引线的长度时，要考虑到现场的温度。引线的绝缘应不因低温而冻硬或皲裂。引线的阻抗应较低。

c)对于一般的土壤，因须把钢接地棒打入较深的土壤，宜选用质量为 2～4 kg 的手锤。

d)为避免地下埋设的金属物对测量造成的干扰，在了解地下金属物位置的情况下，可将接地棒排列方向与地下金属物(管道)走向呈垂直状态。

e)在测量变电站和避雷器接地极的时候，应使用绝缘鞋、绝缘手套、绝缘垫及其他防护手段，要采取措施使避雷器放电电流减至最小时，才可测试其接地极。

f)不要在雨后土壤较湿时进行测量。

1)等距法或文纳法

将小电极埋入被测土壤呈一字排列的四个小洞中，埋入深度均为 b，直线间隔均为 a。测试电流 I 流入外侧两电极，而内侧两电极间的电位差 V 可用电位差计或高阻电压表测量，如图 8.2 所示。设 a 为两邻近电极间距，则电阻率 ρ 按式(8.16)计算：

$$\rho=4\pi aR/\left(1+\frac{2a}{\sqrt{a^2+4b^2}}+\frac{a}{\sqrt{a^2+4b^2}}\right) \tag{8.16}$$

式中：

ρ——土壤电阻率，单位为欧姆米，Ω·m；

R——所测电阻，单位为欧姆，Ω；

a——电极间距，单位为米，m；

b——电极深度，单位为米，m。

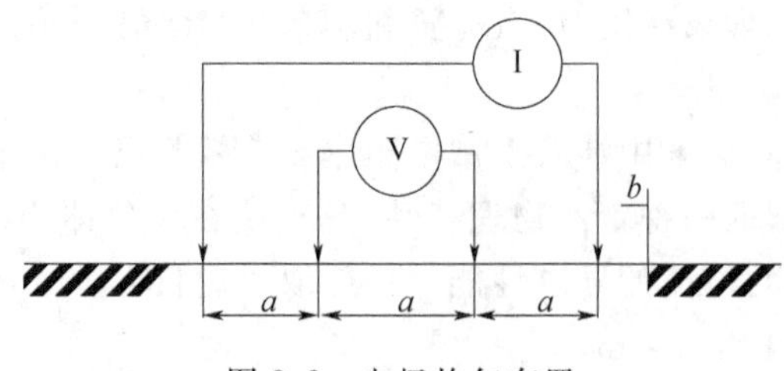

图 8.2 电极均匀布置

当测试电极入地深度 b 不超过 0.1a，可假定 $b=0$，则计算公式可简化为式(8.17)：

$$\rho=2\pi aR \tag{8.17}$$

2)非等距法或施伦贝格—巴莫法

主要用于当电极间距增大到 40 m 以上，采用非等距法，其布置方式见图 8.3。此时电位极布置在相应的电流极附近，如此可升高所测的电位差值。

这种布置，当电极的埋地深度 b 与其距离 d 和 c 相比较甚小时，则所测得电阻率可按式(8.18)计算：

$$\rho=\pi c(c+d)R/d \tag{8.18}$$

式中：

ρ——土壤电阻率，单位为欧姆米，Ω·m；

c——电流极与电位极间距，单位为米，m；

R——所测电阻，单位为欧姆，Ω；

d——电位极距，单位为米，m。

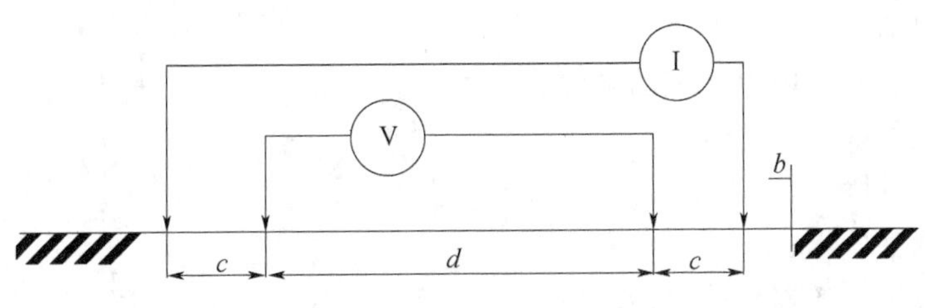

图 8.3　电极非均匀布置

3)测量数据处理

为了了解土壤的分层情况，在用等距法测量时，可改变几种不同的 a 值进行测量，如 a=2 m、4 m、5 m、10 m、15 m，20 m、25 m、30 m 等。

根据需要采用非等距法测量，测量电极间距可选择 40 m、50 m、60 m。按式(8.18)计算相应的土壤电阻率。根据实测值绘制土壤电阻率 ρ 与电极间距的二维曲线图。采用兰开斯特－琼斯法判断在出现曲率转折点时，即是下一层土壤，其深度为所对应电极间距的 2/3 处。

土壤电阻率应在干燥季节或天气晴朗多日后进行，因此土壤电阻率应是所测的土壤电阻率数据中最大的值，为此应按式(8.19)进行季节修正：

$$\rho=\psi\rho_0 \tag{8.19}$$

式中：

ρ_0——所测土壤电阻率，单位为欧姆米，Ω·m；

ψ——季节修正系数，见表 8.8。

表 8.8　根据土壤性质决定的季节修正系数表

土壤性质	深度/m	ψ_1	ψ_2	ψ_3
黏土	0.5～0.8	3	2	1.5
黏土	0.8～3	2	1.5	1.4
陶土	0～2	2.4	1.36	1.2
砂烁盖以陶土	0～2	1.8	1.2	1.1
园地	0～3	1.7	1.32	1.2
黄沙	0～2	2.4	1.56	1.2
杂以黄沙的砂烁	0～2	1.5	1.3	1.2
泥炭	0～2	1.4	1.1	1.0
石灰石	0～2	2.5	1.51	1.2

注：ψ_1——在测量前数天下过较长时间的雨时选用。

ψ_2——在测量时土壤具有中等含水量时选用。

ψ_3——在测量时，可能为全年最高电阻，即土壤干燥或测量前降雨不大时选用。

4)测量仪器

a)带电流表和高阻电压表的电源。

b)比率欧姆表。

c)双平衡电桥。

d)单平衡变压器。

e)感应极化发送器和接收器。

5. 防雷区的划分

防雷区的划分应按照规定将需要防雷击电磁脉冲的环境划分为 $LPZ0_A$、$LPZ0_B$、LPZ1.... LPZn+1 区。

6. 雷击电磁脉冲屏蔽

建筑物的屋顶金属表面、立面金属表面、混凝土内钢筋和金属门窗框架等大尺寸金属件等应等电位连接在一起，并与防雷接地装置相连。屏蔽电缆的金属屏蔽层应两端接地，并宜在各防雷区交界处做等电位连接，并与防雷接地装置相连。如要求一端接地的情况下，应采取两层屏蔽，外屏蔽层应两端接地。建筑物之间用于敷设非屏蔽电缆的金属管道、金属格栅或钢筋成格栅形的混凝土管道，两端应电气贯通，且两端应与各自建筑物的等电位连接带连接。屏蔽材料宜选用钢材或铜材。选用板材时，其厚度宜为 0.3～0.5 mm。

用毫欧表检查屏蔽网格、金属管(槽)、防静电地板支撑金属网格大尺寸金属件、房间屋顶金属龙骨、屋顶金属表面、立面金属表面、金属门窗、金属格栅和电缆屏蔽层的电气连接，过渡电阻值不宜大于 0.2Ω。首次检测时，用游标卡尺测量屏蔽材料规格尺寸是否符合规定。首次检测时，应检查按图施工是否符合标准要求。

(1)磁场强度指标

电子计算机机房内磁场干扰环境场强不应大于 800 A/m。可按表 8.9 规定的等级进行脉冲磁场试验。

表 8.9　脉冲磁场试验等级

等级	1	2	3	4	5	×
脉冲磁场强度/(A/m)	—	—	100	300	1000	待定
试验环境	无需试验的环境	有防雷装置或金属构造的一般建筑物，含商业楼、控制楼、非重工业区和高压变电站的计算机房等	工业环境区，主要指重工业、发电厂、高压变电站的控制室等	高压输电线路、重工业厂矿的开关站、电厂等	特殊环境	

注 1:脉冲磁场强度取峰值。

注 2:脉冲磁场产生的原因有两种，一是雷击建筑物或建筑物上的防雷装置;二是电力系统的暂态过电压。

由于雷击电磁脉冲的干扰，对计算机而言，在无屏蔽状态下，当环境磁场感应强度大于 0.07 GS 时，计算机会误动作;当环境磁场感应强度大于 2.4 GS(191 A/m)时，设备会发生永久性损坏。

(2)磁场强度测量方法

雷电流发生器法试验原理如图 8.4 所示，雷击电流发生器原理如图 8.5 所示。

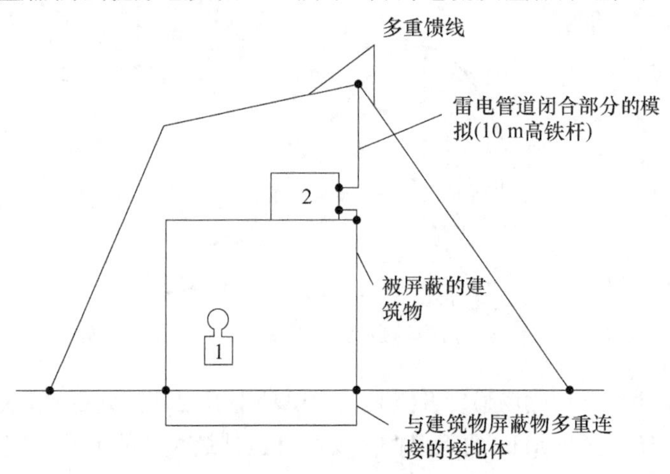

图 8.4　雷电流发生器法测试原理图

1—磁场测试仪;2—雷击电流发生器

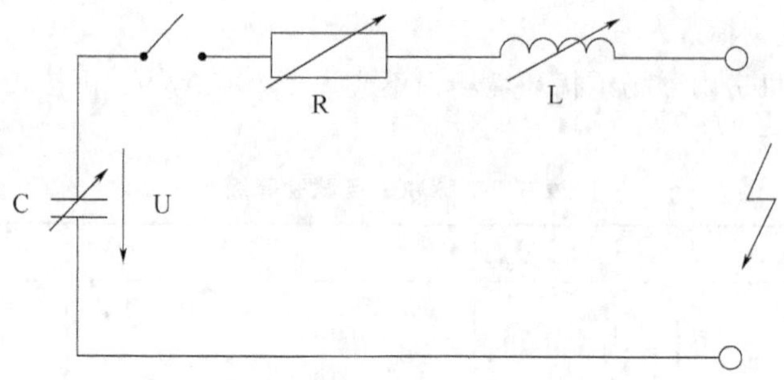

图 8.5 雷电流发生器原理图

在雷电流发生器法试验中可以用低电平试验来进行，在这些低电平试验中模拟雷电流的波形应与原始雷电流相同。IEC 标准规定，雷击可能出现短时首次雷击电流 i_f(10/350 μs)和后续雷击电流 i_s(0.25/100 μs)。首次雷击产生磁场 H_f，后续雷击产生磁场 H_s，见图 8.6 和图 8.7：

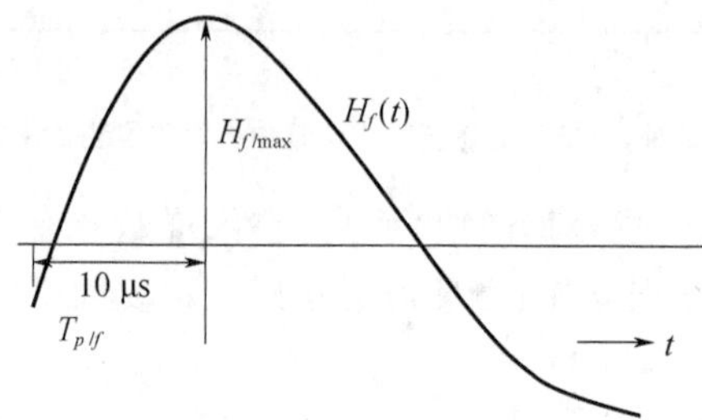

图 8.6 首次雷击磁场强度(10/350 μs)上升期的模拟

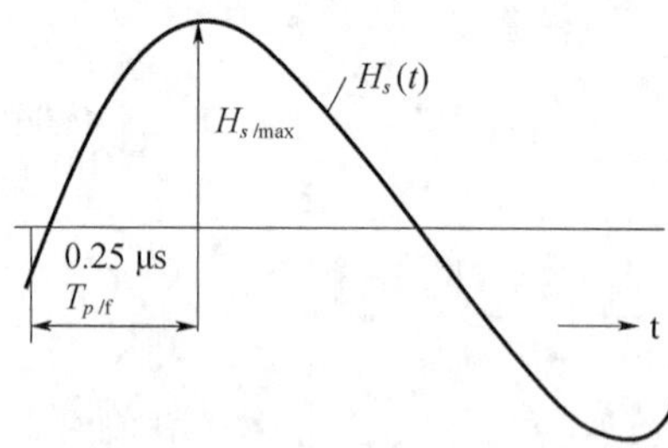

图 8.7 后续雷击磁场强度(0.25/100 μs)上升期的模拟

磁感应效应主要是由磁场强度升至其最大值的上升时间规定的，首次雷击磁场强度 H_f 可用最大值 $H_{f/max}$(25 kHz)的阻尼振荡场和升至其最大值的上升时间 $H_{p/f}$(10 μs、波头时间)来表征。同样后续雷击磁场强度 H_s，可用 $H_{s/max}$(1 MHz)和 $T_{p/f}$(0.25 μs)来表征。

当发生器产生电流 $i_{o/max}$ 为 100 kA，建筑物屏蔽网格为 2 m 时，实测出不同尺寸建筑物的磁场强度见表 8.10。

表 8.10　不同尺寸建 筑物内磁场强度测量实例

建筑物类型	建筑物长、宽、高（L×W×H）	$H_{1/max}$（中心区）/（A/m）	$H_{1/max}$（$d_w=d_{s/1}$处）/（A/m）
1	10 m×10 m×10 m	179	447
2	50 m×50 m×10 m	36	447
3	10 m×10 m×50 m	80	200

注：$H_{1/max}$—LPZ1 区内最大磁场强度；

d_w—闪电直击在格栅形大空间屏蔽上的情况下，被考虑的点 LPZ1 区屏蔽壁的最短距离；

$d_{s/1}$—闪电击在格栅形大空间屏蔽以外附近的情况下，LPZ1 区内距屏蔽层的安全距离。

1）浸入法

受试设备（EUT）可放在具有确定形状和尺寸的导体环（称为感应线圈）的中部，当环中流过电流时，在其平面和所包围的空间内产生确定的磁场。试验磁场的电流波形为 6.4/16 μs 的电流脉冲。试验过程中应从 x、y、z 三个轴向分别进行。由于受试设备的体积与格栅形大空间屏蔽体相比甚小，此法只适于体积较小设备的测试和在矮小的建筑物屏蔽测量时可参照使用。

2）大环法

高性能屏蔽室相对屏蔽效能的测试和计算方法，主要适用于 1.5～15.0 m 的长方形屏蔽室，采用常规设备在非理想条件的现场测试。为模拟雷电流频率，在测试中应选用的常规测试频率范围为 100 Hz～20 MHz，模拟干扰源置于屏蔽室外，其屏蔽效能计算公式可用式（8.20）表示：

$$S_H=20\lg(H_0/H_1) \tag{8.20}$$

式中：

H_0——没有屏蔽的磁场强度，单位为安培每米（A/m）；

H_1——有屏蔽的磁场强度，单位为安培每米（A/m）；

S_H——屏蔽效能，单位为分贝（dB）。

测试用天线为环形天线，并注意在测试之前，应把被测屏蔽室内的金属（及带金属的）设备，含办公用桌、椅、柜子搬走；在测试中，所有的射频电缆、电源等均应按正常位置放置。

大环法可根据屏蔽室的四壁均可接近时而采用优先大环法或屏蔽室的部分壁面不可接近时而采用备用大环法。现将备用大环法简要介绍如下：

a）发射环使用频段 I（100 Hz～200 kHz）的环形天线。

b）当屏蔽室的一个壁面是可以接近时，将磁场源置于屏蔽室外，并用双绞线引至可接近的壁，沿壁边布置发射环，环的平面与壁面平行，其间距应大于 25 cm。可用橡胶吸力杯将发射环固定在壁面上。

c)磁场源由通用输出变压器、常闭按钮开关、具有 1 W 输出的超低频振荡器、热电偶电流表组成。

d)屏蔽室内置检测环，衰减器和检测仪，其中检测环的直径为 300 mm。

e)当检测仪采用高阻选频电压表时，屏蔽效能按式(8.21)计算：

$$S_H=20\lg(V_0/V_1) \tag{8.21}$$

式中：

S_H——屏蔽效能，单位为分贝(dB)；

V_0——没有屏蔽的电压值，单位为伏(V)；

V_1——有屏蔽的电压值，单位为伏(V)。

3)中波广播信号测量法

以当地中波广播频点对应的波头作为信号源，将信号接收机分别置于建筑物内和建筑物外，分别测试出信号强度 E_0 和 E_1。用式(8.22)计算出建筑物的屏蔽效能：

$$S_E=20\lg(E_0/E_1) \tag{8.22}$$

式中：

S_E——屏蔽效能，单位为分贝(dB)；

E_0——无屏蔽处信号电势，单位为伏(V)；

E_1——有屏蔽处信号电势，单位为伏(V)。

测试时，接收机应采用标准环形天线。当天线在室外时，环形天线设置高度应为 0.6～0.8 m，与大的金属物，如铁栏杆、汽车等应距 1 m 以外。当天线在室内时，其高度应与室外布置同高，并置在距外墙或门窗 3～5 m 远处。室内布置与大环法的要求相同。可使用专门的仪器设备(如 EMP-2 或 EMP-2HC 等脉冲发生器)进行与备用大环法相似的测试，其区别于备用大环法的内容有：

a)脉冲发生器置于被测墙外约 3 m 处。发生器产生模拟雷电流波头的条件，如 10 μs、0.25 μs 及 2.6 μs、0.5 μs。发生器的发生电压可达 5～8 kV，电流 4～19 kA。

b)从被测建筑物墙内 0.5 m 起，每隔 1 m 直至距内墙 5～6 m 处每个测点进行信号电势的测量。被测如房间较深，在 5～6 m 处之后可每隔 2 m(或 3 m、4 m)测信号电势一次，直至距被测墙体对面墙的 0.5 m 处。

c)平移脉冲发生器，在对应室内测量的各点处测量无屏蔽状况的信号电势。

d)各点的屏蔽效能按式(8.23)计算：

$$E=20\lg(e_0/e_1) \tag{8.23}$$

式中：

E——屏蔽效能，单位为分贝(dB)；

e_0——无屏蔽处信号电势，单位为伏(V)；

e_1——有屏蔽处信号电势，单位为伏(V)。

建筑物的屏蔽效能应是各点的平均值。

4)屏蔽效率的计算

屏蔽效率的测量一般指将规定频率的模拟信号源置于屏蔽室外时，接收装置在同一距离条件下在室外和室内接收的磁场强度之比。屏蔽效率与衰减量的对应关系参见表 8.11。

表 8.11　屏蔽效率与衰减量的对应表

屏蔽效能/dB	原始场强	屏蔽后的场强比	衰减量/%
20	1	1/10	90
40	1	1/100	99
60	1	1/1000	99.9
80	1	1/10000	99.99
100	1	1/100000	99.999
120	1	1/1000000	99.9999

7. 等电位连接

各类防雷建筑物等电位连接应符合要求。大尺寸金属物的连接检测，应检查设备、管道、构架、均压环、钢骨架、钢窗、放散管、吊车、金属地板、电梯轨道、栏杆等大尺寸金属物与共用接地装置的连接情况，如已实现连接应进一步检查连接质量，连接导体的材料和尺寸。

对于第一类和处在爆炸危险环境的第二类防雷建筑物中平行敷设的长金属物的检测，应检查平行或交叉敷设的管道、构架和电缆金属外皮等长金属物，其净距小于规定要求值时的金属线跨接情况，如已实现跨接应进一步检查连接质量，连接导体的材料和尺寸。

对于第一类和处在爆炸危险环境的第二类防雷建筑物中长金属物的弯头、阀门等连接物的检测，应测量长金属物的弯头、阀门、法兰盘等连接处的过渡电阻，当过渡电阻大于 0.03 Ω 时，检查是否有跨接的金属线，并检查连接质量，连接导体的材料和尺寸。

总等电位连接带的检测，应检查由 LPZ0 区到 LPZ1 区的总等电位连接状况，如其已实现与防雷接地装置的两处以上连接，应进一步检查连接质量，连接导体的材料和尺寸。

低压配电线路引入和连接的检测，应检查低压配电线路是否全线穿金属管埋地或敷设在架空金属线槽内引入。如全线采用铠装电缆穿金属管埋地引入有困难，检测电缆埋地长度，电缆金属外皮、钢管及绝缘子铁脚等接地连接性能，连接导体的材料和尺寸，埋地电缆与架空线连接处安装的电涌保护器性能指标和安装工艺。

第一类防雷建筑物外架空金属管道的检测，应检查架空金属管道进入建筑物前是否每隔 25 m 接地一次，进一步检查连接质量，连接导体的材料和尺寸。

建筑物内竖直敷设的金属管道及金属物的检测，应检查建筑物内竖直敷设的金属管道及金属物与建筑物内钢筋就近不少于两处的连接，如已实现连接，应进一步检查连接质量，连接导体的材料和尺寸。

进入建筑物的外来导电物连接的检测，应检查所有进入建筑物的外来导电物是否在 LPZ0 区与 LPZ1 区界面处与总等电位连接带连接，如已实现连接应进一步检查连接质量，连接导体的材料和尺寸。

穿过各后续防雷区界面处导电物连接的检测，应检查所有穿过各后续防雷区界面处导电物是否在界面处与建筑物内的钢筋或等电位连接预留板连接，如已实现连接应进一步检查连接质量，连接导体的材料和尺寸。

电子设备等电位连接的检测，应检查电子设备与建筑物共用接地系统的连接，应检查连接的基本形式是否符合规定，并进一步检查连接质量、连接导体的材料和尺寸。测量以下部位与等电位连接带(或等电位端子板)之间的电气连接情况：

(1)配电柜(盘)内部的 PE 排及外露金属导体。

(2)UPS 及电池柜金属外壳。

(3)电子设备的金属外壳。

(4)设备机架、金属操作台。

(5)机房内消防设施、其他配套设施金属外壳。

(6)线缆的金属屏蔽层。

(7)光缆屏蔽层和金属加强筋。

(8)金属线槽。

(9)配线架。

(10)防静电地板支架。

(11)金属门、窗、隔断等。

等电位连接的过渡电阻的测试采用空载电压 4～24 V，最小电流为 0.2 A 的测试仪器进行测量，过渡电阻值一般不应大于 0.2 Ω。

8. 电涌保护器(SPD)

应使用经国家认可的检测实验室检测，符合规定要求的产品。

SPD 安装的位置和等电位连接位置应在各防雷区的交界处，但当线路能承受预期的电涌时，SPD 可安装在被保护设备处。

SPD 应能承受预期通过它们的雷电流，并具有通过电涌时的电压保护水平和有熄灭工频续流的能力。

当电源采用 TN 系统时,从建筑物总配电盘(箱)开始引出的供电给本建筑物内的配电线路和分支线路应采用 TN-S 系统。选择 220 V/380 V 三相系统中的电涌保护器,Uc 值应符合表 8.12 的规定。

表 8.12　取决于系统特征所要求的最大持续运行电压最小值

电涌保护器接于	配电网络的系统特征				
	TT 系统	TN-C 系统	TN-S 系统	引出中性线的 IT 系统	无中性线引出的 IT 系统
每一相线与中性线间	$1.15U_0$	不适用	$1.15U_0$	$1.15U_0$	不适用
每一相线与 PE 线间	$1.15U_0$	不适用	$1.15U_0$	$\sqrt{3}U_0$	相间电压
中性线与 PE 线间	$U_0$①	不适用	$U_0$①	U_0	不适用
每一相线与 PEN 线间	不适用	$1.15U_0$	不适用	不适用	不适用

电源 SPD 的有效电压保护水平 $U_{p/f}$ 应低于被保护设备的耐冲击过电压额定值 U_w,U_w 值可参见表 8.13。其中,$U_{p/f}=U_p+\Delta U$,$\Delta U=L\dfrac{di}{dt}$为 SPD 两端引线上产生的电压,户外线进入建筑物处可按 1 kV/m 计算(8/20 μs、20 kA 时)。

表 8.13　220 V/380 V 三相配电系统中各种设备耐冲击电压额定值 U_w

设备位置	电源进线端设备	配电线路设备	用电设备	需要保护的电子信息设备
耐冲击电压类别	Ⅳ类	Ⅲ类	Ⅱ类	Ⅰ类
U_w/kV	6	4	2.5	1.5

注:Ⅰ类—需要将瞬态过电压限制到特定水平的设备,如含有电子电路的设备,计算机及含有计算机程序的用电设备。

Ⅱ类—如家用电器(不含计算机及含有计算机程序的家用电器)、手提工具、不间断电源设备(UPS)、整流器和类似负荷。

Ⅲ类—如配电盘、断路器、包括电缆、母线、分线盒、开关、插座等的布线系统,以及应用于工业的设备和永久接至固定装置的固定安装的电动机等的一些其他设备。

Ⅳ类—如电气计量仪表、一次线过流保护设备、波纹控制设备。

选择电子系统信号电涌保护器,U_c 值一般应高于系统运行时信号线上的最高工作电压的 1.2 倍,表 8.14 提供了常见电子系统的参考值。

表 8.14　常用电子系统工作电压与 SPD 额定工作电压的对应关系参考值

序号	通信线类型	额定工作电压/V	SPD 额定工作电压/V
1	DDN/X.25/帧中继：	<6 或 40～60	18 或 80
2	xDSL	<6	18
3	2 M 数字中继	<5	6.5
4	ISDN	40	80
5	模拟电话线	<110	180
6	100 M 以太网	<5	6.5
7	同轴以太网	<5	6.5
8	RS232	<12	18
9	RS422/485	<5	6
10	视频线	<6	6.5
11	现场控制	<24	29

SPD 两端的连线应符合连接导线的最小截面要求，SPD 两端的引线长度之和宜不大于 0.5 m，SPD 应安装牢固。连接导线的过渡电阻应不大于 0.2 Ω。

在 $LPZ0_A$ 与 LPZ1 区交界处，在从室外引来的线路上安装的 SPD 应选用符合 Ⅰ 级试验的电涌保护器，每一相线和中性线对 PE 之间 SPD 的冲击电流 I_{imp} 值宜不小于 12.5 kA；采用 3+1 形式时，中性线与 PE 线间宜不小于 50 kA(10/350 μs)。对多极 SPD，总放电电流 I_{Total} 宜不小于 50 kA(10/350 μs)。当进线完全在 $LPZ0_B$ 或雷击建筑物和雷击与建筑物连接的电力线或通信线上的失效风险可以忽略时，宜采用 Ⅱ 级试验的 SPD。

当雷击架空线路且架空线使用金属材料杆(含钢筋混凝土杆)并采取接地措施或雷击线路附近时，SPD1 可选用 Ⅱ 级和 Ⅲ 级试验的产品。

在 LPZ1 区与 LPZ2 区交界处，分配电盘处或 UPS 前端宜安装第二级 SPD，其标称放电电流 I_n 不应小于 5kA(8/20 μs)。

在重要的终端设备或精密敏感设备处，宜安装第三级 SPD，其标称放电电流 I_n 值不宜小于 3 kA(8/20 μs)。当在线路上多处安装 SPD 时，电压开关型 SPD 与限压型 SPD 之间的线路长度不宜小于 10 m，若小于 10 m 应加装退耦元件。限压型 SPD 之间的线路长度不宜小于 5 m，若小于 5 m 应加装退耦元件。当 SPD 具有能量自动配合功能时，SPD 之间的线路长度不受限制。

安装在电路上的 SPD，其前端宜有后备保护装置。后备保护装置如使用熔断器，其值应与主电路上的熔断器电流值相配合，宜根据 SPD 制造商推荐的过电流保护器的最大额定值选择，或应符合设计要求。如果额定值大于或等于主电路中的过电流保护器时，则可省去。

SPD 如有通过声、光报警或遥信功能的状态指示器，应检查 SPD 的运行状态和指示器的功能。

连接导体应符合相线采用黄、绿、红色，中性线用浅蓝色，保护线用绿/黄双色线的要求。

电信和信号网络 SPD 的布置要求。连接于电信和信号网络的 SPD 其电压保护水平 U_p，和通过的电流 I_p 应低于被保护的电子设备的耐受水平。在 $LPZ0_A$ 区或 $LPZ0_B$ 区与 LPZ1 区交界处应选用 I_{imp} 值为 0.5～2.5 kA(10/350 μs 或 10/250 μs)的 SPD 或 4 kV(10/700 μs)的 SPD；在 LPZ1 区与 LPZ2 区交界处应选用 U_{oc} 值为 0.5～10 kV(1.2/50 μs)的 SPD 或 0.25～5 kA(8/20 μs)的 SPD；在 LPZ2 区与 LPZ3 区交界处应选用 0.5～1 kV(1.2/50 μs)的 SPD 或 0.25～0.5 kA(8/20 μs)的 SPD。电信和信号网络 SPD 性能指标和试验波形见表 8.15。

表 8.15　电涌保护器的类别及其冲击电压试验用的电压波形和电流波形

类别	试验类型	开路电压	短路电流
A1	很慢的上升率	≥1 kV 0.1 kV/μs 至 100 kV/s	10 A,0.1A/μs 至 2 A/μs ≥1000 μs(持续时间)
A2	AC		
B1	慢上升率	1 kV,10/1000 μs	100 A,10/100 μs
B2		1 kV 至 4 kV,10/700 μs	25 A 至 100 A,5/30 μs
B3		≥1 kV,100 V/μs	10 A 至 100 A,10/1000 μs
C1	快上升率	0.5 kV 至<1 kV,1.2/50 μs	0.25 kV 至<1 kV,8/20 μs
C2		2 kV 至 10 kV,1.2/50 μs	1 kV 至 5 kV,8/20 μs
C3		≥1 kV,1 kV/μs	10 A 至 100 A,10/1000 μs
D1	高能量	≥1 kV	0.5 kA 至 2.5 kA,10/350 μs
D2		≥1 kV	0.6 kA 至 2.0 kA,10/250 μs

网络入口处通信系统的 SPD 应满足通信系统传输特性。信号电涌保护器(SPD)应设置在金属线缆进出建筑物(机房)的防雷区界面处，但由于工艺要求或其他原因，受保护设备的安装位置不会正好设在防雷区界面处，在这种情况下，当线路能承受所发生的电涌电压时，也可将信号电涌保护器(SPD)安装在保护设备端口处。信号电涌保护器(SPD)与被保护设备的等电位连接导体的长度应不大于 0.5 m，以减少电感电压降对有效电压保护水平的影响。连接导线的过渡电阻应不大于 0.2 Ω。

SPD运行期间，会因长时间工作或因处在恶劣环境中而老化，也可能因受雷击电涌而引起性能下降、失效等故障，因此需定期进行检查。如测试结果表明SPD劣化，或状态指示指出SPD失效，应及时更换。

用N-PE环路电阻测试仪，测试从总配电盘（箱）引出的分支线路上的中性线（N）与保护线（PE）之间的阻值，确认线路为TN-C或TN-C-S或TN-S或TT或IT系统。

检查并记录各级SPD的安装位置，安装数量、型号、主要性能参数（如U_c、I_n、I_{max}、I_{imp}、U_p等）和安装工艺（连接导体的材质和导线截面，连接导线的色标，连接牢固程度）。

对SPD进行外观检查，SPD的表面应平整、光洁、无划伤、无裂痕和烧灼痕或变形。SPD的标示应完整和清晰。

测量多级SPD之间的距离和SPD两端引线的长度，应符合规定。检查SPD是否具有状态指示器。如有，则需确认状态指示应与生产厂说明相一致。检查安装在电路上的SPD限压元件前端是否有脱离器。如SPD无内置脱离器，则检查是否有过电流保护器，检查安装的过电流保护器是否符合规定。检查SPD安装工艺和接地线与等电位连接带之间的过渡电阻。

检查输送火灾爆炸危险物质的埋地金属管道和具有阴极保护的埋地金属管道，当其从室外进入户内处设有绝缘段时，在绝缘段处跨接的电压开关型电涌保护器或隔离放电间隙应符合规定。

压敏电压U_{1mA}的测试应符合以下要求：

（1）测试仪适用于以金属氧化物压敏电阻（MOV）为限压元件且无串并联其他元件的SPD。

（2）可使用防雷元件测试仪或压敏电压测试表对SPD的压敏电压U_{1mA}进行测量。

（3）首先应将后备保护装置断开并确认已断开电源后，直接用防雷元件测试仪或其他适用的仪表测量对应的模块，或者取下可插拔式SPD的模块或将SPD从线路上拆下进行测量，SPD应按图8.8所示连接逐一进行测试。

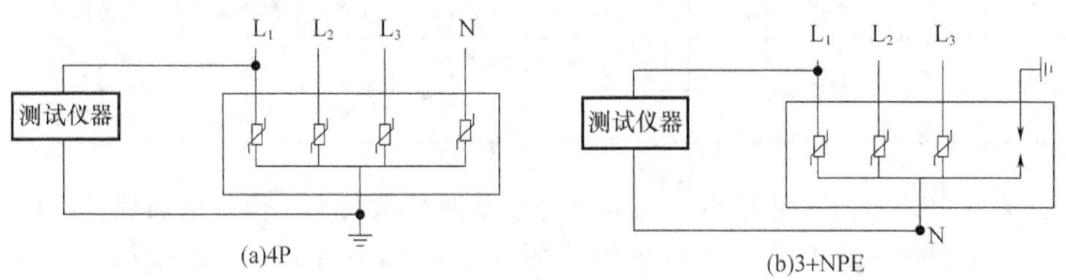

图8.8 SPD测试示意图

（4）合格判定：首次测量压敏电压U_{1mA}时，实测值应在表8.16中SPD的最大持续工作电压U_c对应的压敏电压U_{1mA}的区间范围内。如表8.16中无对应U_c值时，交流

SPD 的压敏电压 U_{1mA} 值与 U_c 的比值不小于 1.5，直流 SPD 的压敏电压 U_{1mA} 值与 U_c 的比值不小于 1.15。

(5)后续测量压敏电压 U_{1mA} 时，除需满足上述要求外，实测值还应不小于首次测量值的 90%。

表 8.16　压敏电压和最大持续工作电压的对应关系表

标称压敏电阻 U_N/V	最大持续工作电压 U_c/N	
	交流(r.m.s)	直流
82	50	65
100	60	85
120	75	100
150	95	125
180	115	150
200	130	170
220	140	180
240	150	200
275	175	225
300	195	250
330	210	270
360	230	300
390	250	320
430	275	350
470	300	385
510	320	410
560	350	450
620	385	505
680	420	560
750	460	615
820	510	670
910	550	745
1000	625	825
1100	680	895
1200	750	1060

注：压敏电压的允许公差±10%。

泄漏电流的测试应符合以下要求：

(1)测试仪适用于以金属氧化物压敏电阻(MOV)为限压元件且无其他串并联元件的 SPD。

(2)可使用防雷元件测试仪或泄漏电流测试表对 SPD 的泄漏电流 I_{ie}值进行测量。

(3)首先应将后备保护装置断开并确认已断开电源后，直接用仪表测量对应的模块，或者取下可插拔式 SPD 的模块或将 SPD 从线路上拆下进行测量，SPD 应按图 8.8 逐一进行测试。

(4)合格判定依据：首次测量 I_{1mA}时，单片 MOV 构成的 SPD，其泄漏电流 I_{ie}的实测值应不超过生产厂标称的 I_{ie}最大值；如生产厂未声称泄漏电流 I_{ie}时，实测值应不大于 20 μA。多片 MOV 并联的 SPD，其泄漏电流 I_{ie}实测值不应超过生产厂标称的 I_{ie}最大值；如生产厂未声称泄漏电流 I_{ie}时，实测值应不大于 20 μA 乘以 MOV 阀片的数量。不能确定阀片数量时，SPD 的实测值不大于 20 μA。

(5)后续测量 I_{1mA}时，单片 MOV 和多片 MOV 构成的 SPD，其泄漏电流 I_{ie}的实测值应不大于首次测量值的 1 倍。

SPD 的绝缘电阻测试仪对 SPD 所有接线端与 SPD 壳体间进行测量。先将后备保护装置断开并确认已断开电源后，再用不小于 500 V 绝缘电阻测试仪正负极性各测试一次，测量指针应在稳定之后或施加电压 1 min 后读取。合格判定标准为不小于 50 MΩ。

检测土壤电阻率和接地电阻值宜在非雨天和土壤未冻结时进行。现场环境条件应能保证正常检测。应具备保障检测人员和设备的安全防护措施，雷雨天应停止检测，攀高危险作业应遵守攀高作业安全守则。检测仪表、工具等不能放置在高处，防止坠落伤人。应使用在检定合格有效期内的检测仪器。检测时，接地电阻测试仪的接地引线和其他导线应避开高、低压供电线路。每一项检测需要有两人以上共同进行，每一个检测点的检测数据需经复核无误后，填入原始记录表。在检测爆炸火灾危险环境的防雷装置时，严禁带火种、手提电话；严禁吸烟，不应穿化纤服装，禁止穿钉子鞋，现场不准随意敲打金属物，以免产生火星，造成重大事故。应使用防爆型对讲机、防爆型检测仪表和不易产生火花的工具。现场检测时，应严格遵守受检单位规章制度和安全操作规程。检测配电房、变电所的防雷装置时，应穿戴绝缘鞋、绝缘手套，使用绝缘垫，以防电击。

8.2.3　定期检测周期

具有爆炸和火灾危险环境的防雷建筑物检测间隔时间为 6 个月，其他防雷建筑物检测间隔时间为 12 个月。

8.2.4　检测程序

检测前应对使用仪器仪表和测量工具进行检查，保证其在计量认证有效期内和能正常使用。首次检测应按全部检测项目实施检测。对受检单位的定期检测，应查阅上次检测的记录，并现场勘查受检单位防雷装置有无变化。现场检测时宜按先检测外部防雷装置，后检测内部防雷装置的顺序进行，将检测结果填入防雷装置检测原始记录表。

8.2.5　检测数据整理及报告

检测结果的记录。在现场将各项检测结果如实记入原始记录表，原始记录表应有检测人员、校核人员和现场负责人签名。原始记录表应作为用户档案保存两年。

首次检测时，应绘制建筑物防雷装置平面示意图，定期检测时应进行补充或修改。

检测结果的判定。用数值修约比较法将经计算或整理的各项检测结果与相应的技术要求进行比较，判定各检测项目是否合格。检测报告内容填写完毕，检测员和校核员签字后，经技术负责人签发，应加盖检测单位检测专用章。检测报告不少于两份，一份送受检单位，一份由检测单位存档。存档应有纸质和计算机存档两种形式。

参考文献

王金元，孙兰，成彦，等. 2019. 民用建筑电气设计标准：GB51348—2019[S]. 北京：中国建筑工业出版社.

第9章 电气系统雷电安全管理

9.1 电气安全管理

电气安全管理是以国家颁布的各种安全法规、规程和制度为依据，对电气线路、电气设备及其防护装置的设计、制造、安装、调试、操作，运行、检查、维护及技术改造等环节中的不安全状态和对电气作业人员、用电人员的不安全行为进行监督检查、防范各种电气事故的发生。

9.1.1 电气安全组织管理

1. 管理机构和人员

用电单位应根据电气设备的构成和状态、电气专业人员的组成和素质，以及企业的用电特点、操作特点，建立相应的安全用电管理机构，委派专职管理人员负责安全用电工作、并根据用电量的大小安排一定数量的电工人员。

电工属特殊作业工种，所以从事电工作业的人员必须满足我国对电工作业人员的资质资格要求。

安全用电管理机构除了对安全用电进行全面管理之外，尤其是要加强电工人员的资质审核及动态管理。对电工人员管理要求为：电工作业人员必须持证上岗，且每两年由当地主管部门对上岗资格进行复审；脱离本岗工作连续超过6个月者，电工上岗资格须获得当地有关部门的复审；连续脱岗3个月以上者，须获得本单位用电安全管理机构的审核批准后方可从事电工作业；新参加电工作业的人员，须经有经验和资质级别较高的人员对其进行实习培训和实际操作指导，不能独立进行电工作业；对带电作业者，须经当地有关部门考试，获得带电作业操作证后方可从事带电作业。

专职管理人员应具备一定的电气知识和电气安全知识。安全管理部门、动力部门必须互相配合，共同做好电气安全管理工作。

2. 规章制度

应根据不同工种的特点，建立相应的安全操作规程。非电工工种的安全操作规程中，不能忽略电气安全方面的内容，应根据企业性质和环境特点，建立相适应的电气设备运行管理规程和电气设备安装规程。

对于重要设备,应建立专人管理的责任制。对控制范围较宽或控制回路多元化的开关设备、临时线路和临时性设备等比较容易发生事故的设备,都应建立专人管理的责任制。特别是临时线路和临时性设备,应当结合具体情况,明确地规定其允许长度、使用期限和安装要求等项目。

为了保证检修工作特别是高压检修工作的安全,必须坚持执行必要的安全工作制度,如工作票制度、工作监护制度和工作许可制度等。一些常用的电气安全管理制度见表 9.1。

表 9.1　常用电气安全管理制度

制度名称	制度内容
岗位责任制	各级运行人员、电器操作人员和安全管理人员的职责
交接班制度	安装调试人员、运行人员、维修人员、电器操作人员交班、接班要求、注意事项及必须交待说明的有关内容
巡视检查制度	运行维修人员在工作中视检查电气设备和线路等的时间、路线、部位的要求及标准,以及记录、处理意见等内容
限制进入制度	对电气设备的不同操作区域采取不同等级人员准入制度,包括对变电室等高危险区域的限制进入制度
操作规程	各种作业的正确操作方法及注意事项,如送电、断电程序及注意事项
设备检修制度	设备的检修周期、检修项目、检修标准、检修程序、报批手续和批复手续等
临时用电制度	临时用电的申报、安装及管理制度
技术交底制度	对作业内容、时间、地点,范围、安全措施和注意事项等详细交底的有关制度
工作票制度	电气作业的各个步骤采用凭证记录手续制度,包括工作票的签发、许可、监护和终结等制度
作业许可制度	进行电气作业前验证各种安全措施及注意事项的规定及程序
作业监护制度	作业人员在作业过程中能得到完全监护和指导,及时纠正不安全操作和错误作业方法,提醒免靠近危险带电体
作业间断转移制度	因时间、气候及其他原因引起工作中断或转移,中断期间现场安全措施及复工履行手续
作业终结制度	作业完毕现场清理、人员撤离及验收签字制度
调度管理制度	电气运行、检修和故障处理等进行电气控制、人员调配、命令签发等的程序内容及要求
事故处理制度	处理各种电气事故的程序、方法和注意事项等预案的编制,并进行演习的有关制度

续表

制度名称	制度内容
技术培训制度	对电气工作人员提供业务水平学习条件，学习新技术和新设备，不断提高理论和实际操作水平，进行不同层次、不同水平、业余与专业的定期与不定期培训的制度

3. 安全检查

电气安全检查的内容包括电气设备的绝缘是否老化、是否受潮或破损，绝缘电阻是否合格；电气设备裸露带电部分是否有防护，屏护装置是否符合安全要求；安全间距是否足够；保护接地或保护接零接线是否正确和可靠；剩余电流动作保护装置是否符合安全要求；携带式照明灯和局部照明灯是否采用了安全电压和其他安全措施；安全用具和防火器材是否齐全；电气设备和电气线路温度是否适宜；熔断器体的选用及其他过电流保护的整定值是否正确；各项维修制度和管理制度是否健全；电工是否经过专业培训等。

对变压器等重要的电气设备应建立巡视检查制度，坚持巡视检查，并做好必要的记录。

对于新安装的电气设备，特别是自制的电气设备的验收工作更应坚持原则，一丝不苟。对于使用中的电气设备，应定期测定其绝缘电阻；对于各种接地装置，应定期测定其接地电阻；对于安全用具、避雷器、变压器油及其他保护电器，也应定期检查、测定或进行耐压试验。

4. 安全教育

安全教育的目的是提高工作人员的安全意识，充分认识安全用电的重要性；同时，使工作人员懂得用电的基本知识和掌握安全用电的基本方法。对普通职工，应当要求懂得关于电和安全用电相关联的安全规程；对于独立工作的电气专业工作人员，应当明确电气装置在安装、使用、维护和检修过程中的安全要求，熟知电气安全操作规程及其他相关联的规程，学会触电急救和电气灭火的方法，并通过培训和考试取得操作合格证。

5. 安全资料

安全资料是做好电气安全工作的重要依据。涉及电气安全的资料有电气工作中适用的各种标准及规范、图样、技术资料和各种记录等。这些资料应当按照档案管理要求进行分类保管，注意各种资料的完整性和连续性，为电气系统的安全运行提供可靠的信息。

9.1.2 电气操作与维修

在电气设备上进行操作与维修等工作时，为保证工作人员的人身安全和设备安全，运行、检修和试验等部门应统一指挥、明确分工、密切配合，应建立和执行各项保证电气作业安全的组织措施及技术措施，预防各种事故的发生。

1. 保证电气操作与维修安全作业的组织措施

保证电工电气操作与维修作业安全的组织措施主要有：工作票制度，工作许可制度，工作监护制度，工作间断、转移和终结制度等。电工在进行电气操作与维修作业时，应严格执行《电力安全工作规程》的规定。需要做好安全组织措施，运用各种组织措施手段，严格执行书、票、证的各项管理规定，禁止无票作业和无证上岗，严格遵守电气作业的安全措施，实现安全。

(1)工作票制度

电气工作票是指在已经投入运行的电气设备及电气场所工作时，明确工作人员、交待工作任务和工作内容、实施安全技术措施、履行工作许可、工作监护、工作间断、转移和终结的书面依据，是准许在电气设备上(或线路上)工作的书面命令。除某些特定工作(事故抢修工作)外，凡在运行中的发、变、送、配、农电和用户电气设备上工作的一切人员均须填写工作票，严禁无票作业。工作票的种类依据《电力安全工作规程》的规定执行。工作票具体形式各不相同，但其基本内容与项目是相同的，工作票的执行程序、涉及人员及其职责的规定也是基本相同的，从这个角度而言，工作票制度是一种标准化制度。

1)工作票的种类及使用范围。在电气设备上进行操作与维修等工作时应根据具体工作内容和需要填写工作票或应急抢修单。工作票的形式有以下几种：

变电站(发电厂)第一种、第二种工作票(见图 9.1、图 9.2)。电气检修工作票、带电作业工作票、事故应急抢修单、动火票、临时用电工作票、登高作业票、有限空间作业票以及电力电缆第一种、第二种工作票。

第一种工作票的使用范围：在高压设备或高压线路上工作需要全部停电或部分停电者，以及在高压室内的二次回路和照明回路上工作，需要高压设备停电或采取安全措施者。

第二种工作票的使用范围：带电作业或在带电设备外壳上工作，在控制盘、低压配电盘、配电箱和电源干线上工作，以及在无需高压设备停电的二次回路上工作。

此外，当从事带电作业或邻近带电设备距离小于表 9.2 规定的工作时，需填写带电作业工作票；当发生紧急事故时不用填写工作票，但必须填写事故应急抢修单；在工业企业的装置区内检修，且在有易燃、易爆、高温、高压场所的炼化企业装置区检修需用的电焊机、潜水泵和手持电动工具等能产生火花时，必须办理临时用电票及动火作业票；进入变电站和发电厂的地下电缆沟时，须办理有限空间作业票，以防有毒、有害气体进入电缆沟，造成人身伤亡事故。

1. 工作负责人(监护人)：________班组	
2. 工作班组人员：________共________人	
3. 工作内容和工作地点：__________________	
4. 计划工作时间：自_____年_____月_____日_____时_____分至_____年______月______日______时______分	
5. 安全措施：	
工作票签发人填写	工作许可人(值班员)填写
应拉开断路器和刀开关(包括填写前已拉开断路器和刀开关)并注明编号	已拉开断路器和刀开关，并注明编号
应装临时接地线，并注明确实地点	已装临时接地线，并明编号和装设地点
应设遮栏和挂标示牌	已设遮栏和已挂标示牌，并注明地点
	工作地点保留带电部分和补充安全措施
工作票签发人签名：________	工作许可人签名：________
收到工作票时间：_____年_____月_____日______时______分	值班负责人签名：________
值班负责人签名：___________	
值长签名：________	
6. 许可开始工作时间：________年________月________日________时________分	
工作负责人签名：________工作许可人签名：________	
7. 工作负责人变动	
原工作负责人________离去；变更为________工作负责人。	
变更时间：________年________月________日________时________分	
工作票签发人签名：	
8. 工作延期	
有效期延长到：________年________月________日________时________分	
工作负责人签名：________值班负责人签名：________	
9. 工作结束	
工作班人员已全部撤离，现场已清理完毕。全部工作于______年______月______日______时______分结束。	
工作负责人签名：________工作许可人签名：________	
临时接地线共________组已撤除。值班负责人签名：________	
10. 备注：________	

图 9.1　变电所第一种工作票

1. 工作负责人(监护人):＿＿＿＿＿班组
工作班组人员:＿＿＿＿＿共＿＿＿＿人
2. 工作任务:＿＿＿＿＿＿＿＿
3. 计划工作时间:自＿＿＿年＿＿＿月＿＿＿日＿＿＿时＿＿＿分至＿＿＿＿年＿＿＿＿月＿＿＿日＿＿＿时＿＿＿分
4. 工作条件(停电或不停电):＿＿＿＿＿
5. 注意事项(安全措施):＿＿＿＿＿
6. 许可开始工作时间:＿＿＿＿年＿＿＿＿月＿＿＿＿日＿＿＿＿时＿＿＿＿分
工作许可人(值班员)签名:＿＿＿＿＿工作负责人签名:＿＿＿＿＿
7. 许可结束时间:＿＿＿＿年＿＿＿＿月＿＿＿＿日＿＿＿＿时＿＿＿＿分
工作许可人(值班员)签名:＿＿＿＿＿工作负责人签名:＿＿＿＿＿
8. 备注:＿＿＿＿

图 9.2　变电所第二种工作票

表 9.2　设备不停电时的安全距离

电压等级/kV	安全距离/m	电压等级/kV	安全距离/m
10 及以下(13、8)	0.7	220	3
20～35	1.0	330	4
60～110	1.5	500	5

2)工作票所列人员职责与要求

工作票签发人:其责任是审核工作票所列工作的必要性和安全性;负责审核所派工作人员的安全资质,人员精神状态是否良好,技术力量是否适合;负责审核工作票上所填安全措施是否正确完备。

工作负责人(监护人)。负责正确安全地组织和指挥工作班组人员完成工作票指明的工作任务,负责检查工作票所列安全措施是否正确完备和是否符合现场实际条件,必要时予以补充,同时负责指挥对整个工作过程进行全程安全监护的人员。

工作许可人(运行值班员)。负责审查工作票所列安全措施是否正确完备,是否符合现场实际条件,必要时予以补充,并与工作负责人一起亲临工作现场具体实施,检查安全工作票安全措施是否到位,根据现场情况正确发出许可工作的命令。

工作许可人一般为值班调度和值班负责人员,对变电所或供电系统的工作状态有着随时而又全面的了解与把握,同时又能调度现场资源配合检修工作。

工作班组成员。工作班组人员是指参与实施工作票工作任务的人员。其责任是要明确工作内容、工程流程、安全措施和工作中的危险点,并履行确认手续、严格遵守安全规章制度、技术规程和劳动纪律,正确使用安全工具和劳动防护用品,听从监护人的指挥。

专责监护人员,有时为了安全的需要,在工作负责人全面负责安全监护的基础上,还要设置专责监护人员，尤其是在高压作业或者作业现场范围较大时更需如此。专责监护人员应具有相关工作经验，熟悉设备状态、作业现场情况以及《安全技术规范》《检修规程》的人员担任，专职监护人员的责任是明确被监护人和监护范围，监督现场安全措施的落实情况，纠正现场操作人员的不安全行为等，专责安全监护人员不得从事操作工作，也不准离开工作现场。

3)工作票的填写与签发

工作票由设备运行管理单位签发，也可由经设备运行管理单位审核且经批准的检修及基建单位签发。检修及基建单位的工作票签发人及工作负责人名单应事先送有关设备运行管理单位备案。工作票的签发人员应是通过电力部门相关资格考试、具有核准资质，在熟悉业务的同时还要熟悉现场设备的生产负责人。工作票签发人不能兼任其所签发工作项目的工作许可人和工作负责人。一个工作负责人只能发给一张工作票。

工作票一般是由负责检修工作的工作票签发人负责填写，也可委托工作负责人填写，但必须由工作票签发人签发。工作票签发人收到填好的工作票后，对各个项目尤其是安全措施进行审核。审核无误后，在"工作票签发人签字"一栏签字，并注明签发日期。

工作票要用钢笔或圆珠笔填写，也可以使用计算机生成或打印出统一格式的工作票，一式两份，由签发人审核无误、手工或电子签名后方可执行，不得任意涂改：一份由签发人保管，一份交工作负责人。

第一种工作票的签发人认为有必要时可采用总工作票和分工作票，并同时签发：总工作票、分工作票的填用和许可等有关规定由单位主管生产的领导批准后执行。

4)工作票的使用流程。工作票的使用流程如图 9.3 所示。

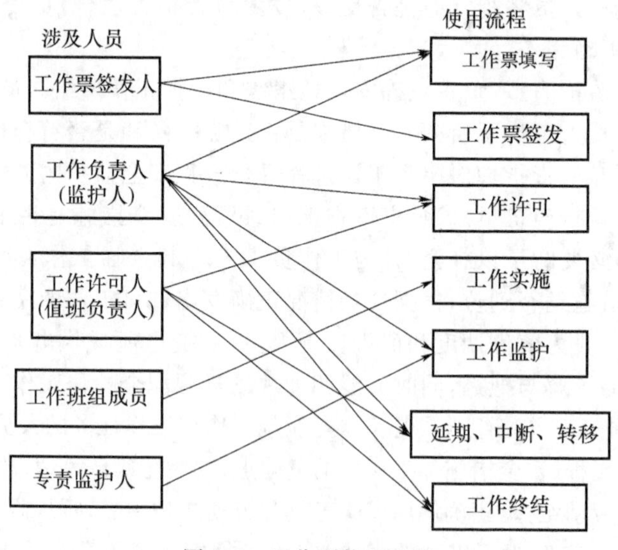

图 9.3　工作票使用流程

执行工作票的作业，必须有人监护，在工作间断、转移时执行间断和转移制度，工作终结时执行终结制度。

(2)工作许可制度

在电气设备上进行工作，必须事先征得工作许可人的同意，因而规定了工作许可制度、未经工作许可人(值班员)允许不准执行工作票。

工作许可人(值班员)认定工作票中安全措施栏内所填的内容正确无误且完善后到现场具体实施。《电力安全工作规程》中要求工作许可人与工作负责人一起到现场检查安全措施实施情况，用手触试，证明被检修部位确实无电:给工作负责人指明带电设备的位置和注意事项;与工作负责人一起在工作票上签名;工作负责人向班组成员交待安全措施、活动范围和检修设备等具体事项，完成上述手续后工作班组成员方可开始工作。整个工作许可手续是逐级进行的。

工作负责人和工作许可人任何一方不得擅自变更安全措施，工作中如有特殊情况需要变更时，应先取得对方的同意，变更情况及时记录在值班日记内，交接时一定要交待清楚。运行人员不得变更有关检修设备的运行接线方式。

(3)工作监护制度

监护制度是保障检修工作人员安全和正确操作的基本措施。一般情况下，工作负责人同时又是监护人。如果工作场所较为危险，还要设置专职监护人，与工作负责人一起共同承担监护工作。监护人的主要职责如下：

工作负责人组织现场开展工作，向工作人员交待清楚工作任务、工作范围、带电部位和现场安全措施，告之危险点，并履行确认手续。

检修工作开始后，监护人应始终留任现场，如不得不暂时离开工作现场时，必须指定合适的监护代理人。监护人应当监护所有工作人员的活动范围和实际操作，包括工作人员及其所携带的工具与带电体或接地导体之间是否保持足够的安全距离，工作人员的站姿是否合理，以及操作是否正确等。如发现工作人员操作违反规程，应给予及时纠正，必要时令其停转工作。

(4)工作间断、转移和终结制度

工作间断。工作间断时，工作班组人员应从检修现场撤出，所有安全措施应保持不动，工作票仍由工作负责人保存。间断后继续工作(指一天内的间断，如午休和吃饭等)，无需经过许可人或值班人员许可。每日收工时应清理检修现场，开放被封闭的道路，并将工作票交回工作许可人或值班人。次日复工时应得到工作许可人或值班人员的许可，取回工作票。工作负责人检查各项安全措施与工作票相符后方可开始工作。若无工作负责人带领，工作人员不得进入检修现场。

工作转移。工作转移制度规定，在同一电气连接部分用同一工作票依次在几个工作地点转移检修工作时，全部安全措施应由工作许可人在开工前一次做好，不需办理转移手续;但在转移工作地点之前,工作负责人应向工作人员再次交待带电范围、安全措施及注意事项。当不能按照计划工作时间结束工作任务时,应办理工作票延期手续。

工作终结。工作终结制度是全部工作完毕后,在终结工作票前,工作负责人、值班员及工作人员应完成的任务。工作人员应清扫和整理工作现场。工作负责人应仔细检查工作现场,待工作人员全部撤离后,向工作许可人员或值班员说明检修的情况、发现的问题,并与工作许可人一起再次对检修、临时接地线拆除以及人员撤离情况等进行核实。在工作票上填明工作结束时间,经双方签字后表示工作终结。签字后的工作票归档保存。

2. 保证电气操作与维修作业安全的技术措施

保证电气操作与维修作业安全的技术措施主要有:停电、验电、装设接地线、悬挂标示牌和装设遮栏等,以防止停电设备突然来电时发生工作人员的意外触电事故。

(1)停电

工作地点必须停电的设备如下。

1)需检修的设备。

2)与工作人员在进行工作中正常活动范围的距离小于表 9.2 规定的设备。

3)在 35 kV 及以下设备处工作,安全距离虽大于表 9.3 规定,但小于表 9.2 的规定,同时又无绝缘挡板和安全遮拦措施的设备。

4)带电部分在工作人员后面、两侧和上下,且无可靠安全措施的设备。

表 9.3 工作人员工作中正常活动范围与带电设备的最小安全距离

电压等级/ kV	10 及以下(13、8)	20～35	60～100	220	330
允许距离/m	0.35	0.6	1.0	1.8	2.6

对难以做到与电源完全断开的检修设备,可以拆除设备与电源之间的电气连接。

停电时,应注意将停电工作设备可靠地脱离电源,确保有可能给停电设备送电的各方面电源均断开。应注意防止其他方面的突然来电,特别注意防止低压方面的反送电。为此,应将与停电有关的变压器和电压互感器的高压、低压侧都断开,并在两侧悬挂“禁止合闸,有人工作!”的标示牌。停电后,还应核实断路器和隔离开关确实在断开位置,并对断路器和隔离开关的操作机构加锁,悬挂相应的指示牌。对运行中的星形接线设备(检修设备除外)的中性点,由于系统各相对地电容不对称,会存在一定的对地电位,因而必须视为带电设备。因此,在检修设备停电时,必须同时将其有电气连接的其他任何运行中的星形接线设备(检修设备除外)的中性点断开,防止造成人身伤亡事故。

停电操作顺序必须正确,首先应先拉开断路器,然后再断开隔离开关或刀开关;送电时合闸顺序与停电时正好相反。如果断路器的电源侧和负载侧都装有隔离开关,停电操作时拉开断路器之后,应先拉开负载侧隔离开关,后拉电源侧隔离开关;送电时依次合上电源侧隔离开关、负载侧隔离开关和断路器。

对于有较大电容的电气设备或电气线路，停电后还须进行放电，以消除被检修设备上残存的电荷。

(2)验电

验电是直接验证已停电的线路或设备是否确无电压，也是检验停电措施的制定和执行是否正确和完善的重要手段。对于已停电的线路或设备，不论其接入的电压表或其他信号仪表是否指示无电，均应进行验电。只有经合格的验电器验明无电，才能作为无电的依据，因为有很多因素可能导致本来认为已经停电的设备实际上带电的情况出现。

验电时应按停电线路或设备的电压等级选用相应的、试验合格的验电器。应戴绝缘手套，并派专人监护。对于多相多端线路，应逐相、逐端由近及远地进行验电。对于断路器和隔离开关，应在其两侧逐一验电。对于同杆多层线路，应先验低压，后验高压，先验下层，后验上层。验电时应注意保持与各部分的安全距离，最小的安全距离也不能小于表 9.3 的规定。雨雪天气时不得进行户外直接验电。

(3)装设临时接地线

为了防止给检修部位意外送电和可能的感应电，应在被检修部分的外端(开关的停电一侧或停电的导线上)装设临时接地线。接地刀闸、接地线均由三相短接和集中接地两部分组成。

装接临时接地线时，必须验证确实无电后方可进行。装设接地线包括合上接地刀闸和悬挂临时接地线。凡是可能给检修部位意外送电和可能感应电压的线路或装置，均应在适当部位安装临时接地线。对于线路检修，应在检修线路段的两端均设临时接地线。凡是有可能送电到停电线路的分支线也要挂接地线。挂接地线时，应先接接地端，后接设备或线路端；拆除时顺序正好相反。对于同杆多层线路，应先挂接低压，后装高压，先下层，后上层；拆除时顺序相反。临时接地线应接于明显可见之处，临时接地线与带电导体之间要保持安全距离。装设临时接地线与检修线路或设备之间不得接有断路器或熔断器。接地线采用多股软线，截面积不应小于 25 mm^2。接地线应连接牢固，接好的临时接地线不承受自身重量以外的拉力。安装和拆除临时接地线应采用绝缘杆或戴绝缘手套操作，并且至少由两人来完成。

(4)悬挂标示牌和装设遮栏

标示牌用不导电材料制作，用于提醒检修人员和运行值班员及时纠正将要进行的错误操作，防止出现不安全行为。标示牌要悬挂于醒目与关键处。工作人员除应严格遵守标示牌提示外，还应注意不能随意移动和拆除标示牌。

遮栏能够防止工作人员无意识过分接近带电体，而不能防止工作人员有意识接近带电体。在部分停电检修和不停电检修时，应将带电部分遮拦起来，以保证检修人员的安全。工作人员不得拆除或移动遮栏。

9.1.3　电工安全用具

电工安全用具是防止电气工作人员作业中发生人身触电、坠落和灼伤等伤害，以保障工作人员安全的各种专用工具和用具，包括绝缘安全用具、验电器、登高安全用具、临时接地线、遮栏及标识牌等。

1. 绝缘安全用具

绝缘安全用具用于防止工作人员发生直接触电。根据绝缘强度的不同，绝缘安全用具包括基本安全用具和辅助安全用具。基本安全用具的绝缘强度能长时间可靠地承受电气设备运行电压，包括绝缘棒、绝缘夹钳；辅助安全用具的绝缘强度不能够承受电气设备运行电压，只能配合基本安全用具使用，加强其保护作用，包括绝缘靴鞋、绝缘手套、绝缘垫和绝缘台等。

(1)基本安全用具

绝缘棒。绝缘棒主要由工作部分、握手部分和绝缘部分构成，如图 9.4 所示。绝缘棒用来操作高压隔离开关和跌开式熔断器，也可用来装卸临时接地线等。

使用绝缘棒时必须注意：操作人员应戴绝缘手套和穿绝缘靴(鞋)；防止碰撞绝缘棒，不得直接与墙面或地面接触，以免损坏表面的绝缘层；在雨雪天使用时，应有防雨罩：操作人员的手握部位不得越过护环；绝缘棒应存放在干燥的地方，一般将其放在干燥架子上，防止弯曲变形；绝缘棒应定期进行绝缘试验。

绝缘夹钳。绝缘夹钳是用来安装和拆卸高压熔断器或进行其他需要有夹持力的电气作业的工具，主要用于 35 kV 及以下电力系统。如图 9.5 所示绝缘夹钳也是由握手部分(钳把)、绝缘部分(钳身)和工作部分(钳口)构成的。

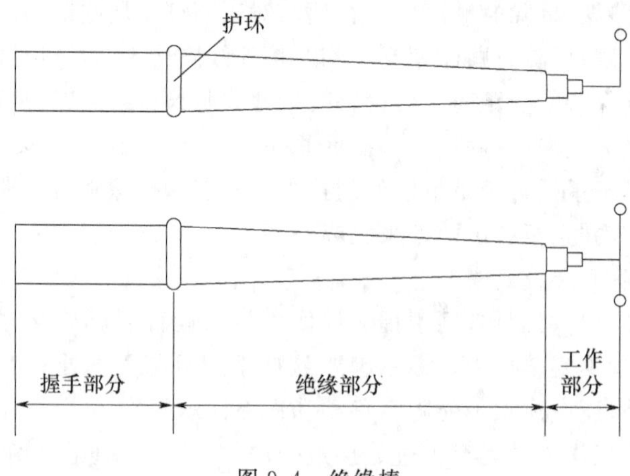

图 9.4　绝缘棒

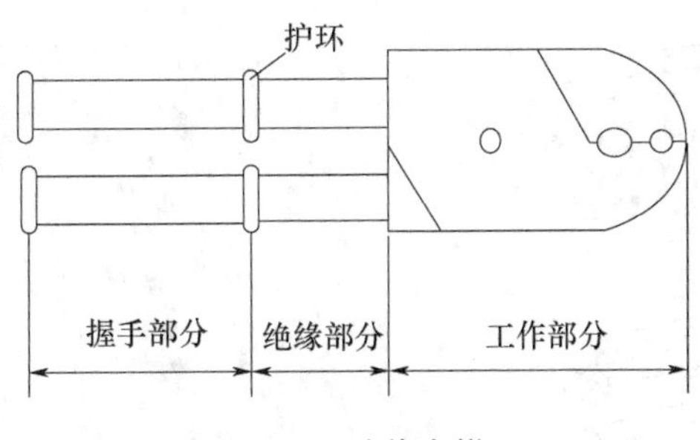

图9.5 绝缘夹钳

使用绝缘夹钳时,操作人员应带护目镜防止意外电弧对眼睛的伤害,戴绝缘手套、穿绝缘鞋或站在绝缘台(垫)上,以防意外漏电发生;天气潮湿时,应使用专门防雨的绝缘夹钳;绝缘夹钳上不准装接地线,以免在操作时,由于接地线在空中悬荡造成接地短路和触电事故。绝缘棒与绝缘钳都应存放在干燥的地方,并按规定进行定期绝缘试验。

(2)辅助安全用具

绝缘手套:绝缘手套是用绝缘性能良好的特种橡胶制成的,可以大大降低加到人体上的接触电压。在高压电气设备上带电作业时,将其作为辅助安全用具;在低压电气设备上工作时,则把它作为基本安全用具使用、绝缘手套的长度至少应超过手腕10 cm。在使用绝缘手套时,应仔细检查外观是否有破损;不得与石油类的油脂接触;应将外衣袖口放入手套的伸长部分里。绝缘手套应存放于干燥和阴凉的地方,与其他工具分开放置。

绝缘鞋(靴)。绝缘鞋的作用是使人体与地而绝缘。绝缘靴用于操作高压设备时使用;绝缘鞋用于操作低压设备时使用。在存在跨步电动势的情况下,绝缘鞋(靴)可以降低加到人体上的跨步电压。绝缘鞋(靴)也是由特种橡胶制成的。

绝缘鞋(靴)不得当雨鞋或作他用,其他非绝缘鞋(靴)也不能替代绝缘鞋(靴)使用。在使绝缘鞋(靴)时,应仔细检查外观是否有破损;不得与石油类的油脂接触。绝缘鞋(靴)应存放于干燥和阴凉的地方,与其他工具分开放置。

绝缘垫。绝缘垫是一种辅助安全用具,其作用类似于绝缘靴,一般铺在配电室的地面上,用于带电作业时对地绝缘,防止接触电压与跨步电压对人体的伤害。如图9.6所示。

在使用过程中,应保持绝缘垫干燥清洁,注意防止与酸、碱及各种油类物质接触;避免阳光直射或利器划刺,存放时应避免离暖气等热源太近,防止老化变质,绝缘性能下降。要经常检查绝缘垫是否有裂纹划痕等,若发现有问题应立即禁止使用并及时更换。

绝缘台。绝缘台的作用与绝缘垫、绝缘靴相同,是带电工作时的辅助安全用具。台面用木板或木条制成,相邻板条之间距离不得大于2.5 cm,以免鞋跟陷入,如图9.7所示。台面板用支持绝缘子与地面绝缘,支持绝缘子高度不应小于10 cm;台面板不得伸出绝缘子以外,以免站台倾翻,人员摔倒。绝缘台的最小尺寸不宜小于0.8 m×0.8 m,最大尺寸也不宜大于1.5 m×1.5 m,以便于检查。

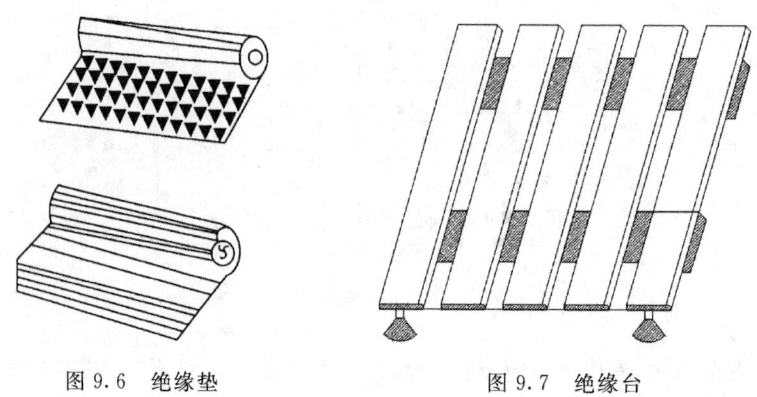

图 9.6　绝缘垫　　　　图 9.7　绝缘台

绝缘手套、绝缘鞋(靴)、绝缘垫和绝缘台都应按规定进行定期绝缘试验。

2. 携带式电压电流指示器

(1)携带式电压指示器

携带式电压指示器也叫验电器,用来指示设备是否带电压,也是一种基本安全用具。根据被检验设备电压等级将其分为高压和低压两种。

电容式高压验电器如图 9.8 所示,采用发光氖管指示带电。此外,还有交流高压声光验电器和高压声光验电器和两种高压验电器,高压验电器应存放在干燥和通风的地方,避免受潮。

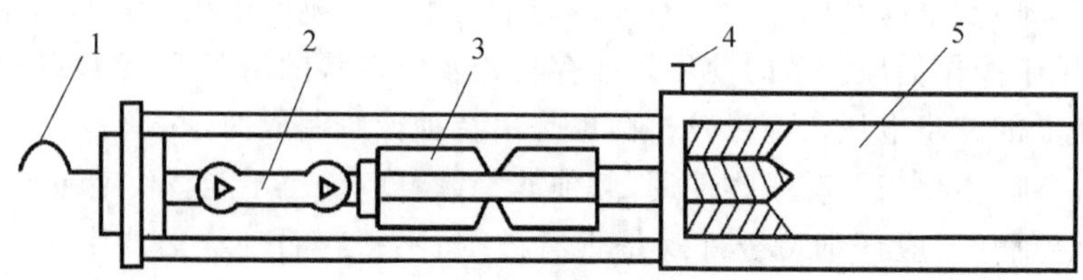

图 9.8　高压验电器

1—工作触头　2—氖灯　3—电容器　4—接地螺钉　5—握柄

低压验电器又称试电笔或验电笔。其结构如图 9.9 所示。可以用来检验低压设备是否带电;区分相(火)线和中性(地)线;区分交、直流电。

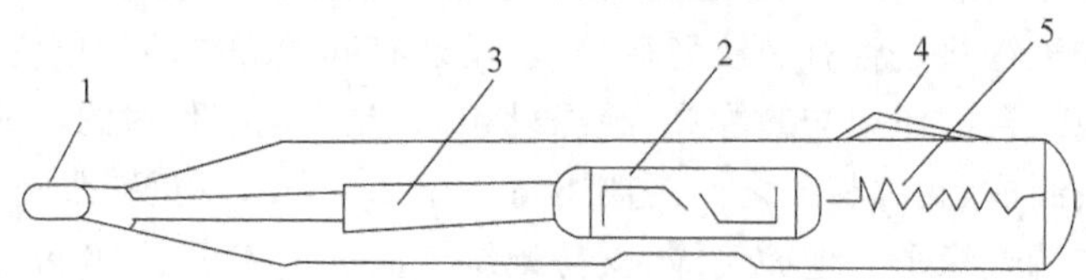

图 9.9　低压验电器(笔)

1—工作触头　2—炭质电阻　3—氖灯　4—握柄　5—弹簧

使用高压验电器时不应直接接触带电体，而只能逐渐接近带电体，直至有指示为止。使用验电器时要注意邻近带电体的干扰，避免验电器的错误指示；验电时要避免因使用验电器造成短路。此外，验电器的发光电压不应高于额定电压的 25%。

(2)携带式电流指示器

携带式电流指示器通常称为钳形电流表，有高压和低压之分(见图 9.10)，用在不断开线路的情况下，测量 10 kV 及以下的电气设备线路电流。

使用钳形电流表时，应注意保持头部与带电体有足够的距离。在高压回路上测量时，严禁用导线从钳形表另外接表测量，应由两人进行，必须佩戴安全绝缘手套等安全用具。在潮湿和雷雨天气，禁止在户外用钳形表进行测量。

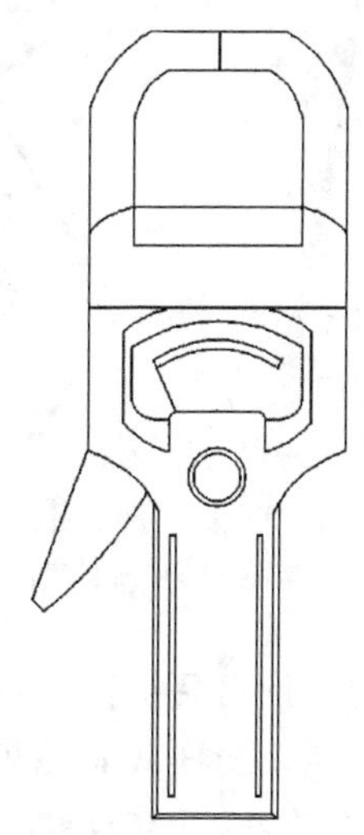

图 9.10　低压钳形电流表

3. 登高安全用具

登高安全用具包括梯子、高凳、脚扣、登高板和安全腰带等专用工具。

(1)梯子与高凳

梯子与高凳应采用木材或竹料制成，须坚固可靠，能够承受工作人员及其所携带工具的总重量。新型电工用绝缘梯采用玻璃纤维合成的绝缘材料制成。

梯子分为靠梯和人字梯两种。使用时应避免翻倒和滑落。为了限制人字梯的开脚度，两侧梯之间应加拉链或拉绳。为了防滑，在光滑地面上使用梯子时，梯脚应加橡胶垫或绝缘套；在泥土地上使用梯子时，梯脚应加铁尖。

在梯子上作业时，梯顶应高于人的腰部，或者作业人员站在距梯顶不小于 1 m 的横档上作业，切忌站在最高处或上面一、二级横档上作业，以防梯子翻倒。对于人字梯，切不可采取骑马式站立，防止人体重心超出梯脚范围翻倒。

(2)脚扣、登高板和安全带

脚扣、登高板和安全带是登杆作业时经常配合使用的三种工具。

脚扣是登杆用具,分为木杆用脚扣和水泥杆用脚扣两种。脚扣主要用钢材制成。木杆用脚扣的半环形钢圈根部内侧有突出小齿,用以刺入木杆中防滑。水泥杆用脚扣半环形钢图根部内侧装有橡胶套或橡胶垫,起防滑作用。

登高板又叫升降板,主要由横板、绳索和锁钩组成,如图 9.11 所示。

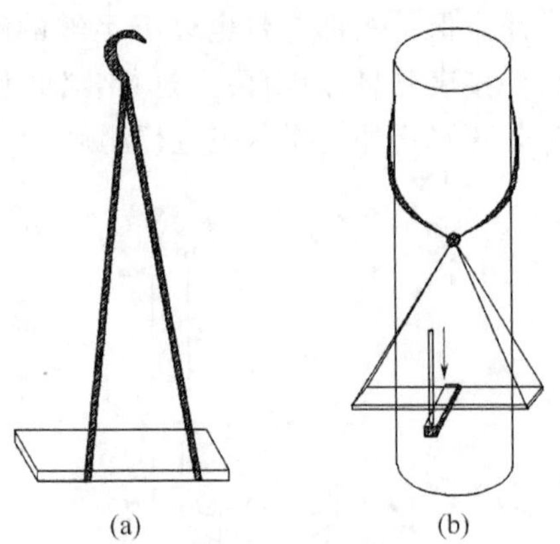

图 9.11　登高板

a)登高板　b)登高板用法

安全带是防止人员高处坠落的保护用品。安全带分为悬挂带(大带)和围杆带(小带)两种,需配合使用。悬挂带一端绕在线杆或其他牢固构件之上,另一端系在腰部偏下位置,防止人员坠落。围杆带系在腰部,并套住线杆,作业时对人体腰部产生支撑作用,另外对防坠落起辅助作用。

4. 安全防护用具

(1)临时接地线

临时接地线装设在被检修区段两端的电源线路上,用来防止意外来电、防止邻近高压线路的感应电。此外,临时接地线还用来消除线路或设备电容残留的电荷。

临时接地线一般为 25 mm^2 以上的软铜线。使用时三根较短的线与三相导体相连接,较长的一根用于接地。

使用临时接地线应注意以下要点:

1)挂接临时地线时,首先要将接地端接好,然后再将其与被接地线路连接;拆除临时接地线时,顺序正好与此相反。

2)拆装临时接地线要使用绝缘棒,戴绝缘手套。

3)装设临时地线至少应有两个人在场,禁止一个人单独装设接地线。

(2)防御灼伤的安全用具

在操作或维护检修电气设备时，如更换熔断器、进行电缆焊接或浇灌电缆接头盒、调配或补充蓄电池的电解液等，有可能发生电弧或有高温的绝缘胶或腐蚀性的酸液溅出，使工作人员的眼睛或其他部分遭到伤害。所以，在进行这些工作时需要采取必要的防护措施。

护目眼镜主要用来保护工作人员的眼睛不受电弧的伤害，防止灼伤或脏污的东西进入眼内。这种眼镜是封闭型的，采用耐热、耐受机械力和透明无瑕疵的光学玻璃制成。要求达到遇热不熔化，受到打击或碰撞时不易破碎。镜架一般可用金属制成。为了使眼镜戴稳便于工作，应有松紧带和带扣子的布带或皮带，使带子系上后有一定伸缩作用。

当熔化电缆绝缘胶或焊锡时，为了防止工作人员手部被烫伤，应戴上用不易着火的纺织物(如亚麻帆布等)做成的手套。此种手套的长度应能达到工作人员的肘部，以便在使用时可以套在外衣袖口上，防止熔化了的金属和绝缘胶溅到袖口的缝隙中去。

(3)临时速栏

在高压电气设备上进行部分停电检修工作时，为限制作业人员的活动范围，防止他们无意识接近高压带电部分，一般采用临时遮栏或其他隔离装置防护。临时遮栏一般用绝缘材料制成，高度不得低于 1.7 m，下部边缘离地不应超过 10 cm。遮栏必须安装牢固稳定，不易倾倒，所在位置不应影响正常工作。遮栏与带电导体的安全距离应根据带电体的电压级别按标准设置。遮栏上应悬挂相应的标示牌，如图 9.12 所示。

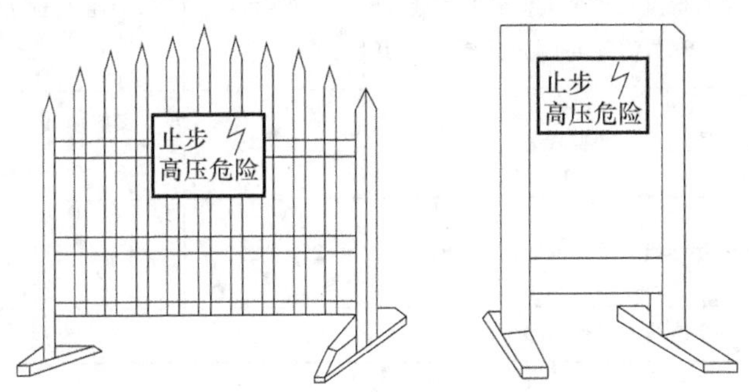

图 9.12　遮栏与标识牌

(4)安全色及标示牌

在电气上用黄、绿、红三色分别代表 L1(A)、L2(B)、L3(C)三个相序；涂成红色的电器外壳是表示外壳有电；灰色的电器外壳是表示外壳接地或接零；线路上黑色代表工作零线；明敷接地扁钢或圆钢涂黑色。用黄、绿双色绝缘导线代表保护零线。在直流电中以红色代表正极，蓝色代表负极，信号和警告回路用白色。

标示牌用绝缘材料制成。采用醒目的颜色和图像，配合文字说明，在作业时提醒工作人员对危险因素引起注意。安全标志是提醒人员注意或按标志上注明的要求去执行，保障人身和设施安全的重要措施。安全标志一般设置在光线充足、醒目和稍高于视线的地方。

对于隐蔽工程(如埋地电缆)在地面上要有标志桩或依靠永久性建筑挂标志牌，注明工程位置。对于容易被人忽视的电气部位，如封闭的架线槽、设备上的电气盒，要用红漆画上电气箭头。标志牌还用以提醒工作人员不得接近带电部分和不得随意改变刀闸的位置等。

移动使用的标志牌的参考资料见表 9.4。

表 9.4　标志牌参考资料

名称	悬挂位置	尺寸/mm	底色	字色
禁止合闸有人工作	一经合闸即可送电到施工设备的开关和刀闸操作手柄上	200×100 880×50	白底	红字
禁止合闸线路有人工作	一经合闸即可送电到施工设备的开关和刀闸操作手柄上	200×100 880×50	红底	白字
在此工作	室内和室外工作地点或施工设备上	250×250	绿底，中间有直径为 210 mm 的白圆圈	黑字，位于白圆圈中
止步高压危险	工作地点临近带电设备的遮栏上 室外工作地点附近带电设备的构架横梁上禁止通行的过道上；高压试验地点	250×200	白底红边	黑字有红箭头
从此上下	工作人员上下的铁架梯子	250×250	绿底中间有直径为 210 mm 的白圆圈	黑字，位于白圆圈中
禁止攀登高压危险	工作临近可能上下的铁架	250×250	白底红边	黑字
已接地	看不到接地线的工作设备	200×100	绿底	黑字

9.2　雷电安全管理

防雷减灾是我国防灾减灾可持续发展战略的重要内容之一，关系到国民经济建设、社会发展与稳定和人民生命财产安全。为了加强防雷减灾管理工作，国家以立法的形式出台了一系列法律法规来加强防雷减灾的管理，规范气象灾害防御活动，加强气象灾害防御工作，保障人民生命财产安全，防止和减轻气象灾害造成的损失，促进国家经济社会发展。规范防雷工程检测、设计、施工、审核验收等工作。

主要的法律法规有：

《中华人民共和国气象法》

《国务院对确需保留的行政审批项目设定行政许可的决定》

《防雷减灾管理办法(修订)》

《防雷工程专业资质管理办法(修订)》

《雷电防护装置设计审核和竣工验收规定》

这些法律法规为增强我国气象灾害防御能力，防止和减轻气象灾害损失，提供了有力的法律保障。是完善自然灾害防御体系，积极应对气候变化，实现人与自然和谐相处的一项重大举措。标志着我国气象灾害防御工作进入了法制化、制度化、规范化的新阶段。

现介绍几个主要的法律法规。

9.2.1　《中华人民共和国气象法》及理解

长期以来，全国气象科技工作者在雷电物理研究、雷电监测和防护技术等方面做了大量的工作，并在国内率先向社会提供避雷装置安全检测，雷电环境评价，防雷系统工程设计，防雷工程设计审核和防雷工程质量监督等服务，已取得防止和减少雷电灾害的明显社会效益。为此，国务院明文规定气象部门负责指导全国防御雷电减灾防灾工作。1999 年 10 月 31 日，第九届全国人民代表大会常务委员会第十二次会议通过《中华人民共和国气象法》(中华人民共和国主席令第 23 号)，自 2000 年 1 月 1 日起施行。自此，国家首次明确气象部门作为防雷减灾工作的主管机构。2016 年 11 月 7 日，第十二届全国人民代表大会常务会对《中华人民共和国气象法》做了修定。《中华人民共和国气象法》与防雷工作相关的主要条文如下：

第 31 条：各级气象主管机构应当加强对雷电灾害防御工作的组织管理，并会同有关部门指导对可能遭受雷击的建筑物、构筑物和其他设施安装的雷电灾害防护装置的检测工作。

安装的雷电灾害防护装置应当符合国务院气象主管机构规定的使用要求。

第 37 条：违反本法规定，安装不符合使用要求的雷电灾害防护装置的，由有关气象主管机构责令改正，给予警告。使用不符合使用要求的雷电灾害防护装置给他人造成损失的，依法承担赔偿责任。

1.《中华人民共和国气象法》第 31 条内容理解

《中华人民共和国气象法》第 31 条规定了防御雷电灾害的有关内容。规定了各级气象主管机构在雷电灾害防御工作中的组织管理职责。

长期以来，尽管雷电灾害防御工作得到了各级人民政府及其有关部门的高度重视，雷电灾害防御工作取得了明显的成效，但是，也有许多待解决的突出问题。为了明确职责，理顺关系，完善法制建设，强化依法管理，有效地防御和减轻雷电灾害造成的损失，本条明确规定“各级气象主管机构应当加强对雷电灾害防御工作的组织管理”，这是法律赋予各级气象主管机构的权利，也是各级气象主管机构应尽的义务。

本条规定的管理，主要是指对全社会防雷减灾活动的各个方面的规范性管理，主要包括：

(1)组织制定防雷减灾方面的管理法规。

(2)制订全国防雷减灾规划、计划。

(3)组织建立全国雷电监测网。

(4)组织对雷电灾害的研究、监测、预警、灾情调查与鉴定。

(5)对防雷工程的专业设计、施工、检测的监督管理。

此外，为了防御雷电灾害造成的损失，对可能遭受雷击的建筑物、构筑物和其他设施应按规定安装雷电灾害防护装置。但是，这些防护装置是否合格并能真正起到防雷作用，需要定期对其进行检测，为了保证雷电灾害防护装置检测工作的顺利进行，本条要求气象主管机构会同有关部门指导对可能遭受雷击的建筑物、构筑物和其他设施安装的雷电灾害防护装置的检测工作。

本条还规定了安装的雷电灾害防护装置应当符合国务院气象主管机构规定的使用要求。

近年来，由于各类防雷产品的生产经营在我国发展很快，不少国外产品也纷纷打入我国市场。由于防雷产品尚无统一的国家标准，也没有国家级的产品质量检测、测试中心，防雷产品市场较为混乱，产品质量参差不齐，无序竞争严重，一些假冒伪劣防雷产品，被安装到雷电灾害防护装置上，给国家和人民的生命安全带来极大危害。因此，本条要求安装的雷电灾害防护装置应当符合国务院气象主管机构规定的使用要求。

本条规定的雷电防护装置，是指接闪器、引下线、接地装置、电涌保护器及其他连接导体等防雷产品和设施的总称。

2.《中华人民共和国气象法》第 37 条内容理解

本条是关于安装或者使用不符合使用要求的雷电灾害防护装置所应当承担的法律责任的规定。

根据本条规定，安装或者使用不符合使用要求的雷电灾害防护装置所应承担的法律责任形式有两种，即行政责任和民事责任。

(1)行政责任。实施行政处罚的主体是有关气象主管机构；本条规定的行政处罚的种类只有警告，如果执法主体超越了本条所规定的行政处罚种类做出行政处罚决定，行政管理相对人有权拒绝接受。同时，有关气象主管机构可以按照权限对违法行为提出责令改正要求。

(2)民事责任。根据本条规定，凡是使用不符合国务院气象主管机构规定的使用要求的雷电灾害防护装置的，给他人(包括公民、法人和组织)造成经济损失或者其他损失的，应当依照民事法律、法规的规定，承担相应的民事责任。本条规定承担民事责任的方式是赔偿损失。

赔偿责任也称损害赔偿责任，是承担民事法律责任的主要方式之一。按照本条规定，承担赔偿责任的条件是：

第一，使用不符合使用要求的雷电灾害防护装置。

第二，给他人造成损失。

第三，使用不符合使用要求的雷电灾害防护装置同他人的损失之间有着必然的因果关系，即他人的损失是由于使用不符合要求的雷电灾害防护装置造成的。

上述三个条件缺一不可，如果没有使用不符合使用要求的雷电灾害防护装置，或者虽有这一条件，但却未给他人造成损失的，都不应当承担赔偿责任。本条未规定应当如何承担赔偿责任。

按照民事法理论的一般说法，赔偿损失应当坚持完全赔偿的原则，凡属因承担民事责任一方造成的直接经济损失都应当赔偿，同时，赔偿损失也应当坚持公平的原则。

3. 其他法规

为了更好地贯彻落实《中华人民共和国气象法》赋予气象部门防雷减灾行政管理职能，进一步加强我国防雷减灾工作，中国气象局 2001 年下发了“中国气象局关于进一步加强防雷减灾工作的意见”(中国气象局第 11 号令)。

2006 年 7 月 5 日，国务院办公厅下发《关于进一步做好防雷减灾工作的通知》(国办发明电[2006]28 号)，要求各地、各部门高度重视当前防雷减灾工作。主要内容如下：

(1)要求各地区、各有关部门要站在全面落实科学发展观、对人民群众生命财产安全极端负责的高度，充分认识防雷减灾工作重要性和当前雷电灾害多发的严峻形势，消除麻痹思想和侥幸心理，切实增强责任感和使命感。

(2)要求各地区、各有关部门要认真贯彻落实“预防为主、防治结合”的方针，按照防雷减灾工作的有关法律法规要求，进一步加强领导，严格落实防雷减灾责任制，要求各地区、各有关部门、各单位要把加强防雷设备设施建设作为预防雷电灾害的重要基础。

(3)石油化工等易燃易爆场所、航空、广播电视、计算机信息系统和学校、宾馆等人口聚集场所以及其他易遭雷击的建筑物和设施，必须按照相关专业防雷设计规范选用和安装防雷装置，特别是架空输电线等电力设施，微波站、卫星地面站等通信设施要严格落实防雷安全措施，确保电力供应和通信畅通。

(4)做到任务逐级分解，责任层层落实，努力减少雷电灾害和损失。

(5)要针对雷击伤亡事件多发生在农村的特点，加快建设农村雷击灾害高发区域的避雷装置。

(6)全面落实雷击森林火灾防范措施。

(7)要认真执行防雷设备设施定期检测制度。

(8)要严格防雷工程的设计审核和竣工验收。

(9)防雷工程设计必须认真执行国家有关技术规范,施工单位必须严格按照设计方案进行施工,并主动接受气象部门的监督,未经验收合格的,不得投入使用。

2006 年,中国气象局和国家安全生产监督管理总局联合下发的《关于进一步加强防雷安全管理工作的通知》(气发[2006]199 号)(2006.7.26)要求:

(1)进一步提高对防雷减灾工作重要性的认识。

(2)切实落实防雷安全管理职责。

(3)加强防雷安全监管力度。

(4)加强防雷安全宣传和雷电灾害调查、鉴定工作。

(5)加强执法,严格执行安全生产责任追究制度。

9.2.2 《防雷减灾管理办法(修订)》及理解

2013 年,中国气象局出台了《防雷减灾管理办法(修订)》(中国气象局第 24 号令)

1.《防雷减灾管理办法(修订)》涉及的主要法律制度:

(1)雷电监测网统一规划和建设制度

①统一规划:国务院气象主管机构应当组织有关部门按照合理布局、信息共享、有效利用的原则,规划全国雷电监测网,避免重复建设。

②分级实施:地方各级气象主管机构应当组织本行政区域内的雷电监测网建设,以防御雷电灾害。

(2)雷电监测与预警制度

①加强雷电灾害预警系统的建设工作(气象主管机构)。

②开展雷电监测(气象台站)。

③开展雷电预报,并及时向社会发布(有条件的气象台站)。

(3)防雷专业资质认定制度

①防雷装置检测单位资质认定

省级气象主管机构负责资质认定,授权省级制定具体办法。

②防雷工程专业设计单位资质认定

分级管理:甲、乙、丙三级。

③防雷工程专业施工单位资质认定

分级管理:甲、乙、丙三级。

(4)防雷装置设计审核和竣工验收制度

县级以上气象主管机构负责具体实施。

(5)防雷装置检测制度

检测类别:

①跟踪检测:新建、扩建、改建工程,逐项检查,验收依据。

②定期检测:一般每年一次,对爆炸危险环境场所每半年检测一次,整改意见(检测单位),限期整改(气象主管机构)。

定期检测所针对的对象:投入使用后的防雷装置实行定期检测制度。

相关义务:

①检测单位——执行国家有关标准和规范,出具检测报告并保证真实性、科学性、公正性。

②受检单位——主动申报,及时整改,接受监督检查。

(6)雷电灾害调查、鉴定和评估制度;防雷产品管理制度

国务院气象主管机构的职责:

雷电灾害调查、鉴定和评估。

各级气象主管机构的职责:

①雷电灾害调查、鉴定和评估。

②雷击风险评估(大型建设工程、重点工程、爆炸危险环境)。

③向当地人民政府和上级气象主管机构上报本行政区域内的重大雷电灾情和年度雷电灾害情况。

有关组织和个人的义务:

及时报告,协助调查与鉴定。

(7)防雷产品管理制度

防雷产品管理制度设计四个重要环节:

①符合国务院气象主管机构的使用要求。

②通过正式鉴定。

③测试合格:国务院气象主管机构授权的检验机构。

④备案:No. 30……使用,省气象主管机构备案

(8)专业技术人员管理制度

认定机构:省级气象学会

指导和监督机构:省级气象主管机构

(9)处罚制度

a. 申请单位隐瞒有关情况、提供虚假材料申请资质认定、设计审核或者竣工验收。(No. 31)警告,1 年。

b. 被许可单位以欺骗、贿赂等不正当手段取得资质、通过设计审核或者竣工验收。(No. 32)警告,<3 万元罚款;撤销,3 年,刑。

c. 涂改、伪造、倒卖、出租、出借、挂靠资质证书、资格证书或者许可文件的。

(No. 31/1)改正,警告,<3 万元罚款;赔;刑。

d. 向负责监督检查的机构隐瞒有关情况、提供虚假材料或者拒绝提供反映其活动情况的真实材料的。(No. 33/2)同上。

e. 对重大雷电灾害事故隐瞒不报的。(No. 33/3)同上。

f. 不具备防雷检测、防雷工程专业设计或者施工资质，擅自从事防雷检测、防雷工程专业设计或者施工的(No. 34/1)同上，无刑。

g. 超出防雷工程专业设计或者施工资质等级从事防雷工程专业设计或者施工活动的。(No. 34/2)改正，警告，＜3 万元罚款；赔。

h. 防雷装置设计未经当地气象主管机构审核或者审核未通过，擅自施工的。(No. 34/3)改正，警告，＜3 万元罚款；赔。

i. 防雷装置未经当地气象主管机构验收或者未取得合格证书，擅自投入使用的。(No. 34/4)改正，警告，＜3 万元罚款；赔。

j. 应当安装防雷装置而拒不安装的。(No. 34/5)同上。

k. 使用不符合使用要求的防雷装置或者产品的。(No. 34/6)同上。

2. 已有防雷装置，拒绝进行检测或者经检测不合格又拒不整改的。(No. 34/7)同上。

3. 在中华人民共和国领域和中华人民共和国管辖的其他海域内从事防雷减灾活动的组织和个人，应当遵守本办法。

4. 职责分工

(1)国务院气象主管机构职责：组织管理和指导全国防雷减灾工作。

(2)地方气象主管机构职责：在上级气象主管机构和本级人民政府的领导下，负责组织管理本行政区域内的防雷减灾工作。

(3)国务院其他有关部门和地方各级人民政府其他有关部门：应当按照职责做好本部门和本单位的防雷减灾工作，并接受同级气象主管机构的监督管理。

5. 防雷减灾工作原则

(1)安全第一。

(2)预防为主。

(3)防治结合。

6. 涉外规定

(1)行政许可：外国组织和个人在中华人民共和国领域和中华人民共和国管辖的其他海域从事防雷减灾活动，应当经国务院气象主管机构会同有关部门批准。

(2)备案：在当地省级气象主管机构备案，接受当地省级气象主管机构的监督管理。

9.2.3 《雷电防护装置设计审核和竣工验收规定》及理解

2020 年 11 月 29 日《雷电防护装置设计审核和竣工验收规定》发布，自 2021 年 1 月 1 日起施行。

1.《雷电防护装置设计审核和竣工验收规定》主要内容

(1)一般规定

适用范围:雷电防护装置设计审核与竣工验收工作。

职责分工:

①县级以上地方气象主管机构负责本行政区域职责范围内雷电防护装置的设计审核和竣工验收工作。未设气象主管机构的县(市、区)由上一级气象主管机构负责雷电防护装置的设计审核和竣工验收工作。

②上级气象主管机构应当加强对下级气象主管机构雷电防护装置设计审核和竣工验收工作的监督检查,及时纠正违规行为。

基本原则:

①雷电防护装置的设计审核和竣工验收工作应当遵循公开、公平、公正以及便民、高效和信赖保护的原则。

②雷电防护装置设计审核和竣工验收的程序、文书等应当依法予以公示。

③雷电防护装置设计未经审核或者设计审核不合格的,不得施工。雷电防护装置未经竣工验收或者竣工验收不合格的,不得交付使用。

(2)法定范围

雷电防护装置设计审核和竣工验收规定适用范围是下列建(构)筑物或者设施的防雷装置:

① 油库、气库、弹药库、化学品仓库和烟花爆竹、石化等易燃易爆建设工程和场所。

② 雷电易发区内的矿区、旅游景点或者投入使用的建(构)筑物、设施等需要单独安装雷电防护装置的场所。

③ 雷电风险高且没有防雷标准规范、需要进行特殊论证的大型项目。

(3)主要法律制度

雷电防护装置设计审核和竣工验收规定涉及的法律制度有:

1)设计审核制度。

2)竣工验收制度。

3)监督管理制度。

2. 雷电防护装置设计审核

(1)雷电防护装置设计审核内容

1)申请材料的合法性和内容的真实性

①申请防雷装置施工图设计审核应当提交以下材料:

a.《雷电防护装置设计审核申请表》;

b. 雷电防护装置设计说明书和设计图纸;

c. 设计中所采用的防雷产品相关说明。

②申请材料齐全且符合法定形式的，应当受理，并出具《雷电防护装置设计审核受理回执》。对不予受理的，应当书面说明理由。

2)雷电防护装置设计技术评价报告

(2)法律后果

1)施工单位应当按照经核准的设计图纸进行施工。

2)在施工中需要变更和修改雷电防护装置设计的，应当按照原程序重新申请设计审核。

3. 雷电防护装置竣工验收

(1)竣工验收内容

1)申请材料的合法性

2)雷电防护装置检测报告。

(2)法律后果

1)不合格的，整改完成后，按照原程序进行验收。

2)未经验收合格的，不得投入使用。

(3)雷电防护装置竣工验收应当提交的材料

1)《雷电防护装置竣工验收申请表》。

2)雷电防护装置竣工图纸等技术资料。

3)防雷产品出厂合格证和安装记录。

4. 监督检查

(1)对外

县级以上地方气象主管机构履行监督检查职责时，有权采取下列措施：

1)要求被检查的单位或者个人提供雷电防护装置设计图纸等文件和资料，进行查询或者复制。

2)要求被检查的单位或者个人就有关雷电防护装置的设计、安装、检测、验收和投入使用的情况作出说明。

3)进入有关建(构)筑物进行检查。

县级以上地方气象主管机构进行雷电防护装置设计审核和竣工验收监督检查时，有关单位和个人应当予以支持和配合，并提供工作方便，不得拒绝与阻碍依法执行公务。

(2)对内

县级以上地方气象主管机构进行雷电防护装置设计审核和竣工验收的监督检查时，不得妨碍正常的生产经营活动，不得索取或者收受任何财物，不得谋取其他利益。

5. 罚则

第二十四条　申请单位隐瞒有关情况、提供虚假材料申请设计审核或者竣工验收许可的，有关气象主管机构不予受理或者不予行政许可，并给予警告。

第二十五条　申请单位以欺骗、贿赂等不正当手段通过设计审核或者竣工验收的，有关气象主管机构按照权限给予警告，撤销其许可证书，可以处三万元以下罚款；构成犯罪的，依法追究刑事责任。

第二十六条　违反本规定，有下列行为之一的，按照《气象灾害防御条例》第四十五条规定进行处罚：

(1)在雷电防护装置设计、施工中弄虚作假的。

(2)雷电防护装置未经设计审核或者设计审核不合格施工的，未经竣工验收或者竣工验收不合格交付使用的。

第二十七条　县级以上地方气象主管机构在监督检查工作中发现违法行为构成犯罪的，应当移送有关机关，依法追究刑事责任。

第二十八条　国家工作人员在雷电防护装置设计审核和竣工验收工作中由于滥用职权、玩忽职守，导致重大雷电灾害事故的，由所在单位依法给予处分；构成犯罪的，依法追究刑事责任。

第二十九条　违反本规定，导致雷击造成火灾、爆炸、人员伤亡以及国家或者他人财产重大损失的，由主管部门给予直接责任人处分；构成犯罪的，依法追究刑事责任。

第六章附则　第三十条　各省、自治区、直辖市气象主管机构可以根据本规定制定实施细则，并报国务院气象主管机构备案。

参考文献

刘尚合，武占成．2004．静电放电及危害防护[M]．北京：北京邮电大学出版社．

唐继跃，房兆源．2007．电气设备检修技能训练[M]．北京：中国电力出版社．

徐明，师祥洪，王来忠．2004．企业安全生产监督管理[M]．北京：中国石化出版社．

Ronaid P O Riley．2004．电气工程接地技术[M]．沙斐，等译．北京：电子工业出版社．

孙熙，蒋勇清．2010．电气安全[M]．北京：机械工业出版社．